电力安全治理

国家能源局电力安全监管司　编著

图书在版编目（CIP）数据

电力安全治理 / 国家能源局电力安全监管司编著. —北京：中国电力出版社，2022.5（2022.7 重印）

ISBN 978-7-5198-6743-0

Ⅰ. ①电… Ⅱ. ①国… Ⅲ. ①电力安全 Ⅳ. ① TM7

中国版本图书馆 CIP 数据核字（2022）第 073848 号

出版发行：中国电力出版社
地　　址：北京市东城区北京站西街 19 号（邮政编码 100005）
网　　址：http://www.cepp.sgcc.com.cn
责任编辑：钟　瑾（010-63412867）
责任校对：黄　蓓　常燕昆　朱丽芳
装帧设计：宝蕾元
责任印制：钱兴根

印　　刷：北京九天鸿程印刷有限责任公司
版　　次：2022 年 5 月第一版
印　　次：2022 年 7 月北京第四次印刷
开　　本：710 毫米 ×1000 毫米　16 开本
印　　张：25.25
字　　数：398 千字
定　　价：169.00 元

版权专有　侵权必究

本书如有印装质量问题，我社营销中心负责退换

《电力安全治理》

编委会

主　任　余兵

副主任　黄学农　童光毅

成　员　李泽　张扬民　阎秀文　程裕东　李艳　张志平　郑逸萌
葛才胜　郝瑞锋　金庆泉　张锐　谢康　师建中　郭昌林
朱文毅　王朝晖　陈显贵　刘平凡　高进　沈军　周安春
刘启宏　王永祥　曲波　王绪祥　刘明胜　刘源　周厚贵
申彦锋　胡斌　于海淼　冯树臣　管定帮　高立刚　姜利辉
孙玮恒　文联合　王永亮　闫军

编写组成员

童光毅　吕忠　宋向前　黄颖　贺鑫　张嵘　帅伟　于军
张嘉琳　王伟　陈宏　黄宣　李朝栋　刘清华　朱永兴　闵聿华
李安学　田新利　马旺　黄旭东　张艳亮　柴小康　李建明　唐茂林
苑举斌　张振兴　张栋钧　冯林杨　吕宝伦　崔鹏程　王震　陆潇
周辉　黄冬梅　李鑫　饶必琦　樊高鹏　卢鹏　赵伟亮　李彬
苑波　武鹏飞　庞林祥　徐冬仓　吴小平　王延安　毛楠　张超
江海洋　杨良　蔡义清　房岭锋　丁士　钱辉　刘银顺　李天光
陶新建　高统彪　尹志立　何剑　樊义林　王文林　滕志远　江建武
王永平　周建平　王晓震　牟文彪　郑扬帆　赵长江　安军　朱轩彤
张燕秦　徐新风　张锐　许海铭　韩士锋　杨丽君　刘佳鹏　孟旸
杜勇　林春　张斌　张川　徐西锋　焦新云　于益雷　金华征
陈震宇　丁晓铭　肖伟国　陈渝　钟诚　石松　皇甫晶晶

序

电力是关系国计民生的重要基础产业，电力安全已成为国家安全的重要组成部分，是建设能源强国的基础和前提。以习近平同志为核心的党中央高度重视安全生产工作，对做好安全生产工作作出一系列重要指示批示，要求坚持人民至上、生命至上，把安全生产作为一条不可逾越的红线。党的十九届五中全会明确提出，要坚持总体国家安全观，统筹发展和安全，把安全发展贯穿国家发展各领域和全过程。统筹发展和安全，推进新时代电力安全高质量发展，是全国电力行业的重大政治任务。

党的十八大以来，电力行业以习近平新时代中国特色社会主义思想为指导，完整准确全面贯彻新发展理念，贯彻落实总体国家安全观和能源安全新战略，实现了快速发展，电网规模、发电装机、全社会用电量，以及水电、风电、光伏等清洁能源装机均跃居世界第一，特高压输电、柔性输电、先进核电、大型水电等领域实现世界领先。全行业认真学深悟透习近平总书记关于安全生产重要论述，贯彻落实党中央、国务院关于安全生产的决策部署，电力安全生产领域改革发展不断推进，安全生产形势持续稳定好转，为实现第一个百年奋斗目标提供了安全可靠的电力保障。

在此期间，全行业将习近平总书记关于安全生产重要论述与电力行业实际相结合，立足我国电力安全发展历程，总结提出“安全是技术、安全是管理、安全是文化、安全是责任”的电力安全治理理念，即“四个安全”治理理念，以技术保障安全、以管理提升安全、以文化促进安全、以责任守护安全，指导电力安全工作取得了良好效果，对减少事故发生、保持电力安全稳定局面发挥了重要作用。

奋进新征程，建功新时代。中国共产党的百年奋斗史就是为人民谋幸福的历史。在以习近平同志为核心的党中央坚强领导下，我国正向实现第二个百年奋斗目标前行。党中央提出建设能源强国和清洁低碳、安全高效现代能源体系，要求构建新型电力系统，为电力行业转型发展明确了目标方向，也对电力安全提出了新的要求。当前，我国电力安全保供压力依然突出，电力安全形势日趋复杂严峻，电力系统安全、电力人身安全、电力网络安全、电力建设施工安全和重大突发事件应急等风险挑战突出，电力本质安全体系尚未健全，距离党中央的要求和人民对美好生活的需求还有差距。

理念是行动的先导。面对新形势、新任务，我们要坚持系统观念，以全面、辩证的眼光看待当前面临的机遇和挑战，认真总结过去电力安全工作经验，牢牢抓住电力安全治理体系和治理能力这个“牛鼻子”，以“四个安全”治理理念为引领，推动电力安全治理体系和治理能力现代化，不断增强应对各种风险挑战的能力和水平，构建电力本质安全体系。

让我们携起手来，以习近平新时代中国特色社会主义思想为指导，认真贯彻落实习近平总书记关于安全生产重要论述，坚持“四个安全”治理理念，奋力谱写统筹电力发展和安全新篇章，为实现“两个一百年”奋斗目标作出新的更大贡献。

国家能源局党组书记、局长

前 言

党的十八大以来，以习近平同志为核心的党中央高度重视安全生产工作，作出一系列重大决策部署，全国安全生产工作进入新的发展阶段。当前，我国电力安全形势总体稳定，但也面临不少问题和挑战。

电力安全治理是我国国家治理体系的重要组成部分，直接关系人民群众生命财产安全和社会稳定，影响人民的安全感、获得感和幸福感。国家能源局承担电力安全监管职责以来，始终坚持系统治理、综合治理和源头治理原则，凝聚行业力量，逐步摸索出一条依靠技术进步、管理提升、文化引领、责任落实的电力安全治理有效途径，为我国安全生产治理体系和治理能力现代化贡献了电力行业智慧。近年来，电力行业积极贯彻“四个安全”治理理念，电力安全形势持续改善，事故起数和死亡人数逐年下降，取得了良好的成效。

本书对“四个安全”治理理念作了全面深入阐述，清晰描绘了“四个安全”治理理念的逻辑关系和丰富内涵，以大量丰富生动的案例论证了安全技术、安全管理、安全文化、安全责任四个因素对事故防范和加强电力安全治理发挥的重要作用。本书还引入数字化治理理念，提出了电力安全数字化治理和电力安全评价体系框架，为构建以“四个安全”为核心的电力安全治理体系提供了实现路径。本书对于深入理解“四个安全”治理理念，帮助各级安全管理人员和基层一线员工有效开展电力安全工作具有积极的推动作用，并可作为其他行业的参考和借鉴。在应用过程中，要把握好以下三点。

首先，在认识层面，要坚持系统思维，统筹推进“四个安全”。安全技术、安全管理、安全文化和安全责任是“四个安全”电力安全治理体系的核心要素，四者犹如电力安全大厦的四大支柱，共同组成一个完整的有机整体，可谓相辅相成、相得益彰、缺一不可。在实践中需要统筹协调、一体推进，不可偏颇。

其次，在实践层面，要抓住实施重点。要大力推进电力安全新装备、新技术研究，开展机器代人等工作，从技术上消除安全隐患。要加强安全管理理论和应用研究，深化双重预防机制和安全生产标准化建设，完善安全生产管理体系。要紧紧抓住人这个关键要素，强化安全生产教育培训，健全岗位安全生产责任制，深化“和谐·守规”电力安全文化建设。

最后，在组织方面，要注重形成合力。要统筹各方力量，建立确保“四个安全”治理有序推进的长效机制，通过加强组织领导、明确职责分工、加强评价考核等方式，切实将落实“四个安全”治理理念作为提升电力安全水平的一项长期性、基础性工作抓细抓实抓好。

希望本书对各位读者有所帮助和启发，也希望大家对本书提出宝贵意见。

国家能源局党组成员、副局长

目录

1 总　论

本章简要论述了电力安全治理的概念和相关背景、要求，阐述了“安全是技术、安全是管理、安全是文化、安全是责任”的安全治理理念的基础、内涵要义和逻辑关系，并提出了构建以“四个安全”为核心理念的电力安全治理体系的理论框架和建设路径。

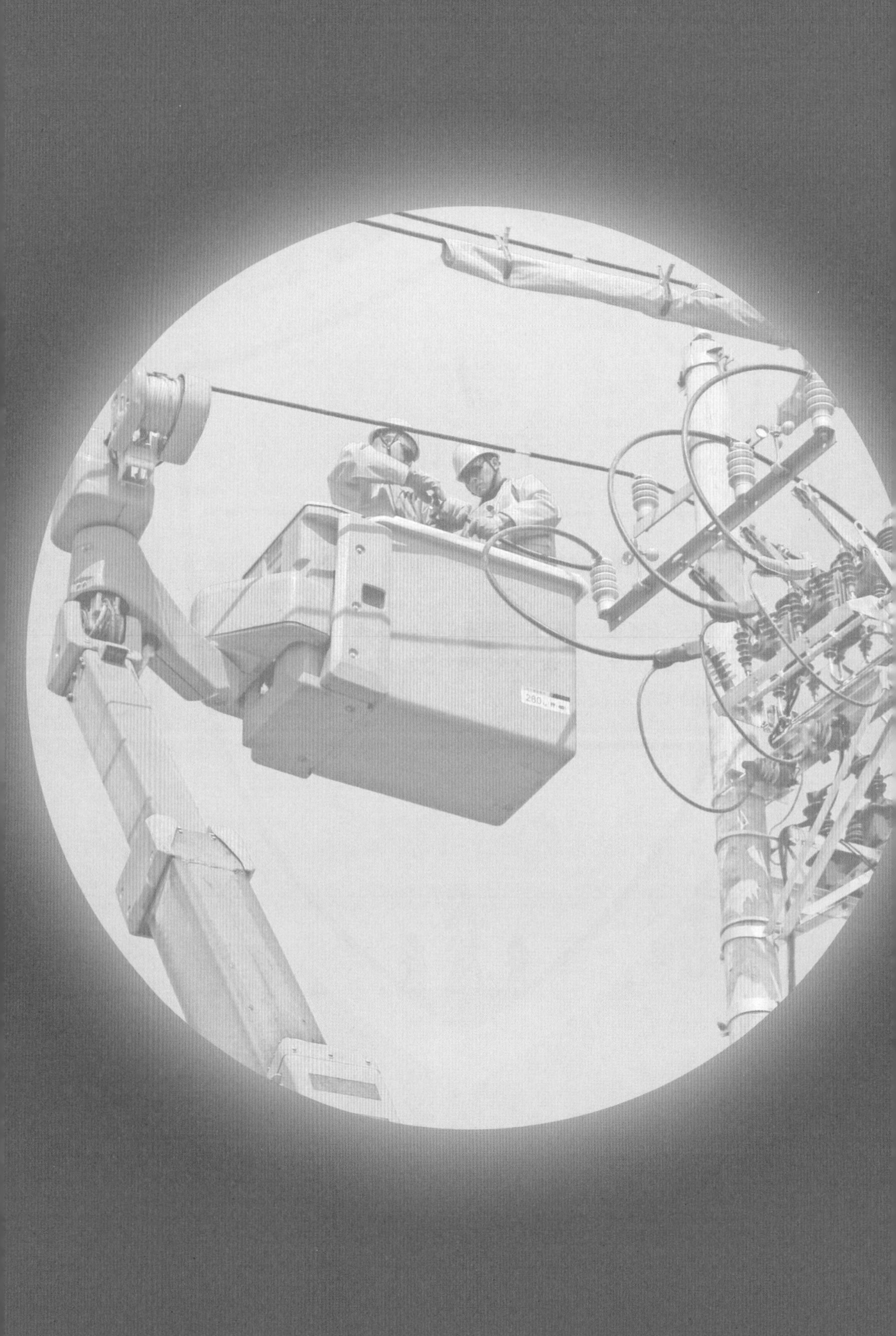

1.1 概述

1.1.1 基本概念

所谓“安全生产”,《辞海》中的解释为“为预防生产过程中发生人身、设备事故，形成良好劳动环境和工作秩序而采取的一系列措施和活动。”《中国大百科全书》中的解释为“旨在保护劳动者在生产过程中安全的一项方针，也是企业管理必须遵循的一项原则，要求最大限度地减少劳动者的工伤和职业病，保障劳动者在生产过程中的生命安全和身体健康。”两种解释各有侧重，前者解释为企业生产的一系列措施和活动，后者解释为企业生产的一项方针、原则和要求。综合两种解释，我们认为安全生产是指在生产经营活动中，为了避免造成人员伤害和财产损失的事故而采取相应的事故预防和控制措施，使生产过程在符合规定的条件下进行，以保证从业人员的人身安全与健康，设备和设施免受损坏，环境免遭破坏，保证生产经营活动得以顺利进行的相关活动。

“治理”(Governance)一词源于拉丁文和希腊语，原意是“控制、引导和操纵”，它是相对于传统的“统治”(Government)而言的，是与统治(Government)、管理(Management)等政府活动联系在一起，主要用于与国家公共事务相关的管理活动和政治活动。与传统意义上的“管理”相比,“治理”是一个内容丰富、包容性很强的概念，重点是强调多元主体管理，民主、参与式、互动式管理，而不是单一主体管理。党的十八大以来，以习近平同志为核心的党中央将推进我国国家治理体系和治理能力的现代化作为治国理政重要内容。2013 年 11 月，党的十八届三中全会通过《中共中央关于全面深化改革若干重大问题的决定》，明确提出全面深化改革的总目标是完善和发展中国特色社会主义制度、推进国家治理体系和治理能力现代化，第一次把国家治理体系和治理能力与现代化有机联系起来。从传统“管理”到现代“治理”，虽只有一字之差，却是一个“关键词”的变化，是治国理政模式的深刻转变，体现的是系统治理、依法治理、源头治理、综合施策。我国的国家治理体系是在党领导下管理国家的制度体系，包括经济、政治、文化、社会、生态文明建设和党的建设等各领域体制机制、法律法规，也就是一整套紧密相连、相互协调的国家制度；国家治理能力则是运用国家制度管理社会各方面事务的能力，包括改革发展稳定、内政外交国防、治党治国治军等各个方面。

电力安全治理是国家治理理论在电力安全领域的具体应用和发展，是电力行业贯彻国家治理思路的具体实践，包括政府、行业和企业层面的电力安全治理以及三者之间的分工、协调和控制，是传统电力安全管理理论的发展、延伸和拓展。从机构上看，电力安全治理纵向包括各层级安全专业管理和监管部门，横向还有规划、生产、检修、物资、技术、党建等不同部门，各自按分工参与电力安全治理；从人员构成上看，包括从安全第一责任人到参与具体安全生产的一线员工和外包员工；从规章制度上看，包括从安全技术、管理、文化和责任等一系列与安全相关的法律法规、规章制度和标准体系等。这些机构、人员和规章制度共同构建起电力安全治理体系。电力安全治理能力则是运用电力安全治理体系管理电力安全各方面事务的能力。电力安全治理体系和治理能力是一个有机整体，相辅相成，有了与电力安全实践相适应的电力安全治理体系才能提高治理能力，提高电力安全治理能力才能充分发挥治理体系的效能。

1.1.2 推进电力安全治理的必要性

1. 推进电力安全治理是推进国家治理的必然要求

2019 年 10 月，党的十九届四中全会通过《中共中央关于坚持和完善中国特色社会主义制度、推进国家治理体系和治理能力现代化若干重大问题的决定》(以下简称《决定》)，进一步深化和丰富了党的十八届三中全会精神，强调要坚持和完善中国特色社会主义制度、推进国家治理体系和治理能力现代化。《决定》提出“到我们党成立一百年时，在各方面制度更加成熟更加定型上取得明显成效；到二〇三五年，各方面制度更加完善，基本实现国家治理体系和治理能力现代化；到新中国成立一百年时，全面实现国家治理体系和治理能力现代化，使中国特色社会主义制度更加巩固、优越性充分展现”。

安全生产是我国可持续发展的重要组成部分，健全公共安全体制是推进国家治理体系和治理能力现代化的重要组成部分。《决定》提出“健全公共安全体制机制。完善和落实安全生产责任和管理制度，建立公共安全隐患排查和安全预防控制体系。构建统一指挥、专常兼备、反应灵敏、上下联动的应急管理体制，优化国家应急管理能力体系建设，提高防灾减灾救灾能力”。《中华人民共和国国民经济和社会发展第十四个五年规划和2035年远景目标纲要》也明确指出“全面提高公共安全保障能力。坚持人民至上、生命至上，健全公共安全体制机制，严格落实公共安全责任和管理制度，保障人民生命安全”。

电力是关系国计民生的重要基础产业和公用事业，与人民群众的生产生活密切相关。电力行业肩负着为全面建设社会主义现代化国家提供安全可靠电力供应的政治责任、社会责任和经济责任，电力安全事关国家安全、经济发展和社会稳定。建立科学、高效的电力安全治理体系，推进电力安全治理体系和治理能力现代化，适应新时代全面深化改革发展要求，是电力安全工作的重要任务，也是推进国家治理体系和治理能力现代化的客观要求。

2. 推进电力安全治理是保持电力安全良好形势的根本路径

安全是发展的前提，发展是安全的保障。党的十九届五中全会提出，要统筹发展和安全，建设更高水平的平安中国。如果电力安全得不到保障，将直接威胁数百万电力行业从业人员生命安全，影响电力安全稳定可靠供应，给国家和社会带来不可估量的损失。

经过多年的发展，我国建立了世界上规模最大、技术水平先进的电力系统，总体装机、新能源规模、全社会用电量、最高电压等级等均居世界第一，特高压输电、百万千瓦级二次再热火电机组、百万千瓦级水轮发电机组、风光储微电网、综合智慧能源等一大批电力技术水平居世界前列。电力行业坚持以习近平总书记关于安全生产重要论述为指导，始终秉承“安全第一”理念，把安全放在突出位置，全面推进电力安全生产领域改革发展，深入推动技术创新、管理创新和文化创新，压实各方责任，电力安全工作取得了令人瞩目的成就。

（1）安全技术蓬勃发展。

拥有自主知识产权的大型电力装备达到国际领先水平，以“大云物移智”等为代表的新一代电力技术广泛应用于电力安全生产各个环节，人身安全防护、设备防误操作等方面的安全技术不断创新，技术对提升本质安全的关键作用得到了有效发挥。

（2）安全管理水平稳步提升。

安全生产标准化、防事故二十五项重点要求等基础工作进一步夯实，风险分级管控和隐患排查治理双重预防机制有效落实，电力行业基本建立起危险源辨识、风险分析、风险评估、风险控制为一体的闭环和分层次管理的安全风险管控体系，建立近期与远期结合、常态与极端结合、综合与专项结合的"三结合"电力安全风险管控机制并坚持不懈推动落地实施，电力事故防范能力大幅提升。

（3）安全文化逐步形成。

"和谐·守规"的电力安全文化氛围基本形成，"电力安全文化建设年"活动成效明显，电力企业安全文化建设广泛开展并各具特色，初步构建起自我约束、持续改进的安全文化建设长效机制。

（4）安全责任层层压实。

电力企业严格履行法定责任，健全全员安全生产责任制，法定代表人和实际控制人同为安全生产第一责任人的要求得到全面落实。行业监管和属地安全管理责任逐步落实，安全监管执法不断强化，责任追究机制不断完善，齐抓共管工作格局初步形成。

（5）应急能力显著提高。

应急预案体系持续完善，应急指挥协调联动机制不断加强，应急保障、监测预警、救援处置能力进一步提升。成功处置应对金沙江堰塞湖等重大险情和台风、洪涝等自然灾害，圆满完成各项重大活动保电任务。

自 2017 年以来，电力人身伤亡事故起数和伤亡人数总体下降并保持较低水平，电力安全生产局面总体稳定。据统计，"十三五"期间，全国共发生电力人身伤亡事故 228 起，造成 377 人死亡（含自然灾害事故 7 起，造成 45 人死亡）；没有发生电力系统水电站大坝垮坝、漫坝以及对社会造成重大影响的事件。具体来看，电力生产人身伤亡责任事故 154 起，造成 167 人死亡；电力建设人身伤亡责任事故 67 起，造成 165 人死亡；自然灾害事故 7 起，造成 45 人死亡；直接经济损失 100 万元以上的电力设备事故 13 起；电力安全事件 33 起。2021 年，全国发生电力人身伤亡事故 35 起、死亡 38 人，较 2012 年

减少 14 起、48 人，分别下降 28.6% 和 55.8%，电力安全生产水平在各行业名列前茅。“十三五”以来电力安全生产情况如图 1-1 所示。

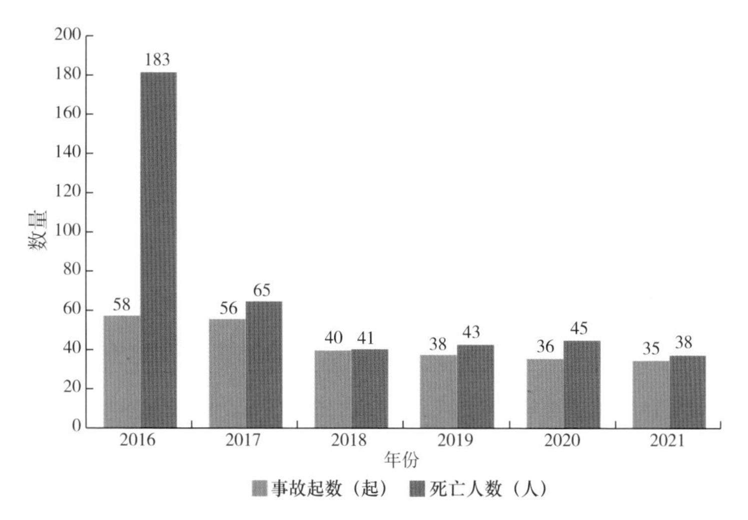

▲ 图 1-1 “十三五”以来电力安全生产情况

但是，我们必须清醒地认识到，当前良好的电力安全形势并不稳固，部分地区和电力企业依然存在安全发展理念不牢固、安全底线红线意识不强、安全责任落实不到位、双重预防机制不健全、安全意识和技能不足等问题，电力安全风险和隐患依旧并将长期存在，电力安全生产事故依然时有发生。究其原因，关键在于传统的电力安全管理理念不能适应当前电力安全形势需要，电力行业未能从“治理”的高度充分调动基层一线人员的主观能动性，未能从技术、管理、文化、责任等多个维度协同发力强化电力安全工作，电力安全治理体系和治理能力现代化距离实际需求还相去甚远。

站在统筹发展和安全的战略高度，全面完整准确贯彻新发展理念，深入推进电力安全治理，是电力行业实现长期可持续发展、从根源上解决电力安全各种问题的根本路径。通过推进电力安全治理，逐步构建现代化的电力安全治理体系，不断提高安全治理法治化、专业化、智能化水平，才能为电力行业高质量发展筑牢安全屏障，从根本上保持电力安全生产良好态势。

3. 推进电力安全治理是应对电力安全新挑战的必然选择

我国已进入新发展阶段，这是在全面建成小康社会、实现第一个百年奋斗目标之后，全面建设社会主义现代化国家、向第二个百年奋斗目标进军的发展阶段。

新发展阶段，电力安全面临着一系列新的课题与挑战。从转型情况看，我国能源电力行业深入贯彻落实习近平总书记建设能源强国和实现“碳达峰、碳中和”战略目标要求，能源转型步伐进一步加快，电力行业、电力系统正在发生深刻变化。全国用电量持续增长，电力供需矛盾日益突出，部分时段电力供应能力受到挑战，错峰限电风险增加。

（1）从系统安全看，电网规模持续扩大，系统结构愈加复杂，交直流混联大电网与微电网等新型网架结构深度耦合，“双高”“双峰”特征凸显，灵活调节能力不足、系统性风险始终存在。电力设备规模大幅增长，输电通道日益密集，储能等新业态蓬勃发展，设施设备运维管控风险骤增。

（2）从网络安全看，新能源、分布式电源大量接入电网，源网荷储能量交互新形式不断涌现，电力行业网络与信息系统安全边界向末端延伸。电力大数据获取、存储、处理使数据篡改和泄露的可能性增加，云计算、物联网、移动互联技术在电力系统深度应用，电力行业网络安全暴露面持续扩大。

（3）从人身安全看，“十四五”是向“碳达峰”目标迈进的关键期和窗口期，新能源及配套送出项目密集建设，电力工程作业面和风险点快速扩大，建设资源进一步摊薄，建设、监理等施工力量不足的矛盾将进一步加剧，安全主体责任落实及施工作业现场安全管控难度加大。水电资源开发、抽水蓄能电站建设进入新阶段，各类风险防范和安全管理任务艰巨。

（4）从自然灾害情况看，近年来我国遭受的自然灾害突发性强、破坏性大，监测预警难度不断提高，部分重要密集输电通道、枢纽变电站、大型发电厂因灾受损风险升高。部分城市防范电力突发事件应急处置能力不足，效率不高。流域梯级水电站、新能源厂站综合应急能力存在短板，威胁电力系统安全稳定运行和电力可靠供应。

面对新挑战的同时，我们也应该看到，新发展阶段电力安全治理有了新的基础和条件。经过多年努力，我国电力安全工作体系初步形成，安全技术、安全管理、安全文化、安全责任等领域治理取得明显进展，发挥了重要作用，保持了电力安全形势持续稳定。特别是随着数字化技术的进步和能源转型步伐的加快，数字化与电力安全工作深度融合，为技术进步、管理提升、文化创建和责任落实提供了新的措施和平台，更为建设电力安全治理体系、开创电力安全治理新局面创造了新的条件。

我们应当准确把握新发展阶段电力安全治理形势和特点，全面完整准确贯彻新发展理念，按照问题导向和目标导向原则，坚持系统观念，深入贯彻国家治理理念要求，借助数字化转型力量，进一步推进电力安全治理，构建包含技术、管理、文化、责任在内的电力安全治理体系。通过构建新的电力安全治理体系，有效解决传统安全管理只讲管理或技术的碎片化、割裂化问题，实现电力安全的系统、科学、综合、协同、高效治理，不断提升电力安全水平，有力应对新发展阶段面临的各种新挑战。

1.1.3 电力安全治理的目标方向和指导思想

党的十八大以来，以习近平同志为核心的党中央高度重视安全生产工作，习近平总书记就做好安全生产工作发表一系列重要论述，要求以人民为中心，坚持人民至上、生命至上，统筹发展和安全，对做好新时代安全生产工作提出了明确要求和方向，安全生产在党和国家工作大局中的地位更加突出，电力安全工作步入新的科学发展阶段。

电力安全治理的目的就是贯彻落实习近平总书记关于安全生产的重要指示批示精神，坚持以人民为中心，以行业目标为引领，努力追求“系统稳定、人身安全、设备可靠、应急高效”目标，实现高质量发展和高水平安全的良性互动。其中，系统稳定，就是保持电力系统安全稳定运行，不发生电力系统事故。人身安全，就是实现人员零伤亡，不发生人身伤亡事故。设备可靠，就是电力设备安全可靠，不发生设备事故。应急高效，就是电力应急体系和应急能力不断健全和提升，能够有效应对各类突发事件。“系统稳定、人身安全、设备可靠、应急高效”涵盖了电力安全工作的各个领域，是电力安全治理的目标和努力方向。

理念是行动的先导，发展实践都是由发展理念来引领的。要实现电力安全治理目标，首先需要一个清晰的理念引领和指导。近年来，在不断地探索与实践中，电力行业对如何贯彻落实习近平总书记关于安全生产重要论述、如何抓好电力安全生产工作的思考不断深入，在丰富的实践经验基础上，对电力安全生产抓什么、怎么抓、谁来抓有了更加统一的认识和系统的理解，总结提炼形成了“安全是技术，安全是管理，安全是文化，安全是责任”的电力安全治理理念，即“四个安全”治理理念，强调依托技术保障安全，依托管理提升安全，依托文化促进安全，依托责任守护安全，逐渐形成了适应新时代需求的“四个安全”电力安全治理体系。“四个安全”治理理念是电力行业贯彻落实习近平总书记关于安全生产重要论述的具体体现和最新成果，是传统电力安全管理理论的创新发展，是多年来电力安全工作经验的总结提升，具有鲜明时代特点和重要现实意义。

在“四个安全”治理理念引领下，在全行业共同努力下，“十三五”期间全国电力安全生产形势持续稳定向好，没有发生大面积停电以及电力系统水电站大坝垮坝、漫坝等对社会造成重大影响的事件，实现了事故起数、死亡人数逐年稳定“双下降”，圆满完成了为决胜全面建成小康社会提供稳定可靠电力保障的历史任务，保持了全国电力安全生产形势持续稳定良好局面。为适应新时代电力安全生产工作需求，推动电力安全治理体系和治理能力现代化是实现电力安全治理目标的唯一途径。具体来说就是按照推进国家治理体系和治理能力现代化的总体要求，坚持“四个安全”治理理念，不断加快电力安全新技术推广应用，完善电力安全管理制度，构建适应行业发展需求的电力安全文化，推动落实电力安全生产责任，构建“四个安全”电力安全治理体系，推动电力安全治理体系和治理能力现代化，满足行业发展对电力安全治理的新需求。

1.2 “四个安全”电力安全治理理念

1.2.1 电力安全治理理念的理论和实践基础

1974 年，美国国家安全委员会提出了“三 E”系统对策理论，即国际安全对策理论，指出安全工程（技术）对策（Engineering）、安全制度（管理）对策（Enforcement）和安全教育（文化）对策（Education），是安全保障的宏观策略体系，也称为安全生产的三大保障支柱，或简称为安全生产的“技防”“管防”和“人防”对策，被视为加强安全生产的三大主要方面。“责任”则是在我国电力安全治理实际工作中，贯穿安全生产全过程的约束力量和保

障措施，是电力安全生产和安全治理的必要因素。在实践中，安全责任追究制度一直是我国安全生产管理的重要组成部分，无论是《安全生产法》（国家主席令第 88 号）《生产安全事故报告和调查处理条例》（国务院令第 493 号）《电力安全事故应急处置和调查处理条例》（国务院令第 599 号）等法律法规，还是电力企业内部事故调查规程、安全生产奖励考核办法，都将抓安全责任落实作为电力安全治理的重要手段之一。“四个安全”治理理念正是集成了传统的“技防”“管防”“人防”概念，并纳入我国现阶段的安全责任理念，是传统安全管理理念的拓展、延伸和发展。

另外，通过对改革开放以来有关电力企业安全各类测度与评估研究的总结，可以发现电力安全工作涉及的要素主要包括安全技术、安全管理、安全文化、安全责任、系统安全、设备安全、人身安全、网络安全、大坝安全、消防安全、环境安全、公共安全等方面，以及安全绩效结果、安全过程管控等过程性因素。根据电力安全工作实际，我们认为前四个要素属于宏观层，后面若干要素属于业务层，通过安全技术、安全管理、安全文化和安全责任四个要素可以将影响电力安全的全部因素囊括在内。以设备安全为例，通过排列组合可提出设备安全技术、设备安全管理、设备安全文化及设备安全责任等方面的管控要素、指标，宏观层的各要素均贯穿于业务实施过程，即安全技术、安全管理、安全文化、安全责任为电力安全生产治理体系的核心要素，如图 1–2 所示。人身安全、系统安全、网络安全等方面亦如此。

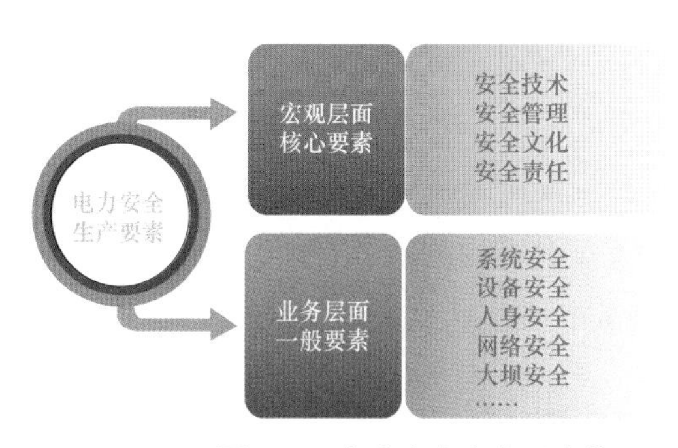

▲ 图 1–2　电力安全生产要素关系

通过对近年来电力事故事件调查报告等数据分析，我们发现将近三分之二事故的直接原因是“人的不安全行为”，三分之一事故的直接原因是“物的不安全状态”，所有事故的间接原因或多或少存在技术缺陷、制度规程不全、管理失职渎职、安全意识薄弱、责任链条缺失、职责界面不清等问题，反映出在技术、管理、文化、责任等方面的不足。为达到避免事故、实现安全的目的，需要从技术、管理、文化和责任四个维度出发，采取系统治理方式，全面提升安全治理水平。

第一，任何电力生产任务的完成，要保证安全，首先应该考虑选择最安全的物质条件、用最先进的技术手段，追求任务过程的本质安全。这就是“安全是技术”理念，强调用技术理念、技术手段，实现对风险的管控和隐患的治理。

第二，在一定技术和物质条件下，因为各种原因仍然存在不安全因素或隐患，就应通过生产环节的拆分、作业流程的优化等措施来消除隐患、控制风险。这就是“安全是管理”理念，其本质是运用管理手段弥补技术短板，实现人与环境、任务的协调，管控过程风险，达到安全完成任务的目标。

第三，任务的完成离不开行为主体，即人的因素。若行为主体安全意识、安全习惯不到位，即便有先进的物质条件、科学的管理措施也难以保证安全，故而需要在安全理念中关注人的意识、行为习惯，以良好的安全意识和安全习惯来守住安全的最后一道防线。这就是“安全是文化”理念，着重强调强化行为主体的安全理念和安全意识，养成安全习惯，营造安全氛围。

第四，如何将人、物、管理的链条锁紧，确保万无一失？那就是“安全是责任”理念。责任划分本是管理的一部分，但是我国电力行业历来强调安全责任，通过细分责任、明确责任、落实责任、追究责任等措施，将人与物、人与管理各环节之间的关系压实，形成安全管理与完成任务目标过程最后的约束。

“四个安全”治理理念就是通过技术、管理、文化和责任四个维度层层递进、往复循环地推动和落实，最终达到安全的目的。

1.2.2 电力安全治理理念的内涵要义

1. 安全是技术

安全是技术，就是贯彻“技术第一”理念，将技术作为保障安全的第一选项，发挥技术在防范减少安全事故中的基础性作用，通过强化技术手段为完成任务消除安全风险和隐患，不断提高行为主体和监管人员的技术思维和技术素养，构建本质安全体系。

技术是保障电力系统安全稳定运行的重要基础。电网运行方面，随着电压等级升高和电网容量加大，系统的短路容量、短路电流越来越大，故障分析和切除更加复杂，正是不断提高保护装置的可靠性、灵敏性、快速性和安全性，才有效保障了大电网的运行安全。发电运行方面，AGC 自动发电系统可由网调在远方输入负荷指令，就地多个发电厂自动响应负荷变化，使电力系统处于安全经济的状态。运行检修方面，带电电缆的路径探测技术可在不切断电缆供电的前提下，通过接收空间电磁场分布确定被测电缆的位置和埋深。这些先进技术的广泛应用成为电力系统安全稳定运行的基础保障。

技术是电力生产事故事件大幅减少的根本保障。依靠技术支撑，通过各种技术措施来防止发生事故，使生产系统在任何时候、任何场所、任何过程、任何环节，其“物态”始终处在安全运行的状态：即设备达标，无危险、无故障；原料保质，无失效、无危害；工具良好，无缺陷、无风险。可以说，技术是通向本质安全的首选之路。例如，通过设计、制造、检验、施工、安装、监测等科技手段和措施，使设备和工艺的全生命周期安全性能最大化；使得安全防护设施更齐全，安全监测监控更有效；以科学的安全规范及标准为据，使生产区域、平面布置、安全距离、道路设施等符合安全要求，实现采光、通风、温湿、噪声、粉尘及有害物质控制达标。

技术是进一步提升电力本质安全水平的首要途径。对于因技术原因直接构成事故事件发生的诱因，要通过技术进步消除；超特高压交直流输电系统、串联补偿线路、统一潮流控制器、柔性直流输电系统等并存的超特高压交直流混联电网，要通过技术进步保障系统安全；依靠技术创新、推广技术应用，实现“机械化换人、自动化减人”的目标，减少人员数量，维护人身安全；通过技术进步将传统电力设备与新兴技术的结合，引领电力设备在设计、运行和维护保障等方面进行全方位升级，以保障设备安全。

2. 安全是管理

安全是管理，就是通过采取管理手段弥补技术与物的条件的不足，使行为主体能力与任务相适应，工作流程科学化、规范化，消除隐患，管控风险，提升全系统安全水平，是实现安全的体制机制保障。

安全管理是国家和企事业单位安全部门的基本职能，是管理的重要组成部分。它运用行政、法律、经济、教育和科学技术等手段，协调社会经济发展与安全生产的关系，处理国民经济各部门、各社会集团和个人有关安全问题的相互关系，使社会经济发展在满足人们的物质和文化生活需要的同时，满足社会和个人安全方面的要求，保证社会经济活动和生产、科研活动顺利进行、有效发展。大量理论基础和生产实践证明，在未达到本质安全的前提下，确保安全生产必须依靠强有力的管理手段。

安全标准化、精细化靠管理来达成。对电力行业而言，安全管理的首要任务就是将复杂的生产简单化、表格化，简单的环节精细化、标准化，将每个岗位和环节的安全风险降到最低，是有效防范事故发生的重要保障。电力安全管理在生产实践中逐步建立起一套科学、规范、操作性强的制度和标准约束体系，实施合理、系统、超前、动态、闭环的预防型安全管控，变“经验管理”为“科学管理”、变“结果管理”为“过程管理”、变“事后追责”为“事前管控”、变“静态管理”为“动态管理”、变“成本管理”为“价值管理”、变“效率管理”为“效益管理”、变“因素管理”为“系统管理”、变“管理的对象”为“管理的动力”、变“约束管制”为“激励管理”、变“人治管理”为“法治管理”，并能够长期有效运行，持续改进提升，有效控制事故的发生。

安全科学化、现代化靠管理来促进。面对艰难繁重的电力安全任务和日新月异的电力安全生产环境，需要通过管理创新来提高电力安全工作的科学化、现代化水平，才能使电力安全生产工作与时代同步。电力行业许多行之有效的管理手段，如“两票三制”管理、安全性评价、安全生产标准化、双重预防机制建设等，随着互联网、大数据技术在各行各业的深度融合与有效利用，也不断探索深化信息化、数字化手段的灵活运用，提高安全管理智能化水平和管理效率。

安全常态化、长效化靠管理来实现。“冰山理论”告诉我们，隐藏在深层次的问题才是制约安全生产的突出因素。电力行业触电、高坠等安全隐患和危险点普遍存在，消除隐患、管控风险是防范电力安全生产事故的有效手段。安全管理做到管控的超前预防、系统全面、科学合理、能动有效，使自律、自我管理成为普遍和自然，最终实现安全管理的零缺项、零宽容、零追责。例如，2021 年 9 月 1 日实施的《安全生产法》（2021 修正）正式明确了

“三管三必须”的新要求，并将安全风险管控和隐患排查治理双重预防机制写入主要负责人安全职责。做好电力安全生产工作就是要把风险管控挺在隐患前面，把隐患排查治理挺在事故前面，将安全事故扼杀于摇篮、消弭于无形。

3. 安全是文化

安全是文化，就是将文化作为促进安全的有力抓手，着力培育全行业共同的安全价值观和安全行为规范，营造“和谐·守规”安全文化氛围，实现安全意识、行为习惯全面提升和安全生产长治久安，是实现安全的精髓、灵魂和内因。

在电力领域，安全文化是指安全理念、安全意识以及在其指导下的各项行为的总称，它以价值观、信念、仪式、符号、组织及个人行为方式存在。安全文化是全体职工对安全生产形成的一种共识，是安全生产的灵魂，看不见，又无处不在。随着产业的快速发展，技术成为推动行业发展的基础，制度是保障行业发展的动力，文化成为安全生产最核心、最稳定、影响最深远的部分。电力行业从业者的行为无不是在一定的思想观念指导和推动下进行。安全文化成为行业持续高质量发展过程中最关键的一部分，是推动行业发展的精髓和灵魂，是打破制约安全生产瓶颈的“利器”，是真正实现“要我安全”向“我要安全”转变的核心要素。

安全文化是保障安全的关键内因。长期以来，尽管电力行业始终将安全生产放在非常突出和重要的地位，但是在硬件和软件的安全保障水平都有了较大提升的情况下，事故隐患依然不能杜绝，“任何意外和事故均可避免”的目标未能实现。通过对电力安全生产现状的思考，人们充分认识到，要实现根本的安全，最终的出路还在于“安全文化”。首先，重视安全，就是“以人为本”。习近平总书记强调要始终把人民群众的生命安全放在首位，发展决不能以牺牲人的生命为代价，这是一条不可逾越的“红线”。培养“以人为本，生命至上”的安全理念不仅是贯彻落实党中央、国务院领导关于安全生产工作的指示批示精神，也是实现企业安全稳定和长治久安的客观需要，更是依法治企的必然选择。其次，关注安全，就是“关爱生命”。“生命大于天，责任重于山”“抓安全生产就是在做善事”，尊重生命、热爱生命、珍惜生命、保护生命既是对社会和企业负责，更是对职工和家属负责，只有持之以恒地维护职工生命和健康权益，使安全真正成为企业文化，并将安全文化最终转化为职工的行动自觉，才能实现“软实力”的增强与“硬水平”的同步提升。

最后，抓好安全，就是“营造和谐”。良好的安全氛围是生命线中给养的血液，是实现安全管理的灵魂。营造“人人为我，我为人人”的安全文化氛围，要从安全文化建设入手，通过入眼、入耳、入脑、入心的活动，丰富安全知识、强化安全意识、规范安全行为，实现“要我安全”向“我要安全、我会安全、我能安全”转变，不断赋予安全基础建设的新内涵。

安全文化可以引导员工为企业安全生产和社会和谐发展而努力，使员工形成强烈的认同感、使命感和持久的驱动力，在潜移默化中激发员工安全生产意识和安全习惯，让员工形成发自内心的自觉安全行为，激励员工不断超越自我，实现安全生产长治久安。安全文化是一种价值认同，当安全文化发展到一定程度，安全管理要素发挥的作用就会降低，人的安全知识和技能大幅度提高，不再需要法律和制度的约束，而是将遵章守纪变为一种行为习惯，进而形成一种自觉和互助行为，安全治理体系形成一个智能、自我修复、自我发展的体系。

4. 安全是责任

安全是责任，就是将责任作为维护安全的底线措施，建立健全安全责任保障体系和监督体系，明确全员安全责任清单，贯彻责任落实措施，强化安全责任追究，有效规范和约束从业人员行为，达到守护和保障企业安全生产的目的。

责任是一种约束，有两层意思。一是对事、对他人、对自己、对社会都应尽的义务；二是失职应承担的处罚。就安全生产责任而言，通常由法定责任和工作职责两部分组成。责任是一个完整的体系，由责任目标、责任制度、责任落实和责任追究四个要素组成。企业全员通过强化明责知责、勇于尽责担责、敢于追责问责，解决安全生产工作“干什么”“怎么干”“没干好怎么办”的问题。安全责任界定了安全管理体系中各层级职权在运用过程中的职责，还将安全管理体系行为约束在一定的范围之内。明晰的安全责任能够引导各级生产人员重视安全生产工作，切实贯彻执行国家政策法规，在认真负责地组织生产的同时，积极采取措施，改善劳动条件，降低安全事故风险。安全责任也明确了未履行职责，依据后果和情节追究责任，是一种刚性约束。

责任是管理的一部分，又是独立于管理之外的重要衡量维度。技术、管理和文化本身是相对独立的三个要素，层层递进但相互之间无强关联，责任则是贯穿安全生产始终的要素和纽带，将人与物、人与管理等环节之间的关系压实。在企业内部，技术人员落实岗位职责助力安全生产技术的发展，管理人员落实岗位责任助力管理方法的创新，领导班子落实岗位责任助力营造良好的安全文化；同时，责任又像一张无形之网，约束着全员在责任范围内开展工作，失职、渎职都将受到追责或处罚。

安全责任在电力安全治理中对促进安全技术、安全管理和安全文化的有机统一起着耦合剂的作用。在具体工作中，政府部门按照“管行业必须管安全、管业务必须管安全、管生产经营必须管安全”的要求，根据职责分工，落实安全监管责任；电力企业履行好主体责任，加大安全投入，健全管理机构，完善安全制度，督促一线职工按照生产流程和操作规程生产，抓好全员安全生产责任制的落实，防止和减少安全事故发生。发生安全生产事故后，按照“四不放过”原则，全面开展责任倒查，严肃追究生产经营单位、个人以及有关监管部门的事故责任。既查清个人、企业和监管部门责任落实情况，也要追究相关人员责任落实不到位的责任，用责任管住安全、守护安全。

1.2.3 电力安全治理理念的逻辑关系

安全技术、安全管理、安全文化、安全责任是构成电力安全治理体系的核心要素，不同要素在安全治理中发挥不同作用，同时各要素间既相互融合、相互影响，又相互独立、相互制约，共同组成有机整体，形成逻辑完整的“四个安全”治理理念。电力安全治理体系逻辑关系如图 1–3 所示。

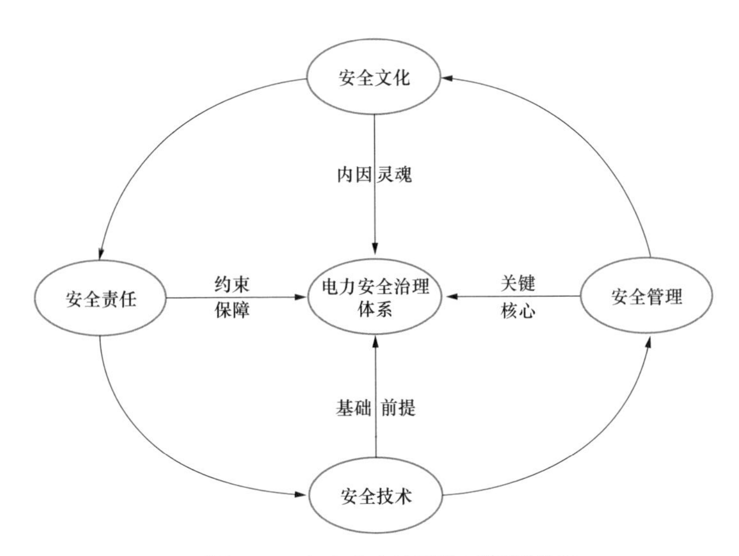

▲ 图 1–3 电力安全治理体系逻辑关系

1. 技术是电力安全治理的基础和前提

“安全是技术”理念着重强调物的条件，重点要求树立“技术”理念，运用技术手段来构建任务完成过程的本质安全，是安全治理体系的基础和前提。

技术是针对物的条件。技术针对电力安全治理中物的环节，附着在设备之上和生产过程之中，是电力安全治理的物质基础和基本前提。在实践中，若干设备根据生产过程组成了装置、设施、工厂，构成了安全治理的物质对象，是安全生产的硬件。而安全技术则决定了设备（物）的安全状态和环境因素的安全程度，在安全生产中起到关键基础性作用。一个性能良好的设备、一套设计科学的程序发生安全事故的概率很小，在某种程度上可以说本质安全水平比较高；但一个存在安全缺陷的设备或操作规程，由于技术诱因发生事故的概率很大。如果不从根本上消除这种技术缺陷，发生事故将是必然。这是由物的基础性地位决定的。比如，近年来电力行业在火电企业推广的用尿素代替液氨的做法，使得液氨这一重大危险因素在电力行业的使用大幅减少，从而达到消除风险的效果。

技术是构建本质安全的首要措施。在生产过程中，因为种种原因，由于人的操作或管理失误、设备故障、意外因素等引发事故是难以避免的。但是，可以通过技术手段，构建本质安全体系来达到消除或者控制事故发生的效果。包括通过技术创新，创造低失误率的物质技术条件来减少和避免事故，比如，开发利用智能安全帽或定位系统防止发生走错间隔事故，利用智慧安全带防止不系安全带情况的出现。可以通过技术措施减少生产和作业过程中的人为参与程度，将安全风险降至最低，比如，用无人机代替常规人工巡线，使用机器人代替进行危险作业等。也可以通过技术措施降低可能的事故后果，即使发生事故也能避免人员伤害或构成事故，使发生事故的主要条件从根本上得到消除，比如，通过合理安排电网运行方式，控制单一故障对系统安全造成的影响。这就是技术在预防事故发生过程中发挥的关键性作用，是构建任务完成过程的本质安全的首要措施。

技术是安全治理的前提和基础。正因为技术的基础性、关键性作用，是电力安全治理的基础和前提，是首要采取的治理举措，也是影响安全管理、安全文化和安全责任作用发挥的重要因素。在电力安全治理过程中，首先通过技术措施来实现安全，管理、文化、责任都能影响技术要素作用的发挥，

技术进步反过来也可以帮助提升安全管理、安全文化和安全责任水平。设备和技术也是安全管理的对象，管理虽然不能彻底消除技术缺陷风险，但管理可以通过风险管控等手段直接影响技术的安全性。设备和技术最终必须由人来操作，人员的安全意识和安全能力直接影响技术的选择和操作行为，人员误操作常常是发生事故的重要原因。安全责任包括对技术的责任，技术责任落到实处，安全技术就能充分发挥在安全治理中的支撑作用。

2. 管理是电力安全治理的关键和核心

“安全是管理”理念着重关注人与物之间、作业环节之间的协调和配合，重视通过树立管理理念、优化管理过程、贯彻管理措施来保障任务的安全完成，是安全治理体系的关键和核心。

树立管理理念、贯彻管理制度、优化管理流程是实现安全的重要举措。管理是连接电力安全治理中人与人、物与物、人与物之间的桥梁枢纽。管理通过一系列规章制度和工作流程，清晰规定了生产过程的目标、内容和程序，明确了各层级相关人员的任务、职权和要求，确保生产过程中人、物、环节之间的和谐，做到“制度使其不能、教育使其不违、检查使其不漏、奖励使其不懒、严惩使其不怠”，达到降低安全风险、消除安全隐患、预防事故发生的目的，是电力安全治理的关键环节和核心纽带。一方面，在实现“治理”之前，管理是防范事故的主要手段；另一方面，即使通过推进电力安全治理，实现了“管理”向“治理”的飞跃，管理依然是治理的重要举措之一。

管理是安全治理的关键。电力安全工作中，在技术已经到位的情况下，还可能因为人的不安全行为产生安全风险。这时，需要依托管理手段，通过管理拆分，降低每一个作业环节的难度和风险，使得行为人的能力和任务需求相匹配，让人和物的状态相和谐，进而实现安全目标。比如现代流水线作业，让每一位员工只从事某一项具体操作，将工作难度降到最低，既提高了工作效率也极大地降低了发生事故的概率。另外，即使技术在某种程度上存在一定缺陷，也可以通过管理手段弥补技术的不足，将安全风险控制和降低在一定范围内。比如，通过对设备状态的定期检查，提前发现并消除安全隐患，达到安全目的。还比如，通过在高风险作业过程中设置旁站监督等方式，降低事故发生的可能。

管理是安全治理的核心。管理的对象是设备和人员，安全管理通过制度化、规范化的管理内容动作，强化安全技术的充分应用，规范人员安全行为，落实安全管理责任，降低技术缺陷存在的风险，使得电力生产各个环节朝着管理目标有序进行。在技术不断齐全完备的进程中，管理既是安全技术运用的流程保证，也是安全文化渗透、发挥作用的对象，同时还是安全责任落实的承接体。在电力安全治理过程中，其他三要素都是通过安全管理来体现，通过管理来运用。缺乏科学高效的管理手段，即使拥有再先进的技术措施、再科学的安全文化、再完备的责任体系也难以实现和保障安全。

3. 文化是电力安全治理的内因和灵魂

“安全是文化”理念着重关注人的意识与习惯行为，强调行为主体必须有良好的安全意识，养成良好的安全习惯，企业必须形成良好的安全氛围，是安全治理的内因和灵魂。

文化是安全治理的内因。文化针对电力安全治理中人的环节，通过安全文化建设提高人的安全意识和安全能力，养成良好的行为习惯，其覆盖面、渗透深度及具象化的应用程度，都深刻影响安全治理效果，是电力安全治理的根本内因。即使有了先进的技术措施和完备的管理手段，若行为主体没有良好的安全意识和安全习惯，安全风险仍然无法彻底消除。企业和员工的安全文化、安全意识、安全能力密切相关，是影响安全的深层次因素。在电力生产过程中，因为行为主体缺乏良好的安全习惯，没有戴安全带或安全帽，或者缺乏足够的安全意识，单独进入密闭空间操作、无措施从事危险作业等“低级”原因导致事故的情况经常发生。归根结底，都是由于安全文化建设不足导致的。

文化是安全治理的灵魂。文化是一个国家、一个民族的灵魂，更是企业和员工可持续发展的灵魂。安全文化是以人为本的文化，随着技术的进步、管理的完善、责任的夯实，想要真正实现安全自觉，一个自信、丰富、统一的文化灵魂是关键核心。随着行业的发展，电力安全生产环境大幅改善，电力新技术大范围推广应用，企业管理流程日趋规范，责任制建立以及追责问责更加完善，但即便物的状态是可控的、规章制度标准是齐全的、责任约束是严格的，只要人员缺乏良好的行为习惯，人因事故仍然有可能发生。因此，文化在安全治理中发挥着“润物细无声”的作用，是影响安全治理成效、“不可见”又“无处不见”的背后因素。唯有抓住文化这一灵魂，坚持形成良好的安全氛围、培育人员规矩意识，才能真正实现由“要我安全”向“我要安全”转变。

文化对技术、管理、责任理念的落实发挥着积极作用。在安全生产还受到各种不稳定因素影响的今天，在安全技术还未能做到消除全部隐患、做到绝对安全的今天，安全文化对安全治理尤为重要。一个受过良好安全文化熏陶人员，会自觉采用安全可靠技术，严格执行技术标准，遵守安全规程规定，履职尽责，最大限度降低安全风险。安全文化还能让各级人员规范开展安全管理动作，维护安全生产体系的正常运行，并能使体系内的各级人员正确面对安全责任带来的工作压力。安全文化以人为本，潜移默化地发挥作用，最终通过技术措施、管理手段和责任落实，在安全治理体系运作过程中，体现出安全文化的价值。通过良好的安全文化建设，能够让技术、管理、责任等治理措施发挥“事半功倍”的效果；反之，再好的治理措施也会“前功尽弃”。

4. 责任是电力安全治理的约束和保障

“安全是责任”理念着重关注不同行为主体之间关于安全生产形成的约束关系，强调必须树立责任意识、履行法定职责，方可守护电力安全生产“最后一道防线”。责任是电力安全治理的约束和保障。

责任是安全治理的约束。责任原本是管理的一部分，但是在我国电力安全治理过程中，一直将责任作为独立因素，发挥重要、不可替代的作用。责任能够督促技术的自我检测、自我革新，能够确保技术在实际应用前，审视检查技术本身的安全性、实用性以及适用范围，并能促使技术在责任压力面前，不断进步改良。责任是管理正常有效运行的约束，界定了管理动作中各层级职权在运用过程中的责任，确保安全治理运转不失控，把治理动作约束在一定范围之内。同时，有了责任的约束，才能确保抽象文化的有效渗透、体现落到实处，确保文化保持在正确、积极的方向上，持续扩散到体系的各级人员当中。所以说，是因为责任的存在，才能让技术、管理、文化在正确的“轨道”正常运转，不至于跑偏，才有技术、管理、文化作用的充分发挥。

责任是安全治理的保障。责任一方面是指对事、对他人、对自己、对社会都应承担的义务，另一方面是指没有承担相应的义务，因而承担的处罚。

通过规定安全生产中不同行为主体应该做什么、怎么做、没做好怎么办，以高度的警戒、严厉的处罚来保障技术、管理、文化职责得到准确无误地落实。大量安全生产实践表明，构建严密的责任体系，有利于增强各级领导和员工的责任心，调动安全生产的积极性，杜绝或减少事故的发生。特别是近年来，面对日益繁重和复杂多变的电力安全任务，行业监管与属地管理同时发力，加强联合监督检查，严肃事故责任追究，严格奖惩考核，对持续改进安全生产工作发挥了重要作用。同时，通过构建失职追责责任体系，在事故发生后进行严厉的责任追究，让事故责任人为事故发生付出代价，也让其他人员受到警示教育，达到提高安全生产水平目的。

责任是联系安全治理各个环节的纽带和手段。技术关注物，文化关注人，管理关注人与物、人与环境的协调，责任是在此基础上进一步增进技术、管理、文化之间联系和衔接的手段。在现阶段，电力安全发展不平衡、不充分矛盾依旧十分突出，仅仅依靠技术、管理、文化要素还无法保障安全，还有可能发生事故或者出现安全隐患，必须通过知责、履责、追责等一系列手段和措施，作为守护安全的“最后一道防线”和“最终枷锁”。责任在电力安全治理中构成了贯穿技术、管理和文化生产始终的要素和纽带，是技术、管理、文化在电力安全治理中发挥应有作用的内在约束和外在保障，在现阶段不可或缺。未来，随着电力安全治理能力的逐步提高，特别是通过技术进步实现或接近本质安全，责任发挥的作用会有所减少。

1.2.4 电力安全治理理念的作用和意义

一直以来，我国电力行业始终秉持“安全第一、预防为主、综合治理”方针，不断提升技术水平、创新装备系统、丰富管理手段，在装机规模持续增加、系统日趋复杂、控制难度逐步增大、自然灾害频发多发的情况下，保持了全国电力安全生产形势总体稳定。但是，当前我国电力安全治理依然存在一系列问题。从事故表现看，虽然事故起数和死亡人数持续下降，但是电力安全事故依然没有得到杜绝，较大及以上事故仍然时有发生，安全生产必须警钟长鸣、常抓不懈。从体制机制看，当前电力安全治理的分工机制还存在一些问题。个别地方政府属地电力安全管理和行业安全监管职责界面未完全理顺，很多企业内部将安全单纯视为安监部门责任，没有将电力安全目标

任务有效地分解和安排到各方参与者身上。电力安全治理协调控制机制的设计也存在一些问题，比如，行业监管中存在权责不对等的问题，承担了一些没有权力对应的责任；再比如，抽象的规划和具体业务存在矛盾，形式上的合规和实质能力存在矛盾，治理的外来推动力与内生驱动力存在矛盾等。从深层次分析看，主要还是电力安全治理推进不到位，治理体系中对主体、目标和任务进行组织的法则不够清晰、内容不够完善，不符合治理体系的有机性要求。

安全生产工作是一项系统工程。随着电力安全工作的推进，电力安全治理逐步进入“深水区”，需要坚持系统观念，构建科学、系统、高效的治理体系统筹推进。“四个安全”治理体系是传统电力安全管理的创新发展，把构建安全生产治理体系和提高治理能力有机结合起来，具有十分迫切的现实需求和成熟的外部、内部条件，是电力安全发展的必然结果，是应对新时代电力安全工作需求的必然选择。与传统电力安全管理理论相比，“四个安全”治理理念实现了从传统安全管理向现代安全治理转变，从单一因素管控向系统性治理转变，从遏制事故发生向全面提升本质安全水平转变。

1. 实现了从管理向治理转变

电力安全治理是从专项安全管理向以目标为导向的综合安全治理转变，是在技术、管理、文化、责任方面的经验基础上的进一步提升。从“技术制胜”到“文化强基”，从“法制”到“法治”，从“管理”到“治理”，电力安全管理经过多年探索实践，已形成了一整套管理体系，并随时代发展而发展。电力企业总结提炼出的“本质安全型企业建设”“QHSE 体系建设”“风险管控体系建设”“安全管理体系建设”“监管标准化体系建设”“安全文化建设”等行动，其实质都是建设全面覆盖安全观念、安全设施、安全措施和安全行为规范的安全管理体系，积累了覆盖全面、扎实有效的电力安全管理制度，具有良好的安全治理基础。

深入贯彻落实党中央重大决策部署，推进安全生产治理体系和治理能力现代化，构建以“安全是技术、安全是管理、安全是文化、安全是责任”为核心理念的电力安全治理体系，改变电力行业安全管理中现实存在的“重治标轻治本、重经验轻科学、重形式轻实效、重事后轻事前、重制度轻执行、重处罚轻教育、重追责轻担责”的形态，从思想和理论上完成了从管理向治理的转变，从行动上推进了安全治理体系建设。

2. 实现了从单一因素管控向系统性治理转变

进入新发展阶段，贯彻新发展理念，构建新发展格局，需要解决的问题会越来越多样、越来越复杂。国家发展战略中将安全生产工作纳入国家治理体系和治理能力现代化的大盘子，强调通过健全制度体系、创新体制机制等措施和方法，予以统筹考虑和科学推进。电力安全治理涉及方方面面，牵一发而动全身，面对新发展阶段电力安全工作的新形势和新任务，要从根源上解决安电力安全生产的种种问题，必须坚持系统思维，站在统筹发展和安全的战略高度，构建现代化的电力安全治理体系，提高治理效能。

多年来，电力行业在电力安全工作实践中，已经对影响电力安全工作的因素有了深刻的认识，主要包括安全技术、安全管理、安全文化、安全责任、系统安全、设备安全、人身安全、网络安全、大坝安全、消防安全、环境安全、公共安全等方面，以及安全绩效结果、安全过程管控等方面，但是在这些因素之间的关系上做系统研究的并不多，在具体工作中也往往在一个时段强调某个单一因素，或者由单一部分负责某一因素管控，缺乏系统上的整体治理，进而造成管理的不平衡，容易顾此失彼。

电力安全治理工作是一项系统工程，应该坚持系统观念，对影响电力安全的各个因素统筹考虑，系统管控。“四个安全”治理理念通过“安全技术、安全管理、安全文化、安全责任”四个要素，在宏观层面将影响电力安全治理中的所有因素纳入其中，形成一个有机整体，推进对电力安全的系统性治理，达到既治标又治本的目的，实现了以问题导向的单一管控向以“四个安全”为核心理念的系统性治理转变。

3. 实现了从遏制事故发生向全面提升本质安全水平转变

电力安全操作规程、制度，每一条、每一款都是在安全事故中总结出来的经验教训，可以说是用鲜血和生命写成的，都有着严格的科学依据。这种从汲取事故教训出发，从举一反三出发制定的制度、规程很有针对性，建立起的管理体系对遏制同类事故发生很实用，但系统性不足。

全面提升本质安全水平是国家对安全治理工作的要求，也是安全治理目标的历史必然。以“四个安全”为核心理念的安全治理，从技术、管理、文化、责任四个维度，追求“人员无伤害、设备无缺陷、系统无故障、管理无

漏洞”，全方位建立风险分级管控和隐患排查治理双重预防机制，按照系统治理、依法治理、综合治理、源头治理，构建包含法规标准体系、监管执法体系、隐患排查体系、责任指标体系、科教文化体系在内的行之有效、能持续改进的安全生产治理手段，从而全面提升本质安全水平。

1.3 “四个安全”电力安全治理体系

1.3.1 电力安全治理体系的构成

以“四个安全”为核心理念的电力安全治理体系，是按照系统治理、依法治理、综合治理、源头治理原则，以“四个安全”治理理念为指引构建的电力安全治理体系，是“四个安全”治理理念在电力安全治理中的具体应用和实践。根据当前我国电力安全治理体系现状，以“四个安全”为核心理念的电力安全治理体系是包括“四个安全”保障体系、“四个安全”监管体系和“四个安全”指标体系在内的、完整的电力安全治理体系，共同形成能够行之有效、持续改进的安全生产治理手段，实现全面提升本质安全水平的目标。以“四个安全”为核心理念的电力安全治理体系的构成如图 1–4 所示。

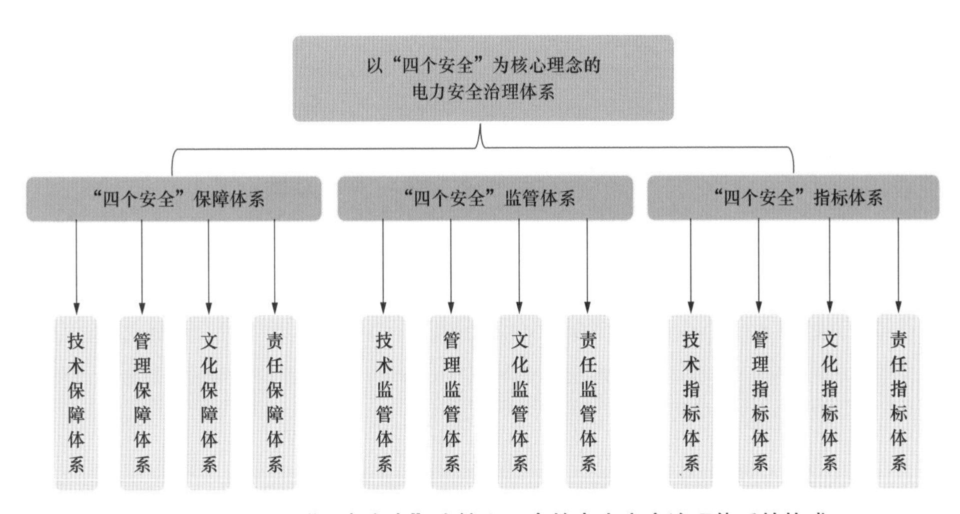

▲ 图 1–4 以“四个安全”为核心理念的电力安全治理体系的构成

1.“四个安全”保障体系

“四个安全”保障体系是指依照“四个安全”治理理念构建的电力安全保障体系，通过技术、管理、文化、责任等综合性举措实现保障电力安全目标，是实现电力安全的第一道“屏障”，具体包括技术保障体系、管理保障体系、文化保障体系和责任保障体系。构建“四个安全”保障体系，可以有力促进电力行业从业人员对“四个安全”的理解、转化、推广和应用。电力企业是“四个安全”保障体系的主体，应通过完善组织机构和相关制度规定，厘清工作职责界面，确保“四个安全”理念内化于心、外化于行，推动电力安全治理水平再上新台阶。

当前，许多电力企业存在一种错误观点，认为安全是监管出来的，不是保障出来的。还有的企业认为保障体系管好生产指标就行，对现场安全生产无须介入太深。然而，大量电力事故反映出，技术保障不扎实、管理环节有漏洞、文化引领未形成、责任链条不健全。例如，随着火电经营形势愈发严峻，火电企业职工收入待遇、岗位发展遇到困难时，如果没有积极向上的安全文化引领、没有保障员工生活质量的相关机制，发生人身伤亡事故是必然。因此，保障体系要落实安全生产主体责任，坚持以“四个安全”理念为引领，强化组织、制度建设，积极采用提升安全水平的新技术、新工艺，密切关注员工思想动态和身心健康，将员工职业通道与企业发展紧密相连，开展爱岗敬业、知责明责履责尽责的培训和宣贯，从技术、管理、文化和责任四个方面共同保障企业安全治理效果。

2.“四个安全”监管体系

“四个安全”监管体系是贯彻“四个安全”治理理念构建的电力安全监管体系，是对安全技术、安全管理、安全文化、安全责任的全方位监督管理，是电力安全治理的监督者、评价者、考核者。监管有两层含义，一是监督，二是归口管理，需要强调的是，归口管理不能替代主体管理。就我国目前形势而言，安全生产靠保障体系实施尚无法离开有效的监管。监管体系是保障体系无法自主良好运作时的有益补充，可以采取多种监管措施和手段，推动“四个安全”理念在企业落地生根，提升电力行业安全治理效能。

当前，对电力行业不论是政府还是企业，或多或少都面临监管能力不足、手段有限的困境和监管不到位等问题。一些企业安全监管机构形同虚设，监管制度只有数量或不切实际，给保障体系正常运转带来困难。良好的“四个安全”监管体系，应密切围绕技术、管理、文化和责任四个要素开展工作，加强监管意识和能力培训，建立安全监管负面清单制，不缺位、不越位、不错位，完善逐渐从严的监管方式，协同多个部门构建“大监管”体系，对违法违规行为实施联合惩戒，搭建平台、适时引导、择优推广企业安全生产良好实践，通过正向激励和负面约束双管齐下，真正体现以“四个安全”为核心理念的电力安全治理优势。

3.“四个安全”指标体系

“四个安全”指标体系是以“四个安全”为框架，围绕安全技术、安全管理、安全文化和安全责任的电力安全治理核心要素，建立真实反映电力安全水平和治理体系运行情况的量化评价指标体系，量化考核评价电力安全治理体系运转成效，实时反馈电力安全工作成果。

“四个安全”指标体系是对电力行业以往安全评价工作的继承、发扬和全面优化提升，从安全是技术、安全是管理、安全是文化、安全是责任四个维度，评价电力企业事故状态、设备、人员、管理、制度建设等方面的安全治理状况，为决策者和管理者全面掌握电力安全状况、制定安全发展战略、调整安全管理模式提供依据，实现全过程安全管控。基于评价结果及其分析结论，可以发现电力企业安全治理中设备、人员、管理、制度建设等方方面面的不足和漏洞，通过闭环管理和持续改进，提升电力企业安全生产治理能力。

1.3.2 电力安全治理体系的构建

电力行业的安全治理体系，是在行业安全治理的历史传承、文化传统和电力工业发展的基础上长期发展、不断演化的结果。“四个安全”治理体系的构建，以保障体系、监管体系和指标体系为对象，以技术、管理、文化、责任为框架和抓手，面向电力安全工作实际需求，不断改进和完善，持续提升电力安全治理能力和水平。

1. 贯彻“安全是技术”理念，以技术创新不断夯实电力安全基础

牢固树立技术保安全理念。在监管部门、安全管理人员和一线员工等电力安全治理所有相关人员中，宣贯用技术保障安全的工作逻辑和思维方式。面对电力安全风险和隐患，首先运用技术思维和技术方案审视分析风险原因

和风险管控关键环节，第一时间寻求通过技术手段予以控制和解决，按照技术规律推进电力安全各项工作。充分尊重和保护技术人员和技术力量，鼓励形成全员重视安全技术、全员学习安全技术、全员运用安全技术的良好氛围。

利用技术手段解决安全问题。从应用新技术提高电力行业安全生产水平的需求出发，围绕人身、设备、系统、网络四大安全方向，充分运用先进信息、数字、网络、智能等新技术，形成“体系完备、结构合理、资源共享、技术先进、注重实效”的新技术研究体系，全面提升电力安全生产技术水平。建立完善的电力系统安全稳定量化分析理论体系；创建多种稳定形态、筑起多道安全稳定防线、形成广域协同的安全稳定控制技术；实现电网复杂故障下的系统保护；建设电力系统安全稳定综合防御体系；研发高可靠性的稳定控制装备。

发展先进技术降低安全风险。高度重视安全技术和安全装备研发，广泛开展产学研基地建设，聚焦电力安全技术，搭建政府、院校、企业、专家沟通平台，使公共资源更好地发挥协作能力，加大对技术科研转化为科技应用成果的激励力度，强化对安全技术应用的鼓励支持，以科技创新引领电力安全技术发展。以工业物联网技术为基础和主要技术攻坚方向，实现电力各生产要素之间的广泛互联和产业数据的深度融合，促进电力产业系统和设备安全技术的创新升级。提高技术标准体系设计的系统性、前瞻性和全面性，建立统一推进的技术标准制定统筹工作机制；积极参与国际电力安全标准制定工作，加快与国际标准接轨。通过改进技术措施，管控、降低甚至消除电力安全风险和隐患，进而达到本质安全目标。

创建安全技术发展良好环境。强化政策引导，构建政府主导、企业支撑、社会共治的电力安全技术发展体系，完善技术研发投入、队伍建设、考核评估等工作机制，为安全技术发展提供良好基础。发挥政府的统筹引导功能，聚焦电力安全关键环节和重点领域，综合运用规划政策指导、价格引导、综合激励等手段，强化企业在成熟技术的推广使用、新技术的研发试用中以及科研院校在技术攻关中的主动性和积极性，为电力安全技术的推广和创新提供持续稳定的发展环境。营造新技术市场推广应用环境，紧密围绕电力安全发展实际，将电力安全新技术通过市场引导在企业落地，提高企业在技术创新决策、研发投入、科研组织和成果转化等方面的能力。

2. 贯彻“安全是管理”理念，以管理创新不断提高综合管理水平

电力安全管理须不断顺应电力安全工作环境变化，与时俱进，创新发展，实现管理重点向事前主动、源头治理转变，管理手段向法律和经济并重转变，管理方式向依靠科技进步和管理创新转变，以先进的管理理念带动提升电力安全水平。

健全安全管理体系。构建符合电力高质量发展的政策体系、标准体系、指标体系、统计体系、绩效评价体系等。发挥体制机制改革的突破和先导作用，着力固根基、扬优势、补短板、强弱项，进一步健全电力保障组织体系，推进构建统一领导、条块结合、上下联动的行业安全管理体制。不断改进安全管理体系，吸收国际上基于风险评估的管理体系的特点，强调行为安全管理是体系运行的重点，强调全员参与持续改进。推进电力安全生产监督管理从定性向定量转变，针对不同类型的电力企业，围绕治理体系核心要素，整合现有安全评价体系，构建能够真实反映电力安全生产水平的评价指标体系。

细化规范管理标准。将以《安全生产法》为统领的国家安全生产法律法规与电力安全管理融合渗透，形成符合电力行业特点的安全管理制度标准，突出电力安全生产法规规章科学性、系统性、完备性。研究跟进“碳中和、碳达峰”战略发展路径，及时制定和调整电力安全生产指导管理依据，支持和保障电力企业减碳措施有效实施。加强安全生产理论和政策研究，运用大数据技术开展安全生产规律性、关联性特征分析，提高安全生产决策科学化水平。

防范化解重大风险。落实“从根本上消除事故隐患、从根本上解决问题”的要求，持续完善电力安全风险分级管控和隐患排查治理的双重预防机制，完善电力行业风险管控长效机制，落实风险分级管控责任。建立安全风险控制评估的管理量化评价体系，形成安全隐患排查、整改、消除的闭环管理长效机制，实现电力安全由定性管理向定量管理转变。深入落实电力安全风险管控行动计划，加快形成风险大数据分析支撑能力，重点提高灾害多发地区防灾抗灾能力。

提升监管执法能力。推进综合执法，建立权责统一、权威高效的行政执法体制，加大政府监管和部门执法力度，加强基层安全生产执法力量。要将监管执法和服务发展结合起来，加快推进电力安全生产监管信息化工程建设，

统筹利用非现场监管和现场监管两种模式，推动监管方式向依靠科技进步和管理创新转变。创新安全生产工作的内容和形式，构建企业负责、职工参与、政府监管、行业自律、社会监督的协同共治机制，强化分级分类监管、重点监管和精准监管，引导企业将电力安全生产的意义提升至社会治理层面，推动行业安全“协同治理、齐抓共管”的格局。

提升电力应急能力。不断完善电力应急预案体系，建设各类专项预案、现场处置方案、典型事故和自然灾害事件应急演练示范库，开展电力重特大事故和自然灾害事件情景构建，提高应急演练水平。完善电力企业应急能力建设评估工作长效机制，滚动提升电力企业应急能力。完善电力行业应急指挥系统平台，全面提升电力突发事件综合指挥和协调处置能力。加强国家级电力应急救援基地建设，建设电力行业应急资源信息共享平台。完善突发事件影响和灾后损失评估机制、善后和恢复重建管理制度。

3. 贯彻“安全是文化”理念，以文化创新不断提升安全意识和安全能力

人的行为安全是影响安全的关键因素，要创新安全文化建设，不断提高安全意识、提升安全素质、改进安全行为，使从业人员由被动服从转变为自觉落实，是真正实现由“要我安全”向“我要安全”转变的关键所在。安全文化建设是一个系统工程，需结合行业、企业、社会客观情况和职工个人实际需求，按照行业高质量发展要求，制定符合新时代发展的、可行的、有效的电力安全发展体系，以文化创新不断强化从业人员安全意识，打造满足行业发展和人民需求的现代化安全文化建设体系，从而有效防范和减少各类安全生产事故。

安全文化创新首先是文化理念创新，文化理念是电力安全文化建设的核心价值体系。电力行业围绕“和谐·守规”的核心价值，深入开展安全文化体系建设研究，逐步完善电力安全文化理论、载体、传播、评估体系建设，努力实现“法治、诚信、共融、开放、责任、质疑、合作、互助、沟通”的电力安全文化建设目标，进一步凝聚安全文化共识，使电力安全文化延伸到每个角落，充分凝聚安全力量。加强电力安全文化理念、载体、传播的研究，并借鉴国内外先进的安全文化建设经验，通过组织机构的完善、传播体系的深入，将电力安全文化的精神内涵不断充实、丰富、延续、巩固，形成具有明显行业特点的安全文化。在电力安全文化产业的市场化运作中，打造市场

认可度高的示范基地、示范企业，树立公众认可的品牌企业、品牌项目，并作为良好实践在行业中提炼、复制、推广，从而提升行业整体安全文化水平。

安全文化创新促使从业人员安全文化素养的提高。电力安全文化核心价值的落脚点在人的身上，通过全方面、多维度、持续性的培训，通过精准地对技能、制度、心理、行为等意识形态的反复提升，使安全文化的核心和内涵真正入脑入心，使安全文化核心价值成为从业人员内心高度认可的内容。开展安全文化评估指标研究，细化指标体系将行业安全文化和企业安全文化有机融合，将从业人员安全意识的提高通过安全文化的评估指标体系来量化展现，加强动态调整、跟踪评估，真正了解电力行业安全文化实际状态，理性客观制定行业安全文化发展规划，有效推进全行业安全文化高质量发展。

安全文化建设需要将安全责任落实到企业全员的具体工作中，通过培育员工共同认可的安全价值观和安全行为规范，在企业内部营造自我约束、自主管理和团队管理的安全文化氛围，强化决策层的安全领导力，提高管理层的安全管制力，提升执行层的安全执行力，培塑企业全员想安全、要安全、学安全、会安全、能安全、做安全、成安全。即具有自主能动的安全理念，具备充分有效的安全能力，具有自觉、自主、能动、团队特质的生产企业领导者、管理者和作业人员，最终实现持续改善安全业绩、建立安全生产长效机制的目标。在实践过程中，电力行业将文化建设作为增强安全“软实力”的重要抓手，通过开展“电力安全文化建设年”和“安全生产月”等活动，构建起自我约束、持续改进的安全文化建设长效机制，逐步形成以“和谐·守规”为核心理念的电力安全文化体系，依托文化促进安全，用和谐守规凝聚安全发展共识。

4. 贯彻“安全是责任”理念，以健全责任制和精准追责落实安全治理要求

始终坚持以习近平总书记关于安全生产工作的重要指示批示为引领，落实“三管三必须”和“要把安全责任落实到岗位、落实到人头”的要求，从安全治理的各个方面深入研究岗位责权对等关系，构建“目标明确、权责明晰、失职追责、尽职免责、量化评价、动态考核”的现代电力安全责任体系，按照“横向到边，纵向到底”和“一岗一责”的原则，在完善“一级抓一级、一级保一级、一级带一级”的层级负责制的同时，强化本岗对本岗负责的岗位责任制。通过安全目标责任的落实和考核以及责任追究，增强各层各级岗位人员责任心，更加有效地落实电力安全治理要求。

在企业层面，强化安全主体责任落实。在企业建立全员岗位安全责任制，建立动态安全履职责任清单，开展企业全员安全生产责任制评估考核，采用融合党建、纪检、审计等多方机制的责任落实奖惩整改机制，健全齐抓共管的履责管理。强化全过程追责机制，进一步完善设备设计、制造、供货、安装、调试等全过程的追责体系。创新责任落实和追究方式，从频繁处罚向鼓励尽职免责的方向发展，做到让全员能够明责知责，坚信“尽职能够照单免责”，才能更加不遗余力地尽责担责；从考核处罚向积极激励相辅的方向发展，从“一票否决”向正面激励并举的方向发展，从综合类安全监管督导向全员尽职履责督察方向发展。开展以电力安全生产责任落实为核心的电力安全审计，构建更加科学有效的安全责任落实长效机制。建立日常生产管理系统与企业和员工安全责任的数据关联，实现以大数据为支撑的安全责任动态监测和履职监督。

在监督监管层面，强化追责问责方式与力度。借助电力安全生产委员会平台建立联合执法机制，完善电力安全风险跟踪督办和重大安全隐患挂牌督办制度，强化安全生产诚信约束，创新开展举报奖励机制和“四不两直”暗查暗访制，有效丰富电力安全监管手段。强化安全监督队伍建设，提高安全监督人员的业务能力。推进“照单免责”的电力安全追责机制，落实《关于加强和规范事中事后监管的指导意见》（国发〔2019〕18号）提出的“加快完善各监管执法领域尽职免责办法，明确履职标准和评判界线，对严格依据法律法规履行监管职责、监管对象出现问题的，应结合动机态度、客观条件、程序方法、性质程度、后果影响以及挽回损失等情况进行综合分析，符合条件的要予以免责”。推动社会力量参与电力安全治理监督，充分利用新闻媒体、中介机构、科研院所等专业力量，既为政府和企业开展安全生产工作提供智力支持，也代表人民群众行使对政府和企业履职尽责的第三方监督。完善落实安全生产诚信制度，各监管机构、各电力企业健全完善安全生产失信行为联合惩戒制度。

1.3.3 电力安全数字化治理

当前，数字化浪潮席卷全球，深刻改变能源等各大行业面貌。数字化思维和数字化技术成为推动能源革命的重要力量。依托“大云物移智链”等数字化核心技术，将数字化思维理念和数字化技术深度应用到“四个安全”治理过程中，以数字化推动安全治理体系和治理能力现代化是电力行业安全发

展的必然之路。

电力安全治理体系的数字化以业务数字化、业务集成融合、业务模式创新为抓手，通过对安全生产全要素（人、机、料、法、环）信息化、可视化、智能化分析管控，增强安全生产全过程的感知、检测、预警、处置和评估能力，实现电力企业安全管理从静态分析向动态感知、事后应急向事前预防、单点防控向全局联防的转变，切实提升电力企业本质安全水平。

以数字化提升电力安全治理效率。在安全生产战略、决策、组织和工作的全流程中融入数字化理念和思维，构建跨部门、跨业务流程的数字化集成管理模式和工作模式，形成流程驱动的数字化系统建设、集成、运维和持续改进的标准规范、治理机制。将安全治理工作从被动的“业务驱动”转变为主动的“数据驱动”，引导安全治理“以数字说话”。构建科学量化的监督管理指标体系和风险管控体系，将安全治理的各个层面用数字无缝对接，将安全治理的信息数据开放共享，让安全治理体系在数字化推动下更加智能。

以数字化安全治理支撑系统推进治理能力现代化。围绕设施设备运行状态、人员管控信息、外部环境数据的动态收集和分析，建设跨部门的安全治理“业务、管理、技术”兼备的数字化支撑系统。在业务方面承担信息共享、业务指挥和业务协调等职能，在数据方面承担跨专业数据集成、数据分析和大数据应用等职能，在管理方面承担跨部门流程优化、业务资源高效利用、跨专业沟通协调等职能，以数字化手段提升提高安全治理效率。在数字化支撑系统中整合功能应用、提供跨专业业务安全管控支撑，提升安全管理和状态信息的产出、交互的速度和质量，从而实现更精准科学的安全管理决策、更敏捷和透明的业务流程，提升和完善企业数字化安全治理体系和治理水平。

应用新技术促进安全治理数字化。电力行业要以数字化技术和互联网理念为驱动，实现能源电力行业的数字转型、智能升级与融合创新转型，推动能源技术与信息通信技术体系融合、能源生产供应清洁化与智能化、能效提升与能源服务升级。通过“数据化、智能化、精细化”的治理模式，促进安全治理主客体深度交互，加快新技术应用与现有电力安全治理业务融合，提升安全治理效能。

1.3.4 电力安全治理评价

根据 PDCA 理论，安全评价、检查是电力安全管理的重要环节，通过评价安全管理体系运转情况，发现管理体系存在的缺陷和不足，堵塞漏洞，实现电力安全水平持续提升。从20世纪末开始，电力行业将安全评价应用于发、供电企业，主要的模式是把安全评价应用于安全管理之中，使之成为安全管理的一种手段，包括电力安全生产标准化达标评级、并网安全性评价、企业安全性评价等都是安全评价理论在电力行业的具体应用，为提升我国电力安全管理水平发挥重要作用。

进入新时代，特别是随着数字化技术的发展，安全评价可以在推进电力安全治理体系和治理能力现代化，实现电力安全由“管理”向“治理”转变过程中发挥重要作用。通过构建基于“四个安全”治理理念的电力安全治理评价体系，持续深入开展电力安全治理评价，是推动电力安全治理由定性向定量转变、推进电力安全生产治理体系和治理能力现代化的关键举措。

基于“四个安全”治理理念的电力安全治理评价工作是传统电力安全评价工作的继承和发展，是利用数字化支撑，将“四个安全”理念贯穿其中，全面反映电力安全治理水平的电力安全评价模式。其主要目的是从“安全是技术、安全是管理、安全是文化、安全是责任”四个维度评价体制、制度、管理、人员、设备、文化等各方面安全治理状况，并多维度评价企业数字化支撑能力，为决策者和管理者全面掌握电力安全状况、制定安全发展战略、调整安全治理模式提供依据，实现闭环管理和全过程管控。在具体工作中，电力安全治理评价以现有电力安全评价理论为基础，依据国家及有关部门颁布的电力安全法律法规、规范性文件、技术标准等，构建完整的评价指标体系，对安全技术、安全管理、安全文化和安全责任等电力安全治理各方面和数字化支撑能力建设的治理过程和治理成果进行评价，得出关于电力安全治理能力和成效的评价结果。基于评价结果及其分析结论，可以发现电力安全治理中事故状态、设备、人员、管理、文化等方面的不足和漏洞，并提出改进措施和建议。

总的来说，“四个安全”电力安全治理评价是“四个安全”治理理念和电力安全评级理论的结合和应用，是电力安全治理体系的组成部分之一，是实现电力安全治理水平持续提升的关键环节和手段。

2
安全是技术

本章从“安全是技术”的理念着手，通过对电力工业技术发展及电力事故的分析，论述技术对电力安全的作用，阐明技术的不断进步是电力安全持续发展的根本保障，分析电力安全技术的应用现状，提出电力安全技术发展的环境要求及“十四五”电力安全技术创新方向，最后通过实践案例说明如何贯彻落实“安全是技术”的理念。

2.1 概论

2.1.1 基本概念

“科学技术是第一生产力，创新是引领发展的第一动力”。安全发展离不开科学技术，在电力行业体现得更加直接与深刻。电力系统由发电、输电、变电、配电和用电环节组成，电能生产与消费系统同步，是一个技术密集型体系。在电力系统各个环节均依赖信息、控制等技术实现对于电能生产和输运过程的测量、调节、控制、保护、通信和调度，以确保用户获得安全、经济、优质的电能。

这样一个复杂系统的安全必然高度依赖技术创新与技术应用。各种先进技术不仅广泛应用于电力发、输、变、配、用各个生产环节，促进了特高压、大电网的发展以及核电、风电、光伏、潮汐、生物质等新能源的进步，更为电力安全生产提供了有力保障。纵观电力安全发展史，技术相对滞后是诱发事故事件的主要因素，严重影响系统安全、人身安全、设备安全和网络安全。从多起事故事件的发生原因来看，既有技术的原因，也有管理的原因，但从防范事故发生的本质措施上看，只有运用技术理念，才能分析、找到设备设施、系统等存在的薄弱环节，运用更新的技术提高系统、设备的可靠程度，减少人为干预和操作的程度，从而减少事故的发生。

所谓“安全是技术”，就是要充分认识技术对于电力安全的重要性，明确技术是保障电力安全的基础，是电力生产事故事件大幅下降的保障，是实现电力本质安全的首要途径。同时，坚持知行合一，始终高度重视技术的作用，坚持从技术角度去审视、发现电力生产每一个环节的短板、弱项，从技术角度提出强化电力安全的措施，选择用最安全的物质条件、最先进的技术，逐步构建技术保障安全发展体系，更好地分析复杂环境、应对多变形势、确保电力安全。

2.1.2 技术是保障电力安全的根本基础

“系统稳定、人身安全、设备可靠、应急高效”是电力安全工作的主要目标。从近几年事故发生的原因和防止事故发生的措施来分析，技术手段的应用，技术分析、检测和技术管理体系的落实是保障电力安全的基础，是防范事故发生的根本保障。

2.1.2.1 电力系统安全稳定运行方面

我国电力工业已经进入大机组、大电网、西电东送、全国联网阶段，电网运行基本实现了自动化、现代化管理，正向高效、环保、安全、经济的更高目标迈进。与此同时，驾驭大电网安全稳定运行、保障电力可靠供应的难度日益加大。近年来，包括美国、英国等发达国家在内的很多国家都发生过严重的大面积停电事故，影响和损失巨大，我国则未发生大面积停电事故。究其原因，是由于我们不断强化先进技术的基础性保障作用，充分利用现代通信、控制等手段，为大电网快速发展保驾护航。

电网运行方面，保护装置的可靠性、灵敏性、快速性和安全性不断提高，有效保障了大电网运行安全。电力系统稳定器（PSS）的投入有效防止了低频功率振荡，采用高增益、高强励倍数的快速励磁系统提高了系统的静态稳定、暂态稳定、电压稳定，采用PSS附加控制提高了系统动态稳定。电厂运行方面，AGC自动发电系统可由网调在远方输入负荷指令，就地多个发电厂的机组根据负荷指令调节发电机的有功输出，自动响应负荷变化，使电力系统处于安全经济的运行状态；DCS分散控制系统将显示技术、计算机技术、通信技术和控制技术充分结合在一起，实现高可靠性、高性能的计算机控制，保障发电设备一体化安全稳定运行。运行检修方面，带电电缆的路径探测技术可在不切断电缆供电的前提下，通过接收空间电磁场分布确定被测电缆的位置和埋深，实现对电缆的追踪和精确定位，同时保障电力线路的持续工作。这些先进技术的广泛应用成为电力系统安全稳定运行的基础保障。

2.1.2.2 电力生产人身安全方面

安全的工作环境、可靠的装备、健康的设备是保证人员安全作业的基础。从电力运行和电力建设作业发展来说，加强技术改造，尤其是老设备的改造

和更新换代，运用大型机械和新工艺替代传统设备，通过技术手段定期检查电气设备接地装置、开关联锁装置、防雷防火设施及器材等安全装置和防护装置的性能，采用无人机、机器人等人工智能技术实现设备、线路巡检和监控，极大减少人在电力生产作业环节的强度和频次，逐步实现少人化甚至无人化管理，既提高工作效率，减少人员投入，也大大降低人为失误造成事故的可能和发生人身伤亡事故的概率。

2.1.2.3 电力设备安全方面

近几年来，我国发生了多起损失 100 万元以上的电力主要设备事故，大型机组、主变压器非计划停运次数及停运时间仍然较多，火电、水电机组，主变压器等主设备引发非计划停运的比重仍然较高。这些电力设备设施体积大、价格高、结构复杂，一旦发生故障，抢修困难，损失和影响难以估量。从技术分析来看，主要是设备制造、安装、维修质量及设备老化等问题，反映出部分发、供电设备的质量管理不过关，设备日常的检查、维护、保养及维修等方面的技术管理存在漏洞和薄弱环节。

建立设备全生命周期管理，强化技术监督在设备管理和事故分析中的作用，通过传感技术和诊断技术实时监测设备健康状况和环境影响，使设备本身具备自诊断和自适应的能力，为设备维护检修提供风险因素的定性定量判断及运维检修策略的建议，保障设备以最安全的运行状态、更大程度地参与电力系统的优化运行，成为近年来电力设备安全保持平稳的关键所在。

2.1.2.4 电力行业网络安全方面

信息、网络以及物联网技术在电力领域的广泛应用，在提高生产效率的同时，也给网络和信息安全带来了极大挑战。为了实现系统间的协同和信息分享，业务信息系统逐渐打破了以往采用专用系统、封闭运行的模式，开始在系统中采用一些标准、通用通信协议及硬软件系统，甚至有些业务开始对外开放。这使得业务信息系统面临病毒、木马、黑客入侵、拒绝服务等网络安全威胁，一旦遭受攻击行为导致安全事故，造成的社会影响和经济损失会非常严重。出于政治、军事、经济、信仰等目的，敌对组织、国家以及恐怖分子都可能把电力系统作为网络攻击目标。近年来，乌克兰电力系统遭受攻击、委内瑞拉大面积停电等网络安全事件，都说明电力关键基础设施成为网络攻击重点，网络安全牵一发而动全身。

为应对网络安全新形势，电力系统采用了包括端点安全、采集安全、传输安全、应用安全和供应链安全等一系列电力网络安全技术在内的防护措施，较好保障了我国电力网络安全，截至目前还未发生过因网络入侵而造成的大面积停电事件。

2.1.3 技术是实现本质安全的首要途径

“本质安全”一词源于20世纪50年代世界宇航技术的发展，随着科学技术的进步和安全理论的发展，这一概念逐步被广泛接受。现代安全生产管理理论认为，世界上没有绝对的安全，安全度和危险度是一对不可分割的、相对的概念。人的操作和管理失误、设备故障、意外因素等引发事故是一些不可避免的现象。但是大量事故和试验又同时证明，人的失误率很高，当以百分计；而设备的失误率（故障率）较低，是以千分计、万分计；经过特别、专门设计加工，设备的失误率可低于十万分之一或更低。创造低失误率的物质技术条件来保障安全生产，就成为必然的选择。因此要保障安全生产，工艺技术、工具设备、控制系统和建筑设施等具有预防人为失误和设备故障引发事故的功能，最低限度也要做到即使发生事故时，人员不受伤害或能安全撤离，以降低事故严重程度，这就是狭义的本质安全（本章所指的本质安全即为狭义的本质安全）。

从本质安全的定义来看，要实现本质安全就必须运用现代科学技术包括安全科学技术的成就，使形成事故的主要条件从根本上消除；如暂时不能达到这样的要求，即采取两个或两个以上的相对安全措施，形成最佳的安全组合体系，以取得最大限度的安全。同时尽可能采取完善的防护措施，以增加人体抗御伤害与毒害的能力。其理想目标是采用物质技术手段预防事故，尤其是群死群伤事故；即使发生事故，人员能免遭伤害或能安全撤离；尽量减轻事故严重程度。

按照上述分析，并结合电力安全生产实际，实现电力本质安全的主要技术手段包括以下九大类。

（1）消除：从根本上消除事故再发生的隐患。

（2）替换：以安全、无毒、低毒材料替代高危、高毒材料；以遥控、遥测、自动化设备与监控手段，替换直接、危险的现场作业等。

（3）强化：提高安全相关条件的强度、刚度、厚度、耐火性能、抗爆性能等。

（4）弱化：设备的泄爆孔、建筑物的泄爆面、轻型屋顶、易损件、易磨片、加入添加剂、减少静电产生等。

（5）屏护：围栏、护网、挡板、罩盖、绝缘、密闭等。

（6）保险：熔断器、限位器、限速器、超重拒动装置、自锁连锁装置等。

（7）冗余设计：备用设备、备用系统、备用通道、备用电源、事故照明等。

（8）空间隔离：安全距离、防火间距、防火隔离间、隔离车厢等。

（9）时间隔离：减少在危险及毒害场所的暴露时间、厂房定员制度、禁止无关人员在危险作业场所穿行和停留等。

这些技术手段是具体的、可实施的，可以单独也可以联合共同使用，实际效果得到了广泛验证。强化技术手段运用是实现本质安全的首要途径也得到普遍认可。

2.1.4 “安全是技术”理念的实践要点

“安全是技术”强调知行合一，即不仅要充分认识技术手段对提升电力安全的重要意义，还要时刻贯彻“安全是技术”理念，充分发挥政府、社会、企业作用，系统谋划电力安全技术管理体系和机制建设，统筹规划电力安全技术研发和应用。

高度重视“安全是技术”理念的运用。从 2021 末至 2022 年初发生的几起较大事故来看，无论是“1・12”四川某水电站封头破裂导致水淹厂房，还是“2・15”上海某电厂除尘器坍塌事故，均反映了管理人员对技术的不重视，生产经营单位没有科学核算设施设备的强度以及做好质量管控，没有深入研究系统防护和无人化操作等方面的技术防范措施以降低安全风险。这说明，各级管理人员迫切需要树立技术保安全的理念，充分认识到技术对保障电力安全的重要性，将“安全是技术”理念入脑入心，并转化为扎实的电力安全措施。

充分运用技术手段审视风险管控的关键环节。在政府政策导向方面，建立鼓励电力企业发展、运用安全技术的政策文件和目标要求，鼓励企业在实践中从技术角度审视安全风险管控的每一个环节；在企业层面，建立电力安全技术管理体系，高度重视质量控制和技术创新，提高各级管理人员运用技术分析、解决安全问题的能力。尤其是在电力安全数字化建设的基础上，要大力构建从风险感知、风险分级管控到风险评估的全过程管理信息化系统，打通信息壁垒；强化大数据分析和判定，减少风险等级评定的随意性，提高风险防控措施的精准性和标准化。

加强安全新技术运用，提高电力安全水平。在全面分析风险防控薄弱环节的基础上，运用本质安全九个方面的技术措施，从技术角度提出应对措施，使用最安全的物质条件、最先进的技术措施提高本质安全水平。建立电力行业落后技术淘汰制度和新技术示范推广机制，鼓励电力企业应用和推广各种无人化、智慧化电力安全新技术。重点围绕防人身伤亡技术、防设备事故技术、系统智能化技术和网络安全技术，大力推进国产化替代，按照研发、试点、成熟推广的模式快速推进电力新技术变革，提升电力安全技术水平。

强化人才队伍建设，夯实技术发展基础。在政府层面，开展新形势下电力安全专家库 / 团队建设规划，建立专家培养、评选、交流机制。在社会层面，进一步规范各电力行业协会建设，发挥行业技术引领和辅助支撑作用，搭建行业技术交流平台。在企业层面，建立专业技术发展通道，进一步重视专业技术人才和技能人才的培养和评定，并在一定程度上规范技术人员配置，夯实企业技术发展基础。进一步完善企业安全技术发展的体制和机制，建设专业技术研究机构和技术服务队伍，充分保障安全技术研究经费，推动电力安全技术创新。

2.2 电力安全技术的现状

2.2.1 人身安全主要技术

保证人的生命安全是安全生产工作的重要目标。2013 年，习近平总书记就做好安全生产工作作出重要指示，指出人命关天，发展决不能以牺牲人的生命为代价。这必须作为一条不可逾越的红线。可以说，人安全与否，直接关系到安全生产工作的成败。安全技术的使用可以有效避免人身伤害，是安全防范的重要手段。

根据原国家电监会及国家能源局通报汇总，依据《生产安全事故报告和调查处理条例》（国务院令第493号）、《电力安全事故应急处置和调查处理条例》（国务院令第599号）、《国家能源局关于印发〈电力安全事件监督管理规定〉的通知》（国能安全〔2014〕205号）和《国家能源局关于印发单一供电城市电力安全事故等级划分标准的通知》（国能电安〔2013〕255号）统计，编者对2012—2021年全国电力安全生产事故进行了统计分析。自2012年1月至2021年12月，全国共发生电力安全生产事故475起，造成762人死亡。从事故发生的原因分析，主要集中在高处坠落、触电、坍塌、机械伤害、物体打击、自然灾害以及火灾。2012—2021年电力行业各类事故起数及死亡人数统计分布如图2-1所示。

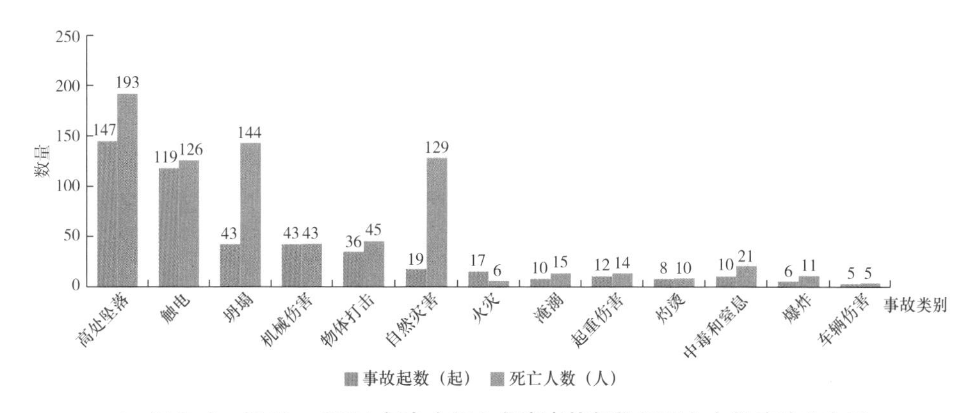

▲ 图2-1　2012—2021年电力行业各类事故起数和死亡人数统计分布图

由图2-1可看出，2012—2021年电力安全生产事故中起数最多的是高处坠落事故，共147起，占事故总起数的30.9%；其次是触电事故，共119起，占事故总起数的25.1%。起数不足3%的事故包括车辆伤害、爆炸、中毒和窒息、灼烫、起重伤害和淹溺事故，其中车辆伤害5起、爆炸6起、中毒和窒息10起、灼烫8起、起重伤害12起、淹溺10起。事故死亡人数较多的是高处坠落、坍塌、自然灾害和触电事故，分别造成193、144、129人和126人死亡，共占事故死亡总人数的将近80%。各类事故中死亡人数较少的是车辆伤害、火灾、起重伤害、灼烫、爆炸、中毒和窒息及淹溺事故，分别造成5、6、14、10、11、21人和15人死亡，共占事故死亡总人数的 10.8%。

从电力生产事故类别上看，高处坠落和触电事故起数最多；电力生产和电力建设中较易发生的事故类别不同，电力生产中较易发生触电和高处坠落事故，电力建设中较易发生高处坠落和坍塌事故。高处坠落事故在电力生产和电力建设中均易发生；自然灾害事故死亡人数最多，其次是坍塌事故，车辆伤害事故死亡人数最少。

因此，在电力人身防护中，主要以防高处坠落和触电为主，下面主要围绕以上风险介绍人身防护技术。

2.2.1.1 作业人员防护技术

目前，以卫星定位、生物识别、无线传感为关键技术的智能设备，实现了现场作业人员的定位、个人防护用具佩戴使用监测、高度监测、撞击和异常静止监测、求救和危险警报、人员作业风险辨识和管控等功能。目前的应用形式主要包括智能安全帽、智能安全带、感应型安全围栏、违章作业视频图像分析、现场作业风险管控平台等。这些新型安全技术产品和监控平台的使用，更加规范和准确地发挥安全工器具的实际作用，也对作业风险实现全过程数字化管控，进一步保障作业人员的安全，提高作业风险监管效率和效果，减轻人员重伤或死亡的概率，大大降低人身死亡事故的发生。

技术案例 1：新型防坠落技术。某电力企业为有效解决高处作业防坠落措施不完善等问题，降低输配电线路检修施工过程中高处坠落风险，组织对高处作业防坠落安全技术措施开展专题研究，研制出防坠落脚钉、可拆卸式高通过性防坠自锁器、防坠落模块、出导线高挂点跟随保护器等四类 13 项新型防坠落技术措施，有力保障高处作业安全。部分新型防坠落技术如图 2–2 所示。

技术案例 2：基于物联网的脚手架动态安全管控系统。某发电公司建设的“基于物联网的脚手架动态安全管控系统”包含脚手架搭建模型设计、扫描、验证系统和脚手架在线监测系统两部分，脚手架动态监控模块通过对现场脚手架的倾角、压力等数据的监控，了解脚手架的健康程度，对脚手架是否可以继续使用或是否需进行维护及时进行判断和告警；通过远程控制保证人员远离危险区域，保证人员在监测过程中的自身安全。基于物联网的脚手架动态安全管控系统如图 2–3 所示。

▲ 图 2-2　部分新型防坠落技术

（a）地线保护跟随器；（b）利用地线保护跟随器出绝缘子串；（c）防坠落脚钉；（d）绳索式速差器可靠锚固；（e）首位作业人员登塔；（f）后续作业人员登塔

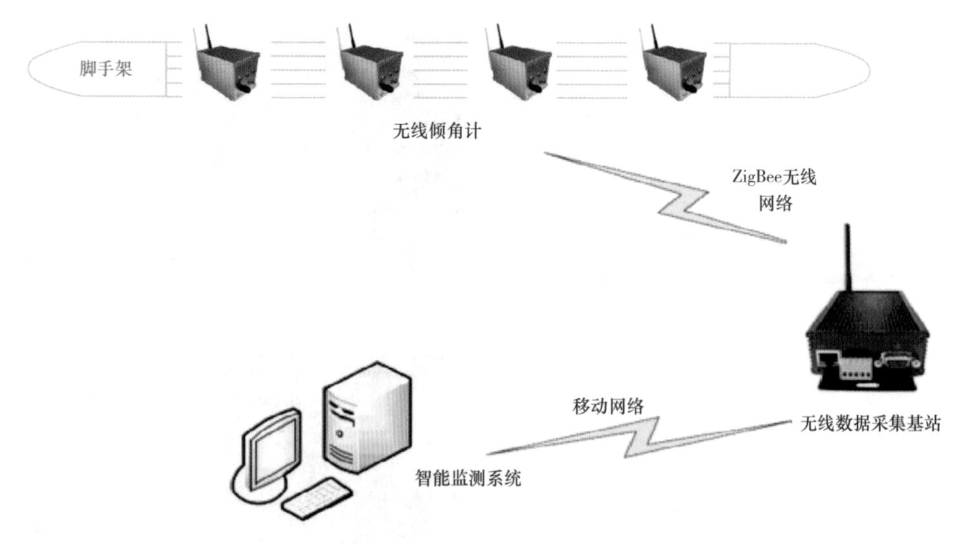

▲ 图 2–3 基于物联网的脚手架动态安全管控系统

技术案例 3：AI 图像识别技术。某电力企业为解决现场违章发现率低、反违章不及时等问题，将 AI 图像识别技术应用于电力作业现场安全监督，训练图像识别算法，结合布控球、移动终端、边缘计算主机等硬件，研发作业现场 AI 管控系统。系统实现作业现场全覆盖、全过程、实时化、智能化安全监控，解决了多项现场管控难题。通过 AI 图像识别技术识别出的违章行为如图 2–4 所示。

（1）作业现场安全工器具领用不规范。拍摄一张照片，即可通过 AI 图像识别批量快速检查领取的安全工器具型号、数量是否符合现场要求，解决现场领用安全工器具常出现的漏领、误领问题。

（2）作业人员身份管控不严。一键拍照即可批量识别工作班成员身份，完成点名签到，与后台数据库比对，若发现人员身份不符或资质不合格立即告警提示，解决传统方式存在的人员身份管控不严问题。

（3）安全措施检查不到位。系统通过 AI 图像识别，智能检查安全措施是否到位，通过 AI 识别检查断路器、隔离开关、接地开关、杆塔等设备编号是否正确。

（4）习惯性违章和安全监督不及时。采用摄像头对作业区域进行全景扫描监控，对作业人员进行智能监护，若发现不戴安全帽、未穿工作服、不系安全带、不戴绝缘手套等违章行为，自动跟拍违章人员面部并识别身份，立

即提醒，及时纠正；智能识别杆根基础是否牢固、拉线是否合格、铁塔地脚螺栓是否紧固并提醒纠正，降低高空坠落、物体打击、倒断杆事故发生概率，有效解决现场安全监督不及时问题。

（5）安全分析评价不到位等问题。系统采用集中监控后台，汇总变电站、营业厅等场所的固定式摄像头的视频信号和输电线路、配电线路等移动式布控球和边缘计算主机的计算结果，实现作业现场安全大数据、自动化、实时化分析评价，提高综合安全管理能力。

▲ 图 2-4　通过 AI 图像识别技术识别出的违章行为

技术案例 4：智能两票管理及在线运维安全管控系统。某发电公司结合成熟的互联网 +、物联网、操作防误、检修防误等技术，进行风电智能两票管理及在线运维安全管控研究，系统在人工智能专家系统的理论框架下，采用大数据的分析方法，研究设备在不同检修作业环境下保持不变的抽象性质及关系，并基于这些抽象性质及关系建立专家规则知识库，实现设备运行状态监测、工作票和操作票智能生成、检修区域动态识别、作业安全隔离面智能锁定等功能，保证作业管理过程的可测、可控、能控、再控。风电智能两票管理及在线运维安全管控系统，对风机检修作业、升压站运维、智能锁控及巡检管理、风险点分析预控四个子系统数据共享，共同满足风电场作业过程安全管控业务的需求，有效解决风电场运维安全管理和人身设备安全隔离的要求，对生产运维不安全事件进行有效管控，显著提升风电场安全生产管理水平。

2.2.1.2 高危作业机械替代技术

随着智能机器人的推广，原本需要人工参与的高风险作业逐步被机器人替代，避免了作业人员进入危险环境，一定程度上减少了人身伤亡事故的发生。目前，在系统上，主要采用高度自动化管理系统和设备，实现设备的自动化运行；在高风险区域巡检技术上，主要开发了输电线路无人机巡检，对网架之间的输电线路进行物理特性检查，如弯曲形变、物理损坏、树线矛盾等特征，典型应用包括通道林木检测、覆冰监控、山火监控、外力破坏预警检测等，变电站、电厂内的智能巡检机器人可以替代人工，在有触电、机械伤害、中毒窒息等风险环境中进行温度、有毒有害气体及电气数据检查，一定程度减少人员作业安全风险，提高设备运行安全水平；基建现场采用特种车辆和大型机具，极大减少工人的劳动强度，降低风险。

技术案例 1：架空线路绝缘材料涂覆机器人。架空线路作为配电网的重要组成部分，结构复杂、分布广泛，但运行工况恶劣、线路老旧，而且其中裸导线所占的比例较高，修复面临的人员高空坠落风险高。针对上述问题，某电网企业研发应用架空线路绝缘材料涂覆机器人。该机器人系统由机器人行走机构、绝缘包覆机构、绝缘材料供应系统、视频监控系统、机器人控制系统和动力电池组成，如图 2-5 所示，实现了对架空裸线涂覆厚度均匀绝缘材料的功能，既提高配电线路健康水平和抗风险能力，降低了设备故障风险，也有效减少了人员作业，尤其是带电作业情况下人身风险。

技术案例 2：输煤栈桥巡检机器人。某发电厂通过研发输煤栈桥巡检机

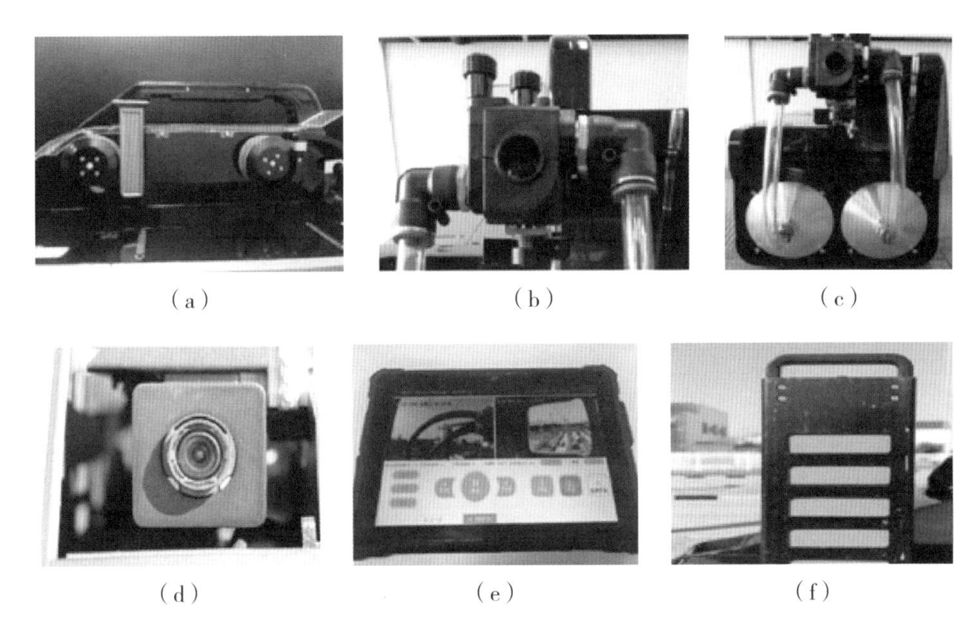

▲ 图 2-5 架空线路绝缘材料涂覆机器人各部件

（a）机器人行走机构；（b）绝缘包覆机构；（c）绝缘材料供应系统；
（d）视频监控系统；（e）机器人控制系统；（f）动力电池

器人（见图 2-6），搭建对应智能化管理系统，实现对输煤皮带的异响监控、定点测温、振动分析、浓度监控、气体监控、火警监控、皮带撒边、皮带撒裂、皮带跑偏、皮带接口、摄像监控、定位监控、人防监控等功能，从而实

▲ 图 2-6 输煤栈桥巡检机器人

现输煤栈桥工作现场无人化巡检、智能化告警、可视化管理，避免人工巡检时出现的不及时、不到位、不准确等各种人为缺陷，可减少85%以上的人工巡检次数，降低人工巡检的劳动强度，提升输煤栈桥运行的安全性和运维效率。特别是加强了针对栈桥浓度监控、气体监控、火警监控、皮带撒边、皮带撒裂、皮带跑偏、皮带接口等重大风险管控，大幅提升了电厂的智能化运维与管理。

2.2.2 电力系统安全主要技术

近二十年来，在用电需求快速增长、能源结构深刻调整、外力破坏影响突出的情况下，我国电网系统安全风险总体可控、在控，成为全球唯一没有发生大面积停电事故的特大型电网。这些成就的取得，主要得益于我们坚持从国情出发，坚持统一规划，持续优化电网结构和布局，形成分层分区、坚强合理的网架结构，为保障大电网安全奠定基础；坚持统一调度，覆盖国家级到县级的五级调控机构，统一组织、指挥、协调电网运行，实现最大范围优化配置资源；坚持统一管理，实现电网规划、建设、运行、检修等环节目标一致、协调有效、响应迅速。电力行业深入落实创新驱动发展战略，加强重大课题攻关，自主创新实现特高压、智能电网、大电网安全、新能源等领域多项重大突破。世界上首次实现了特高压直流孤岛送电安全稳定运行，构建了世界上仿真精度最高、效率最快的新一代特高压交直流电网仿真平台。电网安全分析与仿真技术能力不断巩固提升，电网安全控制与保护技术持续保持领先地位，大规模新能源发电并网与运行控制技术取得重要突破。

2.2.2.1 输配电系统安全技术

智能电网从字面意思来理解就是电网的智能化，也被称为电网2.0，是指一个完全自动化的，并建立在集成的、高速双向的电信网络基础上的电力传输网络，能够利用先进的传感和先进的技术设备监视和控制每个用户和电网节点，实现从电厂到终端用户整个输配电过程中所有节点之间的信息和电能的双向流动，同时也实现了电网安全、可靠、高效的目标。它的优越性在于分布式计算和提供实时信息的通信，进而保证设备供需的平衡，同时优化电荷的分布，提高电网的利用率，提高资源的利用率，降低对环境的影响。

智能电网在运行过程中，通过保证设备供需的平衡和优化电荷的分布，

进而保证电网不管是在自然灾害下还是出现故障，都可以安全供电，提高电力传输的安全系数。智能电网自身具有一定的解析、预测、防御以及自我修复的性能，保证它可以实现快速恢复供电，具备一定的自愈能力。

智能电网发展的基础是抗扰能力强，且灵活稳定的结构框架。网络拓扑技术的发展，可以实现远距离大规模输电，实现资源的优化配置，运用特高压输电，既提高输电能量，又提高利用效率，减少对资源的浪费。智能电网要依靠开放、标准、集成的通信系统，对电网系统进行实时监视与分析，根据其故障早期症状，对可能出现的故障进行分析预测，对已经出现的故障进行故障分析并提出解决方案，对电网运行系统进行不断地整合，为电网的规划、建设、管理提供必要的通信信息。智能电网要实现智能化，就需要通过智能计量技术对用户的用电规律进行测量，平衡好供求关系，利用需求侧技术对电网进行管理，实现对电网的检测。智能调度技术是对现有的调度中心的一个扩展，在原有基础上建立一个同步网络信息保护和控制系统，保证电力系统的协调统一，保护和控制区域系统实现智能调节和防护。智能电网在我国的发展带动了我国能源的改革，为新能源的快速发展创造了条件。

技术案例 1：智能电网电力通信综合解决方案研究提出了一种恢复机制，开发出新的 ASON 信令协议，采用 ASON 承载光纤纵差保护，为业务提供多条备用路由，故障时自动、快速切换通道，能够抵御光缆检修情况下 N-1 故障，显著改善继电保护业务通信通道可靠性，降低继电保护拒动风险，提高电网安全稳定运行水平。

技术案例 2：新能源有功智能实时调度管理系统。某电网调度为解决新能源送出受限以及新能源发电波动性、间歇性和随机性，实时调度困难的问题，研究出一种千万千瓦级风电基地新能源智能有功实时调度管理系统，如图 2-7 所示。通过实时监测电网、主变压器断面潮流、风电场、光伏电站的实时有功功率，根据超短期功率预测结果，结合当前调度模式以及运行方式规定的各断面限额，计算出当前电网新能源接纳能力，按照公平、合理、优化的原则，分配、控制各风电场、光伏电站、火电厂有功功率，实现充分利用风能、太阳能和电网通道资源，使地区新能源总体有功功率最大化，满足电网实时调度、运行控制的要求。自投运以来，实现了各风电场、光伏电站间有功功率的优化配置，提高风能、太阳能的综合

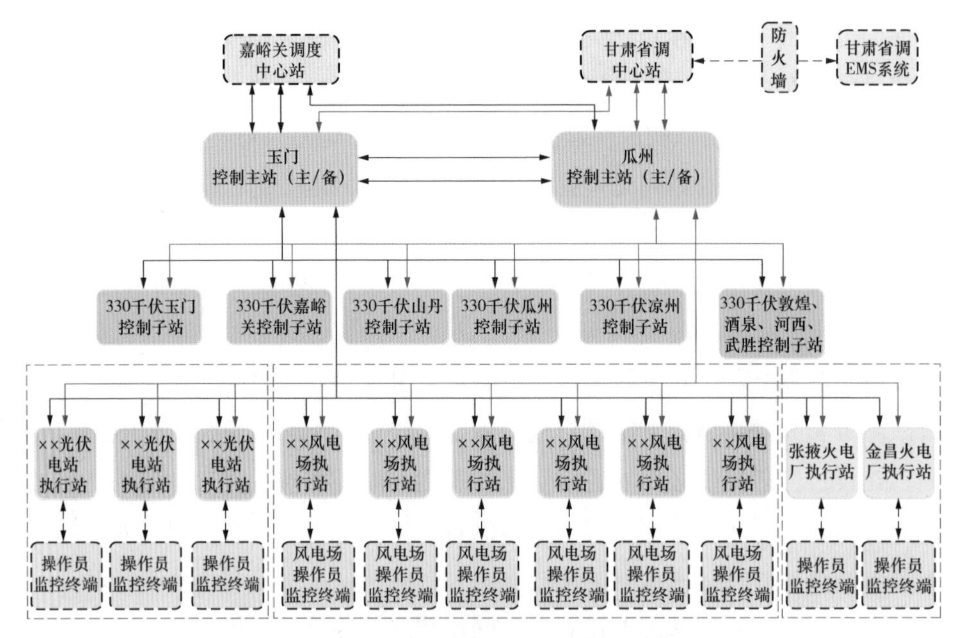

▲ 图 2–7　新能源智能有功实时调度管理系统

利用效率，各风电场的发电量得到普遍提高。自 2010 年该系统投运以来，该地区新能源发电量年均增长达 8%；减少场站运行人员的操作复杂性，对风机和光伏矩阵尽量做到无损伤控制；降低了调度运行人员的工作强度，实现了安全、快速、准确的有功智能控制。

技术案例 3： 大规模源网荷友好互动系统。某电网建设大规模源网荷友好互动系统，提高电网毫秒级精准切负荷控制水平，并扩展了源—网—荷—储联合协调控制功能，新增负荷自动恢复功能，将零散分布、不可控的负荷资源转化为随需应变的“虚拟电厂”资源，在清洁电源波动、突发自然灾害特别是用电高峰突发电源或电网紧急事故时，用电客户主动化身“虚拟电厂”，进一步保障大受端电网安全稳定运行。

技术案例 4： 配网分布式自愈技术。配网分布式自愈技术是一种基于终端相互通信或者区域控制实现的故障隔离、重构转供技术。该自愈控制模式适用于架空线路和电缆线路，适用于线路中配置断路器、负荷开关或断路器和负荷开关混合配置的情况。配网分布式自愈技术包括正常运行程序和故障计算程序。正常运行程序完成系统无故障情况下的状态监视、数据预处理等辅助功能。故障计算程序基于母差保护、线路差动保护、网络

拓扑保护、过流保护、零序过流保护、零序加速保护、失灵保护、无压跳闸功能、远跳功能形成针对配网故障的快速识别及隔离功能，基于区域自愈功能、不停电出口传动功能，实现自愈快速复电。分布式自愈终端之间采用光纤网络交换机进行 GOOSE 通信。每个主供电源供电主干线上终端交换机与联络切换房的交换机可以组成环网通信，当其中相邻的两个交换机之间光纤断链时不影响整个配网的保护控制功能。典型的三供一备主接线配网保护与控制系统如图 2-8 所示。

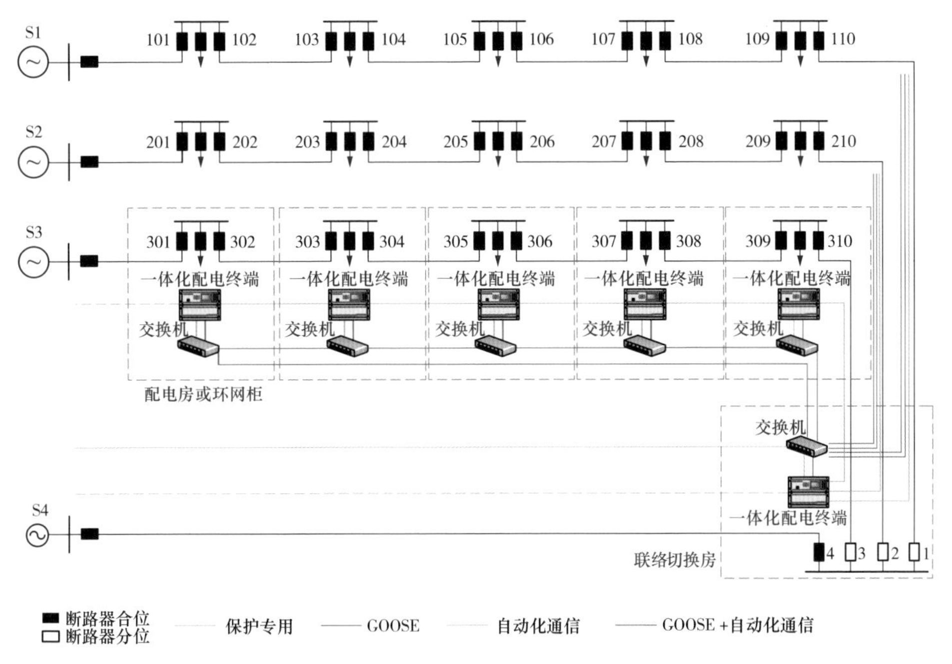

▲ 图 2-8 三供一备主接线配网保护与控制系统示意图

2.2.2.2 发电安全技术

智能电厂是指在广泛采用现代数字信息处理和通信技术基础上，集成智能传感与执行、智能控制和管理决策等技术，达到安全、高效、环保运行并与智能电网相互协调的发电厂。建设智能电厂是我国电厂自动化（信息化）发展历史上第三个重要的历史阶段。第一阶段，1991—2000 年进入以全面推广应用分散控制系统（DCS）为标志的数字计算机（微处理机）自动化阶段；第二阶段，2001—2015 年电厂信息系统（自动系统）进入网络化的阶段；第三阶段，2016年初以发电自动化专业委员会组织编制《智能电厂技术发展纲要》为起点，开始进行智能电厂建设。

智能电厂通过一系列技术手段的应用，不断优化控制系统的精细调整，应用现场总线系统及智能测控设备，完善智能测控设备的智能化功能，推广单元机组自启停技术，设置厂级控制系统，完成全厂负荷（包括有功功率和无功功率）优化调度，并作为机组实时数据和优化控制通用平台。将VR技术与三维模拟系统结合，开发出更多的功能，与DCS进行联网，不仅可以实现在线仿真，还可以进行故障诊断、事故判断，甚至可以进行在线预测。对于电厂某些关键设备，通过透视其内部运行状况，及时发现问题并避免事故，比如可以在线监控锅炉炉膛燃烧状况的可视系统，将炉膛内部的运行情况变得一清二楚，使设备变得透明化。电厂某些场所应用机器人开展运行维护工作，需要人工操作的地方由机器人代替，尤其是那些人工操作困难和条件恶劣的地方，如升压站、电缆沟和凝汽器胶球清洗系统等，随着机器人智能化程度的不断提高，将更多的人力解放出来，防止人身事故的发生。

技术案例1：风电一体化监控与智能分析平台。某电力公司建立了风电一体化监控与智能分析平台，如图2-9所示。在底层数据采集与处理、大数据存储与分析，高级功能设计与应用方面完成了多项技术创新，提出了风电机组数据底层采集技术与标准化技术，解决了风机不同机型、变电站多种RTU设备的数据采集不稳定、不统一的难题；基于大数据分析处理技术，建立开放的风电公共信息模型，解决风电大容量实时数据存储和数据共享调用的技术瓶颈；基于分布式网络管理和数据库中间件技术，提出一体化数据库平台和系统管理架构，建成一体化监控平台，实现风电场集群的高效监控和精准能量调节；在风电监控系统框架下，提出一种基于多维聚类的风电场运行异常数据监测方法，建立风机多部件故障预警模型，实现对异常运行风机的准确鉴别和早期预警；提出“风机状态+标识”的风机运行工况定义方法，解决了风机状态显示不精准，数据分类统计不准确的难题。

技术案例2：多变量协同控制的海边电厂冷端自适应技术。某发电公司以1号、2号发电机组冷端系统为研究对象，进行多变量协同控制的海边电厂冷端自适应技术研究，综合考虑循环水温度、负荷调度、潮位、凝汽器换热特性等因素，实时监测和分析冷端系统各设备的性能状态变化，在线优化

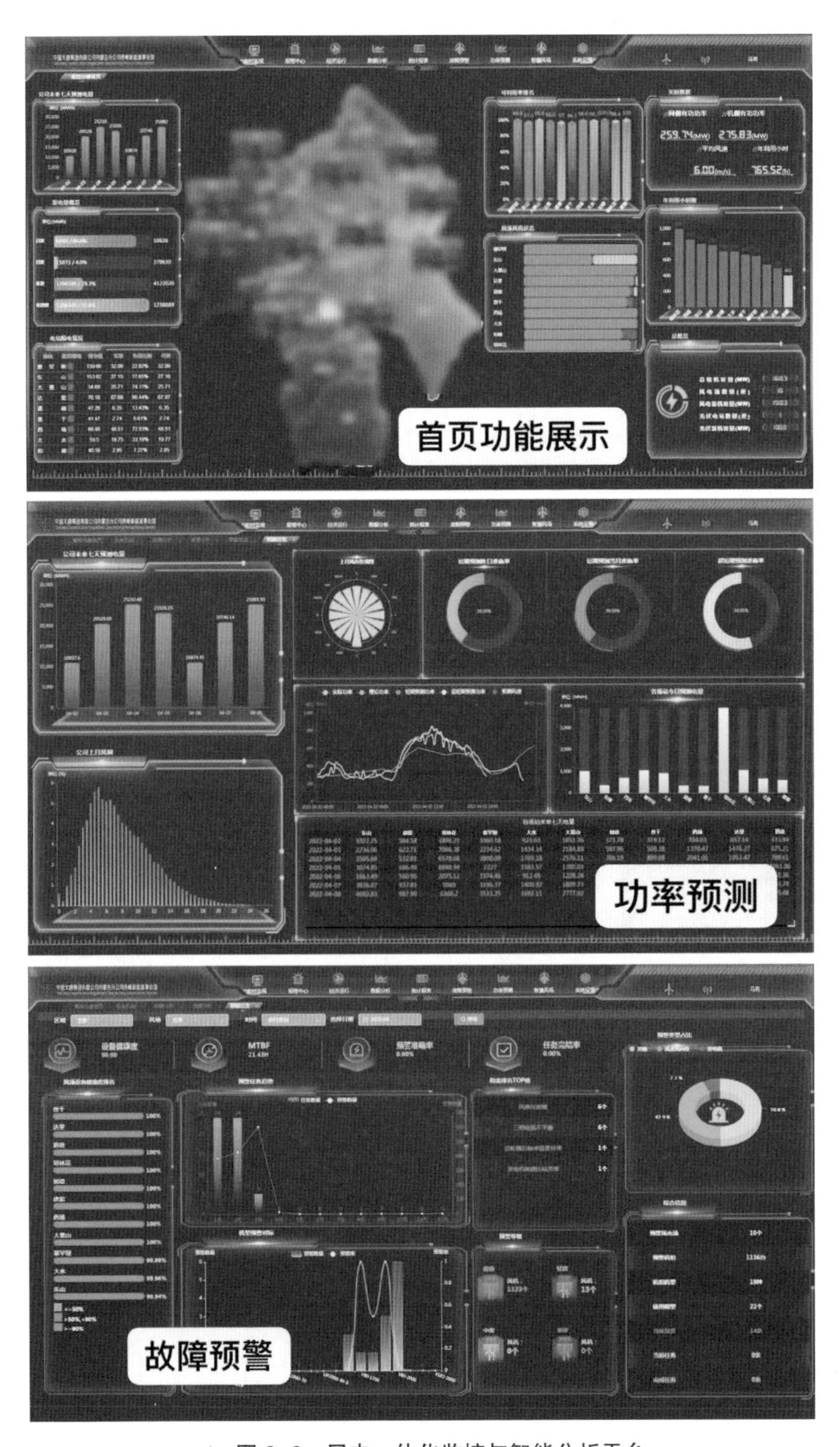

▲ 图 2–9 风电一体化监控与智能分析平台

调节可控变量参数，深度发掘冷端系统节能运行潜力，开发多变量自适应控制技术。该技术实时修正循环水泵运行特性及凝汽器换热特性曲线，避免随着机组负荷及环境温度变化产生偏差；在线修正早晚温差、季节温差、海水潮差等变量对冷端系统的影响，保证机组的经济性、调控准确性以及安全可靠性；在线计算实时凝汽器清洁系数，为运行人员提供指导意义。该技术不仅创造较好的经济收益，实现节能减排的目标，同时有效降低运行人员的劳动强度，保证作业人员的人身安全，提高电厂的自动化水平；该控制技术达到了国际先进水平，对海边电厂冷端系统的智能控制策略组建有着重要的指导意义，同时对已实现循泵变频改造的机组、对于同类型机组具有重要的推广示范意义。

技术案例 3：12 月 27 日 22 时 38 分，国电电力双维上海庙 2×1000 兆瓦超超临界间冷机组 1 号机一次顺利通过 168 小时试运行并投产。这是全国产自主可控智能分散控制系统（iDCS）在国内首次实现 1000 兆瓦超超临界大型燃煤间冷机组上的成功应用，全面提升了机组控制系统的自主安全可控和智能化水平，为机组安全、高效、灵活、智能、少人运行提供重要保障，如图 2–10 所示。

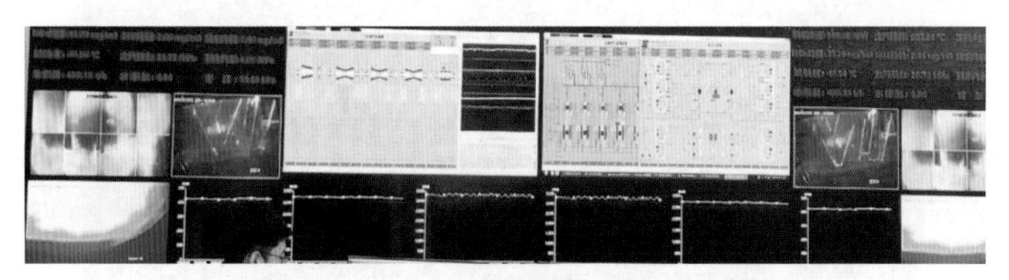

▲ 图 2–10　国电电力双维上海庙电厂国产化控制系统

国电电力双维上海庙电厂是国家能源集团建设的标杆智慧电厂。全厂一体化控制系统软件硬件均实现 100% 国产化，以及全国产汽轮机数字电液控制系统（DEH）在 1000 兆瓦机组的首次应用，并应用国产现场总线设备和技术，为全厂国产总线覆盖率最高的机组；同时全面应用人工智能、先进控制以及信息安全等新技术，提升了机组运行智能化水平。控制系统的基本性能、应用与智能功能、安全性能优势明显，试运期内智能控制系统各项性能指标均达到国内领先水平。

2.2.3 电力设备安全主要技术

电力设备是电力系统安全稳定的基石，是保障人民群众高质量用能的重要基础。“十三五”以来，全国电网一次设备装用量稳步增加，220千伏及以上输电线路总长度提高31.96%，变电设备总容量提高40.87%。架空线路、变压器、断路器等十三类主要输变电一次设备可用系数均保持99%以上，输变电设备强迫停运率、直流输电系统合计能量可用率及能量利用率等指标持续优化，全国用户平均供电可靠率、平均停电时间总体平稳。

由于电力设备技术纷繁复杂，为介绍技术在电力设备安全方面起到的作用，主要根据2019年某部门有关通报，针对其中故障次数较高的设备类型介绍相关防范技术。根据通报，在电网设备中，不同电压等级故障中，设备占比稍有变化，基本以线路为主，其中在500千伏及以上交流电力设备中，架空线路占比84%，组合电器占比6.7%，断路器占比3.2%；在±400千伏及以上直流电力设备中，换流变电站占比53.1%，直流架空线路占比22.4%，换流阀占比20.4%；在10千伏配电网中，架空线路和电缆线路占比较高。在电源设备中，由于设备质量和运维水平不同，各主要设备故障占比也各不相同，其中在火电设备中，锅炉设备占比47.1%，汽轮机设备占比24.1%，电气一次设备占比15.1%；在水电设备中，发电机占比28.8%、水轮机占比27.9%、高压组合电器占比22.1%，电气二次设备占比11.5%；在风电设备中，发电机占比21.3%、变桨系统占比17.6%、变流器占比14.7%，齿轮箱占比13.9%；在光伏发电设备中，光伏逆变器占比71.2%，箱式变压器占比13.9%。

从提高设备可靠性角度出发，目前设备安全方面的技术主要围绕设备状态感知、检测预警，同时运用先进的运检技术，保障设备性能完好，防止设备故障和火灾事故的发生。

2.2.3.1 状态监测技术

发电企业的设备设施在设计上的改进，如自动化设计、冗余的安全防护设施设计、报警功能设计等一定程度上提高了发电企业的安全水平。我国具有自主知识产权的大型发电成套装备、特高压输变电成套装备、智能电网成套装备等电力装备已达到国际领先水平，设备失误—安全功能、故障—安全功能等体现本质安全的技术措施也取得明显效果。设备本体的高可靠性、系统监控的智能化、关键设备的国产化，使我国的电力设备逐步摆脱国外的垄断控制，保障了国家电力系统的安全稳定。

以火电厂为典型代表的电厂监控系统代表了目前行业的技术发展水平。其主要特点为：

（1）由机组级的控制系统（DCS、DEH、PLC 等）与 SIS 组成的全厂监控系统已为系统基本配置，控制系统及网络结构更加简捷。

（2）全厂辅助车间控制方式为高度集中控制方式，大幅减少了运行人员。

（3）主机和辅助系统的控制采用一体化 DCS 硬件，减少了后期投资及维护工作量。

（4）SIS 功能的逐步完善，使得部分发电集团建成局域级及集团级发电机组信息监管系统。

（5）在个别电厂成功实现 APS，并能够长期稳定运行，且 APS 已广泛应用于燃气—蒸汽联合循环机组。

（6）通过对控制策略的优化及采用现代控制理论和人工智能等技术，闭环控制系统的调节品质具有显著改善。

（7）采用现场总线技术的主、辅机控制系统已开始推广应用。

（8）国产 DCS 已开始在 1000 兆瓦机组上应用。

同时，监控系统存在的主、辅机控制系统硬件不一致，辅机控制品种繁多；不同监控平台相互独立，信息不共享；机组运行数据利用率不高，未深度挖掘；部分机组控制范围有待进一步扩大，控制品质有待提高等问题，需要在后续发展中不断优化、磨合。

技术案例 1：大坝安全在线监控与预警技术集成了大数据挖掘、结构安全分析、智能风险评估、风险决策与风险调控等方法，融入监测、检测、水情、环境等多源数据，构建了集监测数据异常在线辨识、安全风险实时动态评估、分层预警响应调控为一体的系统架构，建成了以监测大数据为驱动的实时在线风险管控平台，具备库坝安全风险实时评判、风险年度综合评价、安全风险预警与响应决策等功能，实现以自动预判、自主决策、自我演进为典型特征的库坝安全风险管控。

技术案例 2：海缆综合在线监测系统是致力于海上风电场海底光电复合电缆状态监测的需要，集合海缆温度监测系统、海缆应力监测系统和 AIS 船

舶自动识别系统对应的多个海缆的温度、应力和船只信息数据的平台，通过对海底电缆的各种状态进行自动分析、识别和判断，为用户提供一个基于电子海图的可视化风场态势图。海缆综合在线监测系统已广泛应用于沿海各大风电场，其海缆监测功能在海缆状态监测领域具有良好的应用前景。

2.2.3.2 运检技术

技术案例 1：基于数据分析的设备风险评估技术。某电网公司以设备运行特征数据挖掘为切入点，首先挖掘得到电力设备典型运行特征，进而运用大数据分析、机器学习等先进智能手段，对设备关键性能进行了状态评估与故障诊断，获得了各典型设备故障概率，最后，引入设备价值、损失程度指标，提出分层分级的电力设备风险评估管理策略，实现数据驱动的设备运行策略科学制定，为电网提升电力设备运行可靠性提供坚强保障，如图 2-11 所示。该技术构建全网变压器、组合电器、断路器等多类设备的分区域、分等级、分厂家、分年限的故障率计算模型，实现不同地区、不同电压等级电力设备故障概率实时提取，对各类设备关键组部件状态进行评估，通过分析全网 500 千伏套管、真空分接开关、GIL 绝缘件试验数据，提出相应评估模型，获得各类设备关键组部件的失效概率。

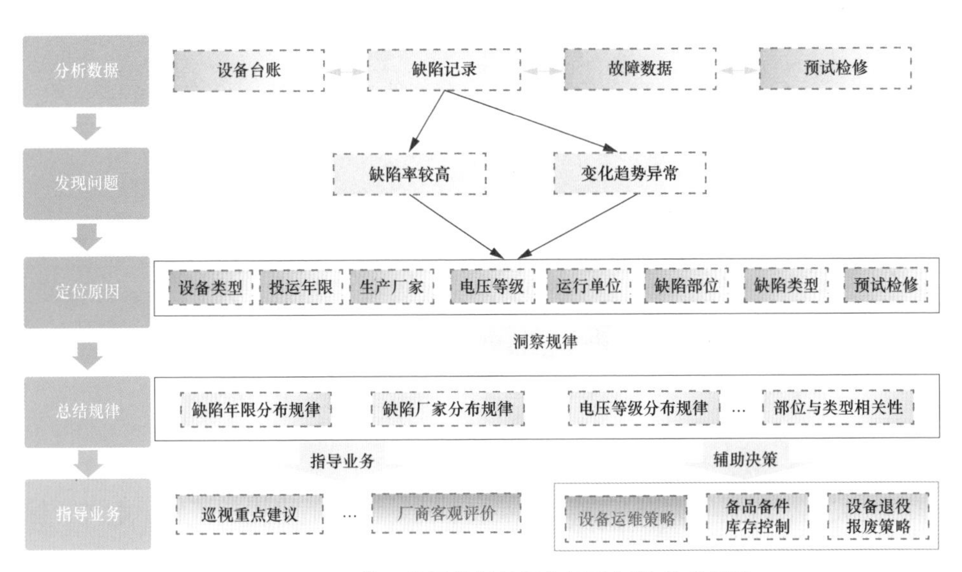

▲ 图 2-11 基于数据分析的设备风险评估技术框架

技术案例 2：火电厂关键设备状态检修技术。某火电厂对厂内锅炉、汽轮机、电气三大主机及其主要辅机设备进行状态检修改造，通过SIS数据、DCS数据、PMS数据、新增测点数据等在线数据与检修、检测等离线数据在状态检修系统的融合与利用、状态检修信息系统软硬件环境部署、开发、测试及调试运行、技术规范体系建立等工作，实现了发电机组关键部件的状态全智能感知，有效提高电厂运维的智能化水平，实现机组故障预警、故障诊断、运行优化等功能，可提前发现设备故障，并能自动给出最佳的处理方案；利用状态检修系统，优化冷态启动策略，实现冷态启动时间缩短15%，既提高电厂运行的安全性又增加了机组的灵活性。某火电厂关键设备状态传感器布设及状态分析平台如图2-12所示。

▲ 图2-12 某火电厂关键设备状态传感器布设及状态分析平台

2.2.3.3 防火技术

火灾、火险是电力设备常见的事故事件。大型油浸式变压器，电缆、储能电池、危化品储罐等都是电力行业引起火灾的主要设备，而且这些火灾的发生往往带来严重的环境污染和有毒有害气体，进而造成人身和环保事件。为了防止火灾的发生，目前主要采用新材料替代、状态检测预警等技术来进

行控制。

技术案例 1：火电厂地下油区防控火灾技术。某发电厂改变油区储罐常规地下设置为地下油区设置，隔绝了油区与地面的联系，保障了燃油的稳定可靠，不易受外界影响，降低了燃油本身的危险性，火灾风险显著降低。单个埋地油罐集成电动潜油泵如图 2–13 所示。

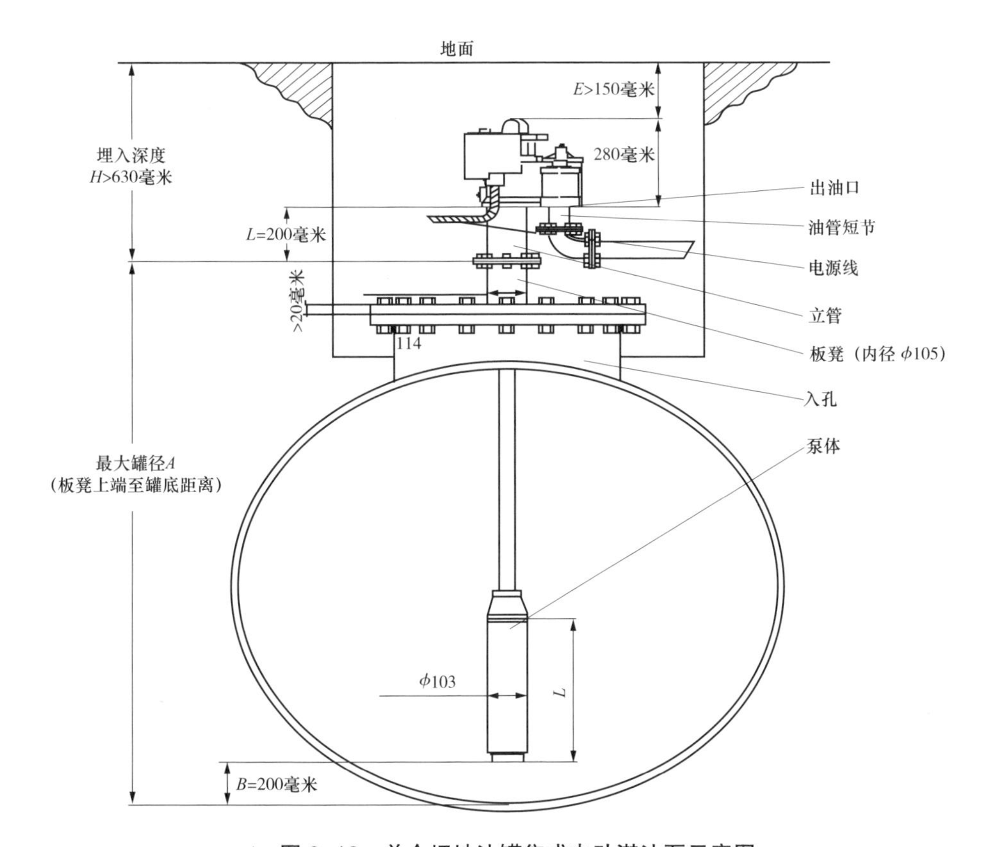

▲ 图 2–13　单个埋地油罐集成电动潜油泵示意图

地下油区设计集群式埋地油罐，采用罐池充沙的方式埋设地下，有可靠的防火、防爆能力；油罐群组深埋于地下 2 米甚至更深处，达到可靠的隔绝氧气和防火隔离效果，降低了油区的事故危险等级。

技术案例 2：可视图像早期火灾探测系统。某电厂利用已有的视频监控系统，开发出可视图像火灾探测系统，主要根据物质燃烧过程发出的火焰、烟雾等特征，通过对序列图像的颜色、纹理、运动等特性进行人工智能分析从而确认火灾的技术，实现早期可视化火灾探测报警，其系统架构如图 2-14 所示。该系统具有多种火灾识别模式，且具有抗干扰性强，可靠性高的特点。可视图像早期火灾探测系统采用卷积神经网络和人工智能视频分析技术，通过从视频存储服务器、硬盘录像机或 IPC 获取实时的视频流，实现对监控区域内的烟雾和火焰进行智能识别、实时检测分析，确认火灾并进行报警。

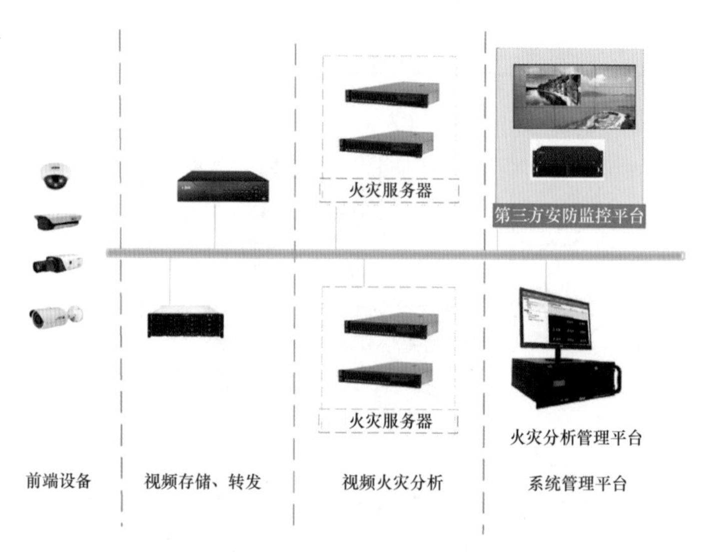

▲ 图 2-14　可视图像早期火灾探测系统架构图

技术案例 3：防火雷达在山地光伏消防应急管理中的应用。某电厂在光伏厂区选择两个制高点立 8 米三角铁塔放置探测器，通过就近箱式变压器取电，两个设备通过无线网桥传输汇聚，最后通过箱式变压器里的光缆传输回后台。前端系统根据光伏方阵防火的实际情况分别部署双光谱中型云台红外热成像一体化摄像机、供电系统和无线传输系统，后端部署中心存储和显示提示等设备，系统通过前端双光谱中型云台红外热成像摄像机对基站附近数千米范围林区进行视频监控图像采集，实现 360 度全方位、无间断监控，通过热成像中型云台的测距功能及方位角和俯仰角和长焦镜头焦距实现火点的智能识别，一旦发现疑情，后端监控中心将会马上发出报警信号。以可见光、热成像、激光三种技术集于一体的前端摄像机为基础，结合视频技术、智能图像分析技术、网络传输技术、软件技术，提供性价比高、安全性好、可靠性高、可维护性强的防火预警检测系统，为现场防火指挥工作提供决

策依据，为指挥抢险救灾工作争取宝贵的时间。智能森林防火系统的组成如图 2-15 所示。

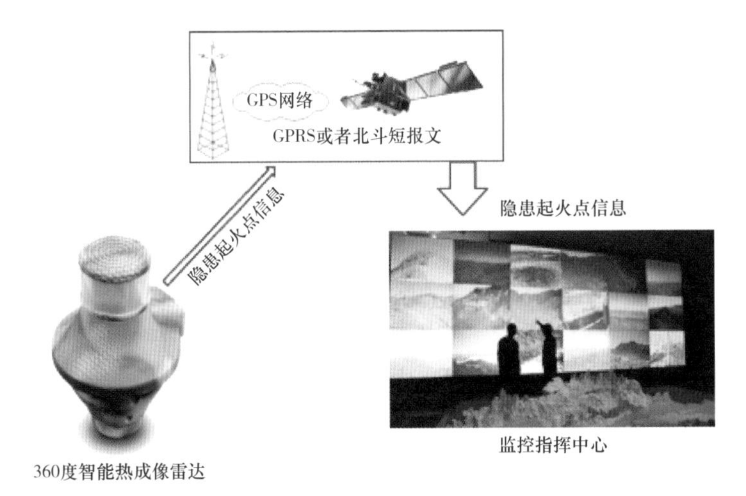

▲ 图 2-15 智能森林防火系统的组成

2.2.4 网络与信息安全主要技术

时代的飞速发展和社会的不断进步加快了网络技术的转型与升级。电力行业规模大幅增长的同时，电力技术也随着计算机技术的广泛应用得到提升。新型网络技术给电力行业带来发展，也带来许多隐患。计算机网络不断增加的开放性使得网络安全问题频生。尤其在信息量不断增多、规模持续扩大的背景下，如何避免电力行业信息泄露事故的发生以及非法利用的不良后果，如何保障电网内资源机器信息传输的安全性、准确性、高效性，是电力行业亟待解决的问题。

近年来，电力系统在网络安全工程中投入了大量的人力、物力，整体运行良好、稳定，没有发生大范围的网络攻击影响电力系统安全稳定运行的事件，但从国际上已经发生的几起重大网络攻击事件来看，电力网络安全问题依然严峻。

2019 年，甲国从 3 月 7 日晚间（当地时间）开始全国性的大面积停电。这次大停电主要影响该国首都，以及该国 23 个州中的至少 20 个，影响人群接近 3000 万人。甲国新闻和通信部长称，全国范围大停电于 3 月 8 日下午从甲国东部地区逐步开始恢复，但是到 3 月 9 日中午再次出现大范围停电情况，随后系统又重新逐步恢复。以甲国官方为代表的观点认为，本次事故是由于甲国国内最大的某水电站受到国内反对派和乙国网络攻击导致机组停机所致。

2019 年 9 月，乙国 A 核电公司证实，该国 A 核电站内网感染了恶意软件。据了解，该软件由乙国 B 知名黑客组织开发，属于 Dtrack 后门木马的变体。该核电站的声明显示，Dtrack 变体仅感染了核电站的管理网络，并未影响到用于控制核反应堆的关键内网。有报道指出，就在几天前，该核电站意外关闭了一座反应堆。虽然有关机构极力否认该事件和恶意软件的入侵有关，但时间上的巧合仍然让人不可避免地将二者联系在一起。

在技术层面，造成网络受攻击主要来源于内外两方面。一是控制或信息系统存在软件漏洞与系统安全风险。我国计算机发展起步晚，部分信息安全管理技术落后，软件开发和建立缺少完善的保护机制与具体防范措施，使目前大部分软件存在漏洞。系统安全风险主要来源于系统本身的安全漏洞，导致出现服务器配置错误等问题，另一方面也包括网络通信上的安全保护机制缺失。二是存在外部病毒和黑客攻击。病毒侵袭是造成电力网络安全隐患的主要因素之一。计算机病毒品种随着计算机技术的发展不断更新，基于此种情况，对杀毒软件也提出了更高的要求。病毒的未知性和不可控制性会对电力信息系统造成不同程度的破坏。若未及时研发、引进新型的杀毒软件，将导致病毒泛滥，甚至引发严重的电力网络安全事故。黑客攻击具有直观性强、破坏性大的特点。黑客通常会在目标系统内部建立隐秘程序，随后调动程序，在程序进行时间接破坏信息系统。黑客攻击一般具有较强针对性，也许会复制或转移数据，也许会直接破坏数据。总之，电力行业必须格外提防黑客攻击。

2.2.4.1 端点安全技术

端点安全技术是对电力系统终端进行保护时需要重点关注和考虑的问题，包括电网系统中的设备和信息系统中的设备。电网系统中的设备包括能量采集设备、能量路由设备、智能表计、测量仪器、传感设备等。信息系统中的设备包括各种网络设备、计算机以及存储数据的各种存储介质等。端点安全的防护目标是防止有人通过破坏业务系统的外部物理特性以达到使系统停止服务的目的，或防止有人通过物理接触方式入侵系统。要做到在网络安全事件发生前和发生后能够执行对设备物理接触行为的审核和追查。

2.2.4.2 采集安全技术

电力系统的数据采集过程主要集中在感知层。感知层可能存在的网络安全问题主要包括智能表计采集终端受到攻击、对一些移动的手持设备的攻击以及在智能变电站中对很多智能设备的攻击。攻击者通过固件分析、熵分析等技术，可以恢复密钥的内容，攻击者通过密钥发出有标记的命令和控制消息，并选择攻击区域实施攻击。感知层数据采集安全使用的主要安全关键技术包括数据加密技术、密钥管理机制、抗干扰技术、入侵检测技术、安全接入技术、访问控制技术等。

2.2.4.3 传输安全技术

电力系统的数据传输过程主要集中在网络层。网络层可能存在的网络安全问题包括不明身份的入侵所造成的非法修改、指令改变、服务中断等。数据修改，即应用程序的数据，如口令、密码等，在网络上采用 TCP/IP 协议明文传输，很容易被窃听、伪造和篡改；源地址欺骗，即源 IP 地址段被直接修改成其他主机的 IP 地址，所有面向该 IP 地址的服务及会话都面临危险；源路由选择欺骗，即攻击者可以通过提供伪源 IP 地址，使得目标主机的返回信息以一条到达伪源 IP 地址主机的路由传输，从而获得源主机的合法服务；TCP 序列号欺骗，即 TCP 序列号被攻击者预测，与目标主机建立连接并传送虚假数据。能源互联网的数据传输安全需要采用防火墙技术、VPN 技术、入侵防御技术等边界隔离的手段阻止非法入侵，并加强对网络的监控和审查，特别加强对设备接入时的状态和身份认证，包括事后审计等。网络层数据传输安全使用的主要安全关键技术包括安全路由机制、密钥管理机制、访问控制、容侵技术、入侵检测技术、主动防御技术、安全审计技术等。

2.2.4.4 应用安全技术

电力系统应用安全技术包括两层含义，一是数据本身的安全，如果数据及控制命令均没有认证信息，非法访问、破坏信息完整性、破坏系统可用性、冒充、重演均成为可能，尤其是无认证的控制命令将导致失去整个网络的控制权，或者如明文传输的远程遥测、遥信、遥控信息、电能信息等信息数据存在被窃听、截收以及修改的风险。因此，需要在业务处理过程中采用密码技术对数据进行保护，如数据加密、数据脱敏、数据完整性保护、双向强身份认证等。二是在业务处理过程中采用数据存储技术对数据进行主动防护，如通过磁盘阵列、数据备份、异地容灾以及云存储等手段保证数据的安全。应用安全使用的主要安全技术包括入侵检测技术、隐私保护技术、云安全存储技术、数据加密技术、数据脱敏技术、身份认证技术等。

技术案例：自主可控网络安全态势感知新技术。某公司应用自主可控网络安全态势感知新技术改进电力系统安全防护的机制，提升电力系统设备及关键技术的自主可控能力及电网整体安全防护水平。基于PKS立体防护安全链，构建电力系统主动防御体系。基于自主可控硬件及操作系统的可信计算技术，基于国密算法的应用数据通信安全防护技术，并融合传统“边界防护”策略、网络安全监测和安全等级保护体系要求，构建电力系统主动防御整体解决方案，解决电力行业系统硬件及操作系统自主可控、应用计算环境不可信、核心加密算法不可控等关键技术问题，提升电力系统的整体信息安全水平。该系统从电力系统的硬件本质安全、操作系统可信、业务安全可靠，安全行为监测及威胁全面态势感知的层面构建了多维度、全方位、立体的主动防御体系。

2.3　电力安全技术的发展

电力安全技术的发展离不开政策引导、企业攻关和社会支持，构建政府—企业—社会共建共治的发展环境尤为重要。目前，无论在安全专业还是企业技术发展中，电力安全技术都没有形成一条主线，明确研究内容和方向，对电力安全技术的发展带来很大的影响。本节主要从电力安全技术发展目标、方向和保障措施三个方面进行简要阐述，以期使读者对下一阶段电力安全技术发展有所了解。

2.3.1　电力安全技术发展目标

随着我国全面建成小康社会和加快推进各领域现代化建设，安全生产理念、思想和方式手段发生着深刻的变化，建立与国家、地方政府治理体系和治理能力相适应的安全生产体制机制成为现实需要。一是党中央、国务院出

台《关于推进安全生产领域改革发展的意见》（中发〔2016〕32号）、《地方党政领导干部安全责任制规定》，将电力安全纳入总体国家安全观，并要求完善应急体制机制，健全国家应急管理体系。二是随着新发展理念和“人民至上、生命至上”的思想深入人心，人民群众对美好生活的向往、对安全感的期望日益增长，安全生产承担着重要的责任和使命。三是电力行业全面落实“四个革命、一个合作”能源安全新战略，在安全风险因素越来越多的同时，电力系统安全重要性越来越强，人身安全事故和大面积停电事故代价越来越难以承受。目前，电力安全新技术的不断进步已逐步成为避免电力生产事故事件的重要保障，各类安全新技术的研究发展迫在眉睫。

电力安全技术发展的终极目标是电力本质安全，是不断提升内在预防和抵御事故风险的能力。随着国家和社会对电力安全的要求不断提升，电力安全新技术的不断进步已逐步成为避免电力生产事故事件的重要保障。从系统安全方面来看，随着未来大规模新能源消纳、交直流混联需求的不断提升，高压大功率电力电子器件、无功补偿装置等相关新技术、新材料将面临新的研究课题。从人身安全方面来看，随着大规模无人化运行和机械化作业的不断推广，将对以工业自动化和工业互联网技术为支撑的人工智能技术、高可靠性特种车辆和特种装备的研发提出更高更新的要求。从设备安全方面来看，交直流特高压设备运行可靠性要求的提升、物联网检测设备推广应用，将对新型绝缘材料、高性能电力传感器、新型灭火剂、防火阻燃材料、安全储能材料等提出新的更高的技术要求。

2.3.2 电力安全技术发展方向

从应用新技术提高电力行业安全生产水平的需求出发，借鉴国内外先进经验，建立电力安全新技术发展方向研究体系。紧扣人身、设备、系统三大安全方向，以安全监督为实施载体，融合、串联各种新技术，实现研究体系的落地实施。

充分运用先进的大数据、信息化、人工智能、情景构建等技术，提出了作业人员防护技术、高危作业人工替代技术、安全教育培训技术、状态监测技术、运检技术、消防技术、环境保护技术、输配电系统安全技术、发电系统安全技术、网络安全技术、作业现场安全管控技术、智慧化管控平台技术

12 个关键技术方向和 39 个子方向，形成“体系完备、结构合理、资源共享、技术先进、注重实效”的新技术研究体系，全面提升电力安全生产技术水平。

电力安全新技术发展方向研究体系包括人身安全类、设备安全类、系统安全类、安全监督类等四方面关键研究内容，“十四五”期间，各项研究内容的目的，主要方向如图 2–16 所示。

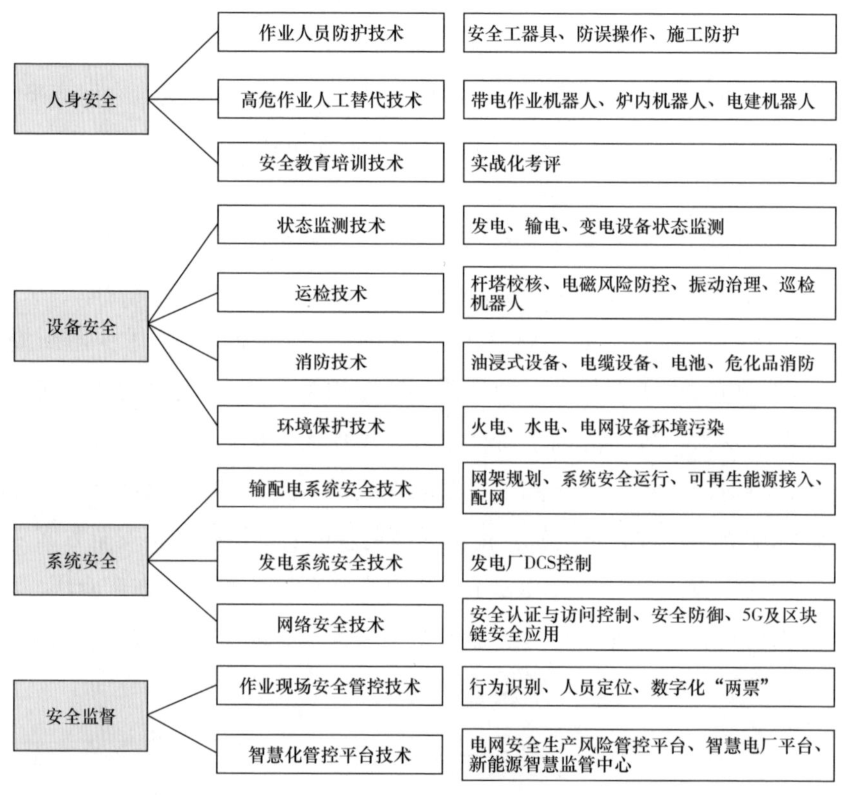

▲ 图 2–16　电力安全新技术发展方向技术路线

2.3.2.1　人身安全类

人身安全类的新技术研究主要是采用智能安全工器具、施工防护器具、操作机器人等先进的防护、替代设备，结合虚拟现实的培训技术，提高作业人身安全保障能力。

1. 作业人员防护技术

安全工器具智能化技术方面，主要研究作业环境对智能安全工器具功能实现的影响；研究智能安全工器具操作、部署的简化设计技术；研究数据信息和安全状态的映射规则及预警技术。

防误操作技术方面，主要研究基于新型物联网传感设备的顺序控制技术；研究基于物联网的电力系统实时在线防止电气误操作系统；研究五防主机可靠通信连接技术。

施工防护技术方面，主要研究水电站长斜井开挖安全防护技术；研究竖井掘进机施工技术；研究塔吊使用过程中采用自动监控技术；研究洞室爆破作业后安全自动监测及预警技术；研究施工现场安全用电监测系统。

2. 高危作业人工替代技术

电网高危作业人工替代技术方面，主要研究带电作业机器人场景适应性及 AR 可视化技术；研究适用于复杂生产环境的智能识别技术；研究多环境、多设备检测参数的数据分析技术。

发电厂高危作业人工替代技术方面，主要研究炉内自主检测无人机技术；研究炉内水冷壁爬壁机器人技术；研究可搭载检测设备模块技术；研究基于视频识别的炉内健康状态诊断技术；研究液氨泄漏自动关闭和报警装置安全技术。

电建高危作业人工替代技术方面，主要研究塔吊安装、拆除及使用安全监测技术等。

3. 安全教育培训技术

实战化培训技术方面，主要研究安全教育实战化培训考评模式；研究不同现实场景虚拟建模技术和人机交互技术；研究基于各类作业的安全实训模块构造。

2.3.2.2 设备安全类

设备安全类的新技术研究主要是采用智能传感器全面采集并分析判断发、输、变电设备的运行状态，采用新技术治理杆塔结构、电磁风险、设备振动等重大安全风险，研究各种业态的消防、环保技术，实现电力设备的安全稳定运行。

1. 状态监测技术

GIL 运行状态检测与评估技术方面，主要研究 GIL 设备内部温度检测技术；研究基于人工智能的视频图像检测技术；研究 GIL 不同位置部件松动条件下振动信号提取技术。

碳纤维导线智能检测技术方面，主要研究强电场环境下碳纤维复合芯导线专用小型低能耗、高清晰度射线检测技术；研究基于强电场环境下搭载碳纤维复合芯导线射线检测装置的自动爬行装置技术；研究基于数字射线图像的损伤自动处理、识别技术及系统。

变压器健康状态监测及风险预警技术方面，主要研究基于变压器各个组件及整体健康状态模型的在线监测技术；研究基于人工智能和大数据的多特征量状态评估方法的变压器风险预警分析技术。

换流变压器有载分接开关状态监测和故障预警技术方面，主要研究基于有载分接开关运动特征的多体动力学仿真技术；研究有载分接开关电气及机械缺陷特征参量提取技术；研究基于多特征参量的换流变压器有载分接开关故障诊断技术。

机组参数深度监控与诊断技术方面，主要研究智能预警与诊断技术，建立基于历史数据和现场故障经验的电站设备故障库；研究海量高维过程数据的智能治理与相关性分析技术，从数据侧面探究参数间的关联特性；研究基于设备状态的自动辨识技术。

2. 运检技术

共享电力杆塔建设工程结构安全校核技术方面，主要研究安装通信设备后现状铁塔 / 钢管杆的整体受力分析；研究安装通信设备后现状铁塔 / 钢管杆主材局部受力性能分析；研究现状铁塔改造应用方案。

智能巡检机器人技术方面，主要研究适用于现场可加载多种智能模块的承载技术；研究适用于复杂生产环境的智能识别技术；研究适用于智能巡检机器人的远程通信控制技术；研究多环境、多设备检测参数的数据分析技术；研究适用于天然气场站的机器人防爆技术。

关键设备重大电磁风险防控技术方面，主要研究重大电磁风险环境对重要设备的耦合影响规律；研究关键设备的电磁脉冲模拟试验与测量关键技术；研究关键设备电磁脉冲易损性试验评估和阈值规律；研究关键设备综合防护技术。

设备振动治理技术方面，主要研究电站设备振动故障分析及评估技术；研发先进设备减振装置；开发设备振动数据采集设备硬件及大数据系统。

3. 消防技术

大型油浸式电力变压器火灾早期预警技术方面，主要研究基于本体故障监测的火灾早期预警技术；研究基于油纸套管故障监测的火灾早期预警技术；研究基于油浸式有载分接开关故障监测的火灾早期预警技术。

电缆火情监测预警与应急处置技术方面，主要研究电缆通道早期火情预警判据技术；研究电缆早期火情主动灭火技术；研究电缆早期火情预警灭火联动技术。

电化学储能电站安全运行提升技术方面，主要研究磷酸铁锂储能电池热失控多元传感技术；研究基于提升磷酸铁锂储能电池热失控探测能力技术；研究基于多元传感器的磷酸铁锂储能电池热失控预警技术。

危化品泄漏情景构建技术方面，主要研究情景事件风险分析技术；研究情景应对任务分析技术；研究应急能力评估技术。

4. 环境保护技术

电磁环境与噪声机理、预测及控制技术方面，主要研究高压大容量电力电子系统的电磁发射特性、电磁兼容试验与评估技术；研究电磁环境与噪声精准预测技术；研究电磁环境与噪声新型测量系统、新型低频降噪材料和降噪技术。

生态环境保护与资源利用技术方面，主要研究抽水蓄能工程水土流失监测预测和水土保持技术；研究海缆工程对海洋环境的影响监测、预测及控制技术；研究环保型绝缘气体替代技术；研究通用性电池预处理、分离与收集技术；研究电网企业职业危害智能化评估与预警防控技术；研究基于物联网的环水保监控技术。

边坡生态修复技术方面，主要研究生态地质以查明生态环境灾变机理以及创面生态修复的关键因子；研究基于土壤改良、边坡加固、节水灌溉等技术相融合的生态修复技术。

燃煤电站污染物治理及综合利用技术方面，主要研究超低排放机组烟气非常规污染物排放控制技术；研究非常规水源高效利用及低成本废水零排放技术；研究废旧 SCR 催化剂再生与资源化利用技术。

2.3.2.3　系统安全类

系统安全类的新技术主要研究重点是输配电系统的稳定控制技术、发电系统的安全控制技术，网络安全技术，实现电网大系统的安全稳定运行。

1. 输配电系统安全技术

网架形态与规划方面，主要研究超高占比新能源电力系统规划安全仿真与辅助决策技术；研究考虑能源系统综合效益的多类型能源网协同规划技术；研究高比例可再生能源电力系统规划技术。

系统安全运行与保护方面，主要研究高比例新能源和电力电子设备电力系统基础理论；研究电力系统非常规状态的安全分析与防御技术；研究未来电力系统故障演化规律与安全防御技术；研究协同运作、安全可靠的稳控系统运行控制技术。

可再生能源发电协调优化调度与风险防御技术方面，主要研究电力市场和多重不确定性下可再生能源优化调度与风险防御技术；研究提高可再生能源跨省跨区消纳能力的送受端协调调控技术。

配电网关键技术方面，主要研究基于芯片化技术的传感组件在配电设备的集成及应用技术；研究配电一、二次设备间的绝缘配合与电磁兼容技术；研制具备功能一体化、分布交互、远程协调配电设备。

2. 发电系统安全技术

发电厂智能 DCS 控制技术方面，主要研究智能计算和大数据挖掘技术融合向控制层延伸技术；研究智能诊断与传统 DCS 一体化融合技术；研究基于大数据的发电机组运行寻优技术；研究基于先进算法的智能闭环控制技术。

3. 网络安全技术

安全认证与访问控制方面，主要研究防火墙策略联动技术；研究主机安全基线封禁技术；研究网络设备策略阻断技术；研究可信技术与安全认证技术；研究 PKI、CPK、生物识别等认证技术；研究安全、高效、稳定的密码服务供给技术。

安全防御方面，主要研究多级联动处置与快速拦截阻断技术；研究针对恶意攻击的主动防御技术；研究主动资产探测及敏感信息排查系统；研究漏洞智能识别及自动化渗透测试技术；研究智能攻防对抗技术；研究电力监控系统网络安全纵深防御体系架构。

新兴技术安全应用方面，主要研究融合 5G 的高安全高可靠组网架构；研究 5G 电力切片业务多因子认证鉴权技术、5G 电力切片业务通道安全加密技术研究；5G 切片业务主被动采集测量与安全态势分析技术；研究基于区块链的电力多方交易平台软件和区块链安全分析系统；研究基于人工智能的资产轻量级扫描探测技术；研究基于人工智能的互联网暴露面排查技术。

2.3.2.4 安全监督类

安全监督类的新技术研究主要是综合各类作业现场安全管控技术和管控平

台技术，以人工智能和大数据为基础，实现电力安全的全过程、全方位监督。

1. 作业现场安全管控技术

人员行为识别技术方面，主要研究基于深度学习的视频行为分析技术；研究基于人工智能的视频图像检测技术；研究基于视觉系统和控制系统相融合的智能人员防护一体化平台。

人员定位技术方面，主要研究卫星拒止环境下的近超声、超宽带等定位技术；研究基于北斗系统时钟的融合定位技术；研究基于面向室内外融合定位技术的人员行为管控系统。

数字化“两票”技术方面，主要研究基于5G网络的移动“两票”系统；研究“两票”与视频记录仪、智能安全帽、布控球联动监控技术；研究基于“两票”与作业过程标准环节管控；研究基于5G网络及AR技术的远程沟通协助技术。

2. 智慧化管控平台技术

基于现场的安全风险全过程管控技术方面，主要研究构建安全风险管控平台；研究基于GPS和北斗系统的实时定位技术；研究基于人工智能的人脸识别技术；研究基于多维数据的数据结构分析技术。

管理中台公有云技术方面，主要研究基于互联网和大数据的承包商全生命周期管控。

“智慧电厂”建设关键技术方面，主要研究搭建统一的数据管理平台；研究全生命周期数据管理技术；研究基于人工智能的大数据分析技术；研究实现工作模式变革，进一步优化传统电厂的工作模式。

新能源智慧监管中心及集控中心建设技术方面，主要研究生产数据统一类型、数据存储和处理应用开发；研究大数据分析以及生产管理系统的应用；研究区域集中监控和控制系统的开发和部署；研究数字化转型后管理模式的创新。

2.3.3 电力安全技术发展保障措施

1. 加强组织领导

建立政府、企业、社会多方参与的电力安全技术研发体系，推进企业与科研院校形成产学研用战略联盟。各有关单位要制定工作方案，分解目标任务，明确责任主体，确定时序重点，出台保障措施。

2. 加强队伍建设

高度重视专业人才队伍建设工作，加大与高等院校、科研院所、社会培训机构等资源合作，建立健全全覆盖、多层次、经常性的电力安全培训制度，培养提升人员综合能力。建立合理的薪酬分配激励机制，推行岗位安全技术等级认证，实行绩效与安全技能挂钩。聚焦领军人才，充分利用电力行业各标委会委员在各主要电力企业的人才资源和优势，汇集一批各领域的国际型、复合型技术领军人才，提高电力行业新技术研发和应用水平。培养专家人才，发挥学校和企业研究院的作用，重点培养一批既掌握专业技术标准，又熟悉专业技术、了解国内外电力技术发展、懂得国家政策和产业发展规划的专家人才，建立各级各专业电力行业专家智库。培育基层工作队伍，为专业技术和专业人员构建清晰的、独立的职业发展规划和路径，提高专业技术工作人员的积极性，强化对技术标准、技术原理与基础知识、各类技术规程的培训学习，强化一线技术人员运用技术分析解决实际问题的能力。开展各专业技术监督人员技能认证，提高技术监督员的水平和能力。

3. 完善投入机制

鼓励采用政府和社会资本合作、投资补助等多种方式，吸引社会资本参与重大电力安全科技攻关。鼓励电力安全技术创新，建立完善人、财、物有机协同的投入机制，为实施研究任务提供必要保障，加快新技术成果转化，推动研究工作有效落地。

4. 加强评估考核

建立电力安全新技术研究工作评估考核制度，定期总结评估，对工作开展情况进行考评，及时协调解决实施过程中发现的问题，积极总结经验、吸取教训、完善措施，促进电力安全技术研究工作的顺利开展。

2.4 “安全是技术”理念的良好实践

2.4.1 某电网集团安全技术组织保障体系建设

某电网集团发挥集团统筹引领作用，坚持顶层设计、系统谋划，通过坚

持战略引领，持续完善组织架构，建立健全创新机制，加大资源保障，建设富有活力的安全技术科技创新体系，技术、人才、资金等创新要素协同作用，实现科技资源有效集成和合理配置，提升技术创新能力，为安全生产奠定坚实的技术基础。

1. 工作原则

安全科技创新主要目标是防范电网和人身事故，核心任务是加快推出一批可以转化为现实安全保障能力的科技成果，推动安全科技转化为安全保障能力。

坚持顶层设计。在大电网运行与控制、设备装备、防灾减灾等安全生产重点领域开展顶层设计，分析安全事故分布特点、危害特征、技术装备现状，研究科技发展对策，对影响安全生产的重大关键技术瓶颈组织联合攻关。

坚持需求导向。围绕安全生产需求，创新发展理念，转化应用先进适用的安全技术、装备和科研成果，注重装备通用化、标准化和系列化，推动安全生产防、管、控科技创新产业化。

坚持自主创新。建立以防范重特大事故为目标的集成创新和消化吸收再创新工作机制，引进、消化、吸收国外先进技术装备，解决安全生产重大问题。

坚持攻坚克难。集中科技研发机构、人才、资金等有限资源，集中进行课题攻关、科技转化和技术推广，将科技成果转化为安全生产保障能力。

2. 组织体系

明确不同创新主体的功能定位，打造覆盖从基础前瞻研究、关键技术和工程应用研究、产品开发到转化推广的完整创新链条，形成以直属科研单位为核心、直属产业单位为重点、省属科研单位为依托、海外研发（检测）机构为延伸、外部科技资源为协同的科技创新组织架构，如图 2-17 所示。

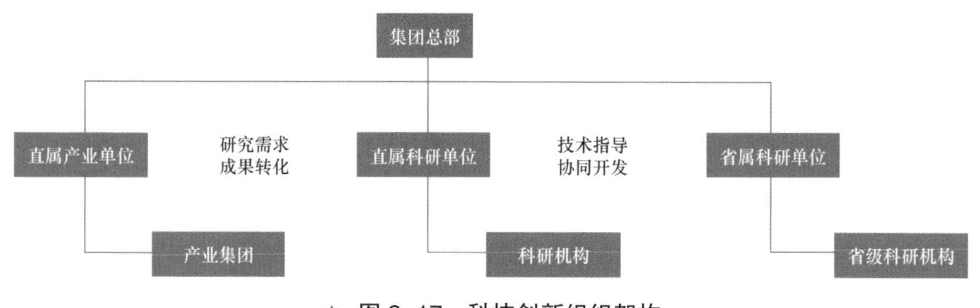

▲ 图 2-17　科技创新组织架构

3. 创新机制

建立创新决策、培育转化、资源共享、考核评价和开放合作等关键创新机制，形成创新驱动力，实现科技创新体系高效运转。

创新决策。建立战略规划、年度项目指南编制、项目储备库和有效管理项目实施等全链条的项目决策和管理体系，滚动修订科技规划，建立两级科技项目储备库。

培育转化。加强知识产权和标准管理体系建设，成立专利服务中心，建立和培养专利工作专家队伍，在国际标准组织发起成立技术标准分委员会。

资源共享。统筹配置实验室、科技成果和科研人员等科技创新资源，多渠道推进协同共享，制定实验室资源协同共享制度，开发科技资源共享平台，建立科技人员协同工作机制，促进新技术推广和成果转化应用。

考核评价。构建与各主体定位匹配、有效引导创新发展、考核内容全面的科技创新绩效考核指标体系，建立有效的激励与约束机制，引导和推动科技创新协调发展。

开放合作。通过重大科技项目，加强与电力设备制造企业、高等院校和科研院所开展人才培养、学术交流、项目研发等方面的合作。依托特高压工程建设，构建跨部门、跨行业的协同攻关体系，整合内外部研究力量，集中科研优势进行全面攻关。

4. 资源保障

加大研发资金投入，采取统一管理、多元投入的模式，保障研发经费得到合理配置。重视人才培养与引进，优化科研人员成长环境，激发人才创新活力，建设优秀的科技人才队伍，构建三级试验室体系，涵盖所有电网技术领域，为承接关键技术攻关项目奠定坚实的能力基础。

2.4.2 某电网公司技术支撑安全生产实践案例

某电网公司按照的“全专业、全过程、全方位、全层次”原则，通过研究制定技术标准化战略规划、健全技术标准化组织架构、完善技术标准化工作驱动机制、强化技术标准全过程管理和技术标准实施监督管理等举措，提升技术标准化治理效能，从规划建设、运行控制、运维检修、网络安全、防灾救灾、安全监管等六个领域，坚持运用技术思维和方法破解安全生产难题，

坚持以新技术应用推动安全生产创新发展。

在规划建设领域，通过加强中长期电源规划和特高压电网、柔性直流输电等关键技术研究，推动电源协同发展、合理布局，构建多能互补电源体系，提升电力安全供应保障能力。通过构建完善“合理分区、柔性互联、安全可控、开放互济”的主网架，全面消除突破《电力系统安全稳定导则》（GB 38755—2019）及单一组件故障导致的事故风险，持续降低交叉跨越点、密集输电通道、同沟电缆线路等共模故障导致的事故风险。通过坚持差异化设防标准，推进电网防冰抗冰抗震差异化建设与能力提升，做好安全可靠的城市保底电网建设、更高标准的对港澳供电保障能力建设、差异化标准的沿海电网建设“三篇文章”，全面提升极端灾害条件下城市电网、核心区域和关键重要用户安全可靠供电能力。

在运行控制领域，通过研究特高压交直流混联大电网安全稳定、仿真计算、运行控制新能源并网运行、网源协调、电力监控系统网络安全、电力现货市场等运行管理关键技术，提高电网运行技术支撑能力。通过开展电网管理平台、调度运行平台和全局物联网平台建设，基于大数据、物联网、人工智能及状态感知，强化电网风险预警预控和故障处置能力，增强自动诊断隔离故障和系统自愈能力效率，实现设备缺陷隐患预先发现和及时处理，环境风险自动报警和智能自愈。通过依靠数字电网建设支撑新型电力系统，建设灵活可靠的电网调度平台系统，实现对新型电力系统的可观、可测、可控。

在运维检修领域，通过推进运维检修技术与“大云物移智”等新技术的深度融合，完善运维检修技术标准，为坚强智能电网建设和运行提供保障。通过推进设备状态监测与智能分析，准确高效执行设备规范化检修、差异化运维策略，提高设备运行质量和健康水平。通过推广远方和程序操作替代现场操作，推广智能巡视、智能操作和智能作业，实现巡视操作等日常业务、高危及高劳动强度作业机器替代。通过建立输电线路数字化运行通道，同时实现无人机多机种协同作业实时监控调度、“站到站”全天候智能巡视、缺陷智能识别、隐患智能预测、策略智能优化，提升了设备巡视工作效率和安全水平。通过建设智能防误系统，实现现场操作和调度指挥防误数字化、智能化，使现场全过程人身安全处于预警预控的科技保护下。

在网络安全领域，通过加强新型电力系统网络安全技术标准体系建设，建立适应“大云物移智”等新技术发展需求的安全防护体系，提升网络安全风险防控智能化和智慧化水平。通过深化大数据、人工智能在防控新型网络安全威胁方面的应用，夯实数据安全基础，从技防环节提升数据防护能力。通过构建网络安全综合防护体系及国家级关键信息基础设施安全防御体系，建成电力监控网络安全纵深防御基础体系，收敛电网外部暴露面，确保国家关键信息基础设施安全。

在防灾救灾领域。通过建成电网灾害监测与决策支持系统，实现台风、冰冻等自然灾害防御的灾害预测、灾情监测、损失评估和应急决策等定制化服务，为电网灾害监测和应急指挥等提供有力支撑。通过建成台风“应急一张图”，实现灾害预警预报、灾情监测、电网异常数据实时统计、用户停复电信息展示、灾后智能勘察及快速定损、应急物资和人员调配等功能，实现抗击台风全过程的直观可视化指挥。通过构建“卫星广域监测、无人机线路特巡、地面装置重点监测”点线面结合的天、空、地一体化山火监控网络，实现业务范围全境 5 分钟一次广域高频山火监测，建立“监测—预警—处置—反馈”的山火监控闭环管控工作机制。

在安全监管领域，通过建设网省地县四级生产指挥中心作业监控系统，建成安监领域统一流媒体平台，支撑应急指挥、作业视频监控、安全生产大数据分析等安监数字化业务，实现各专业领域人身安全措施闭环、管理穿透。通过视频和信息系统等“透明”“穿透”手段应用，研究基于多源数据融合的违章智能辨识技术，构建典型场景违章辨识算法模型，实现无票作业、以抢代维等强隐蔽性违章行为的自动辨识。通过信息系统的建设和完善，打造基于人工智能“能看、能做、能督”的数字安监工程师，实现全局统一计划池信息管理，外包人员资质统一管理，人员违章扣分标准和信息平台统一管理，提高作业风险管控水平。通过推进视频监控系统、智能安全帽、安全工器具智能柜等的应用，推动安全督查从“线下”单一督查向“线上 + 线下”综合督查转变。

技术标准化领域。围绕提升技术标准化工作水平，以技术标准化支撑安全生产实践，构建技术标准化“两个体系，两个机制”。通过研究制定技术标准化战略规划，优化技术标准化组织架构、标准化工作驱动机制和强化技术

标准全过程管理、技术标准实施监督管理、技术标准价值管理等举措完善标准化管理体系。通过开展新型技术标准体系建设，构建数字电网技术标准体系，加强业务领域标准研制，推进设备标准化等举措完善技术标准体系。通过加强各级标委会的管理与建设、各类标准化示范试点建设和推进国家标准创新基地（直流输电与电力电子技术）建设、前沿技术向国内标准转化和推广应用等举措完善标准影响力提升机制。通过健全技术标准化培训体系和加强标准化专业人才培养、国际标准化专家队伍建设等举措构建标准化人才队伍建设机制。

2.4.3 某电厂技术创新型班组建设

某电厂继保班共有员工 8 人，平均年龄 32 岁，主要负责全厂设备的保护、自动化、远动以及直流、UPS 系统等二次设备的点检、维护、技术改造等工作。该班组以信息化、标准化、精细化作为发展方向，以技术创新为工作手段，在人员培养、工作绩效、技术难题解决等方面提出了多个新思路、新方法，大幅提升了安全基础、提高了工作效率、增进了员工职业素养。自创班以来，该班组先后获得多项荣誉，累计获得 9 项专利，多篇论文在国家期刊上发表。

1. 建立创新团队

根据班组人员性格特点，专业特长进行组织分工，成立班组内部创新小组，负责策划协调（组长担任）、情报收集、产品设计、成品制作、现场试验、资料编写、成果发布等工作。班组围绕 QC 活动、“五小”活动、合理化建议、科技创新活动、专利申请等建立一系列培训教育、人才培养、班组激励等措施，取得了良好效果。

2. 技术创新工作方法

继保班在创新工作上主要采取目标与关键成果法（OKR）、思维导图、头脑风暴等方法，其中最关键的是创新的目标，这个目标经过班组人员自主自发的思考，具备挑战性、创造性和创新性，创新目标可以归纳为关键指标，其关键指标包含具体的工作任务，是可以量化的，每个阶段设置时间节点，创新工作开展的流程如图 2-18 所示。班组长定期检查每个成员的关键指标完成情况，未完成的要说明原因，中间过程有人督促。

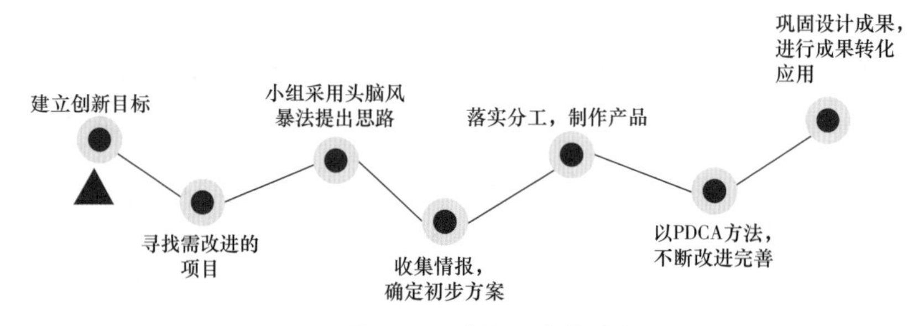

▲ 图 2-18　创新工作的流程

继保班在创新工作上要求如下：

（1）班组创新小组人员每年针对频发的缺陷提出 1 个技术攻关项目，班组下发认领通知书，附带要求完成时间和相关技术要求。

（2）每次机组检修后进行一次技术总结，各个工作负责人梳理检修项目的完成状况，过程中遇到的难题，创新小组成员总结提炼出一项技术改进措施。

（3）针对上级单位下发的典型事故案例，创新小组成员结合本公司实际情况，提出一项优化方法。

（4）积极参与公司技能大师工作室分配的工作任务，班组每年完成 2 项技术攻关。

班组的创新工作总体上可以分为“自上而下”和“自下而上”两种路径。“自上而下”是公司提供思路和平台仅有员工操作实现过程，这样的创新工作短时能起到一定的效果，但往往没有活力，过程很僵化，没有资源就会停滞不前，“自下而上”才是最好的方法，要培养班组人员自发主动地去思考、去创新才是根本。另外创新不是抛弃之前的做法，可以把技术创新工作看作是“二次创业”，班组内部好的做法一定要传承下去。

班组创新工作需要有容错机制的文化，允许班组人员去犯错，去尝试和挑战的机会，班组长要积极主动地承担过失，这样才能调动班组人员的创新工作的主观能动性，建立创新工作的长效机制，形成创新的文化，良好的文化能够提高团队的凝聚力、战斗力。

班组创新工作分为管理创新和技术创新，管理创新是采用新方法、新思路推动班组传统管理理念的迭代更新，使班组管理更加规范化、精细化和流程化。技术创新是采用新技术、新工艺等方式提高设备的安全生产管理基础以及提高检修人员的工作效率。要培养班组人员敏锐发现问题的能力，每做

一件事都要想是否采用了最有效率的方式，很多创新点总是在不经意的边缘之处出现。在方式方法上可以先想得小一点、细一点，专注高效解决一个痛点问题，同时要耐得住寂寞，一点一滴地精工细作。创新的三个阶段分别为模仿、制作和改进，如图 2-19 所示。创新的方式，包括 QC、“五小”、创新创效、合理化建议、技术攻关、科技项目等。

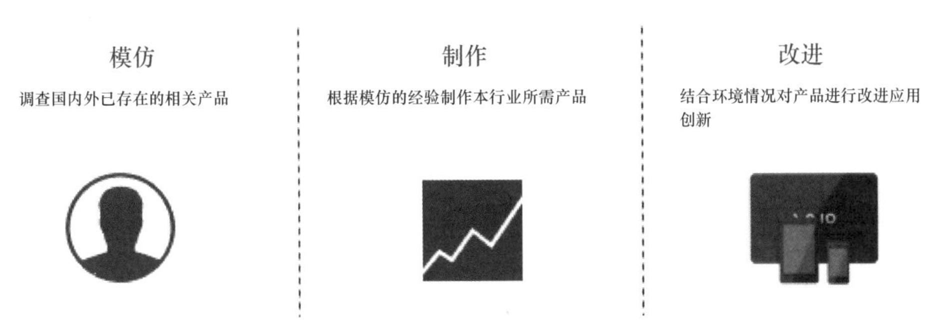

▲ 图 2-19 创新工作的三个阶段

3. 班组安全技术培训

班组沿袭了电力企业良好的培训方法，采用导师带徒、技术比武、月度考试、技术拷问、技术讲课等方式方法，充分运用新媒体和网络信息技术，既提高了培训效率，也丰富了培训手段，如图 2-20 所示。班组通过对个人能力的梳理，列出能力矩阵表，如表 2-1 所示，可以清晰地展示每个人每项技

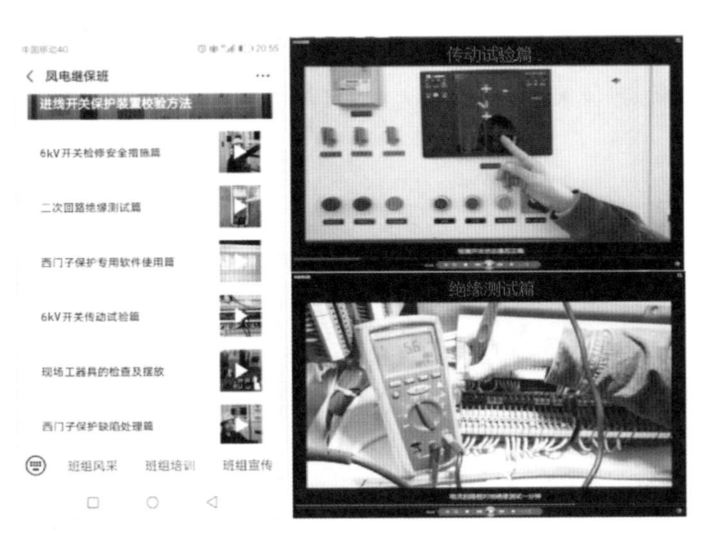

▲ 图 2-20 拍摄视频模块化教学，推送培训知识

表 2-1　继保班个人能力矩阵表

项目＼姓名	杨某	梁某	高某	武某	张某	李某	王某	谢某	测评依据	评分标准
工作标准、规范	★★★	★★★	★★★	★★	★★★	★★	★★	★	掌握继电保护工作相关标准、规程、规范	★★★ 表示熟练 ★★ 表示掌握 ★ 表示了解
安全工器具	★★★	★★★	★★★	★★★	★★★	★★	★★	★	掌握继电保护安全工器具的使用及维护	
继电保护工作流程	★★★	★★★	★★★	★★	★★★	★★	★★	★	掌握 ERP 系统工作票办理，缺陷处理等流程	
6 千伏开关保护	★★★	★★★	★★★	★★	★★★	★★	★★	★	掌握 6 千伏开关保护厂家图纸及设计院图纸的看法，掌握保护原理、配置、调试方法，了解故障排除方法	
同期装置	★★★	★★★	★★★	★★	★★	★★	★		掌握同期装置厂家图纸及设计院图纸的看法，掌握控制原理、调试方法，掌握故障排除方法	
快切装置	★★★	★★★	★★★	★★	★★	★★	★		掌握厂用电快切装置厂家图纸及设计院图纸的看法，掌握控制原理、调试方法，掌握故障排除方法	

续表

姓名 项目	杨某	梁某	高某	武某	张某	李某	王某	谢某	测评依据	评分标准
故障录波器	★★★	★★★	★★★	★★	★★	★★	★★		掌握故障录波器厂家图纸及设计院图纸的看法，掌握控制原理、调试方法，掌握故障排除方法	
风冷控制系统	★★★	★★★	★★★	★★	★★	★★	★★		掌握主变压器、厂变压器风冷控制厂家图纸及设计院图纸的看法，掌握控制原理、调试方法，掌握故障排除方法	★★★表示熟练 ★★表示掌握 ★表示了解
发变组变送器	★★★	★★★	★★★	★★	★★	★★	★		掌握发变组变送器厂家图纸及设计院图纸的看法。掌握校验方法，了解故障排除及在线更换方法	

注：原则上每季度进行一次评比，评比依据参照每天进步一点点、月度考试成绩、技术比武成绩、现场考问、检修、维护、消缺、技术分析等过程中的表现，了解班组人员对各方面知识的掌握程度，及时发现班组人员所缺知识点，为培训学习指明方向。

能的熟练程度，通过对比起到比学赶超、查漏补缺的效果。

4. 班组创新激励

班组建立关于创新工作方面的激励制度，如图 2-21 所示。每月将个人技术创新和技术管理工作形成绩效，作为月度二次分配的依据以及班组荣誉评

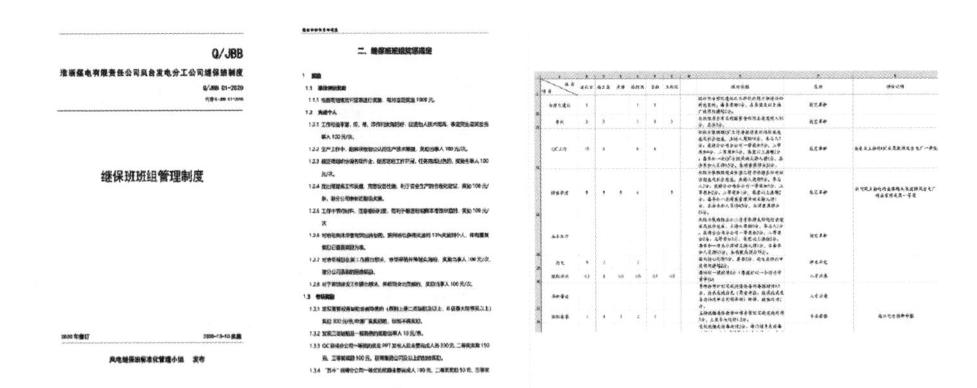
Q/JBB
淮浙煤电有限责任公司凤台发电分公司继保班制度
继保班班组管理制度

▲ 图 2–21　班组关于创新工作方面的激励制度

选的重要支撑，以此奖优罚劣，促进班组每个成员的积极性。

5. 班组创新成果

无纸化巡检。为了提高巡检的效率和操作的便捷性，班组提出了无纸化巡检思路。利用二维码和微程序开发，创建了无纸化巡检小程序，如图 2–22 所示。相比传统纸质巡检以及手持式巡检仪巡检，该项目解决了纸质化巡检耗时长、巡检台账不易查找、巡检本无法重复使用的缺点，能够节约 40% 左右的巡检时间，在公司内部得到了推广使用。

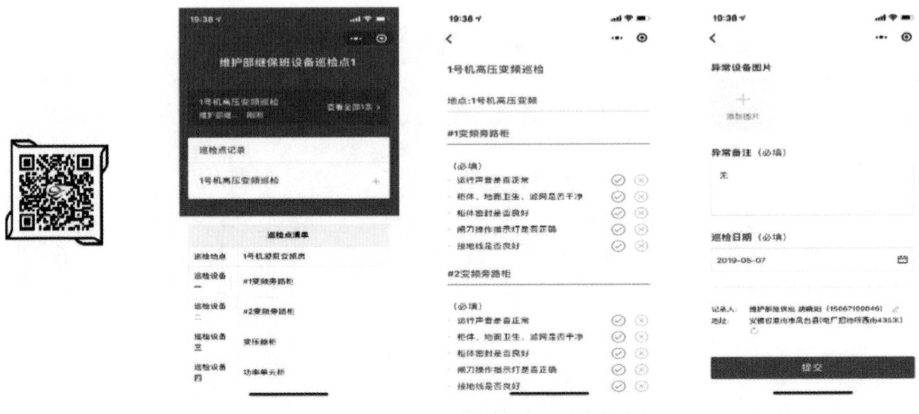

▲ 图 2–22　编制的无纸化设备巡检系统

中压母差保护装置的构成单元，如图 2–23 所示。该技术创新成果是现有弧光保护的最佳替代方案，解决了现有中压配电装置母线保护不满足快速性、可

靠性、灵敏性要求的重大原理缺陷，可杜绝中压配电装置母线短路以致“火烧连城”恶性事故的发生。

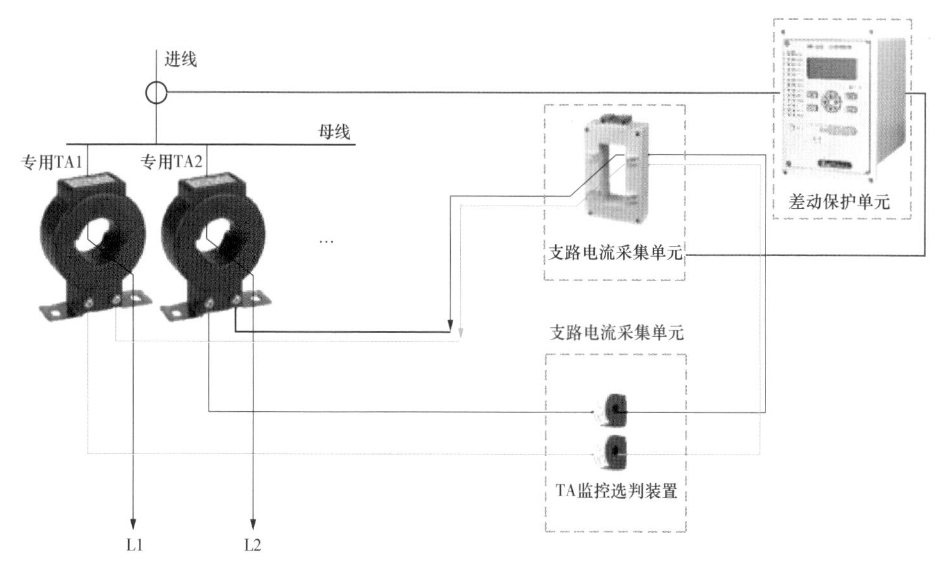

▲ 图 2-23　中压母差保护装置的构成单元

可扩展磁吸式端子排安全隔离防护设备，如图 2-24 所示，能够提高二次回路端子排隔离过程中的安全性和便捷性。通过增加新型防护罩，全方位防止雨水浸入户外端子箱，同时在端子箱柜内增加渗漏水检测装置，一旦发生漏水事件，及时推送消息至维护人员，如图 2-25 所示。

通过技术创新工作的持续开展，大大提高了班组人员的技术能力和技术

▲ 图 2-24　可扩展磁吸式端子排安全隔离防护设备

▲ 图 2–25　升压站端子漏水防护及检测

水平，目前班组具备工程师职称及以上人员达 50%，其中一名为高级工程师。部分班组人员已考取注册安全工程师以及注册计量师，对班组安全管理、电气标准室的管理起到了很好的示范引领作用。

2.4.4　某境外水电站“1125”技术监督管理模式应用

技术监督是水电企业生产管理的重要组成部分，它以安全和质量为中心，依据国家、行业有关标准规程，采用有效的测试和管理手段，对设备健康水平进行监测和控制，确保设备安全、优质、经济运行。某境外水电站由于所在地生产技术落后，社会配套能力极差，无电力技术监督机构，为开展技术监督工作带来极大的困难。电站迫切需要解决技术监督管理的困境，为企业安全生产提供有力的技术支撑。

1.“1125”技术监督管理模式的主要内容

导入精益管理理念，从“人员、设备、材料、方法、管理”五个方面入手，应用头脑风暴、思维导图等工具，深入分析技术监督管理存在的困境，明确关键原因及对应解决办法，如图 2–26 所示。

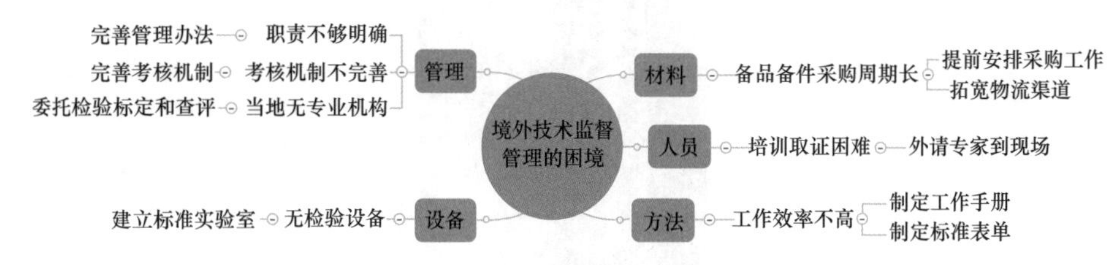

▲ 图 2–26　原因分析思维导图

制定了“消除差距，对标国内”的管理目标，结合境外项目实际情况，明确完善管理机制、建立标准实验室、邀请专家到现场、委托查评和检验标定、制定标准工作手册和表单等举措，通过实践和提炼，构建了一套 PDCA 的“1125”管理模式，即一个目标、一张网络、两大标准、五大抓手，持续提升技术监督管理水平。

（1）一个目标。尽管当地的技术条件极差，但技术监督的管理要求不能降低，要想方设法创造条件，消除存在的差距，实行无差异管理，对标国内先进企业，不断提升技术监督管理水平。

（2）一张网络。强化技术监督三级网络，如图 2-27 所示，贯彻一横到边、一纵到底的管理思路，涵盖至公司各个生产部门。细化量化管理办法和工作内容，职责落实到人，完成时间精确到天。着重过程控制和管理，强化闭环管理，落实工作完成情况，及时解决存在的问题。

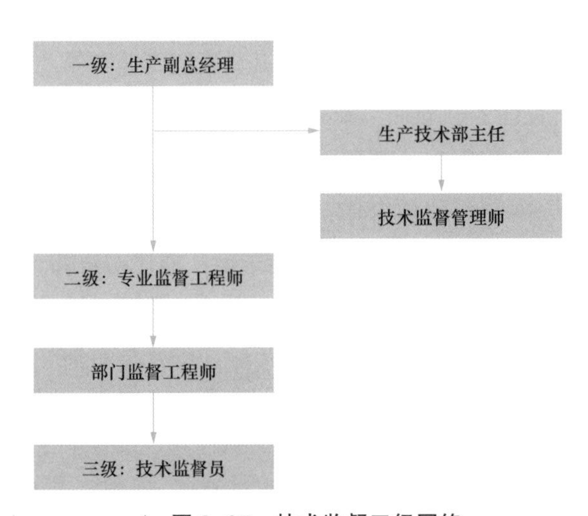

▲ 图 2-27　技术监督三级网络

（3）两大标准。根据国家、行业最新的法律法规和企业实施细则，修编完善水轮机、绝缘、励磁等 13 个专业的技术监督实施细则，为全过程监督提供操作规范；结合实际情况，制定技术监督日常工作手册，制定定期试验、专业总结、监督报表等 36 个标准化表单，为高效开展日常工作提供强有力的指导。

（4）五大抓手。

1）建立标准实验室。参考国内标准建设一个标准实验室，建立健全实验室安全管理制度及设备维护规程，扎实做好日常规范化管理。专门从国内采购了一批油化验和热工监督、电气试验等方面的标准仪器、设备、试剂，定期开展油化、热工监督、电气预防性试验等工作，提高了电站规范管理水平和故障排查速度。

2）委托查评、检验和标定。针对境外项目的特殊性，与国内电科院、系统内单位合作，由国内派专家组到境外开展技术监督查评，对发现的问题，提出整改措施并予以落实；和国内特检院、计量局等有资质的单位合作，委托到现场开展特种设备检验工作，并对现场特种设备日常管理提供技术指导，对试验仪器进行定期检测标定，对损坏的仪器设备等提供现场维修服务。

3）拓宽员工培训方式。对外采取“走出去，请进来”的培训方式，除了派个别骨干回国培训外，主要结合电科院、特检院、计量局等专家到现场服务期间，对电站专业人员开展专门的培训取证工作，提升人员专业水平。对内采取“线上学，线下讲”的培训方式，制定培训计划和奖励机制，组织员工参加网络课程学习、开展员工课堂等，有效提升员工的专业素养。

4）缩短备品备件采购周期。强化备品备件计划管理，采购工作尽可能提前安排。对国际通关流程深入调研，针对难点制定相应措施；拓宽海运、陆运物流渠道，与国内物流公司合作，由其负责报关和清关，应急情况下采取空运或由国内休假、出差人员随身携带等举措，加快物资到达现场的速度。

5）完善工作考评机制。制定操作性强的工作考评办法，按照周计划对技术监督人员的工作完成情况和质量进行考评，及时公布绩效奖惩结果，提高员工的工作责任心和积极性。

2. 解决的问题

（1）无技术监督机构，影响工作正常开展。当地没有类似电科院、中试所、特种院等专业机构，技术监督工作无法规范开展，企业配置整套仪器设备花费成本太大，且仪器设备的定期校验和标定也存在很大的困难。

（2）环境条件恶劣，设备故障维修不易。各试验仪器、电子设备在高温高湿环境下容易发生故障，因路途遥远且受限于海关出入境管理规定，仪器设备故障后的返修存在很大困难，设备年度定检工作也无法正常进行。

（3）备件采购周期长，应急消缺和抢修困难。受当地条件限制，电站日常设备、备品备件及其他重要物资大多数需从国内采购，采购环节多，

外汇支付接收困难，长距离运输、通关等原因造成物资供应周期偏长，对设备消缺和应急抢修带来困难。

（4）人员持证数量不足，专业水平提升缓慢。技术监督专业多达13个，需持证上岗人数较多，当地无相关培训机构，将人员全部送回国内取证费用高、周期长，且与现场工作安排冲突，难以实施。电站与国内水电企业交流较少，技术监督方面的信息获取途径有限，难以借鉴国内先进经验，影响人员专业水平的提升。

3. 取得的成效

自实施“1125”管理模式以来，技术监督管理工作取得了显著成效，设备健康水平持续提升，有力保障了电站的满发稳发和长周期安全运行。

（1）提高工作效率。通过建标对标工作，实现了技术监督管理制度化、流程化和表格化，真正做到有章可循、有据可依。

（2）技术监督工作卓有成效。通过多年的努力，该境外项目技术监督管理工作取得了显著的成效，2016年上级单位对项目现场技术监督查评发现问题136项、2017年98项、2018年66项、2019年33项，问题数量逐年明显递减，现场管理日趋规范完善。

（3）提升员工专业能力。累计完成压力容器操作、起重设备等7个专业105人次的培训取证，完成内外部授课86次，23名员工提升了技能等级。

（4）提供方便的检验、检测服务。累计检验安全阀及备品等计136个，对外提供油化验服务25次，节省了大量送回国内的检验费用。

（5）提高中国标准美誉度。将中国标准和技术带到了境外，结束了电力企业试验仪器无法在当地检测标定的历史，帮助其他中资企业完成相关技术监督工作，得到了当地电力协会单位的高度赞赏。

（6）增加企业综合效益。自2014年以来，实现了在境外现场培训取证、油化验等相关工作，节省人员差旅费、设备运输及清关费用等约85.3万元。为在中外合资电力企业提供相关服务，提升了公司形象和影响力。

3 安全是管理

管理贯穿于电力安全治理的全过程，是促进技术发展、强化责任落实、建设安全文化、实现安全生产的关键手段。安全管理通过对管理环节的拆分和管理流程的优化等，实现人与环境、任务的协调，实现流程优化，达到控制风险、消除隐患的目的。本章对“安全是管理”进行论述，分析了管理与安全的紧密关系，阐明了“安全是管理”的重要意义，介绍了当前国际、国内主要安全管理体系和国内现行电力安全管理机制，并针对当前电力安全管理存在问题进行了展望，最后介绍了“安全是管理”理念的实践案例。

3.1 概论

3.1.1 基本概念

管理是指在特定的环境下，对所拥有的资源进行有效的计划、组织、领导和控制，以便达成既定组织目标的过程。

管理是一门综合性的系统科学，管理的对象是生产中一切人、物、环境的状态。人类文明程度及其社会性发展到一定阶段便出现了管理，认识管理应该从管理的源头开始。在中国，管理最初是掌管事务。传说黄帝时代设百官，“百官以治，万民以察”，百官就是负责主管各方面事务的官员。管和理都有表示管理、经营的意思，如《柳敬亭传》中“贫困如故时，始复上街头理其故业”。在外国，“科学管理之父”弗雷德里克·泰罗认为，“管理就是确切地知道你要别人干什么，并使他用最好的方法去干”；诺贝尔奖获得者赫伯特·西蒙对管理的定义是，“管理就是制定决策”；亨利·法约尔认为，“管理是所有的人类组织都有的一种活动，这种活动由五项要素组成：计划、组织、指挥、协调和控制”。

安全管理是管理的重要分支，是针对生产过程中的安全问题，运用有效资源，进行有关决策、计划、组织和控制等活动，实现生产过程中人与机器设备、物料、环境的和谐，达到安全生产的目标。安全管理涉及企业中的所有人员、设备设施、物料、环境、财务、信息等各个方面，是全方位、全天候且涉及全体人员的管理，包括安全生产法制管理、行政管理、监督检查、工艺技术管理、设备设施管理、作业环境管理和条件管理等方面。

电力安全管理寓于电力生产之中，并发挥促进与保证生产的作用。因此，电力安全管理与生产管理的目标、目的表现出高度的一致和统一。管理主要是组织实施企业安全管理规划、指导、检查和决策，管理是生产保障的重要组成部分，同时又是保障生产处于最佳安全状态的根本环节，安全管理与生产管理在实施过程存在着密切的联系和共同的基础。

党的十八大以来，习近平总书记多次就安全生产工作作出重要指示批示，强调发展决不能以牺牲安全为代价，这是一条不可逾越的红线。国务院在《关于加强企业生产中安全工作的几项规定》中明确指出："各级领导人员在管理生产的同时，必须负责管理安全工作"。各有关政府部门、专职机构，都应该在各自业务范围内，对实现安全生产的要求负责。2016年，《中共中央　国务院关于推进安全生产领域改革发展的意见》从改革安全监管监察体制、大力推进依法治理、建立安全预防控制体系、加强安全基础保障能力等方面，提出了加强和改进安全生产工作的一系列重大改革举措和任务要求，对于加强安全生产管理工作，推动我国安全生产工作整体水平的提升具有重大里程碑意义。2017年，国家发展改革委、国家能源局印发《关于推进电力安全生产领域改革发展的实施意见》（发改能源规〔2017〕1986号），从加强安全风险管控，健全安全风险辨识评估机制，构建风险辨识、评估、预警、防范和管控的闭环管理体系等方面，对如何加强电力企业安全生产管理工作提出了具体工作部署和要求。2021年，新《安全生产法》提出，"安全生产工作实行管行业必须管安全、管业务必须管安全、管生产经营必须管安全"的"三管三必须"要求，不仅明确了各方面的安全管理责任，同时对加强所负责行业、领域的安全生产管理工作提出了具体要求。

所谓"安全是管理"，就是要明确管理手段在电力安全工作中的重要作用，始终高度重视安全管理的作用，注重从管理角度强化电力安全措施，构建管理促进安全发展体系，更好保障电力安全。

3.1.2　管理是电力安全治理的关键和核心

安全管理研究的是人与人、人与物之间的关系，通过管理手段和管理措施让人与物、人与环境之间达到协调，实现安全。管理为电力安全治理提供理念支撑、组织保障、制度遵循、有效途径和监督手段，是电力安全治理的关键和核心。

3.1.2.1　推动理念落实

理念决定思想，思想决定行动。安全理念只有真正融入员工的工作行为中，成为企业员工的做事方式，才能落实安全责任、提升技术进步、形成安全文化。

管理的核心就是人的管理，管人要管什么？“思想”和“行为”。思想决定行为，通过宣传、培训、举办学习班、发放学习资料等管理方式，可以启发员工树立一种“所有事故都可以预防”的理念和自主负责的安全意识，从而推动安全理念深入落实。因此，在电力安全管理中，必须把人的因素放在首位，推动员工树牢安全发展理念，才能超越事后的、被动的传统“事故追究型”管理，进入超前的、系统的“事故预防型”管理阶段，才能从“要我安全”变成“我要安全”。

“生命重于泰山，务必把安全生产摆到重要位置，树牢安全发展理念，绝不能只重发展不顾安全，更不能将其视作无关痛痒的事，搞形式主义、官僚主义”。员工不会简单地根据所在单位的愿景、政策、程序要求去做事。如：一些企业墙上挂着“生命只有一次，安全伴君一生”，但实际工作中就变成了“利益第一，效率优先”。安全理念与管理实践“两张皮”，对企业生产与发展无法起到有效的促进作用。通过精细化管理，“因材施教、精细培训”，树牢安全发展理念，弘扬生命至上、安全第一的思想，做到深学笃用、知行合一，实现“他约束”促进“自约束”，才能持续完善安全治理体系，不断提升安全治理能力，从源头上防范化解重大安全风险。

3.1.2.2 提供组织保障

人作为管理者和被管理者，一切管理活动都是以人为本展开的，人既是管理的主体，又是管理的客体，每个人都处在一定的管理层面上，离开了人无所谓管理，同时，管理活动中，作为管理对象的要素和管理系统各环节，都需要人掌管、运作、推动和实施。电力安全管理必须有组织上的保障，否则安全生产管理工作就无从谈起。所谓组织保障，主要有两方面：一是安全生产管理机构的保障；二是安全生产管理人员的保障。安全管理机构是电力企业内部专门负责安全生产监督管理的内设机构，安全生产管理人员是指企业从事安全生产管理工作的专职或兼职人员。

电力安全离不开管理，管理机构和人员作为安全管理的组织保障，需要充分发挥落实安全生产法律法规、组织开展各种安全检查、督促事故隐患整改、监督安全生产责任制落实等作用，做到敢管、会管、善管，才能发挥管理效能对电力安全生产的最大作用。“敢管”的前提是对安全生产要做到心中有数、有底气，要有的放矢，打有准备、有把握之仗，善于发现问题，敢于正视问题，精于解决问题；“会管”就是要有思路、有办法、有措施，不是仅靠喊口号、开会议、发文件，必须严格落实企业主体责任，准确把握规律，强化源头管控；“善管”就是建立安全生产长效机制，在创新安全监管的新举措、新方法、新模式上下功夫，将服务企业的措施变得更具体、更贴心、更实用，寓监管监察于服务之中。

3.1.2.3 提供制度遵循

“制度不在多，而在于精，在于务实管用，突出针对性和指导性。要增强制度执行力，制度执行到人到事，做到用制度管权管事管人。真正让铁规发力、让禁令生威”。安全管理制度是电力企业内部的“法规”，客观上需要企业对生产工艺过程、机械设备、人员操作进行系统分析、评价。

通过不断提升管理效能，制定出一系列的操作规程和安全生产控制措施，使电力企业制度的内容更简洁高效、更贴近实际、更利于落实，以保障企业生产经营活动合法、有序、安全地运行，将安全风险降到最低。通过管理提升而不断完善的电力安全管理制度应该具备以下特点：规章制度要符合该企业的实际情况，即有针对性和适应性；内容简洁明了，高效实用，对各级员工分工明确，并且有非常清晰的管理操作流程；执行过程需方便快捷，以便于每一个人都能参与其中；内容细致且涵盖面广泛，遵循法律规定，且能在其基础上进行延伸；与该企业文化相辅相成，互相补充，跟上时代的发展，在与时俱进中不断修改、完善。

3.1.2.4 提供风险管控途径

“要针对安全生产事故主要特点和突出问题，层层压实责任，狠抓整改落实，强化风险防控，从根本上消除事故隐患，有效遏制重特大事故发生”。管理风险，控制危险，预防事故，是电力安全管理的核心内容。

安全风险分级管控和隐患排查治理双重预防机制，是强化电力企业安全生产管理工作的核心途径，是有效防范电力安全事故发生的重要管理手段。“双重预防机制”就是预防生产安全事故的两道防火墙。一是“管风险”，利用风险评估技术，以安全风险辨识和管控为基础，从源头上系统辨识风险、分级管控风险，再通过行政和技术管理手段落实管控方案，结合实际，提出设备设施、劳动安全、作业环境、职业健康风险管控的内容、目标和途径，强调事前危害辨识与风险评估，事中落实管控措施，事后总结与改进，最终达到风险超前控制和持续改进的目的，杜绝和减少事故隐患的产生，把各类风险控制在可接受范围内；二是“治隐患”，以隐患排查和治理为手段，认真排查风险管控过程中出现的缺失、漏洞和风险控制失效环节，将隐患发生的环境、工作环节、机械设备以及操作人员结合在一起进行重点分析，将工作中的各个环节以及各个不同的项目进行系统分解，对相同的工作环节及项目进行统一管理预防，对于不同的工作环节和项目进行具体问题具体分析，坚决把隐患消灭在事故发生之前，降低事故发生的概率。

3.1.2.5 提供监督手段

目前，我国电力安全领域在国家与行政管理部门之间，实行的是综合监管和行业监管；在中央政府与地方政府之间，实行的是国家监管与地方监管；在政府与企业之间，实行的是政府监管与企业管理。在国务院领导下，国务院安全生产委员会负责全面统筹协调安全生产工作；应急管理部对全国安全生产实施综合监管；国家能源局负责电力安全生产监督管理、可靠性管理和电力应急工作，制定除核安全外的电力运行安全、电力建设工程施工安全、工程质量安全监督管理办法并组织监督实施，组织实施依法设定的行政许可，负责水电站大坝的安全监督管理。

电力安全事故的发生主要有四个方面的原因，即人的不安全行为、物的不安全状态、环境的不安全条件和安全管理的缺陷。而人、物和环境方面出现问题的原因常常是安全管理出现失误或存在缺陷。因此，可以说安全管理缺陷是电力安全事故发生的根源，是事故发生的本质原因。生产中伤亡事故统计分析也表明，80% 以上的伤亡事故与安全管理缺陷密切相关。因此，要从根本上防止电力生产安全事故，必须从加强安全管理做起，不断改进安全管理技术，改善安全技术和劳动卫生措施，提高安全管理水平。

安全监督是电力安全生产管理的重要内容，其工作重点是辨识电力安全生产管理工作存在的漏洞和死角，检查生产现场安全防护设施、作业环境是否存在不安全状态，现场作业人员的行为是否符合安全规范，以及设备、系统运行状况是否符合现场规程的要求等。安全监督检查工作是防止出现电力安全事故的有效举措之一，在提前消除隐患方面有着明显的效果，提高对监督检查的精细化管理，对生产的每一个环节都做到认真监督、严格检查，及时弥补安全漏洞，这也是做好安全生产的一个重要环节。安全监督除了建立完善的监督体系以外，还要依靠保证体系，也就是要求管理层对日常工作进行严格管理，以保证各项工作稳步正常开展；技术人员对机器设备进行严格检查，避免在使用过程中发生安全事故；成立专项检查小组，彻底排查各个生产环节，分析诱发安全隐患的源头，以保证各项工作活动在有效的监督与管理下得以顺利进行。

安全生产要坚持防患于未然。要继续开展安全生产大检查，做到“全覆盖、零容忍、严执法、重实效”。通过安全监督检查管理，不断堵塞管理漏洞，改善劳动作业环境，规范作业人员的行为，保证设备系统的安全、可靠运行，实现安全生产的目的，促使安全管理水平不断得到提升，从而推动企业管理的改善和工作的全面进步。

3.1.3 “安全是管理”理念的实践要点

“安全是管理”理念着重关注人与物之间、作业环节之间的协调和配合，重视通过树立管理理念、完善管理体系、贯彻管理措施来保障任务的安全完成，是安全治理体系的关键和核心。

（1）牢固树立“安全是管理”理念。无论是江西省丰城发电厂“11·24”冷却塔施工平台坍塌事故这样的特别重大事故，还是一般的安全事故背后，都能找到众多管理上的原因和不足，包括风险管控体系有缺陷、隐患排查不彻底、安全教育培训不到位等，反映出企业管理人员“安全是管理”理念的缺乏。企业主要负责人和分管负责人应充分认识到“安全是管理”理念的极端重要性，认识到安全生产“管和不管不一样”“管好和管不好也不一样”，将安全生产管理置于企业管理的重要地位，建立完善的安全生产管理体系，亲自抓实、抓好、抓出成效。电力行业每一名从业人员特别是管理人员，必须加强安全管理理论学习和实践锻炼，不断提升安全管理能力和水平，系统性地防范电力安全生产事故事件。要通过引入外部第三方咨询力量、参加注册安全工程师考试等方式，不断提升企业安全管理整体水平。

（2）建立科学的安全管理体系。安全管理是一门科学，更是一项系统工程。安全管理涉及国家、行业、地方、企业多个层级，与企业每一个部门、员工和工序紧密联系，必须统筹谋划、系统推进、久久为功。政府和行业层面，要充分借鉴国际和相关行业先进理念和经验，推动电力安全管理体系和体制创新，不断完善行业安全管理机制。要加强行业间的安全管理经验交流，提炼总结好的经验做法并进行推广。企业层面，要及时有效识别安全生产法律法规、行业标准规范和上级单位发布的安全规章制度，将相关内容要求及时融入本企业安全管理制度。定期开展安全生产制度标准的应用效果评估，充分调研听取一线人员在优化改进制度方面的意见和建议，成立修编组织机构并动员有关部门及时进行修编完善，切实提升制度建设质量。每年定期发布有效制度清单，开展制度“立改废”，并组织开展制度宣贯培训工作，让员工清晰掌握并熟练应用有关制度。加大制度执行情况的监督检查，提升安全生产工作科学化、规范化、标准化管理水平，有效解决制度要求在基层班组落实难的问题。

（3）强化生产过程安全管理。再完善的管理体系、再科学的管理措施，不能得到落实也无法发挥效果。2019 年 4 月 12 日，甘肃某风电场风机定期维护时发生倒塔事故，造成 4 人死亡 2 人受伤。事故的直接原因是定检维护人员在三只桨叶均处于全开状态时，操作不当，对机组进行复位操作，刹车松闸引起叶轮转动，超速保护未动作，结构失稳引起倒塔。经调查，4 名定检人员只持有高处作业证，未取得电工作业证，不符合特种作业规定。业主单位对风机质保单位以包代管，入场审核未开展，工作票许可人对 4 名定检人员资质审核不严，未去现场监护、核实作业过程，作业过程无人监督，“有法不依、有令不行、有禁不止”是引发这起事故的根源问题。强化生产过程安全管理，重点是要按照“计划—执行—检查—改进”的方式持续开展安全生产工作，实现安全生产的闭环管控。首先是要提高安全生产管理计划的准确性和科学性，严格按计划推进工作，减少计划外事务，善于思考总结发现不足，制定持续改进的方法措施，进而提升管理效能。其次是重视监督检查环节，要认识到“制度不在多、管用就行，事事不必留痕、尽责就行，检查不必频繁、问题有人督办闭环就行”。最后是要深化工作总结，查找反思问题，制定有效措施，不断改进安全生产工作，彻底打通管理链条上的堵点、梗点、痛点、难点，以高效的管理流程服务、支撑安全生产全过程、全环节。

（4）加强安全管理人才队伍建设。管理体系需要人来建立、管理措施需要人来落实、生产现场需要人来监督，培养懂管理、会管理、敢管理的安全管理专业人才是落实“安全是管理”理念的重要内容。要注重培养专业的安全管理人才，将安全管理作为企业管理重要门类之一进行系统谋划，注重通过定向培养、一线选拔、多岗位锻炼等方式，培养专门的安全管理人才，做到专业人干专业事。要畅通安全管理队伍发展渠道，建立“一线员工、技术人员—基层安全管理人员—中高层安全管理人员—企业负责人”的安全管理人员培养模式，在考核奖励、晋升提拔等环节重视从事安全工作人员和经历，形成鲜明的用人导向。要鼓励企业员工参加注册安全工程师考试，有关高校、科研院所要加大安全管理相关专业设置，多渠道培养安全管理人才，提高全员安全素养。

3.2 电力安全管理的现状

安全生产管理随着安全科学技术和管理科学的发展而发展。20 世纪末以来，国际、国内安全生产管理的内容更加丰富，安全生产管理理论、方法、模式及相应的体系、标准更加成熟，各类电力安全管理机制更加完善，安全生产管理有了很大的扩展。

安全管理体系和安全管理体制是安全管理的具体组织和落实方式。安全管理体系，顾名思义就是基于安全管理的一整套体系，体系包括软件、硬件方面。软件方面涉及思想、制度、教育、组织、管理；硬件方面包括安全投入、设备、设备技术、运行维护等。国际上，较为著名的安全管理体系有职业安全健康管理体系（OSHMS）、NOSA 职业安全卫生管理体系、健康安全与环境（HSE）管理体系、杜邦安全管理体系等。在国内，电力行业将国际安全管理体系和电力安全生产实践相结合，创造了一系列具有行业和企业特色的安全管理体系，包括电力安全生产标准化管理体系、国投电力安健环体系、南方电网人身风险立体防控体系等，为提高电力安全管理水平发挥了重要作用。安全管理体制则是针对某一特定领域的安全管理组织模式，包括安全管理组织机构、规章制度、责任分工等。

3.2.1 国际安全管理体系

3.2.1.1 职业安全健康管理体系（OSHMS）

OSHMS 是 20 世纪 80 年代后期在国际上兴起的现代安全生产管理模式，

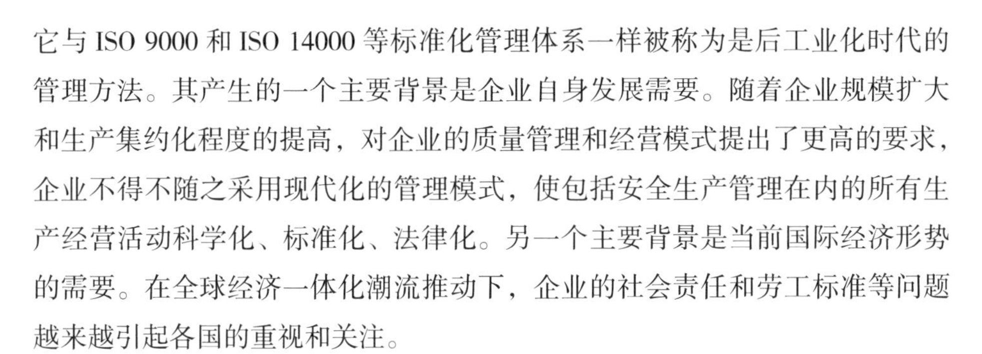

它与 ISO 9000 和 ISO 14000 等标准化管理体系一样被称为是后工业化时代的管理方法。其产生的一个主要背景是企业自身发展需要。随着企业规模扩大和生产集约化程度的提高，对企业的质量管理和经营模式提出了更高的要求，企业不得不随之采用现代化的管理模式，使包括安全生产管理在内的所有生产经营活动科学化、标准化、法律化。另一个主要背景是当前国际经济形势的需要。在全球经济一体化潮流推动下，企业的社会责任和劳工标准等问题越来越引起各国的重视和关注。

1. 发展历史

早在 20 世纪 80 年代末 90 年代初，一些跨国公司和大型的现代化联合企业为强化自己的社会关注力和控制损失的需要，开始建立自律性的职业安全健康与环境保护管理制度并逐步形成了比较完善的体系。到 90 年代中期，为了实现这种管理体系的社会公正性，引入了第三方认证的原则。

随着国际社会对职业安全健康问题的日益关注，以及 ISO 9000 和 ISO 14000 系列标准在各国得到广泛认可与成功实施，考虑到质量管理、环境管理与职业安全健康管理的相关性，国际标准化组织（ISO）于 1996 年 9 月组织召开了 SHMS 标准国际研讨会，讨论是否制定职业安全健康管理体系国际标准，结果未就此达成一致意见。随之，许多国家和国际组织开始紧锣密鼓加紧建立自己的 OSHMS 标准，使职业安全健康管理标准化问题成为继质量管理、环境管理标准化之后世界各国关注的又一管理标准化问题。

1996 年英国颁布了 BS8800《职业安全健康管理体系指南》国家标准，美国工业健康协会制定了关于《职业安全健康管理体系》的指导性文件；1997 年澳大利亚 / 新西兰提出了《职业安全健康管理体系原则、体系和支持技术通用指南》草案，日本工业安全健康协会（JISHA）提出了《职业安全健康管理体系导则》，挪威船级社（DNV）制定了《职业安全健康管理体系认证标准》。

1999 年英国标准协会（BSI）、挪威船级社（DNV）等 13 个组织提出了职业安全健康评价系列（OHSAS）标准，即 OHSAS 18001 :《职业安全健康管理体系——规范》、OHSAS 18002 :《职业安全健康管理体系——OHSAS 18001 实施指南》。

1999 年 4 月在巴西召开的第 15 届世界职业安全健康大会上，国际劳工组织（ILO）提出，国际劳工组织将像贯彻 ISO 9000 和 ISO 14000 一样，依照

ILO 的 155 号公约和 161 号公约等推行企业安全健康评价和规范化的管理体系，并按照制定的质询表，逐一评估企业安全健康状况。

2. 基本内容

OSHMS 运行的主线是风险控制过程，基础是危害辨识、风险评价和风险控制的策划。首先对作业活动中存在的危害加以识别，然后评价每种危害性事件的风险等级，依据适用的安全健康法规要求和方针，确定不可承受的风险，并加以控制，制定目标和管理方案，落实运行机制，准备应急应变。

OSHMS 是用人单位全部管理体系的一个组成部分，以实现职业安全健康方针为目的，并且保证这一方针得以有效实施。它与用人单位的全面管理职能有机结合，而且是一个动态的、自我调节和完善的系统，涉及用人单位安全健康的一切活动。OSHMS 的总要求是建立并保持职业安全体系，促进用人单位持续改进职业安全绩效，遵守适用的职业安全健康法律、法规和其他要求，确保员工的安全和健康。OSHMS 体系包括方针、组织、计划与实施、评价和改进措施五大要素，要求这些要素不断循环、持续改进，其核心内容是危险因素的辨识、评价与控制。

3. 主要作用

OSHMS 的实施要求组织必须对遵守法律、法规作出承诺，并定期评审以判断其遵守情况，可以促使组织主动遵守法律、法规和制度；可以使企业的职业安全健康管理由被动变为主动行为，促进企业 OSH 管理水平的提高；有利于消除贸易壁垒，取消了目前很多国家和国际组织把 OSH 和贸易联系起来，并以此为借口设置的障碍；有利于提高全民的安全意识，实施 OSHMS《审核规范》和《指导意见》，建立 OSH 管理体系，要求对本企业的员工进行系统安全培训，使每个员工通参与企业的职业安全健康工作；可以产生直接和间接的经济效益，明显地提高企业安全生产管理水平和管理效益，可增强劳动者身心健康，明显提高劳动效率；可以促进企业管理现代化，满足企业实现现代化科学管理的需要；为企业发展提供广阔的生存空间，给我们提供面向世界、学习国外先进管理思想的机会。OSHMS 就是建立现代化企业的机遇之一，抓住机遇，顺应世界潮流，跟上历史发展步伐，企业才能有长久、持续的发展的后劲。

3.2.1.2 NOSA职业安全卫生管理体系

NOSA是南非国家职业安全协会（National Occupational Safety Association）的简称，成立于1951年4月11日。NOSA五星管理系统是南非国家职业安全协会于1951年创建的一种科学、规范的职业安全卫生管理体系，现特指企业安全、健康、环保管理系统，其中文名称是“诺诚”。该系统是目前世界上具有重要影响并被广泛认可和采用的一种企业综合安全风险管理系统，它是专门针对人身安全而设计出来的一套比较完整的安全管理体系。它的推行理念主要是针对员工的安全健康。NOSA提倡以人为本，强调全员参与及对员工的关爱和保护，提高员工的安健环意识，关注员工的安全健康和生产活动对周围环境的影响，通过对风险进行评估和控制，构建一个人性化的工作环境。它弥补了传统安全管理在员工职业安全健康管理方面的不足，充分体现了现代企业“以人为本”的管理理念。

NOSA体系同样以风险管理为基础，侧重于未遂事件的发生。在风险评估的基础上，延伸出针对班组、区队的开工前安全评估、五步安全法等安全管理方式，成为提高职工安全意识的有效手段。在国际上2000多个公司推行后，验证了其在减少人员伤亡、减少职业病和其他损失等方面是非常有效和成功的。目前，NOSA的安健环理念已逐渐被越来越多的人所接受，并在全世界许多国家和地区得到推广。

NOSA体系以危害辨识、风险管理为核心，以海因里希的“冰山理论”为依据，以PDCA方式为其运行模式。其核心理念是：所有意外均可避免，所有危险均可控制，每项工作均应顾及安全、健康、环保，通过评估查找危险隐患，制定防范措施及预案，落实整改并消除，实现闭环管理和持续改善，把风险切实、有效、可行地降低至可以接受的程度。

1. 基本内容

NOSA五星系统以系统工程的理论，将安全、健康、环保三个方面的风险管理理论科学地融入五大部分，再分成72元素，对每一个元素进行风险管理。五大部分：一是建筑物及厂房管理（11项）；二是机械、电器及个人安全防护（17项）；三是火灾风险及其他紧急事故的管理（8项）；四是事故记录与调查（5项）；五是组织管理（31项），共72个元素，涉及的项目基本涵盖了企业生产经营的所有活动内容。它通过对每一项元素从“四个层次、三个方面、五种等级”进行综合计算，衡量出该项元素风险是否得到了有效控制。“四个层次”是指：风险意识、文件制度、依从性、实施效果。“三个方面”是指：安全、健康、环境。“五种等级”是指：0、25、50、75、100 五个得分等级。

2. 特点及优点

综合安全、健康、环保管理，NOSA 不会把安全、健康、环保分隔成不同的项目，反而把它们合为一体。系统先进，操作性强，经过数十年在审核、训练、顾问的基础上，提炼出的具前瞻性的系统。NOSA 五星系统共有五大部分，72 个元素，1200 多条具体的实施细则，具有极强的操作性。机制完善，目标清楚，拥有一整套科学、先进的评分系统，管理过程与实际效果并重，将企业的安健环水平分为七个不同级别，为企业提供了一个完善的激励机制和清楚的持续改进的目标，有利于企业不断地提高其安健环管理水平。

3.2.1.3 健康安全与环境（HSE）管理体系

HSE 管理体系是近些年出现的国际石油天然气工业通行的管理体系。它集各国同行管理经验之大成，体现当今石油天然气企业在大城市环境下的规范运作，突出了预防为主、领导承诺、全员参与、持续改进的科学管理思想，是石油天然气工业实现现代管理、走向国际大市场的准行证。

1. 发展历史

从 20 世纪 80 年代初期起，一些发达国家的石油企业，如英荷壳牌企业、BP 企业、美国埃克森石油企业等，率先制定了自己的 HSE 管理规章，建立 HSE 管理体系，开展 HSE 管理活动，取得了良好的效果。在以后的国际石油勘探开发活动中，各国石油企业逐步将建立 HSE 管理体系作为业主选择承包商和合作伙伴的基本要求之一。

1985 年，英荷壳牌企业向被广泛承认的世界上最好的工业安全成效之一的杜邦（Du Pont）企业做咨询，首次在石油勘探开发中提出强化安全管理（SMS）的构想，以求更好地提高安全成效。1986 年，编制出第一本安全手册，1991 年颁布了“HSE 方针指南”；1992 年出版了编号为 EP92-0000 的“安全管理体系”文本；1994 年 7 月，壳牌石油企业为勘探开发论坛制定的《开发和使用健康、安全、环境管理体系导则》正式出版；同年 9 月，壳牌石油企业 HSE 委员会制定的“健康、安全和环境管理体系”经壳牌石油企业领导管理委员会批准正式颁发。1995 年采用与 ISO 9000 和英国标准 BS5750 质量保证体系相一致的原则，充实了健康、安全和环境三项内容，形成了完整的一体化的 HSE 管理体系 EP95-0000，这是最新的“HSE 管理体系”文本。

1991 年在荷兰海牙召开了第一届油气勘探、开发的健康、安全与环境国际会议，HSE 这一完整概念逐步为大家所接受。从第一届健康、安全与环境国际会议到 1996 年 6 月在美国新奥尔良召开的第三届国际会议的专著论文中，可以感受到 HSE 正作为一个完整的管理体系出现在石油工业。

2. 管理理念

（1）注重领导承诺的理念。组织对社会的承诺、对员工的承诺，领导对资源保证和法律责任的承诺，是 HSE 管理体系顺利实施的前提。领导承诺由以前的被动方式转变为主动方式，是管理思想的转变。承诺由组织最高管理者在体系建立前提出，在广泛征求意见的基础上，以正式文件（手册）的方式对外公开发布，以利于相关方面的监督。承诺要传递到组织内部和外部相关各方，并逐渐形成一种自主承诺、改善条件、提高管理水平的组织思维方式和文化。

（2）体现以人为本的理念。组织在开展各项工作和管理活动过程中，始终贯穿着以人为本的思想，从保护人的生命的角度和前提下，使组织的各项工作得以顺利进行。人的生命和健康是无价的，工业生产过程中不能以牺牲人的生命和健康为代价来换取产品。

（3）体现预防为主、事故是可以预防的理念。一些组织在贯彻这一方针的过程中并没有规范化和落实到实处，而 HSE 管理体系始终贯穿了对各项工作事前预防的理念，贯穿了所有事故都是可以预防的理念。

（4）贯穿持续改进可持续发展的理念。也就是人们常说的，没有最好，只有更好。体系建立了定期审核和评审的机制。每次审核要对不符合项目实施改进，不断完善。这样，使体系始终处于持续改进的趋势，不断改正不足，坚持和发扬好的做法，按 PDCA 循环模式运行，实现组织的可持续发展。

（5）体现全员参与的理念。安全工作是全员的工作，是全社会的工作。在确定各岗位的职责时要求全员参与，在进行危害辨识时要求全员参与，在进行人员培训时要求全员参与，在进行审核时要求全员参与。通过广泛的参与，形成组织的 HSE 文化，使 HSE 理念深入到每一个员工的思想深处，并转化为每一个员工的日常行为。

3. 基本要素和结构特点

HSE 体系要素及相关部分分为三大块：核心和条件部分、循环链部分、辅助方法和工具部分。

（1）核心和条件部分。领导承诺，是体系的核心；组织机构、资源和文件，包含 7 个二级要素，是做好 HSE 工作必不可少的重要条件，通常由高层管理者或相关管理人员制定和决定。

（2）循环链部分。方针和目标，体现了组织对 HSE 的共同意图、行动原则和追求；规划计划，包括了计划变更和应急反应计划，有 5 个二级要素；评价和风险管理，对 HSE 关键活动、过程和设施的风险的确定和评价，及风险控制措施的制定，有 6 个二级要素；实施和监测，对 HSE 责任和活动的实施和监测，及必要时所采取的纠正措施，有 6 个二级要素；评审和审核，对体系、过程、程序的表现、效果及适应性的定期评价，有 2 个二级要素；纠正与改进，不作为单独要素列出，而是贯穿于循环过程的各要素中。

（3）辅助方法和工具部分。为有效实施管理体系而设计的一些分析、统计方法。

HSE 管理体系有明显的结构特点。按 PDCA 模式建立，是一个持续循环和不断改进的结构，即“计划—实施—检查—持续改进”的结构。关键要素有：领导和承诺，方针和战略目标，组织机构、资源和文件，风险评估和管理，规划，实施和监测，评审和审核等。各要素不是孤立的。这些要素中，领导和承诺是核心；方针和战略目标是方向；组织机构、资源和文件作为支持。在实践过程中，管理体系的要素和机构可以根据实际情况做适当调整。

4. 特点及优点

HSE 管理体系的特点和优点有：满足政府对健康、安全和环境的法律、法规要求；为企业提出的总方针、总目标以及各方面具体目标的实现提供保证；减少事故发生，保证员工的健康与安全，保护企业的财产不受损失；保护环境，满足可持续发展的要求；提高原材料和能源利用率，保护自然资源，增加经济效益；减少医疗、赔偿、财产损失费用，降低保险费用；满足公众的期望，保持良好的公共和社会关系；维护企业的名誉，增强市场竞争能力。

3.2.1.4 杜邦安全管理体系

杜邦公司于1802年创立，如今已有200余年历史。200年里，决策层更迭数代，员工更换数茬，经营范围从最初的单一火药制作拓展到今天的综合产品开发，但杜邦公司“安全至上”的理念始终不曾改变。

自1811年发布第一部安全章程，杜邦提出安全由各个管理层负责，从组织架构层面确立了安全的重要地位，由此将安全变成杜邦文化血脉中根深蒂固的基因。之后，杜邦的安全数据统计和诸多安全指数都成为国际组织用以制定国际安全管理标准的重要参考，杜邦提出的“一切事故都可以避免”“工作外安全”“零的目标”等安全理念后来都成为安全管理的基石，而杜邦安全也成为世界工业安全的标杆。

1. 基本原则

杜邦安全管理的十大基本原则是：所有的事故是可以防止的，各级管理层对各自的安全直接负责，所有安全操作隐患是可以控制的，安全是被雇佣的条件，员工必须接受严格的安全培训，各级主管必须进行安全检查，发现安全隐患必须及时消除，工作外的安全和工作内的安全同样重要，良好的安全就是一门好的生意，员工的直接参与是关键。

2. 主要内容

杜邦公司把安全管理体系分为12个行为安全要素和14个工艺安全要素。员工的不安全行为因素和工艺不安全因素造成的安全事故比例大约在4∶1。

12个行为安全要素：显而易见的管理层承诺；切实可行的政策；要有综合性的安全组织；要有挑战性的安全目标；直线管理层责任；有效的激励机制；有效的双向沟通；持续性的培训；有效的检查；有能力的专业安全人员，提供技术支持，迅速解决问题；事故调查；高标准的安全规定和程序。

14个工艺安全要素：工艺安全信息；工艺危害分析；操作程序和安全惯例；技术变更处理；质量保证；启动前安全评价；机械完整性；设备变更管理；培训及表现；承包商；事故调查；人事变动管理；应急计划响应；审核安全体系。

3. 管理效果

杜邦公司在100年间形成了完整的安全体系，取得了丰硕成果并获得社会的广泛认同。杜邦公司一直保持着骄人的安全记录：安全事故率比工业平

均值的十分之一还低，公司员工在工作场所比在家里安全 10 倍，超过 60% 的工厂实现了零伤害。杜邦公司在世界范围内的许多代工厂都实现了 20 年甚至 30 年无事故，此事故是指休息一天以上的因公受伤造成的病假。30% 的工厂连续超过十年没有伤害记录。

杜邦的安全已经超越了“减少事故”的基本诉求，延伸到设备、质量、运营、仓储、运输等各个生产环节，驱动着杜邦管理体系和企业文化不断完善和发展，支持着杜邦在日益多元化发展中，迅速成为各个领域的领导者。某种意义上讲，是安全成就了杜邦 200 多年的可持续发展与永续经营。

3.2.2 我国电力安全管理体系

3.2.2.1 电力安全生产标准化管理体系

1. 发展背景

20 世纪六七十年代，我国开始吸收并研究现代安全生产管理思想。20 世纪八九十年代，开始研究企业安全生产风险评价、危险源辨识和监控，一些企业开始尝试安全生产风险管理。20 世纪末，我国几乎与世界工业化国家同步并推行职业健康安全管理体系。进入 21 世纪以来，我国有些学者提出了系统化的企业安全生产风险管理雏形，认为企业安全生产管理是风险管理，管理的内容包括危险源辨识、风险评价、危险预警与监测管理、事故预防和风险控制管理及应急管理等，该理论将现代风险管理融入了安全生产管理之中。

国内电力行业在多年安全生产实践的基础上，传承优秀传统安全管理思想、方法，吸收借鉴国内外、行业内外安全管理体系精神和有益做法，结合行业、企业实际，形成了具备自身特色的安全生产标准化管理体系。

2011 年 5 月 6 日，国务院安委会下发了《国务院安委会关于深入开展企业安全生产标准化建设的指导意见》(安委〔2011〕4 号)，要求全面推进企业安全生产标准化建设，进一步规范企业安全生产行为，改善安全生产条件，强化安全基础管理，有效防范和坚决遏制重特大事故发生；2011 年 8 月，原国家电监会和国家安全生产监督管理总局联合印发《关于深入开展电力安全生产标准化工作的指导意见》(电监安全〔2011〕21 号)、《电力企业安全生产标准化规范及达标评级标准》(电监安全〔2011〕23 号)；2011 年 9 月 21 日，原国家电监会印发《电力安全标准化达标评级管理办法》(电监

安全〔2011〕28号)、《电力安全生产标准化达标评级实施细则》(办安全〔2011〕83号);2016年10月9日，国务院安委会办公室下发了《国务院安委会办公室关于实施遏制重特大事故工作指南构建双重预防机制的意见》(安委办〔2016〕11号)，要求各地区、各有关单位准确把握安全生产的特点和规律，坚持风险预控、关口前移，全面推行安全风险分级管控，进一步强化隐患排查治理，推进事故预防工作科学化、信息化、标准化，实现把风险控制在隐患形成之前、把隐患消灭在事故前面。

2. 定级管理

2021年9月1日，新《安全生产法》正式实施，明确要求生产经营单位加强安全生产标准化、信息化建设，并在生产经营单位主要负责人安全生产职责增加“加强安全标准化建设”的法定要求。10月27日，应急管理部印发《企业安全生产标准化建设定级办法》(应急〔2021〕83号)，提出企业应加强标准化建设，依据此办法自愿申请标准化定级。等级由高到低分为一级、二级、三级，定级标准由应急管理部按照行业分别制定。同时明确，应急管理部为一级企业以及海洋石油全部等级企业的定级部门。省级和设区的市级应急管理部门分别为本行政区域内二级、三级企业的定级部门。标准化定级工作不向企业收取任何费用，各定级部门可以通过政府购买服务方式确定从事安全生产相关工作的事业单位或者社会组织作为标准化定级组织单位，委托其负责受理和审核企业自评报告、现场评审等具体工作。

企业标准化定级按照自评、申请、评审、公示、公告的程序进行。申请定级的企业应当在自评报告中，主要负责人承诺证照齐全有效、机构或人员齐全、持证上岗符合规定、上年未发生人身事故或100万元以上的设备事故、未列入失信惩戒名单等条件。申请一级企业的，还应从未发生过特别重大事故，安全生产绩效指标逐年下降，被定为二级、三级有效运行3年以上。企业标准化等级有效期为3年，发现企业存在承诺不实的，定级相关工作立即终止，3年内不再受理。

各级应急管理部门在日常监管执法工作中，发现企业发生生产安全死亡事故，连续12个月内发生总计重伤3人及以上或者直接经济损失总计100万元及以上事故，瞒报、谎报、漏报、迟报事故，重大隐患未在规定期限内完成整改的等情形之一，应立即告知并由原定级部门撤销其等级。原定级部门应当予以

公告并同时抄送同级工业和信息化、人力资源社会保障、国有资产监督管理、市场监督管理等部门和工会组织，以及相应银行保险和证券监督管理机构。

3. 激励措施

应急管理部对开展标准化定级的企业给予一系列有效激励措施，支持和鼓励企业开展标准化建设：

（1）将企业标准化建设情况作为分类分级监管的重要依据，对不同等级的企业实施差异化监管。对一级企业，以执法抽查为主，减少执法检查频次。

（2）因安全生产政策性原因对相关企业实施区域限产、停产措施的，原则上一级企业不纳入范围。

（3）停产后复产验收时，原则上优先对一级企业进行复产验收。

（4）标准化等级企业符合工伤保险费率下浮条件的，按规定下浮其工伤保险费率。

（5）标准化等级企业的安全生产责任保险按有关政策规定给予支持。

（6）将企业标准化等级作为信贷信用等级评定的重要依据之一。支持鼓励金融信贷机构向符合条件的标准化等级企业优先提供信贷服务。

（7）标准化等级企业申报国家和地方质量奖励、优秀品牌等资格和荣誉的，予以优先支持或者推荐。

（8）对符合评选推荐条件的标准化等级企业，优先推荐其参加所属地区、行业及领域的先进单位（集体）、安全文化示范企业等评选。

4. 积极意义

电力企业加强安全生产标准化建设，有助于进一步健全全员安全生产责任制，完善安全生产规章制度和操作规程，持续夯实双重预防机制长效机制，保证应急体系处于高效运行。安全生产标准化体现了“以人为本”的科学发展观和“安全第一、预防为主、综合治理”的方针，强调企业安全生产工作的规范化、科学化、系统化和法制化，强化风险管理和过程控制，注重绩效管理和持续改进，符合安全管理的基本规律，与管理科学思想一脉相承，代表了现代安全管理的发展方向，是先进安全管理思想与我国传统安全管理方法和企业良好实践的有机结合。

3.2.2.2 安健环管理体系

近年来，国内有关电力企业在吸取国内外有关安全、质量和环保管理体

系经验基础上，结合企业实际开始构建适合电力行业的安健环管理体系，并在实践中发挥了重要作用。

1. 发展情况

2016 年，国投电力在总结安全生产标准化、职业安全与卫生管理体系等国内外安全管理经验基础上，发布了第一版《发电企业安健环管理体系标准》，该体系标准包括 1 项管理导则、1 项管理手册和 38 项管理标准。国投电力始终把体系建设作为安全工作重要抓手，持之以恒推进体系标准落地实施，为国投电力持续稳定高质量发展提供了动力和保障。通过持续开展体系建设工作，初步形成了“人职责清晰、事标准明确、行管理规范、责有效监督”良好局面，国投电力系统安全管理专业化和精细化管理水平得到了显著提升。

随着国家法律法规、国家标准、行业标准的修订、颁布，以及国投电力产业结构优化升级，第一版《发电企业安健环管理体系标准》部分内容已不能满足当前安全生产管理要求。为践行安全发展理念，进一步提高本质安全水平，建立全面、科学、精简和高效的现代安全管理体系，打造国投电力特色安全管理品牌，2021 年，国投电力制定了安健环管理体系提升工作 5 年规划，组织对原有体系标准进行了重新修订，系统梳理与总结多年以来国投电力安健环管理体系建设与运行的经验与不足，优化企业现有的安健环管理体系标准，识别和融入安全法律、法规的最新要求，纳入双重预防机制建设、应急能力评估、三年专项整治行动等工作内容，加强管理对标，借鉴行业安全管理的优秀经验，不断提高体系的系统性、适宜性与有效性。经过多次调研，反复征求意见、讨论、评审，修改完善，形成了一套以风险预控、系统管理、全员参与、持续改进为基本原则的新版《发电企业安健环管理体系标准》，该体系标准包括组织保障、风险管理、教育培训、相关方、工作场所、生产用具、生产管理、职业健康、安全检查及隐患管理、应急管理、事故事件管理、持续改进 12 个管理单元，其内容基本涵盖了火电、水电和新能源发电企业的各项安全管理要求，如图 3-1 所示。

新版《发电企业安健环管理体系标准》包括体系导则、体系管理手册、体系评估手册、体系管理标准和安全生产责任制清单等内容，分为火电篇、水电篇、新能源篇和通用篇四个分册，力求内容全面、统一规范、方便适用。体系标准对国投电力的安全生产工作具有重要指导意义，并可供其他电力生

以风险为核心的安全生产管理策略

第一单元 组织保障	第二单元 风险管理	第三单元 教育培训	第四单元 相关方	第五单元 工作场所	第六单元 生产用具	第七单元 生产管理	第八单元 职业健康	第九单元 安全检查及隐患管理	第十单元 应急管理	第十一单元 事故事件管理	第十二单元 持续改进
机构设置与人员配备	作业风险管理	教育培训管理	相关方管理	建（构）筑物管理	劳动防护用品管理	运行管理	职业健康管理	安全检查	应急管理	事故事件管理	体系评审管理
安全生产责任制	专项风险管理		承包商自主管理	生产安全设施管理	工器具管理	检修维护管理	职业病危害因素监测与职业健康监护	隐患管理	应急能力建设评估		纠正预防
安全生产目标指标				通风和照明管理	梯子、平台和脚手架管理	生产技术管理					
法律法规及其他要求				消防安全管理	电源箱和临时用电管理	作业过程控制					
安全生产文件和档案管理				危险物品管理	特种设备管理	自然灾害管理					
安全生产投入				安全保卫管理	交通安全管理	重大危险源					
安全生产信息管理						大坝安全管理					
安全文化建设						仓储管理					
						网络安全管理					

■12个行业要素
□31个公共要素

▲ 图 3-1 国投电力安健环管理体系标准

产企业借鉴、参考。

国投电力将体系建设纳入安全目标管理，构建具有内生动力的体系建设运行机制，做到有抓手、有规划、有路径、有内容、有考核。通过开展体系现状诊断摸底、体系标准宣贯、培养体系内审员及体系建设骨干、投资企业内审、第三方外审等措施，推动国投电力安健环体系健康运行，切实提升企业安全管理水平。

2. 主要特点

国投电力通过源头管理、过程控制、持续改进等方式对安全风险进行有效管控，实现安全生产可控在控。国投电力安健环管理体系遵循风险预控、系统管理、全员参与、持续改进四大原则，构建科学化、标准化和精细化安健环管理模式，实现安全风险超前管控及安全绩效水平持续提升。国投电力安健环管理体系标准特点如图 3-2 所示。

风险预控原则：通过全员、全方位、全过程开展危险源辨识和风险评估，预先采取分类梳理、分级管控、分层落实及动态管控，实现安全风险可控在控。

系统管理原则：构建完整的体系架构，消除管理壁垒，实现系统联动，构筑多重风险管控防线。

全员参与原则：全体员工共同参与体系建设和运行，各司其职、各尽其责。

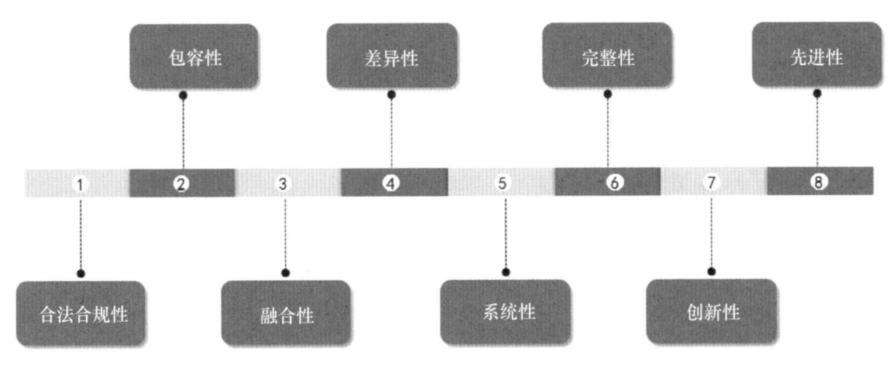

▲ 图 3-2　国投电力安健环管理体系标准特点

持续改进原则：采用“策划—实施—检查—改进”PDCA 管理模式，持续提升安健环管理绩效，追求卓越。

3. 运行机制

体系建设和运行包括“策划与准备、实施与运行、监督与评审、改进与提高”四个阶段。

投资企业是国投电力安健环管理体系建设和运行的责任主体，以四大基本原则为最根本的准则，充分发挥体系建设的自主权，提高体系建设的适宜性。

国投电力发挥引导和督促的作用，制定差异化的体系建设目标并严格开展体系审核工作，引导企业合理制定体系建设策略并提供持续的体系提升动力。

4. 下一步提升方向

以安全风险管理为核心，以安全生产责任制落实为抓手，加强顶层设计，优化资源配置，通过持续开展安健环管理体系提升工作，实现安健环管理体系标准与日常安全工作深度融合，推进投资企业安全管理由监督引导向标准引领迈进，逐步实现自主管理。

以国投电力安健环管理体系 12 个管理单元为核心，全面涵盖安全管理的要素和业务流程，建成高效、快速、实用的安全管理信息系统。

3.2.2.3　人身风险立体防控体系

南方电网公司建立了人身风险立体防控体系。该体系基于立体防控、联防联控，按照抓早抓小、防微杜渐的原则，以安全生产责任制为牛鼻子，通过巡查检查督查，查找各级人员安全职责到位落实情况并精准实施激励问责，应用信息化、智能化等信息科技手段，推动横向部门协同、纵向管理穿透、现场作业透明，实现人身风险关口前移、源头治理，解决管理层横向协同不足、纵向穿透不足、对基层管理支撑不足、主要靠一线班组的问题，实现人身风险防控体系由“平面”到“立体”的转变。

1. 体系建设内容

（1）安全生产责任制体系建设。建立安全生产职责及其到位衡量标准库，清晰界定每个岗位的核心安全职责，形成以安全职责标准库为基础、安全职责到位评估机制为手段、优化安全职责管控策略为目的的安全责任制落实套路，推动安全责任到位情况管理和监督数字化转型，提升全员履职尽责能力，逐步实现人人明责知责尽责担责。充分激发各级安全生产人员履职尽责的内生动力，对安全生产无差错、主动暴露违章、员工合理拒绝违章指挥等具体事项进行直接激励。强化事后与事前相结合的全过程安全责任追溯，规范问责尺度和标准细则，对照岗位职责和到位衡量标准，在尽职照单免责、失职严肃问责方面迈出实质步伐。

（2）各业务领域人身风险防控体系建设。健全各领域安全生产风险分层、分级、分类、分专业的风险四分管控机制，梳理业务、流程和风险管控节点，健全完善本领域作业风险闭环管控和监督机制。结合业务特点，研究制定或明确本领域作业风险评估与防控所需的技术标准、技术规范、评估工具。推进作业全流程风险闭环管控机制建设，构建网、省、地、县四级作业管控平台，对一线班组作业做到穿透式管理，强化作业风险管控的资源保障和管理支撑。强化生产作业计划管控，从电网方式安排、停电范围、资源配置、风险管控、计划饱和度等方面进行平衡协调，杜绝作业风险评级不合理、管控层级不合理，严防超计划、超负荷、超范围作业。加强外包项目作业全过程管控，逐步建立健全全网、全业务、全过程、全方位的承包商管控体系，实现全网统一的生产、基建、营销等承包商准入、过程管控、评价、退出机制。强化交通、消防风险辨识及管控措施，定期开展消防安全管理培训及演练，重点防火区域消防装置定期试运行。

（3）安全生产监督体系建设。建设覆盖网、省、地、县各级的安全监督综合管理平台，加大横向监督和纵向穿透力度，持续监督各级履职尽责情况，建立全面扫描、重点督查、定期通报机制。强化线上巡查检查应用，充分研

究线上巡查技术，围绕杜绝、严禁、违章、规范等四类问题，组织专业部门探索、发掘、固化信息系统可相互印证并发现问题的方式方法，提升线上巡查的深度与广度。分类开展不同业务领域发现违章的处置，推动各部门、各单位自主查处违章。提升安监队伍履职能力，建立安监人员技术能力等级动态认证体系，推行安监人员持证和岗评管理。严抓安监队伍作风建设，开展直线上级对直线下级的绩效沟通与评价，制定以问题发现能力为核心指标的激励机制，督促个人提升履职效能。

（4）提升人力资源保障能力。加强一线班组人力资源配置，优先保证一线生产班组人员配置需求。持续强化各级安监队伍配置，结合单位实际选聘业务过硬、素质合格的安全监察人员。简化优化工作流程，减轻基层员工负担，提升基层工作质量效率，优化安全生产制度体系，保障一线班组作业人身安全。优化技能人员岗位能力建设，以执行力培训转变工作作风，以安全教育和安全体验培训强化安全意识，以十个规定动作锻造安全行为规范，以定制化培训提升岗位实操能力。构建保命技能培训体系，建立健全体验式和体感式保命培训场地，建立常训常练、反复过关、调考等保命教育机制，进一步强化培训主体责任、优化培训方式方法，增强员工自保互保能力。

（5）提升物质基础保障能力。加强配电网规划建设，合理提高中压架空线路绝缘化率，提升配网转供电率、自动化开关遥控和故障自愈率，从源头上缓解运维压力，减少抢修作业频率和次数，降低作业风险。深化好设备管理，优化设备选型策略，提升技术监督效能，严把入网设备人身安全质量关。完善采购技术规范，确保为员工配置好用、管用、愿意用的生产工器具、安全工器具及个人防护用品。优化生产用具配置，充分发挥职工技术创新、科技项目平台孵化作用，研究配置一批适合实际的生产用具，改进作业方式，优化作业方法，提高作业效能。

（6）加强数字化科技支撑能力。建设应用功能覆盖全面、信息协调贯通的安全综合监督管理平台，不断提升实用化水平，实现风险可控在控。加强安全综合监督管理平台与生产、基建、调度、营销等专业系统信息资源共享力度，协调推进系统建设，避免重复建设或形成新的信息孤岛。增强人身风险态势感知和预警能力，在现场作业区域部署智能终端、智能摄像头、电子围栏等，结合作业人员的智能穿戴设备感知数据，实现对作业人员安全穿戴、行走范围、危险动作的识别，实现对人员出入状态、人员操作、作业安全风险等信息实时管控。建设历史事故数据库和巡查审核检查督查问题数据库，覆盖事故类型、管理缺位、作业环节、违章类别、责任岗位等多个要素维度。加强人身风险智能辨识和预警技术研究，逐步实现对作业人员资质、正确穿戴、作业范围、作业行为、临近带电等进行智能识别及告警。

2. 主要特点

立体：体现在横向部门协同，纵向管理穿透，实现人身风险防控体系由“平面”到“立体”的转变，如图 3–3 所示。

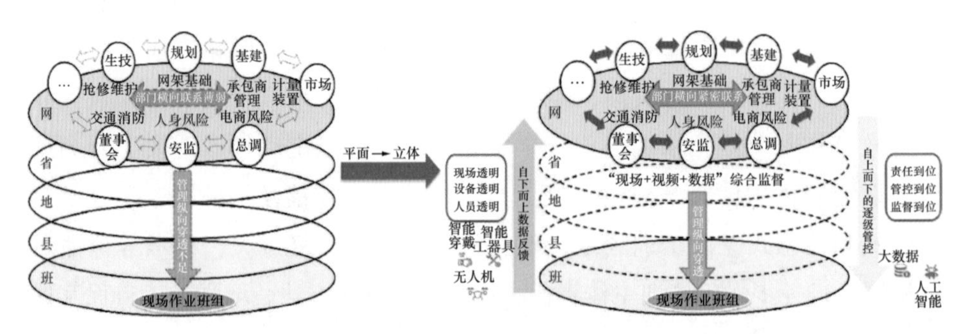

▲ 图 3–3 人身风险防控由“平面”到“立体”转变图

协同：各横向部门共享作业计划、设备台账、安全隐患及风险、违章信息、管理问题等生产和监督数据；安监部门根据人身风险立体防控体系运转过程产生的大数据，组织相关业务部门制定精准量化的改进措施。

穿透：安监部门组织各业务部门开展“现场 + 视频 + 数据”综合安全巡查检查督查，做到责任、管控、监督到位；应用智能设备、大数据分析等科技数字化手段，自下而上反馈各类作业数据，实现作业现场、设备状态、人员信息行为透明化管理。

南方电网公司建立人身风险立体防控体系，取得了积极成效，各部门横向联系逐渐紧密，纵向管理逐步穿透，人身死亡事故数相较于往年明显下降。

3. 存在不足

人身风险立体防控体系的高效运转对企业生产和管理的数字化、智能化要求较高，目前很多企业还难以真正做到“立体”防控。

4. 改进方向

（1）推进人身风险防控数字化转型。协同各专业部门共同构建人身风险防控数据库，打通数据流动的业务壁垒，推动数据统一规范，应用安全生产大数据开展安全责任制状态评估、作业风险评估与控制、现场作业风险管控、线上安全督查等。

（2）推进人身风险防控智能化转型。构建人身风险防控技术支撑体系，统筹布局人身安全智能装备研发、现场作业风险智能辨识和综合防控、人身安全管控大数据监督和辅助决策三个方向的技术研发工作，利用技术手段提升安全生产本质安全能力。

此外，其他国内电力企业也结合各自情况，建立了一系列富有特色的安全管理体系，包括华电集团本质安全管理体系、三峡集团大坝安全管理体系、浙能舟山电厂“7s”管理体系等。

3.2.3 我国电力安全管理机制

我国电力行业经过多年的发展，在国家、行业、地方、企业层面逐步形成了较为完善的安全管理组织机构和工作机制，实现对电力安全生产的有效管控和分配，保障了电力安全管理工作的开展。

3.2.3.1 电力安全管理组织机构

电力安全管理组织机构是为实现电力安全工作目的，按照正式的程序建立的一种权责结构，对电力安全生产活动及生产要素进行分配及组合，包括中央和地方各级政府管理部门、社会中介组织以及企业内部从事安全生产管理的部门或组织等。

1. 国家层面组织机构

全国电力安全管理组织机构如图 3–4 所示。

国务院安全生产委员会：在国务院领导下，负责研究部署、指导协调全国安全生产工作。

国务院安全生产委员会办公室（应急管理部）：承担安委会的日常工作。

全国电力安全生产委员会：在国务院和国务院安委会、国务院安委办领导下，负责研究部署、指导协调全国电力安全生产工作。

全国电力安全生产委员会办公室（国家能源局电力安全监管司）：承担

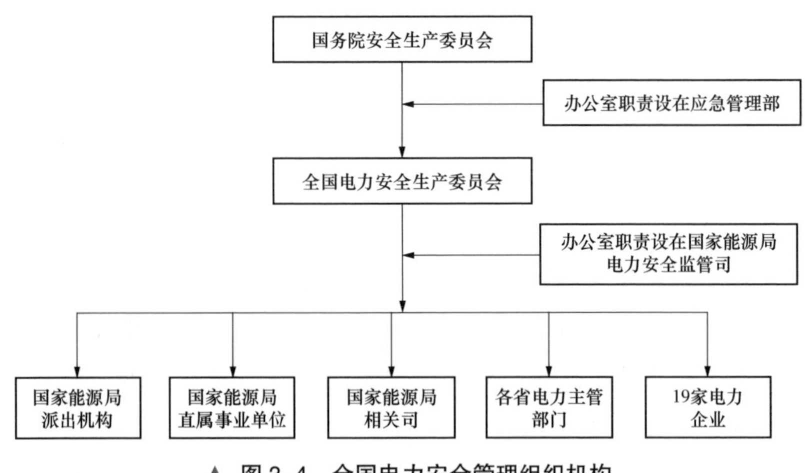

▲ 图 3-4　全国电力安全管理组织机构

电力安委会的日常工作。

2. 行业层面组织机构

国家能源局及其派出机构：2013 年 6 月，原国家能源局和原电监会整合组建新国家能源局，实现了国家层面的政监合一，并沿用了原电监会的电力安全垂直监管体系，负责全国电力安全监管工作。

3. 行业协会组织

包括中国电力企业联合会、中国能源研究会、中国电力设备管理协会、中国电机工程学会等行业协会、咨询服务机构、社会团体等，服务于行业、政府和社会，主要参与电力行业安全立法、安全现状调查及安全政策研究、安全标准制度制定等工作，通过建立行业自律机制，维护行业秩序和企业合法权益，反映行业诉求，在行业和政府间发挥桥梁和纽带作用。

4. 地方层面组织机构

地方各层级安全生产委员会和地方电力行业主管部门等相关部门，如发展改革委（能源局）、经信委（工信委）等，与国家能源局派出机构不定期联合开展电力安全监督、检查、执法等工作，有效遏制了监管责任落实不到位、监管缺位、监管真空等问题，齐抓共管局面已经基本形成。

5. 电力企业组织机构

电力企业是安全生产管理的主体，其安全生产管理组织体系一般包括安全生产保证体系和安全监督体系。安全保证体系和安全监督体系是电力企业

安全管理工作的两大重要工作载体，两者相互协调配合，共同保障电力企业安全生产。

（1）“保证体系”的主体性地位。安全生产保证体系要保证企业安全可靠实现生产目标，是企业风险辨识管控、隐患排查治理的主体部门。一套健全的安全生产保证体系包括人员、设备、管理三个要素。人员是电力生产的行为主体，是保证体系的核心，必须通过教育培训提升其专业素养，通过文化建设增强其安全意识，通过建章立制规范其工作流程；设备是电力生产的物质保障，是保证体系的基础，必须持续加强隐患排查治理，牢固树立隐患就是事故的观念，及时消除威胁机组安全运行的重大隐患；管理是电力生产的基本约束，是保证体系的载体，必须将复杂的生产流程简单化、表格化，将生产的各个环节精细化、标准化，实现管理重点向事前主动、源头治理转变，管理手段向依法治理、效益优先并重转变，管理方式向依靠科技进步和管理创新转变。

（2）“监督体系”的制约性作用。当前电力企业的安全生产监督体系普遍由安全监察部门、车间安全员、班组安全员构成，对电力生产和建设负有监督职责。主要负责组织和监督企业严格落实国家各项安全生产法律法规、方针政策，组织有关部门制订和修改企业有关安全生产的规章制度和应急预案，编制安全技术措施，实施安全培训教育，对各类不安全事件组织调查，对各类违章现象提出考核，对安全生产工作中有突出贡献的提出奖励，以及对各部门风险管控、隐患排查、两票三制、特种设备、外包管理、危化品管理、职业健康管理、应急管理等方面的开展情况进行监督检查。

（3）“两个体系”的辩证关系。安全为了生产，生产必须安全，这是安全与生产的辩证关系。在企业的生产过程中，保证体系由于直接参与、组织各种操作作业和检修作业，是风险管控的实施主体，所以保证体系必须要严格落实安全生产责任制，对人员和设备实施全方位全过程管理，落实安全生产主体责任，保证自己职责范围内的安全措施实施到位；监督体系必须要有效地监督、检查保证体系在完成生产任务的全过程中是否遵章守纪，是否落实了安全技术措施和反事故措施，是否保证了企业生产的安全可靠。从表面上看，监督体系与保证体系是一种“制约”与“被制约”的关系，但究其目的都是为了通过“两个体系”的协调配合与分工合作，发挥整体效能，实现安全生产。从两个体系对生产安全的作用因素来看，保证体系起到内因的作用，监督体系起到外因的作用，外因通过内因对事物的变化起作用。夯实企业的安全生产基础，建立长效的安全生产管理机制，确保安全生产，保证体系的有效运作起着决定性的作用；监督体系的作用，就是检查、监督保证体系运转是否正常、是否有效。

（4）组织体系的具体表现。具体工作中，根据国家法律法规、行业标准和地方政府的要求，结合自身管理实际，电力企业通常会设置各类常设和非常设机构，常设机构有企业安委会、突发事件应急委员会、职业健康管理委员会、消防安全委员会、交通安全委员会、特种设备管理委员会以及技术监督网组织机构、环保网组织机构、节能网组织机构等；也有一些设定为周期性的组织机构，如春秋检工作领导小组和工作小组、迎峰度夏防汛抗旱领导小组和工作小组、安全生产月活动领导小组和工作小组、两节两会保电领导小组和工作小组等；也有一些是为临时性、阶段性专项工作而设置的组织机构，如百日安全攻坚战领导小组和工作小组、安全生产专项整治三年行动计划领导小组和办公室、危险化学品安全综合治理领导小组和工作小组等；还有一些是临时设定的组织机构，如某某深化整改领导小组和办公室等。对各项工作所对应的组织机构，各企业的命名方式可能不尽一致，但是在功能上都是相近的，都是为了各项安全管理工作的有效开展，落实责任。

3.2.3.2 现行国内电力安全管理工作机制

1. 电力安全生产规划 / 行动计划机制

电力安全生产规划 / 行动计划，是在综合分析可利用的有效资源基础上，根据规划要求科学合理地进行资源配置与优化，明确工作目标、工作原则、实施主体、参与人员、责任分工组织形式、重点任务、进度安排和激励考核方法等。

为进一步强化安全生产基础，维护人民群众生命财产安全，按照五年规划的总体要求，国家能源局制定能源发展五年规划。为加强与五年规划的有效衔接，电力安全建立实施了“制定、执行、检查、调整”的计划管理机制。2018 年，国家能源局出台《电力安全生产行动计划（2018—2020 年）》《电力行业网络安全行动计划（2018—2020 年）》《电力行业应急能力建设行动计划（2018—2020 年）》（下称“3 个《行动计划》”）。3 个《行动计划》从电力安全生产全局制定了未来三年电力安全生产工作的指导思想、基本原则、总体目标、主要任务和重点工程，指导全国电力行业扎实、有序、稳妥推进安全生产各项工作，圆满完成了“十三五”期间的电力安全生产任务。

2021年，国家能源局在全面评估3个《行动计划》完成情况，系统分析“十三五”期间电力安全取得的成绩、存在的问题和短板的基础上，编制发布《电力安全生产“十四五”行动计划》，进一步明确了“十四五”期间电力安全发展方向和目标，制定了“十四五”期间的35项主要工作任务和11个重点建设项目。同时，基于“十四五”行动计划框架，制定年度工作方案，确保各项工作任务在制定之后，责任到位、措施到位，按计划落地落实。

电力行业通过五年、三年等中长期计划与年度工作计划的有效衔接，扎实、有序、稳妥推进安全生产各项工作，为电力安全生产工作提供了全局性、科学性、前瞻性的行动纲领，为推进电力安全生产治理体系和治理能力现代化指明了方向。

2. 电力安全管理指挥协调机制

电力安全管理的指挥机制就是让组织发挥最大的作用，通过指挥或领导充分调动所有相关资源达到最大化利用；协调是指组织的管理者运用组织内外资源和条件，正确处理组织内外各种关系，平衡组织成员之间的权利和责任，避免潜在冲突的发生并化解现有的冲突和矛盾，实现电力安全生产的目标。指挥协调机制贯穿于电力安全管理的全过程，上到国家机关部署全行业电力安全生产工作、处置电力应急事件，下到电力企业落实上级安全管理要求、开展现场安全生产工作，均发挥着重要作用。

（1）全国电力安全生产委员会协调机制。议事协调机构是常规治理方式之外的补充，并在特定时期，拥有跨部门的协调权力，承担跨部门重要业务工作的组织协调任务。国家能源局通过成立全国电力安全生产委员会，来推动电力行业的协同管理和协调监管。2004年，国家电力监管委员会首次成立全国电力安全生产委员会，并制定了电力安委会工作职责。目前，国家能源局分管局领导担任全国电力安委会主任，成员单位包括国家能源局相关司、派出机构、相关协会和19家电力企业，电力安委会办公室设在国家能源局电力安全监管司。

全国电力安委会机制的建立，有利于及时传达部署党中央国务院、国务院安委会的工作要求，分析全国电力安全生产形势，研究制定重大方针政策，协调解决重大问题。部分地方政府承接建立了省、市级电力安委会工作机制，有效推动了电力安全生产工作的开展。2021 年，国家能源局创造性地将省级能源主管部门纳入全国电力安委会工作机制，进一步明确行业监管、区域监管与地方监管职责，推动电力安全齐抓共管机制的有效落地。

（2）行业与地方“齐抓共管”工作机制。2016 年 12 月，中共中央、国务院印发了《关于推进安全生产领域改革发展的意见》（中发〔2016〕32 号）明确提到：“理顺民航、铁路、电力等行业跨区域监管体制，明确行业监管、区域监管与地方监管职责。”为贯彻落实 32 号文，进一步完善电力安全生产监督管理机制，2017 年 11 月，国家发展改革委、国家能源局印发了《关于推进电力安全生产领域改革发展的实施意见》（发改能源规〔2017〕1986 号）。在 1986 号文中提出建立电力安全齐抓共管机制的实施意见，即电力安全监管责任仍由国家能源局及其派出机构承担，具体监督工作尤其是地市级及以下的电力安全监管工作由地方政府协助落实，以缓解监管力量和手段不足的困境。

目前，全国 5 个省（区、市）的编制管理部门已发文明确属地安全管理职责，31 个省（区、市）中有 26 个通过多种形式建立了明确的齐抓共管工作机制。北京、吉林、贵州等 14 个省（区、市）已基本明确了电力安全属地管理责任单位，其中吉林、贵州、内蒙古等 7 个省（区、市）设立了负责安全的职责部门，切实履行属地电力安全监督管理职责。在 1986 号文件的指导下，地方政府与国家能源局派出机构加强协调、分工协作，积极构建上下联动、相互支撑、无缝对接的电力安全监管体系，逐渐积累了工作经验，初步具备履行属地电力安全监管职责的能力。

（3）联席会议机制。2017 年，国家能源局建立了“厂网安全”和“网络安全”两个联席会议机制。国家能源局分管局领导担任联席会议召集人，联席会议成员单位包括国家能源局相关司、派出机构和 19 家电力安委会企业成员单位，联席会议办公室设在国家能源局电力安全监管司。通过每半年或每季度定期召开联席会议，强化沟通联系、密切配合、互相支持、形成合力，开展相关政策措施研究、协调推动规章制度和技术标准修订、协调解决重大问题，形成了高效务实的工作机制。

联席会议与传统意义的组织机构略有不同，实现了跨部门和跨对象的统一

议事，通过各单位通力合作，实现了电力行业安全管理重点问题及时、高效的解决，提高了电力安全管理的成效，是管理机制发挥明显效果的典型案例。

（4）大面积停电应急联动机制。大面积停电事件发生后，地方人民政府及其有关部门、能源局相关派出机构、电力企业、重要电力用户应立即按照职责分工和相关预案开展处置工作。能源局负责大面积停电事件应对的指导协调和组织管理工作。县级以上地方人民政府负责指挥、协调本行政区域内大面积停电事件应对工作。处置城市大面积停电事件，需要电力企业内部、政府内部、政企之间以及与用户建立全面的联动机制，共同应对和处置大面积停电所造成的各类事件，因此是体现电力安全管理协调机制重要性的典型实践。

电网公司在总结历次城市停电事件应对经验的基础上，建立了一套应对城市大面积停电事件的应急联动机制。一是内内联动，建立电力企业内部各部门之间的横向协调联动机制；二是内外联动，建立大面积停电事件发生后主动与外部沟通协作处置的联动机制，积极响应政府部门以及重要客户在大面积停电事件发生时的电力救援需求；三是外外联动，大面积停电状态下政府各部门、涉及民生要害单位之间的相互联动协作。

3. 电力安全风险分级管控和隐患排查治理双重预防机制

2016 年 4 月，国务院安委会办公室印发《标本兼治遏制重特大事故工作指南》（安委办〔2016〕3 号），要求着力构建安全风险分级管控和隐患排查治理双重预防性工作机制。2016 年 10 月，国务院安委会办公室下发了《国务院安委会办公室关于实施遏制重特大事故工作指南构建双重预防机制的意见》（安委办〔2016〕11 号）明确指出，构建安全风险分级管控和隐患排查治理双重预防机制，是遏制重特大事故的重要举措。2017 年，国家发展改革委、国家能源局印发《关于推进电力安全生产领域改革发展的实施意见》，要求加强安全风险管控，健全安全风险辨识评估机制，构建风险辨识、评估、预警、防范和管控的闭环管理体系。2021 年，新《安全生产法》明确要求，生产经营单位加强安全生产标准化、信息化建设，构建安全风险分级管控和隐患排查治理双重预防机制，健全风险防范化解机制，提高安全生产水平，确保安全生产。

电力安全风险分级管控和隐患排查治理双重预防机制，总体思路是准确把握安全生产的特点和规律，坚持风险预控、关口前移，全面推行安全风险分级管控，进一步强化隐患排查治理，推进事故预防工作科学化、信息化、标准化，实现把风险控制在隐患形成之前、把隐患消灭在事故前面。要求尽快建立健全安全风险分级管控和隐患排查治理的工作制度和规范，完善技术工程支撑、智能化管控、第三方专业化服务的保障措施，实现企业安全风险自辨自控、隐患自查自治，形成政府领导有力、部门监管有效、企业责任落实、社会参与有序的工作格局，提升安全生产整体预控能力，夯实遏制重特大事故的坚强基础。

通过全面开展安全风险辨识、科学评定安全风险等级、有效管控安全风险、实施安全风险公告警示、建立完善隐患排查治理体系着力构建企业双重预防机制。通过健全完善标准规范、实施分级分类安全监管、有效管控区域安全风险、加强安全风险源头管控，健全完善双重预防机制的政府监管体系。

（1）风险分级管控机制。电力行业安全生产管理以风险预控为主线，以PDCA闭环管理为方法，结合生产实际，建立和实施安全风险预控管理体系。安全风险预控管理体系按照危险源辨识、风险评估、制定危险源管理标准和措施、落实管理标准和措施、危险源监测、风险预警的流程对发电生产全过程进行风险管控。风险预控管理遵循安全管理的一般性程序，覆盖了从危险源辨识开始到风险受控为止的全过程。图3–5给出了风险预控流程图。

第一步：危险源辨识。危险源辨识的目的是为了明确管理的范围，只有对危险源进行全面、系统的辨识，才能做到安全管理无遗漏。

第二步：风险评估。风险评估的作用是帮助企业在危险源辨识的基础上，借助可量化的技术，明确安全管理的重点。

第三步：制定风险控制标准和措施。研究和制定相应的风险控制标准和风险控制措施，防止危险源转变成为隐患，通过安全技术应用预防隐患产生。制定风险控制标准可以明确管理的依据，制定管理措施可以明确管理的途径。

第四步：执行风险控制标准和措施。在日常生产过程中贯彻落实风险控制措施，将风险切实降低和保持在控制标准水平，确保危险源的风险处于受控状态，达到从生产过程中防止隐患产生的目标。该步骤是把安全管理的重心从隐患排查治理转移到风险预防预控的关键环节。为了保障风险控制标准和措施得到落实，企业需要建立和保持相应的保障制度，这些保障包括组织

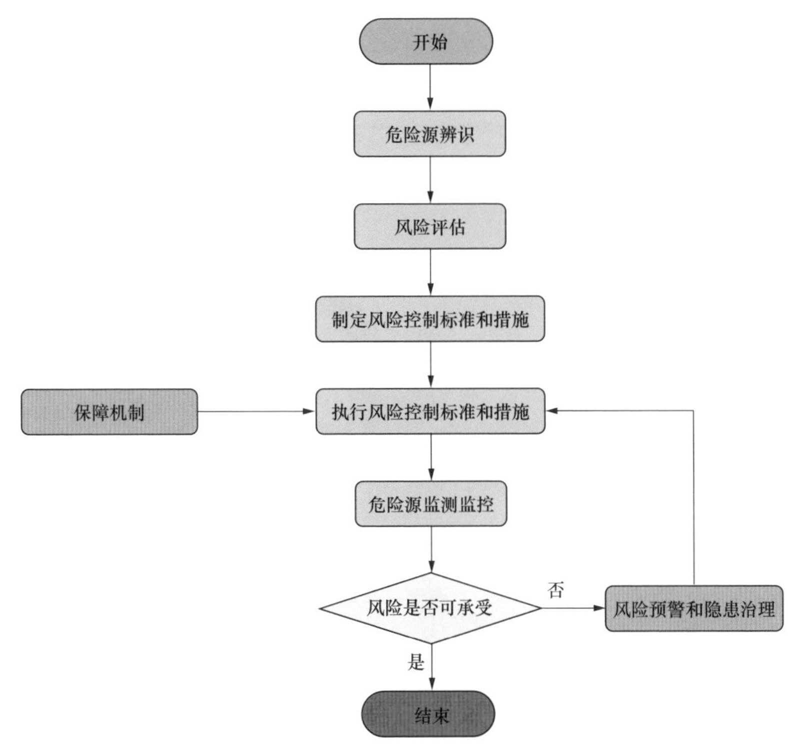

▲ 图 3–5 风险预控流程图

保障、制度保障、技术保障、资金保障和安全文化保障。

第五步：危险源监测监控。采取适当的监测技术和手段，对工作场所内的危险源进行监视和测量，在生产过程中验证危险源的状态变化，查找隐患。通过认真执行风险控制标准和措施后，确保所有的危险源在受控状态，就需要进一步对危险源进行监测监控，跟踪危险源随时间的状态变化，确保管控措施始终有效，危险源始终在受控状态。

第六步：判定风险是否可承受。将监测结果对照风险控制标准，分析和判定危险源的风险状态是否可承受，找出已经处于异常和紧急状态的风险。

第七步：风险预警和隐患治理。对发现的隐患启动预警，及时通知到暴露人员和责任单位，重新返回到第三步开始执行。由责任单位采取隐患治理行动，进行消警，将危险源的状态恢复到正常。

1）主要特点。安全风险预控管理体系是动态管理体系，以风险管理为灵魂，闭环管理为手段，持续改进为原则。安全风险管理体系遵循“策划、实

施、检查、改进”（PDCA）的动态循环模式（见图 3–6），满足基于风险的管理要求。“体系策划”是安全风险预控管理体系实施的计划，“实施与运行”是安全风险预控管理体系实施的关键，“纠正与预防”是安全风险预控管理体系有效运行的保障，“持续改进”是推进安全风险管理体系实施的动力。

▲ 图 3–6　PDCA 的动态循环模式

2）存在不足。部分企业存在部门之间协同不一致，一些单位简单认为风险辨识管控是安监部门的职责，部分人员存在“与己无关”的思想意识，对风险预控安全管理要求的闭环控制和动态控制执行还存在不到位情况。

3）改进方向。规范建立系统安全风险的预控机制。企业要分专业、分部门，逐一分析企业内外部可能造成系统安全风险的不利因素，全面开展系统安全风险辨识，制定风险预控措施。发电企业安全生产委员会要审定系统安全风险及管控措施，并定期评估管控效果。每年初或当内外部因素发生显著变化时，都要重新开展系统安全风险辨识，实现动态管理。

有力实施系统安全风险的预控措施。企业要根据系统安全风险的预控措施，针对性完善发电设备运行、检修、维护规程，确保系统安全风险总体可控。要根据系统安全风险的来源，针对性制定治理方案，从根本上消除系统性风险。要充分利用装备现代化、信息化、智能化的有利环境，推动发电安全生产技术的持续进步，提高本质安全水平。

（2）隐患排查治理机制。隐患是指违反安全生产法律、法规、规章、标准和安全生产管理制度的规定，或者因其他因素在生产经营活动中存在可能

导致事故发生的物的危险状态、人的不安全行为和管理上的缺失，是引发事故的直接诱因。

国家能源局《电力安全隐患监督管理暂行规定》明确了安全隐患分级分类管理原则及整改治理要求，并要求电力企业要把握事故防范和安全生产的主动权，建立健全隐患排查治理与风险管控双重预防工作机制，常态化、规范化开展隐患排查治理工作，促进安全管理由被动向主动转变。在此基础上，国家能源局进一步建立实施“季会周报”机制，每周定期召开电力安全风险管控视频会议，建立电力安全风险、隐患台账，分层分级挂牌督办电力安全隐患治理情况，并印发《电力安全风险管控周报》通报整改进度。

企业健全“查前有方案，查后有通报，隐患有编码，整改有部署，过程有督查，落实才销号”的隐患排查治理闭环管理工作机制，对排查出的隐患通过信息化手段进行实时督办、动态分析、及时闭合，真正实现了安全隐患查改“全覆盖、零容忍、重时效”。图 3-7 给出了隐患排查治理流程图。

第一步：划分工点，明确责任单位、责任人，网格化安全管理区域，实

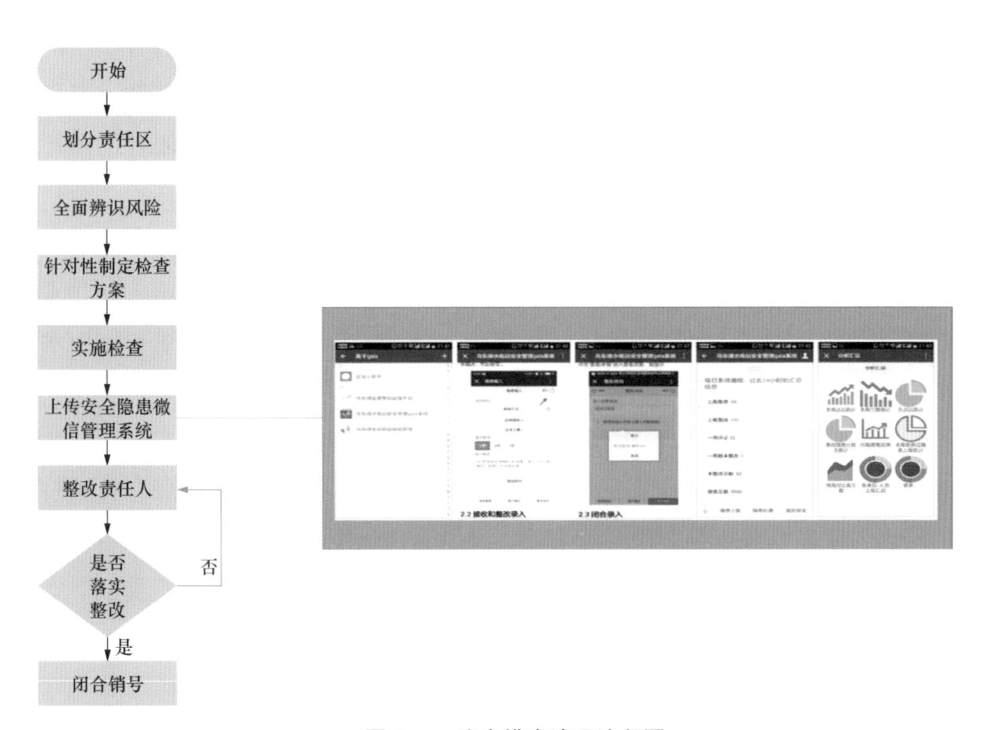

▲ 图 3-7　隐患排查治理流程图

现安全管理全覆盖。

第二步：检查前通过头脑风暴充分辨识当前施工作业面危险源和作业风险特点，针对重点危险源和突出风险管控措施落实情况进行检查。

第三步：开展“分小组、列清单、说清楚”安全生产综合大检查，并制定检查方案。

第四步：开展月度安全生产综合大检查，对责任区范围内安全隐患进行全面排查。

第五步：现场指正隐患并要求立即开展举一反三整改工作，一时难以整改的隐患要采取警戒、防护措施，并制订整改计划、方案。

第六步：隐患整理、评估分级后上传安全管理系统，监控隐患整改闭合情况并可对超期未整改隐患进行督办、提醒。

第七步：整理隐患闭环资料，隐患台账规范化管理。

1）主要特点。隐患排查治理体系有四大特点：一是进一步压实了领导责任，落实了安全生产主要领导必须亲自抓、分管领导具体抓的要求。二是根据重点风险开展检查具有极强的针对性。这避免了检查走过场、流于形式。三是隐患排查治理实现了周期性全覆盖。通过先网格化责任区，后分小组的形式开展检查，高效全覆盖开展隐患排查。四是隐患整改时效性强。通过利用信息化手段实现安全隐患随拍随传、过程督办、整改落实才闭合的闭环管理。

2）存在不足。一是部分检查人员受专业限制对安全技术规范、标准及要求了解不够，导致隐患识别能力不足。二是随着老龄化日益严重，加之水电站地处深山峡谷，40 岁以上农民工是主力军，智能手机普及率和使用水平不高，安全隐患管理系统使用比例有提升空间。

3）改进方向。加强对检查人员的培训。一是及时获取最新的安全法律法规、行业技术规范及关于安全生产新的要求，定期对检查人员开展有针对性的培训。二是购买安全方面专业书籍，鼓励全体员工利用业余时间开展自学，并积极参与公司及国家有关部门组织的安全知识竞赛。三是利用安委会、安全月例会、安全专题会等增进建设方、施工方、监理方隐患排查治理工作交流，增强风险、隐患识别能力。

提升安全隐患管理系统覆盖率。一是要求现场工点负责人、工点安全员、施工员必须使用安全隐患管理信息系统。二是采取一定的激励措施，使得参建者主动成为安全隐患管理信息系统用户，进一步强化“人人查找隐患、人人关注安全”的安全文化氛围。

4. 安全监督检查机制

安全检查是对企业或项目贯彻安全生产法律法规的情况、安全生产状况、劳动条件、事故隐患等所进行的检查，其主要内容包括查思想、查制度、查机械设备、查安全卫生设施、查安全教育及培训、查生产人员行为、查伤亡事故处理等。安全检查作为安全监督管理的有力措施，多年来发挥着极其重要的作用，这其中尤以春（秋）季安全生产大检查最为集中和典型。

春（秋）季安全生产大检查是电力行业多年来形成的良好实践。电力企业在每年的3—4月、9—10月组织开展春（秋）季安全大检查，结合季节工作特点着重对年度重点工作、安全基础管理、现场作业管控及春检（秋检）组织计划、风险防控、复工复产情况等进行检查。有关电力企业在安全检查考核工作上进一步细化检查流程和检查内容，建立由技术人员和安全管理人员等组成的企业安全专家库，抽调专家库成员开展检查考核。检查时要求被检查单位行政主要领导、总工、分管生产和安全领导脱稿作安全生产工作履职报告，要求安全管理部门分级验收安全隐患和管理问题整改落实情况，执行整改验收主要负责人签认报备制度。各电力企业持续推行“一体化、常态化”检查考核，使重大风险得以有效控制，避免了重大事故发生。

5.“两措”计划

“两措”计划主要包括安全技术劳动保护措施计划和反事故措施计划。

安全技术劳动保护措施计划是企业为消除生产过程中的不安全因素、防止人身伤害和职业危害、改善劳动条件和保证生产安全所采取的技术组织措施，其主要内容有安全技术方面，以预防伤亡事故为目的的一切技术措施，如防护装置、保险装置、信号装置、安全标志、安全工器具以及安全防爆措施等；工业卫生技术措施方面，以改善劳动条件、生产环境、卫生、预防职业病为目的的一切技术措施，如防尘、防毒、防振以及通风设施等；有关保证生产安全、工业卫生所必需的辅助设施，如有害作业工人的淋浴室、更衣室、消毒室等；安全宣传教育所需要的设施，如安全技术教材、图书、仪器等；还有其他的定期检查检测、专项安全检查活动等措施计划。

反事故措施计划是电力行业传统的基础管理工作之一，是电力企业针对生产中的薄弱环节、设备缺陷、不安全因素，有计划、有重点地采取措施，定期编制成计划、改善设备运行状况、消灭人身和设备事故，是防止电力企业发生重特大事故、确保人身和设备安全的防范措施。

国家能源局为完善电力生产事故预防措施，有效防止电力事故的发生，在原国家电力公司《防止电力生产重大事故的二十五项重点要求》的基础上，归纳总结各电力企业防止电力生产事故的反事故措施经验，于 2014 年印发《防止电力生产事故的二十五项重点要求》，成为电力行业反事故措施的指导性文件。

“两措”计划编制应遵循需要、可行、有效、经济的原则，按轻重缓急统筹安排，突出治理重点，优先解决严重影响员工安全与健康的问题，优先消除设备、设施重大隐患。

6.“两票三制”

“两票三制”是电力安全生产保证体系中最基本的制度之一，“两票”即操作票和工作票，“三制”指交接班制度、巡回检查制度、设备定期试验与轮换制度，如图 3–8 所示。“两票三制”是生产人员在生产活动中防止人身、误操作事故的基本手段，是电力行业发展多年积累下来的运行操作、检修消缺管理经验的综合体现，是电力企业安全生产的重要保证。

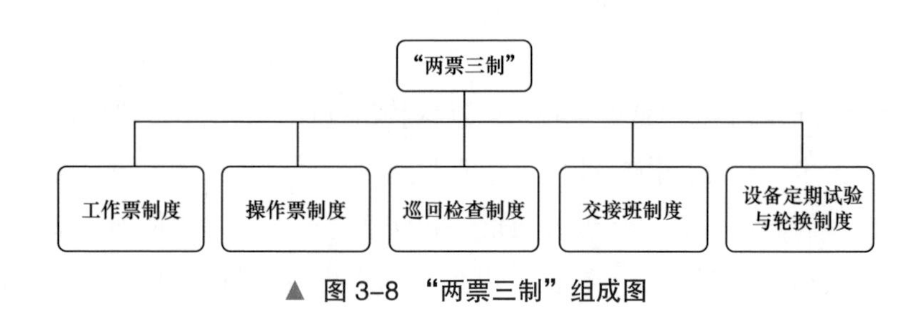

▲ 图 3–8 “两票三制”组成图

某电厂根据运行交接班的内容和要求，建设交接班工作流程化、过程痕迹化、评价标准化、使用便捷化的流程平台，利用计算机技术，将“人防”变“技防”，方便交接班人员按照规定的流程交接，实现“引导、纠偏、评价”功能，确保安全生产。运接班模块由接班准备、接班会、接班、接班汇报四部分组成。接班前缺陷、异常事故、运行方式、预计工作等内容利用计

算机技术自动生成，并在交接班工作流程中集中展示，便于接班人员全面掌握各种生产信息，有效保障接班工作的规范进行。接班前根据了解到的生产情况生成重点任务单，下发至巡检手持设备及监盘前的事故预想当中，由原来的"找着干"变为现在的系统"领着干"，有效消除工作盲区。运行人员上、下班采用指纹或者面部识别进行签到，采集的人员图像信息可实时传送到交接班室大屏幕，所有人员到岗情况一目了然。这样既规范了考勤工作，又可以对人员参会情况一目了然，保证人员安全。

运行交接班平台的搭建，使交接内容实时集成化、流程化，将交接班内容和流程固化。利用网络计算机技术，将缺陷管理系统、工作票操作票管理系统、值班调度系统中需要交接信息写入平台。平台的搭建减轻了交接班准备的工作量，保证交接班内容的完整性，减少失误，实现了交接班规范化、标准化，做到交得清楚、接得明白、可追溯，有效保障交接班工作的规范进行。

7. 电力可靠性管理机制

自 1992 年起，我国开始建立电力可靠性管理机制，形成了一整套符合中国电力工业特点的电力可靠性管理组织和技术体系，有效促进了整个电力行业的健康、安全、快速发展。

可靠性管理是用系统工程观点对产品的可靠性进行控制，即对产品全寿命周期中各项可靠性工程技术活动进行规划、组织、控制、监督，以实现确定的可靠性目标，使其全寿命周期费用最低。可靠性管理是对设备和系统全过程的质量管理，它可以揭示出影响生产工作质量链条上任何一个环节的缺陷，并通过分析缺陷，为提出改进措施提供决策依据。

作为一种科学系统的管理理念和生产管控的重要抓手，可靠性管理为保障电力安全生产、提高企业管理水平、提升装备制造安装质量等发挥着重要的、不可替代的基础性作用。国家能源局成立电力可靠性管理和工程质量监督中心，承担电力可靠性组织体系和标准规范建设，推进电力可靠性信息系统建设及应用，定期开展电力可靠性数据监督核查，定期发布全国电力可靠性指标，做好电力用户可靠性管理工作，按照国家优化营商环境工作总体部署，做好供电可靠性指标的巩固提升工作，减少用户停电时间和频次，优化和改善营商环境。

电力行业各单位在国家能源局的组织管理下，持续做好可靠性管理工作，深入挖掘信息价值，依托先进信息技术，推进精细化管理，不断解决影响系统可靠性水平提升的风险隐患，确保电力安全生产可控在控，为我国经济高质量发展营造良好环境。

2022年，国家发展改革委修订发布新的《电力可靠性管理办法（暂行）》。与原办法相比，新的办法主要有以下特点。

（1）增加电力系统可靠性管理的内容。提出了电力系统可靠性的概念，从电力系统风险的事前预测预警、事中过程管控、事后总结评估及采取的防范措施等方面，对电力企业全链条风险管理提出具体要求；增加了电网企业应对电力供应及安全风险、发电企业涉网安全、储能建设以及国家级城市群的区域电力系统统筹规划等方面可靠性管理的具体措施；明确了各级能源管理部门在备用容量和黑启动电源管理的工作职责。

（2）增加用户可靠性管理的内容。新增了用户可靠性管理章节，明确了用户事故预防、隐患治理以及重要用户供电电源、自备应急电源配置等规定。要求供电企业对重要电力用户较为集中的工业园区科学合理规划和建设供电设施，提高供电能力和质量。明确地方政府电力运行管理部门对重要电力用户自备应急电源配置和使用情况进行监督管理，国家能源局派出机构对重要电力用户供电电源配置情况进行监督管理等职责。

（3）增加网络安全的内容。新增网络安全章节，分别从网络安全管理方针、安全防护制度、各方管理职责等方面对电力企业、电力用户的网络系统和有关设备提出了安全管控要求，进一步明确了地方政府相关部门的网络安全工作职责。

（4）完善电力可靠性管理体系。进一步规范发、输、供三个环节电力可靠性管理定义，明确了三个环节可靠性管理的要求和措施，以及可靠性指标在设备选型、运行维护、缺陷管理、电网规划、城乡配网建设等方面的指导作用；完善了可靠性数据管理，进一步细化了工作分工、质量要求、报送内容、时限要求、数据管理等方面内容；明确了国家能源局及其派出机构、地方政府能源管理部门和电力运行管理部门在各环节的工作职责。

（5）明确电力可靠性管理行政处罚措施。原办法处罚措施只说明了处罚情形，没有明确处罚措施，本办法按照《电力监管条例》第三十四条的

规定，明确了拒绝或者阻碍从事电力可靠性监管工作的人员依法履职、提供虚假或者隐瞒重要电力可靠性信息、未按照规定披露可靠性指标的三种情况，由国家能源局及其派出机构依法给予处分，构成犯罪的，依法追究刑事责任。

8. 重大隐患挂牌督办机制

重大隐患挂牌督办机制是指监管机构对电力企业存在的重大隐患进行挂牌督办、限期整改，是推动企业隐患整改的举措之一。《电力安全隐患监督管理暂行规定》（电监安全〔2013〕5 号）明确了电力行业隐患分级分类标准、隐患认定原则，规范了隐患排查治理工作，明确了重大隐患及时报告制度，并对重大隐患实施挂牌督办。

2020 年，某派出能源监管机构在审查某电厂贮灰场安全备案申请材料时，发现电厂贮灰场在安全评估中，因防潮能力不满足设计和规范要求被评定为“险情灰场”，根据《电力安全隐患监督管理暂行规定》第十二条“安全等级评定为险情灰场的燃煤发电厂贮灰场，定为Ⅰ级重大隐患”。该派出机构及时将详细情况上报国家能源局，经过研究，国家能源局委托该派出机构对该电厂贮灰场Ⅰ级重大隐患实施挂牌督办，及时下达重大隐患挂牌督办通知单。经过督促落实，企业及时按照要求完成了隐患整改，实现了摘牌。这个案例中首先反映贮灰场安全备案的必要性，通过安全备案，监管机构可以及时掌握贮灰场的安全状况，发现类似问题，充分发挥电力安全管理指挥职能，及时调动各级力量，督促企业完成重大隐患的整改闭环，避免了事故的发生，是安全管理的一种高效手段。

9. 水电站大坝安全监察

国家能源局自 2004 年起通过多年努力，搭建起由大坝中心主系统、部分流域（区域）发电公司分系统和各水电站运行单位子系统共同组成的大坝运行安全信息管理系统，初步实现了全国水电站大坝运行安全远程在线的监控和应急管理信息技术平台的建设。2018 年，“水电站大坝运行安全监察平台”正式上线试运行，通过平台进行在线监督、日常监控、安全状况分析、远程技术支持，并逐步实现了国家能源局、各派出机构与大坝中心之间大坝安全信息全面、实时共享。

通过“水电站大坝运行安全监察平台”，大坝中心对各水电站报送的汛情信息和大坝日常监测信息进行分析，深入开展大坝结构安全日常监控，发现问题及时反馈相关单位并督促整改落实；对超汛限的水电站大坝，及时提出预警；对发生洪水的水电站大坝，加强运行性态监测监控，密切跟踪水电站大坝防洪度汛情况。

10. 电力安全应急管理

2003 年以来，我国总结抗击“非典”工作的经验教训，全面加强应急管理工作，逐步建立起以“一案三制”（应急预案，应急管理体制、机制和法制）为基本框架的应急管理体系。应急管理“一案三制”体系是具有中国特色的应急管理体系。应急管理体制主要指建立健全集中统一、坚强有力、政令畅通的指挥机构；运行机制主要指建立健全监测预警机制、应急信息报告机制、应急决策和协调机制；而法制建设方面，主要通过依法行政，努力使突发公共事件的应急处置逐步走上规范化、制度化和法制化轨道。

2019 年 11 月，习近平总书记在中共中央政治局第十九次集体学习时发表重要讲话，明确指出要积极推进我国应急管理体系和能力现代化。为加强电力应急管理制度化、规范化和标准化建设，提高电力突发事件应对能力，2016 年，国家能源局开始组织电力企业开展应急能力建设评估，旨在以应急能力建设和提升为目标，对突发事件综合应对能力进行评估，查找应急能力存在的问题和不足，指导电力企业建设完善应急体系。通过在电力行业系统开展电力企业应急能力评估工作，解决了电力企业应急管理主体责任落实不到位、体系和能力建设不够系统规范等问题，是提升电力企业应急能力的有效抓手。

同时，国家能源局充分发挥指挥统领作用，积极推进电力行业应急管理体系和能力现代化建设，在全国范围内组建一批电力培训演练基地、应急救援基地和电力应急队伍，发挥我国统一调度和应急管理体系的特色和优势，提升应对突发事件的处置能力；建立国家电力应急专家库，为重大电力突发事件应急会商、救援处置、评估总结以及日常培训演练、咨询服务等提供支持。

经过多年的建设，电力行业已基本建立了较为完善的应急管理指挥体系，但在行业指导和属地指挥协调、指挥信息融合等方面还需要进一步加强。国

家能源局要求电力行业完善应急指挥协调联动机制，健全电力企业与县级以上地方各级政府有关部门的应急协调机制，加强企业之间、行业之间的应急协同联动。加强应急指挥平台功能建设，推进县级以上地方各级政府与电力企业应急指挥平台之间的互联互通，充分运用信息化技术手段，完善应急指挥平台智能辅助决策等功能。

部分电力企业成立“应急指挥中心”这一常设机构，由企业主要负责人担任总指挥，相关分管负责人担任副总指挥，成员包括应对各类突发事件的相关部门主要负责人。应急指挥中心既是日常状态下应急管理的最高领导和决策机构，也是突发事件状态下应急指挥的最高决策和指挥机构。应急指挥中心下设应急指挥中心办公室（简称“应急办”），由安全监管部主要负责人或经理部、厂办主要负责人兼任应急办主任。应急办既是日常状态下的应急综合管理机构，也是突发事件状态下的应急处置协调机构。逐步完成应急指挥场所及应急指挥平台的建设及应用，通过各层级之间音视频的互联互通，实现了应急指挥从总部直达最基层的需求，并应用卫星通信等手段实现直达应急抢险救灾现场的需求。

通过应急指挥中心、应急指挥场所及应急指挥平台、应急指挥信息系统的建设及应用，在突发事件状况下，各级应急指挥机构能够动态监视突发事件现场，快速掌握现场情况、事件发展、电网运行、设备运行、应急资源及分布等情况，各级应急指挥机构能够顺畅会商，及时准确发出命令指示、接受响应反馈，保障各级应急指挥体系高效运转。

3.2.4 当前电力安全管理存在的不足

通过多年发展，我国电力安全管理体系和管理机制不断完善，有效保障了全国电力安全形势持续稳定。但是仍然存在一系列不足和问题，特别是随着新能源的发展和数字化的进步，给电力安全管理提出了更高的要求。

（1）全员安全生产责任制落实不到位。部分企业安全管理人员安全素质良莠不齐，安全意识淡薄，对安全生产极端重要性的认识不足，履行安全主体责任能力较差，对待安全管理不同程度地存在侥幸、逆反、麻痹、逞能、从众、厌倦等心理。个别电力企业执行国家安全生产法律法规和政策文件有偏差，个别行业文件没有流转到基层。部分企业安全生产管理规章制度和标准规范内容不完整，特别是教育培训、施工安全、贮灰场安全、网络安全、应急管理、信息报送、事故事件管理等方面的管理制度与有关法规政策衔接不充分，企业工作标准低于国家和行业要求。还有一些企业未认真研究贯彻党中央、国务院关于安全生产重大决策部署以及行业部门统一要求，工作缺乏有效举措，贯彻成效不明显。

（2）日常安全管理存在薄弱环节。部分电力企业安全生产日常管理水平还需加强。个别企业仍旧使用传统思维和经验主义来搞安全管理，而忽视技术、员工素质等发展规律的内在作用；在管理过程中喜欢“唱高调”“喊号子”，利用“痕迹化”“台账化”“电子＋纸质化”等强制性手段，使安全管理浮于表面，实则并没有下沉到各部门、各班组。部分企业把春秋检、标准化建设、专项整治三年行动当成“一阵风”，没有真正建立起常态化、长效化的安全巡查机制。部分单位安全管理偏重于开会布置、下发通知或听取汇报，开会布置多、落实跟踪少，布置的工作多停留在纪要上、口头上，没有深入班组、深入现场去实实在在地检查发现问题、解决问题。安全生产投入的有效实施存在差距，安全设施配置不完善。作业现场仍然存在违章行为，甚至是严重违章、恶性违章。部分单位员工对“违章”的危害性认识不到位，因麻痹大意、侥幸心理导致的不规范行为、习惯性违章仍然存在。

（3）双重预防机制建设不够完善。部分企业未将安全风险管控和隐患排查治理双重预防机制建设与日常安全管理紧密结合，安全风险评估开展不够深入，风险预控措施不够完善、落实不到位，风险隐患台账建立管理不规范。部分单位未将隐患排查治理工作做到精细化，未能将隐患发生的环境、工作环节、机械设备以及操作人员结合在一起进行重点分析。部分单位未针对安全隐患的潜在性、隐蔽性、复杂性及突发性等特点，将日常工作中的各个环节以及各个不同的项目进行系统分解，认真研究不同项目之间的关系，找出其中的不同及类似之处，对于不同的工作环节和项目进行具体问题具体分析。部分单位对历次检查和自查发现的问题只是安排及时整改闭环，而未对产生问题的深层次原因进行追根溯源、责任追究，造成同类问题重复发生。

（4）外委承包商安全管理不到位。近年来，外围承包商占电力安全事故的比重不断上升。目前，电力企业对外委单位安全控制手段主要是考核，部分单位过分简单依赖考核，增加了安全管理人员思想上和行动上的惰性，不愿意花时间去思考、研究如何丰富管理手段来追求管理提升，部分单位存在“以罚代管”的现象。全过程安全风险管控力度不够，部分单位安全管理偏重于开会布置、下发通知或听取汇报，安全生产投入的有效实施存在差距，安全设施配置不完善，岗位作业标准执行、安全监督管理不到位，缺乏对工作过程实时有效的管控。部分外委承包商的管理组织机构人员不健全，安全管理制度不完善，人员流动率高、变动大，外委人员素质较低，违章现象普遍，管理能力较弱。

（5）新能源及各种“小、散、远”发电企业安全管理基础薄弱。随着风电、光伏等新能源和各类分布式能源的快速发展，民营资本和个人业主大量进入发电领域，发电领域安全生产状况发生巨大变化，各类规模小、分布散、地处偏远、基础薄弱发电企业成为电力安全生产事故的“重灾区”。一方面，部分新进入民营企业自身安全管理基础薄弱，经验不足。部分国有电力企业随着项目的增多，原有安全管理力量不断摊薄，安全管理力量“捉襟见肘”。另一方面，传统安全管理手段主要针对火电、水电等大型集中式发电企业，难以新能源和分布式企业点多面广的特点，对电力安全管理提出新的挑战。分布式能源、微电网等新业态不断涌现，安全管理界面、责任划分等还存在模糊地带，安全风险管控措施不足。

（6）应对网络安全等新型安全风险不到位。随着能源电力数字化转型的不断加快，网络与信息安全成为影响电力安全的重要威胁之一。部分电力企业对网络安全的极端重要性认识还不到位，未能有效落实“管网络必须管安全”要求，网络安全责任制、管理体系、规章制度、人员配备、技术措施、安全投入等存在诸多薄弱环节，现有网络安全管理体系存在诸多不适应之处。新能源、分布式电大量接入电网，源网荷储能源交互新形式不断涌现，网络安全暴露面进一步增加、攻击路径增多，现有安全防护体系难以满足业务发展需求。新能源等偏远场站和电力企业基层末梢网络安全管控力度不够，存在薄弱环节。

3.3 电力安全管理的展望

3.3.1 完善风险分级管控和隐患排查治理双重预防机制

随着我国电力行业快速发展，多模式、新业态的综合性电力企业不断涌现，随之在安全生产领域“认不清、想不到”的问题十分突出，构建安全风险分级管控和事故隐患排查治理双重预防机制是有效防范遏制生产安全事故的关键途径，目的就是要斩断危险从源头（危险源）到末端（事故）的传递链条，形成风险辨识管控在前、隐患排查治理在后的“两道防线”。

（1）夯实双重预防机制建设管理基础。生产经营单位是双重预防机制建设的主体责任单位，应充分利用法律法规和标准规范，完善风险分级管控和隐患排查治理制度，确保“凡事有章可循”。建立工作机制，激励全员参与，开展监督检查，推进双重预防机制在企业、车间、班组到个人各层级间的有效落实，不断提升企业整体安全保障能力。

（2）提升安全风险辨识管控能力。电力企业要把风险管理作为日常安全生产的重点内容和工作方式，建立正常工作机制，发挥安全生产三大体系作用，落实好各级各岗位责任。组织覆盖全员，全方位、全过程的危害辨识与风险评估，动态调整风险等级和管控措施，建立并更新安全风险数据库。充分结合企业实际考虑分析“三种时态”和“三种状态”下的危险有害因素，分析危害出现的条件和可能发生的事故类别或故障模型并分级管控。通过采用清除、替代、转移、隔离等手段，实施个体防护、设置监控设施等措施，达到回避、降低和监测风险的目的。将危害辨识和风险评估知识作为安全教育培训重要内容，纳入年度培训计划，推广安全风险预知训练，提高员工风险预判能力，促进员工熟练掌握风险辨识与管控的方法和手段。同时电力企业可引入外部专家智力支持，委托相关专家和第三方服务机构帮助实施，解决企业人员水平不足的问题。通过不断调整风险举措，安全关口前移，使得安全生产现场的风险控制在可接受水平。

（3）深化事故隐患排查治理。电力企业要健全以风险辨识与管控为基础的隐患排查治理工作程序，完善排查、治理、记录、通报、报告等重点环节的流程、方法和标准，明确自查、自报、自改、自评估全过程闭环管理要求。建立从主要负责人到每名员工，覆盖全员全岗位的隐患排查治理责任清单，根据岗位安全风险明确隐患排查事项、内容和频次，逐级落实排查治理和监控责任，实现全员参与、全岗位覆盖、全过程衔接。电力企业开展隐患排查应关注合法合规性，充分利用国家现有安全方面法律法规、有关标准规范及企业规章制度进行排查，制订具体细化的隐患排查表，减少因人员水平的差异影响排查效果，并对隐患治理实行分级治理、分类实施原则，做到资金保证、措施有效、责任到人。定期对隐患数据和违章台账进行统计，分析隐患和违章规律，重点查找普遍性、趋势性、重复性、突出问题根本原因，采取针对性管控措施，防范各类事故发生。

（4）推进工业互联网＋双重预防机制融合应用。电力企业可优选试点单位开展安全管理信息化研究课题，如“风险分级管控与隐患排查治理信息化系统、作业现场全覆盖视频监控系统等”，通过探索建立功能齐全的安全生产监管综合智能化平台，加强远程监测、自动化控制、自动预警和紧急避险等设施设备的使用，实现动态分析、全过程记录管理和评价。同时，试点单位为打造具有企业特色的双重预防机制建设模式提供可借鉴、可复制、可推广的经验和工具，以典型引领企业双重预防机制建设，逐步推进企业风险管控和隐患排查治理情况的信息化管理。

3.3.2　加强安全生产标准化建设

2021 年 9 月 1 日起施行的《安全生产法》，对主要负责人的职责新增“加强安全生产标准化建设”的要求。安全标准化建设既是新《安全生产法》确定的企业法定义务，更是强化安全基础管理、排查治理隐患、预防事故、提高本质安全水平的必然要求，是实现事故可防可控的有效途径。

（1）从行业监管和属地管理部门角度来看。做好顶层设计，深入贯彻国家关于安全生产标准化工作要求，坚持电力行业安全生产标准化工作统一规范管理，落实安全生产标准化的法定工作职责。强化属地安全管理责任，切实厘清综合监管、行业监管与属地安全管理的工作界面，明确派出监管机构和属地电力主管部门在安全标准化创建工作的权利与义务，形成“各司其职，各尽其能，齐抓共管”的工作局面。及时修订电网、发电、电力建设施工企业等安全生产标准化规范，做好企业自查自评工作。各级安全监管部门和有监管职责的部门应把企业标准化建设与日常监管、专项检查、“打非治违”等工作相结合，把企业自主创建、年度自评、自评报告公示情况作为分级分类监管的重要依据，有针对性地确定执法检查频次和处罚尺度。

以新《安全生产法》为依据，对照应急管理部《企业安全生产标准化定级办法》通知要求，研究建立电力安全生产标准化达标评级管理新模式，选择一些具备条件的企业先行先试，不断深化总结行程电力行业安全生产标准化监管良好实践。适时制定出台电力企业安全生产标准化自评、申报、公示、动态管理等系列规范性文件，督促企业严格落实安全生产主体责任，坚持高标准、严要求，进一步加大安全投入，不断整改各类事故隐患，通过创建活动提升安全生产水平。综合考虑业绩和能力，确定一批第三方安全生产标准化评价机构，以政府购买服务的方式，委托其对辖区内电力企业开展评估审查，保证第三方工作的公平性和独立性。完善电力企业安全标准化各等级对应的激励措施，引导企业积极主动完善全员安全生产责任制，健全规章制度和操作规程，进一步强化双重预防机制建设，持续向着高等级标准化企业迈进。依托电力行业协会机构，运用各种形式和各种媒体，广泛宣传有关标准化建设的法规标准、制度规范和政策措施，大力宣传开展安全生产标准化工作的重大意义，营造有利的社会舆论氛围。

（2）从企业角度来看。安全生产标准化工作涉及企业全员、全过程、全方位，需要主要领导高度重视，给予人、财、物方面的支持和投入，以保证目标的实现。安全生产标准化创建工作也是一项复杂的系统工程，涉及部门众多，覆盖了与安全生产相关的所有内容。一是要将安全标准化建设与现有的安健环体系、质量体系贯标、双重预防机制有效结合，避免“为评而评”。二是要通过全员参与，让创建过程成为危险源和危害因素辨识、评估和采取控制措施的过程，成为隐患排查治理的过程，成为各项制度建立和持续改进的过程，成为企业安全文化构建的过程。三是在创建与整改实施期间，企业需采取多种途径，实行综合治理，才能取得事半功倍的效果。对劳动密集型和自动化落后的企业，要加大技术改造，实现机械化换人、自动化减人，大

力提高企业安全生产科技保障能力。对职工安全技能差、违章作业多发的车间和班组，要有针对性地开展安全教育，培育企业安全文化。四是企业要结合自身特点，建立隐患排查、整改体系以及定期评估、不断改进的常态化机制。

3.3.3 强化新能源发电场站安全管理

针对点多面广、区域分散、装机规模飞速发展的新能源发电，积极探索新形势下安全监管工作的新思路、新方式、新做法，创新安全管理模式，有效管控安全风险，不断提高新能源发电安全生产水平。

（1）研究新能源发电安全管理重点推进方向。探索新能源发电项目区域集中管控模式。开展新能源发电项目“无人值班、少人值守、运维管一体化”的区域集中管控中心试点，厘清集控中心与电网调度机构管理界面，提升新能源发电安全管控水平。

（2）完善新能源定员标准。充分考虑新能源场站并网容量、风机数量、控制方式、运维模式、海拔、地形地貌以及场站间、场站与集控中心之间距离等因素，按照“高岗可兼任低岗、保持安全监督独立性”的原则，及时根据新形势、新要求核定场站值班人员、维检人员、安全生产管理人员及其备员的标准。

（3）加快新能源安全管理专业人才培养。加快新能源发电安全管理专业队伍建设，积极培育熟悉新能源领域的安全管理人才。按照“先行”原则，新能源项目前期要同步做好人力资源规划，按照“专业对口、本地优先”原则开展招聘或招生，正式上岗前应进行系统全面、针对性强的安全与技能培训，组织多维度、多层次的考核评价。

（4）完善新能源发电安全技术标准体系。根据风电、光伏、生物质等新能源发电安全生产特点，梳理新能源行业安全管理存在的体制机制问题，制定、修订新能源发电项目并网等相关技术标准和规程规范，增强监管法规标准体系适用性，扩大技术标准覆盖面。

（5）完善远程集控模式下“两票”管理。针对新能源场站集中控制、少人值守、运维一体管理模式下“两票”执行存在的问题，按照实事求是、一人一角色、不失监管、确保安全的要求，明确界定工作票中签发人、负责人、许可人“三种人”角色分工，以及操作（任务）票中的发令人、接收人、操作人、监护人角色分工。

（6）大力推进新能源智慧电站建设。运用基于三维数字信息模型技术，实现机组设备在线故障诊断和异常情况即时预警功能，提高新能源发电安全管理成效。

3.3.4 提高水电站大坝安全管理水平

水电工程大多具有地处偏远、条件艰苦、环境恶劣、交通不便等特点，给应对极端天气和自然灾害造成一定困难。水电站大坝运行安全管理也面临着工程经验缺乏的难题。另外，高龄坝所占比例不断增大，工程安全隐患逐年增加，运行维护的难度也日益凸显。针对目前存在的问题与不足，应在继续发挥大坝注册、定检、日常结构安全监控、汛期安全监察与督查等各类监管手段重要作用的基础上，重点加强以下几方面内容的建设，从而保证水电站大坝运行安全状况稳中有进，助力水电站大坝安全管理水平进一步提升。

（1）完善大坝安全法律法规及技术标准体系。根据国家新形势和新要求及时修订完善现行相关法规，进一步理顺、明确地方党委政府、行业主管部门、派出机构、大坝中心等单位在水电站大坝安全全生命周期各阶段监督管理职责，使得责权法定、边界清晰、主体明确，避免越权或者履责缺位或不到位，保证大坝运行安全技术监督管理全过程全覆盖。

（2）提高水电站大坝运行安全风险管控水平。在坚持“以人为本、生命至上”的原则下，研究拟定基于我国大坝安全管理特点的大坝安全风险对策机制。持续推进大坝安全关键风险量化指标拟定研究，积极开展基于风险指标统计分析的大坝安全风险发展趋势及风险预测预警方法研究。根据我国国情构建水电站大坝运行安全风险管控体系，开展大坝安全风险分类分级管理，对高坝及特高坝、库容较大的大坝、安全问题突出的大坝加强监管力度。

（3）提升水电站大坝安全隐患排查治理工作。深入开展水电站地质灾害风险辨识评估，并采取有效措施彻底整治事故隐患，管控重大安全风险，严密防范遏制各类安全事故事件发生，积极应对滑坡、塌方、泥石流等自然灾害。加大巡查力度，及时发现制止库区周边存在的网箱养殖、非法采砂、违规建筑、库区围垦、违建码头等影响大坝安全的问题隐患。加强与地方政府部门的工作衔接，及时报告相关信息和问题线索，必要时请相关部门组织开

展专项治理，彻底消除事故隐患。

（4）促进水电站大坝安全管理新技术的应用。进一步发挥科技引领作用，加大创新力度，推动北斗系统、智能大坝等新技术研发和推广应用，促进水电站大坝安全管理新技术的应用，着力提高信息采集、数字化、可视化、智慧感知方面的技术水平。逐步实现大坝安全运行状态的自动化分析、智能化评判和智慧化响应处理和辅助决策，实现水电站大坝日常巡视、监测监控、注册定检等管理技术的创新，进一步提高大坝安全工作的信息化和智能化水平。

（5）创新水电站大坝安全监管新思维新模式。融合先进信息技术，进一步拓展全国水电站大坝运行安全监督管理平台。对注册水电站大坝安全管理采用远程考核和远程视频会议，试点部分大坝远程注册检查，并逐渐推广，提高注册检查质量效率。强化动态监管、透明监管和协同监管，提高监管信息的准确性、及时性、针对性、完整性和透明度，实现监管机构间信息共享，有效形成监管合力。进一步完善水电站大坝全生命周期监督管理职责，全面落实水电安全管理责任。

3.3.5 完善电力应急支撑保障体系

近年来，我国遭受的自然灾害突发性强、破坏性大，监测预警难度不断提高，部分重要密集输电通道、枢纽变电站、大型发电厂因灾受损风险升高。部分城市防范电力突发事件应急处置能力不足、效率不高。流域梯级水电站、新能源厂站综合应急能力存在短板，威胁电力系统安全稳定运行和电力可靠供应。

（1）加强电力应急能力建设。完善电力企业应急能力建设评估工作长效机制，定期规范开展评估工作，滚动提升电力企业应急能力。针对重大事件的不确定性影响，开展复杂性叠加性情景构建，以保障人身安全和基本生产秩序为出发点，提高电力企业综合应急能力。开展以新型储能技术为支撑的局部电网黑启动专项研究，提高极端状况下电网应急处置能力。

（2）强化电力应急预案体系和应急演练。修订《电力企业应急预案编制导则》等管理规定，推进企业应急预案修编和预案体系完善工作。制订年度大面积停电应急预案编制和演练计划，推进县级以上地方各级政府开展大面积停电事件应急预案编修和演练。探索实施智慧应急预案管理，推进电力突发事件应急预案数字化管理，开展重大事件情景构建和应用探索，根据事件地点和类型自动调阅，自动分解形成应急指挥预口令，为应急指挥决策提供支持。建设各类专项预案、现场处置方案以及典型事故、自然灾害事件应急演练示范库，开展电力重特大事故和自然灾害事件情景构建，提升应急演练水平。

（3）推进电力应急资源共建共享。完善国家和地方电力应急专家库，制定专家管理规则，保持一批专业精干的专家队伍，为电力应急日常管理和突发事件处置提供技术支撑。继续推进国家级电力应急救援基地建设，打造电力应急救援新技术装备试点应用和应急救援队伍专业培训平台。建设 2~3 个标准化应急演练场所，推进利用互联网开展应急演练。建设电力行业应急资源信息共享平台，盘活闲置应急资源，实现应急物资的共享应用。

（4）加强电力应急协同处置机制建设。建设电力行业应急指挥系统平台，推进安全监管和应急处置信息的实时采集、监测预警，全面提升电力突发事件综合指挥和协调处置能力。提高地方政府大面积停电事件应急处置能力，健全京津冀、环渤海、粤港澳、长江经济带、陆上丝绸之路等跨地区应急救援资源共享及联合处置机制，开展跨省和跨区域的联合应急演练。推进大面积停电事件应急能力示范县（市）建设，提升基层应对能力。继续推进应急产业发展，在技术转化、产品研发和应对机制方面加大军民融合力度，提高联合应对重大电力突发事件能力。

（5）提升关键技术研究与应用。利用现代信息技术与先进能源电力技术深度融合，推进灾害监测、应急装备、辅助决策等大面积停电应急关键技术研究应用。推广应用能够有效支撑用能设施“即插即用”的设备装置，提升应急救援装备的可靠性和应急单兵作业能力。推广新型减震、隔震技术，优化结构抗震性能，提高电力基础设施设备抗震能力。推进地质灾害、风电防雷、海洋生物等监测预警技术研究，以及海上风电、偏远地区新能源防灾救灾技术研究，加快灾后勘察及灾损快速评估技术研究和专业抢险救援设备研制应用。

3.3.6 强化网络与信息安全管理

新能源、分布式电源大量接入电网，源网荷储能量交互新形式不断涌现，

电力行业网络与信息系统安全边界向末端延伸，使得网络与信息安全风险持续升高。电力大数据获取、存储、处理使数据篡改和泄漏可能性增加，随着云计算、物联网、移动互联技术在电力系统深度应用，电力行业网络安全暴露面持续扩大。

（1）健全电力系统网络安全制度规范。完善行业网络安全等级保护、关键信息基础设施保护制度。落实监督检查，推进电力数据分类分级和安全保护，强化行业关键数据保护、个人信息保护，强化电力关键信息基础设施网络安全审查和供应链安全管控。

（2）加强电力网络安全防护。加强发、输、变、配、用、调度等电力全业务网络安全管理，深化网络安全等级保护定级备案、安全建设、等级测评、安全整改、监督检查全过程管理；规范网络安全风险评估，加快完善自评估为主、第三方检查评估为辅的网络安全风险评估工作机制；按照“安全分区、网络专用、横向隔离、纵向认证”的原则，进一步完善结构安全、本体安全和基础设施安全，逐步推广安全免疫。

（3）加强电力企业、个人、用户数据安全保护。加快推进密码基础设施、人工智能面部识别系统、网络安全仿真验证环境等行业网络安全基础设施建设；建立行业、企业网络安全态势感知预警平台和行业网络安全应急指挥平台，提高网络安全态势感知、预警及应急处置能力。加强行业网络安全专家和专业队伍培养，推进行业级网络安全实验室建设，持续加强宣传教育，提升全员网络安全意识。

3.3.7 加强班组安全管理

班组是电力企业的基层组织、最小单元，是电力安全生产工作的基础。加强班组安全建设是强化安全管理、夯实安全基础的核心内容。电力企业应深刻认识加强班组安全建设的重要性和必要性，进一步巩固安全生产在班组工作的中心地位，不断强化班组安全建设，为安全生产奠定更加坚实的基础。

（1）全面辨识班组安全风险。依据工作性质辨识工作流程中存在的安全风险，建立班组安全风险数据库，实现全员参与、动态更新，并纳入企业安全风险分级管控机制。数据库应明确风险类别、风险名称、风险等级、风险控制措施等信息，控制措施应可执行、可操作，对作业人员起到指导和警示作用。

（2）加强隐患排查治理。班组是排查治理隐患、防范电力事故的前沿阵地。严格执行隐患排查治理制度，落实班组排查治理责任。对生产作业场所、设备设施进行定时、定点、定项目巡回检查，及时排查现场隐患；对发现的隐患要及时上报、及时治理；对限期整改的隐患，要严格落实治理过程中的安全应急措施，实现安全隐患闭环管理，确保作业安全。

（3）深入开展反“三违”活动。严格落实反违章工作制度，规范安全生产行为，切实做到杜绝违章指挥、违章作业和违反劳动纪律行为。经常性开展安全生产检查，落实安全措施和反事故措施，从源头制止违章作业行为。把“三违”现象当作未遂事故进行分析处理，做到防患于未然。严格执行《电力安全工作规程》，建立完善班组自我约束、相互监督、持续改进的现场安全管理常态机制，努力创建无违章班组。

（4）建立健全班组安全生产制度。加强班组安全生产制度建设，在安全生产标准化管理、隐患排查治理、事故报告和处理、安全检查与奖惩、安全教育培训、现场安全文明生产、安全绩效考核等方面的规程标准和制度中，涵盖班组安全建设管理要求，并根据企业实际情况及时对制度进行修订完善，有效规范和保障班组安全建设。

（5）严格落实班组操作规程。不断完善操作规程、操作提示卡并严格执行；根据设备变更、技改等情况，及时更新完善设备技术资料、图册等，在实践中不断总结经验教训，完善、更新设备操作规程并严格执行。

（6）严格执行“两票三制”制度。严格执行工作票、操作票、交接班制度、巡回检查制度、设备定期试验与轮换制度，落实各项措施；定期分析“两票”执行情况，积极创新管理手段，推广应用信息化管理技术，将“两票三制”落到实处。

（7）推进班组安全生产标准化建设。积极开展班组安全生产标准化建设，实行作业程序和生产操作标准化、生产设备和安全设施管理标准化、作业环境和工具管理标准化、安全用语和安全标志标准化、个人防护用品配置和使用标准化，不断规范班组安全生产行为，实现班组安全生产工作标准化、规范化、精细化管理。

（8）强化班组安全生产绩效考核。建立班组安全生产绩效考核标准和班

组安全生产目标考核奖惩制度，切实加强班组安全考核管理，考核结果要与班组成员的待遇、收入、晋级和使用挂钩。加强班组长工作考核，将安全生产管理水平作为选拔任用班组长的首要条件，实施安全生产“一票否决”；对安全生产工作不称职或有严重失误的班组长，及时进行调整。健全人才成长和使用机制，从一线班组中培养选拔优秀管理人才。

（9）加强班组应急能力建设。重视班组应急能力建设，将班组应急工作纳入企业应急体系建设，将应急建设要求落实到班组。加大班组应急投入，配备必要的装备物资，完善应急保障条件，为班组第一时间开展应急救援创造条件。班组长应及时向上级汇报突发事件情况，按要求履行相应职责，落实各项应急处置措施，确保一旦发生险情，能够及时采取措施，最大可能减少事故损失，避免人员伤亡和事态扩大。

（10）提高班组成员应急技能。加强作业人员的触电急救、医疗救护、消防、应急避险、安全保卫等的应急知识教育和技能培训，组织员工开展岗位应急训练，确保员工正确使用应急装备、应急工器具、个人应急防护用品，不断提高员工个人“四不伤害”的意识和应急自救互救能力。

3.4 “安全是管理”理念的良好实践

3.4.1 某电厂安全绩效评价系统及可视化管理应用

在日常电力生产过程中，外包检修、施工项目在电力行业占比越来越大，在电力事故通报中，外包工程项目发生事故的占比也居高不下，这在一定程度上反映出外包工程项目安全管理不严，责任落实不到位，管理难度大，导致事故有空可钻。因此，外包工程项目安全管理也是电力生产企业日常安全管理工作的难点和重要组成部分，抓好外包工程项目安全规范化管理也是电力生产企业值得探讨的课题，通过全员安全绩效评价系统及可视化管理的运用，在外包工程项目安全规范化管理方面取得了一定的成效。

3.4.1.1 安全绩效评价系统及可视化管理基本内容

为促进安全生产责任制落实，规范外包工程安全管理，创建了“全员安全绩效评价系统”，如图 3–9 所示。本系统从外包工程项目管理、单位资质及人员管理、施工机具装备管理、安全教育培训、风险分级管控、隐患排查治理、现场作业实时监控、违章考核处理等方面，创建多个功能模块和自动化流程，同时提供手机 App 操作界面。在日常安全管理实际运用中，针对全员安全生产责任制的落实，充分记录各方面信息和数据，形成全员安全业绩档案基本数据库，并通过系统对各类数据的分析、运算，实时输出安全绩效评价结果，并以图、表等形式直观展现，客观反映外包单位安全责任制落实状况，记录外包单位安全业绩档案，为外包单位、人员及工程项目安全同质化管理提供有力的工具。

▲ 图 3–9　企业端操作界面

为抓好外包工程现场规范化管理，最大程度减少违章和隐患的发生，编制了《外包项目安全管理标准化图册》及《电力安全教育可视化手册》系列丛书共 9 本，将外包工程项目安全管理用一目了然的方式进行体现，转换为一眼即知的管理、看得见的管理。

（1）针对外包项目安全管理难点，依据各项管理制度，组织管理人员编写了《外包项目安全管理标准化图册》（见图 3–10），图册从入场管理、开工前准备、施工阶段和竣工验收四个部分（共 53 节），通过大量的图片和文字解读，简明扼要地列举了外包工程项目各项管理流程（见图 3–11）、管理内容、工作要求及记录格式，便于各级人员快速阅读和掌握。图册编制后印发给各级人员及外包单位组织学习和培训，对规范外包工程安全管理起到直接的指导作用。

▲ 图 3–10 《外包项目安全管理标准化图册》

（2）为抓好外包工程项目施工作业安全规范管理，成立编委会，组织编写人员及生产安全部各位专家对可视化手册认真讨论修编和升级，由中国电力出版社出版《电力安全教育可视化手册》（见图 3–12）。可视化手册共分 8 个分册：扣件式钢管脚手架作业、高处作业、施工用电、电焊与气焊作业、起重作业、有限空间作业、常用电动工具使用和危险化学品作业。手册针对电力生产企业外包工程项目所涉及的高风险作业以及工器具的使用，通过图片和文字注释的可视化方式（见图 3–13），系统展示了作业过程中安全工作规范和基本知识要点，将施工作业安全规范化管理，展现为一眼即知、看得见的管理。

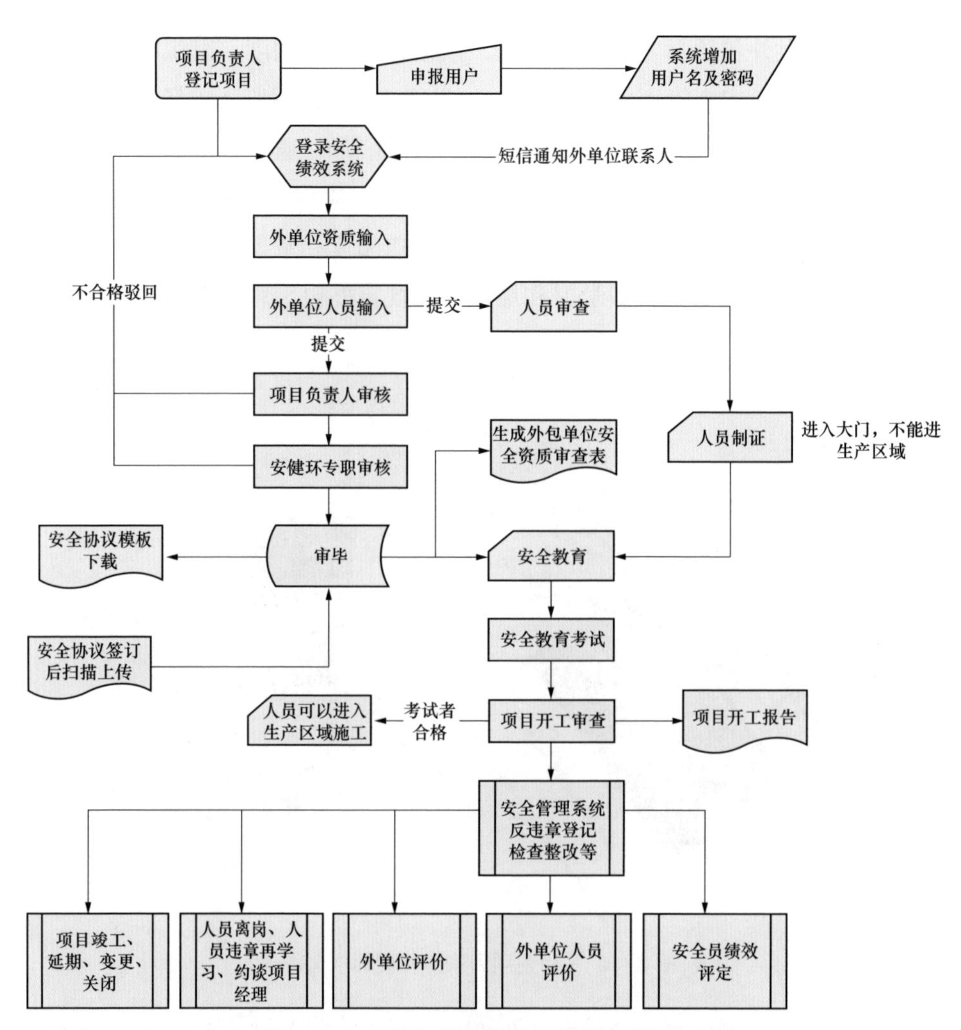

▲ 图 3–11　全员安全绩效评价系统设计总流程图

▲ 图 3–12 《电力安全教育可视化手册》

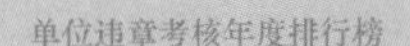

全部 风电 长维 技改 临时 查看更多

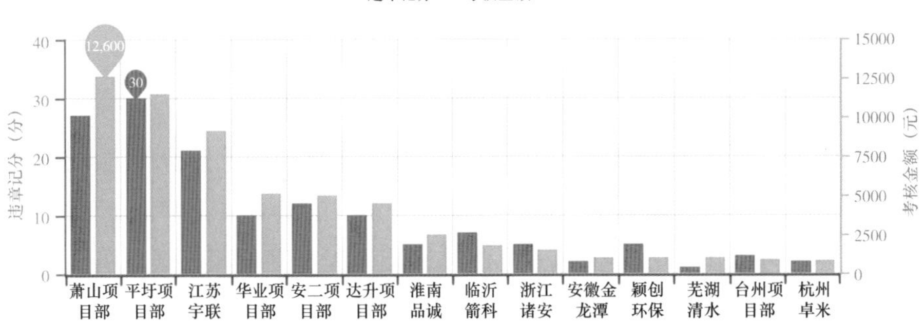

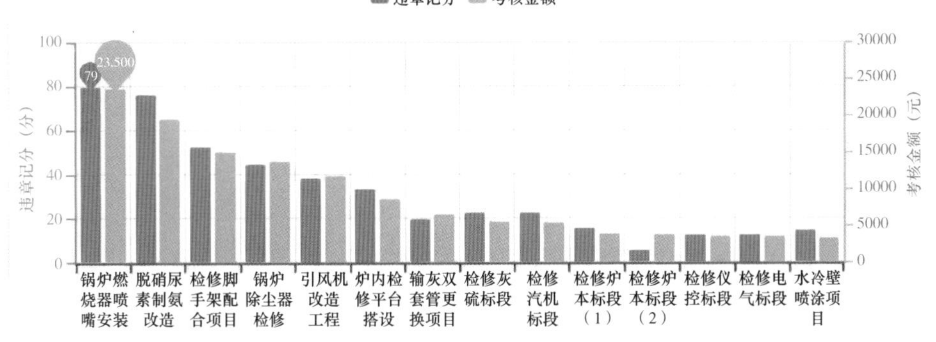

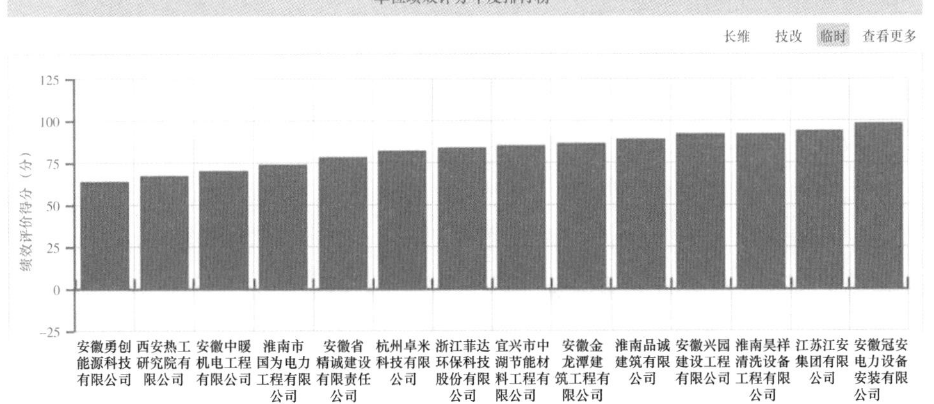

▲ 图 3-13　安全绩效、违章考核等柱状图输出

3.4.1.2 安全绩效评价系统及可视化管理解决的实际问题

安全绩效评价系统的开发和应用，是针对外包工程安全管理责任制难以落实、绩效考核难度度大、管理效率低、管理流程不顺畅、管理记录不规范等多方面问题所建立的。在外包工程安全工作中，对外包单位安全资质及承包项目合法合规性审查、施工作业人员安全教育培训、违章行为及人员管控、现场潜在的隐患及风险辨识，以及整体安全施工管理绩效评价等方面，牵扯很多烦琐的管理程序和记录，按照传统的管理方法，需要花费安全生产管理人员较多的时间和精力，在部分外包单位最大程度降低用人成本的情况下，很难将这些安全管理工作做得扎实到位。

安全绩效评价系统的开发应用，通过信息化手段，将这些管理流程简化和整合，实现信息资源共享，现场检查的违章和隐患直接通过手机端导入图片并曝光，各类资料审查、台账记录均可通过系统平台在线处置。外包单位、项目和人员的安全管理绩效，通过评价系统的统计、分析和计算，自动以柱状图展示结果。评价系统的应用，为促进全员安全责任制的落实和外包工程安全规范化管理给以强大支持。

可视化图册的创建和应用，是针外包工程作业人员安全素质参差不齐、安全设施不规范、现场违章时有发生、隐患时有出现等安全管理中的难题所创建的。某电厂检修及技术改造工程项目多数通过外包方式委托外包单位进行施工作业，外包单位往往因为追求利益而降低安全投入和用人成本，导致外包工程管理违章和隐患时有出现，使工程项目增加一定程度的安全风险。

《外包项目安全管理标准化图册》及《电力安全教育可视化手册》，是以工程现场实际图片为主体，通过图片和文字注释方式，系统展示了外包工程管理流程和要求、作业过程中安全工作规范和基本知识要点，使阅读学习人员一眼即知，达到身临其境的“可视化”效果。可视化图册的应用，对规范现场安全设施、工器具的使用及现场作业安全有着直接的指导作用，对提高外包工程各级人员安全素质以及外包工程管理有较大的促进作用。

3.4.1.3 安全绩效评价系统及可视化管理在应用中取得的突出效果

安全绩效评价系统的开发和应用，规范了安全管理流程，极大地提高了安全管理工作效率，安全生产管理人员将更多的精力用于现场安全风险管控和超前预控，让各项安全管理工作准确到位，为外包工程安全规范化管理提

供了得力工具。

可视化图册的创建，为外包工程及现场作业标准化管理提供了有力的学习工具，某电厂及外包单位各级人员通过这些图册的学习、培训和应用，使各级安全管理人员、作业人员安全意识、安全素质得到极大提升，工程现场各类违章现象明显减少，外包工程现场安全管理力度及安全设施投入有了明显的改变，为外包工程安全规范化管理打下了良好的基础。

3.4.2 某水电站“五大安全风险”管控创新与实践

3.4.2.1 五大安全风险管控基本内容

某水电公司自2017年积极开展水电站安全风险管控探索，通过全面梳理辨识水电站运行管理过程中设备设施、作业环节等方面存在的风险因素，开展风险分析评估和分级，形成了水电站五类不可接受安全风险清单，简称“五大安全风险”（重大人身事故、水淹厂房、大面积停电、重大设备设施事故和网络安全风险），制定了针对性的管控措施。为保证风险管控措施的有效落地，通过研究借鉴中央巡视工作经验，建立了风险管控定期巡查机制，并借鉴“醉驾入刑”的立法思路配套制定了风险管控责任追究制度，形成了全面的、系统的、可操作性强的针对大水电站特点的安全风险分级管控机制，强化了风险管控责任的落实，保障了水电站长期安全稳定运行。

3.4.2.2 主要做法

采取自上而下的方式，在公司层面做好风险管控方案设计，运用底线思维分析明确了水电站五类不可接受风险。各水电站对风险管控要求进行细化分解，采取由下至上的方式，组织基层生产部门针对重大不可接受风险辨识具体风险点，明确具体管控措施。通过自上而下、由下至上的方式最终形成了“五大安全风险”管控清单。在此基础上，创新性地开展风险管控巡查及责任追究，保证风险管控措施落地。

“五大安全风险”管控机制的具体做法包括实施风险辨识，管控措施制定与落实，监督指导与现场检查，责任追究持续改进。通过PDCA的闭环管理，不断完善提升。

1. 风险辨识

由该集团总部组织所属各单位全面梳理分析了可能导致重大人身事故、水淹厂房、大面积停电、重大设备设施事故和网络安全事件的具体风险点。如辨识大型脚手架作业活动，发电机、水轮机检修排架作业活动人员集中，可能导致重大人身事故后果，分析梳理了搭拆过程中方案执行、人员资质、完工验收及作业过程中的个人防护等风险点；针对水淹厂房事故风险，分别从内部因素和外部因素着手，分析梳理了厂房内排水系统故障、与流道相连各人孔门，外部供水管路破裂和暴雨倒灌及人员误操作等风险点。

2. 制定措施，落实责任

针对辨识的水电站五大安全风险点，各生产单位从控制人员的不安全行为、环境的不安全状态、管理缺陷等方面制定相应的技术和管理措施，明确了具体管控内容和检查标准，规定了运行人员、检修维护人员、技术管理人员、安全监督人员的工作要求。该集团总部将各单位的管控措施进行汇总综合，予以印发，督促各单位落实。目前，已印发的“五大安全风险”管控措施包括防止人身事故的管控措施 46 项，从设备设施巡检、缺陷处理、诊断分析、技术改造和应急处置措施等方面制定了防止水淹厂房措施 28 项，防止大面积停电措施 26 项，防止设备设施事故风险管控措施 40 项，针对网络远方攻击、内部渗透等网络安全风险制定管控措施 15 项。

具体管控措施如防止水淹厂房措施中，将开展顶盖螺栓无损检测等作为标准检修项目实施；将机组流道进人门及压力钢管伸缩节紧固螺栓专项普查工作作为标准化的作业内容写入检修作业指导书，明确了工作流程和质量要求；将相关人孔门巡回检查周期、内容、质量要求写入运行规程中。

3. 定期巡查，督导落实

该集团总部借鉴党内专项巡视工作方式，创新性地开展“五大安全风险”管控巡查工作，公司领导亲自带队，采用“四不两直”的方式，邀请内外部专家，按照问题导向、重点突出的思路，定期检查各单位风险管控措施落实情况。

与传统安全监督工作抓违章的做法不同，巡查工作更多的是从责任、制度标准、方法及人员意识、执行能力等方面入手，找出根本原因并制定针对性的措施。如措施要求是否在单位的管理制度标准中明确，工作标准是否在作业指导书中落实等。

4. 责任追究，持续改进

借鉴“醉驾入刑”的立法思路，针对巡查中发现的风险管控责任未落实、

措施未执行的问题，尽管没导致安全事故事件，没有造成实质后果，但公司按照“隐患就是事故”的理念，从根源抓起，严肃进行责任追究。

该集团总部制定了重大安全风险管控责任追究制度，对安全风险管控措施未落实的个人给予批评教育、通报批评、警示谈话、记过、记大过等惩处措施，对责任单位扣罚当月安全目标奖励金。每轮巡查后，对管控措施落实不到位的单位和个人进行责任追究，确保了重大安全风险的可控在控。

3.4.2.3 取得的成效

“五大安全风险”管控工作开展以来成效明显：一是用风险管理解决了事故隐患的源头治理问题，重点管控水电站重大安全风险的危险源，安全管理关口前移，通过消除、控制各种不安全因素，切断危险源向隐患的转化途径，为实现本质安全奠定基础；二是解决了安全生产责任虚化问题，通过制定极具针对性的安全风险管控措施，将风险管控具体工作逐级落实到各单位、各生产部门和岗位员工，任务明确，责任清晰；三是通过制定专项责任追究办法、定期开展巡查，将深化问责作为安全管理的重要内容，层层传导压力，级级落实责任，实现问责常态化，有效保障了各项风险管控措施的落实到位。

“五大安全风险”管控工作开展以来，该集团所属各单位不断细化落实风险管控要求，全员参与，强化监督管理，将“五大安全风险”管控措施贯穿到日常工作中，安全管理制度及技术标准不断完善，全员安全风险意识和责任意识极大提升，巡视、消缺、诊断分析等日常工作的及时性、规范性不断提高，作业现场安全文明施工水平不断提升，预警响应要求得到强化落实，设备管理责任进一步明晰，安全生产基础得到进一步夯实。

通过持续深入开展“五大安全风险”管控工作，该集团安全生产不断取得优异成绩。截至目前，该集团已连续多年实现安全生产“零人身伤亡事故”“零设备事故”的“双零”目标，连续三年实现零轻伤事件，梯级电站均多次实现年度零非停，设备可靠性指标多年保持行业领先水平。

3.4.3 某水电站本质安全班组建设

3.4.3.1 本质安全班组建设的主要内容

第一步：相关职能部门组织施工单位将分包队伍纳入统一化管理，划分班组，并将班组长任免作为基层干部管理，设置任职条件，实行月度考核。

第二步：开展班组安全培训工作。通过三级安全教育、集中培训、工棚现地培训等方式，让班组全员熟悉、掌握五个清单（履责、风险、典型隐患、典型违规、强制条款）。

第三步：开展班前会和预知危险活动。每天上班前，针对施工部位、作业特点分析可能存在的风险，采取针对性的措施。

第四步：工前检查。作业前，对施工部位进行全面的风险隐患排查，确保安全后开始组织施工。

第五步：工中检查。

第六步：工完场清。

第七步：班组考核。制定本质安全班组考核办法，每月对班组进行考核并兑现奖惩。

第八步：与劳动竞赛相结合，相关职能部门组织季度考核评比与交流，进一步提升本质安全班组建设。

3.4.3.2 本质安全班组建设主要特点

本质安全班组建设流程图如图 3-14 所示。本质安全班组建设也是遵循 PDCA 原则开展，在计划阶段主要是将作业队伍按照专业或者部位划分为若干班组，任命班组长，随后开展班组建设的系统性培训，包括履责、风险、典

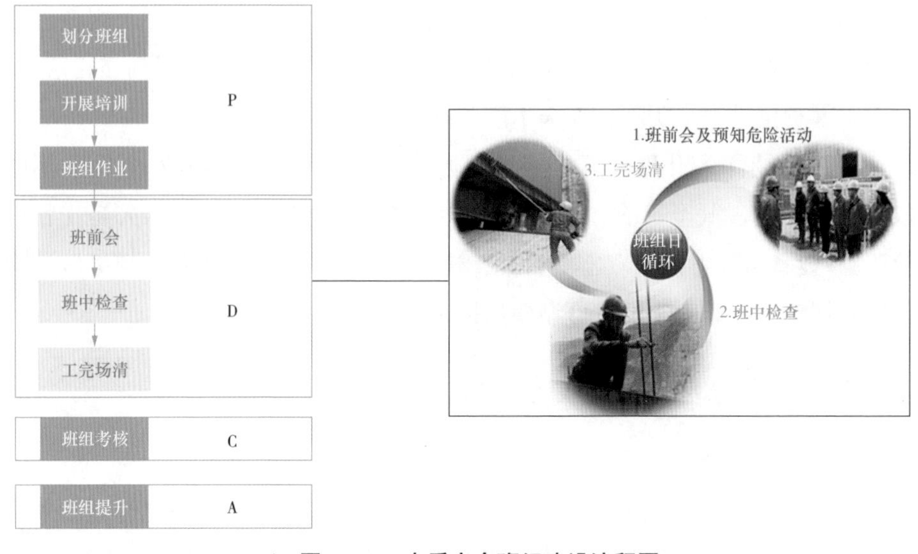

▲ 图 3-14 本质安全班组建设流程图

型隐患、典型违规、强制条款五个清单的学习。在执行阶段主要是班组按照要求开展班前会和预知危险活动，班中开展检查，班后整理整顿且做到工完场清。在检查阶段主要是对班组进行日常考核，尽职履责的班组给予奖励，不合格的班组给予处罚。在处理阶段主要是利用施工区劳动竞赛为平台总结提升本质安全班组创建工作。阶梯进步图如图 3-15 所示。

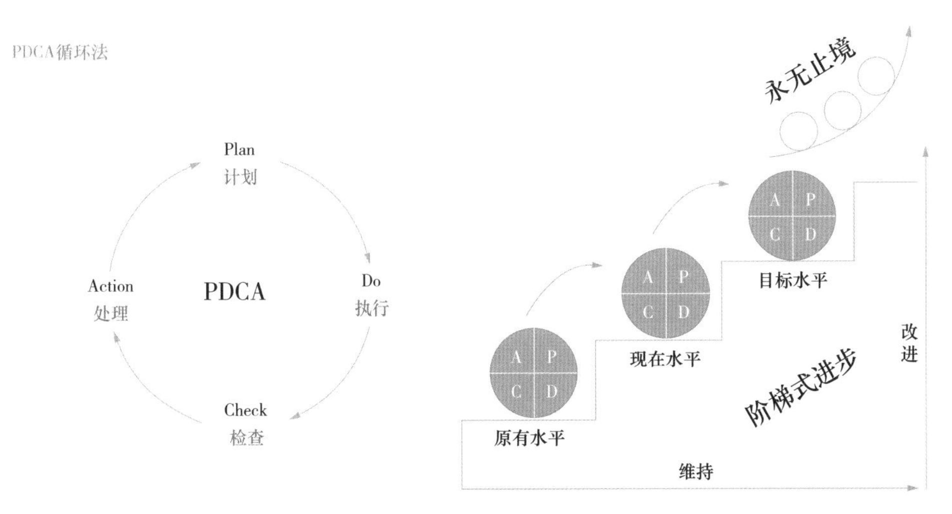

▲ 图 3-15 阶梯进步图

3.4.3.3 取得的成效

自该水电站本质安全班组创建工作以来，先后涌现出一批优秀班组、先进班组长，个人违章和事故隐患也逐年递减，连续多年实现安全生产零事故目标。

3.4.3.4 存在的不足

一是部分施工企业施工周期短、投入不够、管理水平参差不齐，在本质班组创建上还存在不深入、不细致的情况。二是分包队伍班组安全文化建设意识有待进一步加强，需加强本质安全班组创建的内生动力。

3.4.3.5 改进方向

（1）形成本质安全班组创建机制。一是通过开展培训，让施工单位认识到安全是最大的效益，投入人力物力财力，狠抓本质安全班组创建工作。二是形成本质安全班组建设的一整套流程与配套制度，使之常态化。三是本质安全班组创建工作要求纳入招标文件。

（2）进一步提升分包单位开展本质安全班组创建的积极性。一是加强宣传与引导，施工总承包单位必须将分包单位纳入一体化管理，牵头开展本质安全班组创建工作。二是本质安全班组创建工作成效与分包单位推优、结算等挂钩，进一步促进分包单位自主创建本质安全班组。

3.4.4　某电网公司“三段式”作业管控法应用

某电网公司受所辖变电站地处偏远、数量多，设备管辖重要度高、难度大，常年作业计划量多、复杂，人员结构年轻化、安全技术技能水平参差不齐等因素综合影响，现场作业管控难度较高，人员作业不安全行为时刻威胁现场安全，冲击安全生产底线。为解决此类问题，提出了事前－事中－事后“三段式”现场管控法，完善了作业管控的管理方法，丰富了现场管理的科技手段，以有效管控住现场作业安全，减少违章情况的发生。

3.4.4.1　“三段式”作业管控法的内容

1. 事前做好计划管理

建立作业管控“片区负责制”。以变电运行一所为例，将所辖 12 个班组划分为 4 个片区，采用“1+1”的管理机制，每个片区由 1 名专责加 1 名班组骨干负责管控，开展作业计划全过程精细化管控。同时建立周作业分析闭环改进机制。每周对各班组次周作业状态进行预分析，控制班组作业饱和度在合理范围。

班组每日生产作业状态如图 3–16 所示。

2. 事中做好作业现场监督

（1）按照“月计划、周调整、日落实”的管控机制，随时关注作业风险，合理匹配管控资源。保证中、高风险和复杂低风险作业均有管理人员到位进行管控。风险提示图如图 3–17 所示。

（2）运用视频监控科技手段（见图 3–18），做好作业现场全覆盖作业行为观察、监督。所队现配置有工作记录仪 50 台，4G 布控球 49 台。目前已做到对所队平均每天约 50 项作业开展 100% 覆盖观察。主要关注现场人员作业环境、人员履职到位情况、工作安全措施布置实施情况、操作票执行情况、人员作业行为等内容。若发现现场作业存在问题，可根据系统内管控人、负责人信息立即通知现场人员进行纠正。

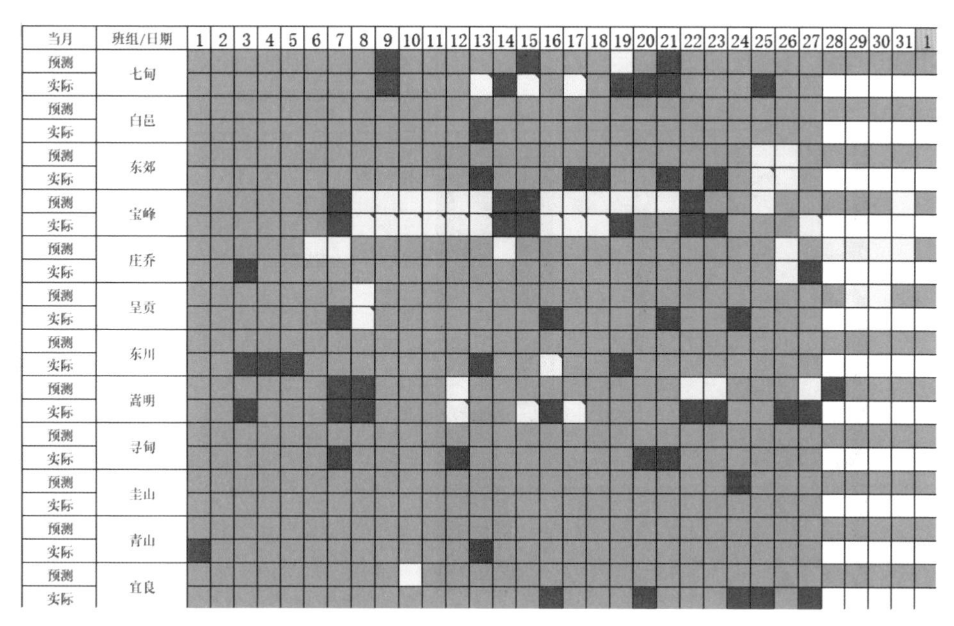

▲ 图 3-16　班组每日生产作业状态

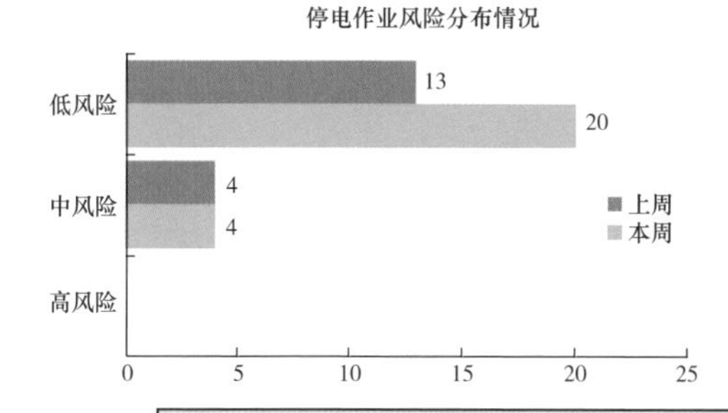

本周风险分布

停电作业：高风险0项，中风险4项，低风险13项。
不停电作业：低风险38项，可接受风险203项。
本周低风险及以上停电作业量较上周增加40%

关注作业

中风险：嵩明变电站母线隔离开关A修220千伏 1号主变压器送电；常乐变电站220千伏 1号主变压器及相关间隔消缺、绝缘包裹送电；樟木箐变电站1号主变压器缺处、消防系统大修停送电。
低风险（所队级管控）：无

▲ 图 3-17　风险提示图

3. 事后做好回顾分析和整改闭环

（1）做好计划管理的回顾。建立作业状态回顾分析机制（见图 3-19），定期对班组作业状态发生的异常状态进行分析，从人力资源配置、设备管理等方面提出改进意见。

（2）做好违章闭环管理。通过安监平台进行统一的违章数字化管理，便于关注每起违章闭环整改情况。同时可定期结合收集的大数据信息开展作业违章分析，作为重要参考输入至后续作业管控中。违章大数据还可作为各级

▲ 图 3–18 视频监控

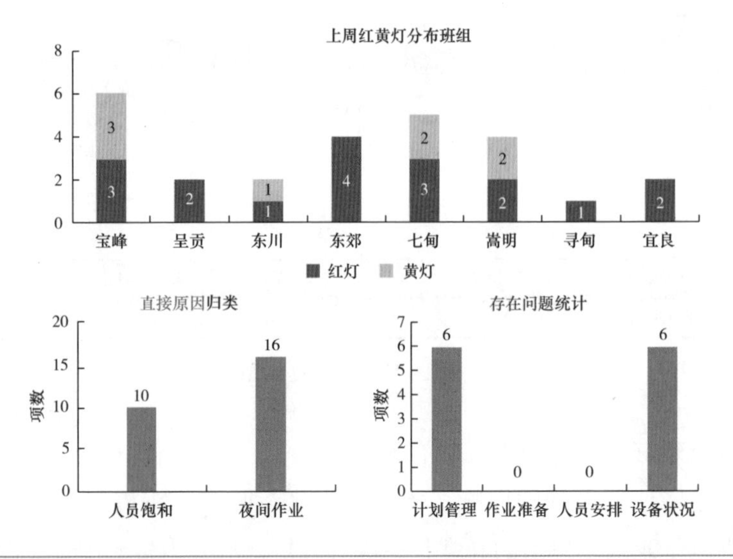

上周生产作业状态共产生红灯18项、黄灯8项，红灯项较上一周增加10项。典型问题如下：

➢存在问题：500kV宝峰变电站产生6天黄灯及以上作业状态。宝峰变电站在配合500kV 2号主变压器停电期间，因设备异常应急、巡检等作业导致日均作业点达3处以上（35kV前卫临时变电站35kV前卫线线路缺陷处理，500kV宝峰玉溪Ⅱ回线主二保护通道一异常，110kV昆阳变电站异常信号检查，110kV二街变电站现场调档等；16、17两日有调度临时通知110kV兴隆变电站线路重合闸操作）。

➢可改进部分：保证近期宝峰所辖站电动化压板改造验收质量，具备条件后尽快替代人员现场操作，减轻现场人力资源压力。

▲ 图 3–19 事故回顾分析

人员的学习和参照资料，有助逐步扫除作业违章行为认知的盲区。

3.4.4.2　解决的实际问题和取得的显著效果

（1）通过“三段式”作业管控法，将作业管控行为系统化，全面化，关注到作业前中后各环节的要素，形成一套闭环改进的作业管控体系。

（2）借助科技手段显著提高作业管控效率，不在作业记录等冗余流程中耗费时间，人员精力可更多投入至现场作业管控中。

（3）通过数字化作业违章行为管理，违章数据横向透明化、纵向深入化。各级人员更易获取专业范围内在其他单位发生的违章数据，“举一反三”的学习效果明显增强。

3.4.4.3　“三段式”作业管控推广要点

（1）推广具备的适用条件。作业涉及安全风险复杂，作业过程风险管控难度大，作业管控资源紧张；作业现场人员安全意识淡薄、规矩意识不强、作业违章多发。

（2）推广具备的关键要素。结合本单位实际，制定计划管理、作业现场管理的相关制度体系；管理人员、班组长、现场作业人员各层级需对管理要求熟悉并严格执行；建立健全责任制，督促各级人员按照要求履职到位。

（3）推广具备的资源。购置监控设备，建立数据平台，形成数据分析、改进模型。

3.4.5　政府部门安全监管的良好实践

3.4.5.1　华东能监局加强电力安全监管良好实践

华东能监局认真贯彻落实国家能源局关于电力安全监管工作的部署要求，秉承“安全是技术，安全是管理，安全是文化，安全是责任”的发展理念，强化责任担当、依法履职尽责、加强机制创新，有力推动电力安全监管工作取得新成绩、再上新台阶。

1. 创新建立“四项机制”，有效维护华东区域跨区跨省电网运行安全

一是狠抓区域电网运行安全关键环节监管。通过联合交叉检查的方式，集中排查治理电网重要通道和关键设备的安全隐患。二是创新建立区域电力安全隐患信息共享平台，通过信息共享实现隐患共治。以涉网安全为核心，协同推进完成各类分布式电源涉网频率问题等公共隐患和共性隐患的专项整

治。三是成功组织开展区域电网大面积停电联合应急演练，有力提升各省市协同应对区域电网大面积停电事件的处置能力，并在近年来的抗洪抢险、台风侵袭以及冬季寒潮等极端气候应对工作中得到充分检验。四是在建党百年、上海进博会等重大活动保电中，加强电力安全和空气质量保障工作的区域统筹，积极构建梯级保电工作格局，强化跨省协调联动，圆满完成各项重大活动保电任务。

2. 着力推进“三个强化”，有效促进安全责任落实

一是强化落实“三管三必须”原则。在区域内坚定不移履行派出机构“管行业必须管安全”的行业监管责任，积极推动地方政府部门加入全国电力安委会、履行“管业务必须管安全”的属地管理责任，督促电力企业全面落实“管生产经营必须管安全”的主体责任，形成各负其责、齐抓共管的工作机制。二是强化发挥各级安委会作用。积极参加省（市）安委会，加强与地方应急和相关部门的协调联动，及时汇报电力行业安全监管成果动态和需要支持协调事项，积极争取得到地方政府的重视和支持。不断建立健全区域、省（市）电力安委会工作机制，充分发挥牵头作用，及时宣贯国家能源局重大工作部署，切实加强辖区电力安全生产工作的部署推动和重大问题的协调研究。三是强化电力行业安全监管行政执法。实施安全生产领域“互联网 + 信用监管”，要求企业认真排查并如实上报电力安全风险、隐患信息，对风险管控和隐患治理情况进行“四不两直”督查。对不如实报送信息的，一旦发生事故事件从严从重处罚并实施信用联合惩戒。2021 年开展各类安全督查 90 家次，印发整改通知书 33 份，约谈电力企业 13 家次，通报 5 家次，责令整改问题隐患 176 项。对安全违法违规行为严肃处罚，2021 年实施行政处罚 10 家次，切实起到“教育千遍，不如处罚一次”的执法震慑作用。

3. 充分发挥“三个作用”，全力打好电力保供攻坚战

一是充分发挥区域总体协调作用，组织召开区域电力安委会全体会议，从区域层面加强对能源电力保供工作的总体协调和统筹部署，确保区域电网坚强可靠、省市电网互济互保作用有效发挥。二是充分发挥电网企业保供关键作用，针对电网企业一手牵着发电、一手牵着用户的特殊不可替代地位和作用，强化对其落实保供监测预警和系统调度主体责任的监管，督促其及时

向各级政府和监管机构报送供需监测、机组运行、一次能源存储、地方有序用电实施等信息，为各级政府更加精准采取措施、监管机构更加精准实施监管提供决策依据，并依法依规实施精准调度。三是充分发挥派出机构一线监管作用，全面落实国家能源局保供“十条”要求，印发了3份文件、出台了20项措施、召开了4场协调会部署推动保供工作。将机组非停考核力度提升至3倍，对典型非停事件进行现场核查并通报，实现非停、虚出力机组动态清零；对有序用电情况开展核查，确保涉民、涉公、涉绿色产业链和能源供应链的用电不受影响。在各方面的共同努力下，特别是地方政府和各电力企业按照讲政治、顾大局、保民生的部署要求全面落实保供措施的基础上，华东区域电力供需形势迅速趋稳向好。

3.4.5.2　山东能监办双重预防机制建设典型经验

山东能监办按照国家能源局部署要求，把安全风险管控作为安全监管工作的重要抓手，探索建立起一套较为完整的闭环监管工作机制，有效推动电力企业持续推进双重预防机制建设。

（1）双重预防体系。坚持统筹规划、分步实施、全面铺开、重点突破的思路，通过开展现场观摩、召开现场会议、加强动态监管、搭建交流平台等一系列举措，推动电力企业双重预防体系建设全覆盖和高质量运行。

（2）风险信息报送和提示督办机制。结合辖区实际，细化明确风险隐患信息报送的具体标准和要求。在汇总、梳理企业上报风险信息的基础上，定期向辖区安委会成员单位发出风险提示，明确风险管控的措施要求。

（3）高风险作业“四不两直”督查机制。督促电力企业主要领导到岗到位、重心下沉，切实落实安全生产和风险管控主体责任，强化对基层单位重大作业风险管控工作的督导检查，督促电力企业提高对风险管控和作业现场安全管理的重视程度。

（4）督查情况通报反馈机制。现场督查结束后，及时编制电力安全风险管控工作简报，通报反馈督查情况和发现问题。

（5）基于“互联网+”的电力安全风险管控常态化监管工作机制。以防范化解电力建设、检修作业等领域的人身事故风险为重点，积极探索基于“互联网+”的常态化风险管控制度机制，持续推动辖区电力企业加强双重预防机制建设，切实将安全管理关口前移。

3.4.5.3　南方区域电网安全风险联防联控机制高效运转的良好实践

国家能源局南方监管局和云南、贵州能源监管办以全面贯彻落实安全发展理念总体要求为指引，坚持总体国家安全观，落实国家能源局对电网安全风险管控工作的各项要求，衔接南方区域大面积停电“防”与“救”的责任链条，强化“三个协同”工作机制（区域协同、政企协同、源网荷协同），建立健全南方区域电网安全风险联防联控机制（下称联防联控机制），推动涉网电力安全风险分级管控和隐患排查治理双重预防机制落地落细，进一步筑牢大电网安全风险防线，共同防范南方区域大面积停电风险。

（1）依托联防联控机制形成工作合力，推动齐抓共管安全监管体系走深走实。联防联控机制建立以来，地方政府主管部门与国家能源局派出机构共同推进电网安全风险管控工作，取得了良好的工作效果。截至 2021 年年底，广东、广西、云南省（区）政府均已明确地方政府主管部门的电力安全监督管理职责，海南、贵州省政府也正在抓紧研究制定地方政府主管部门的电力安全监管职责，进一步明确属地监管和行业监管职责，将为构建上下联动、相互支撑、无缝对接的齐抓共管安全监管体系奠定有利基础。

（2）依托联防联控机制建立工作专班，推动四个专班平台做实做细，各专班专门编制工作指引，依法依规明确专班成员单位的工作职责，明确专班在解决安全风险防控难题痛点、强化联动机制等方面的任务目标。西电东送通道运行安全保障专班通过召开山火风险防控专题会，与林业部门建立树障隐患治理协同机制，在广西率先创建政企联动电力线路通道山火风险防控示范点；核电厂防范海生物入侵专班与广东自然资源、生态环境、农业农村厅，自然资源部南海局建立海生物入侵联合预防机制，协同应急预警，启动核电周边海域海洋监测工程；海南联网工程海底电缆安全保障专班与海警、海事以及广东、海南地方政府部门建立重大活动、重要时期保供电、海缆保护区船舶联合监管、外力破坏险情联合应急处置机制；保障昆柳龙三端直流安全运行专班有效辨识交直流系统谐波及谐振等七方面风险，顺利完成昆柳龙三端直流工程调试试验、双极闭锁稳控系统传动试验及切负荷实战演练。

（3）依托联防联控机制管控重大风险，推动南方区域电网安全风险管控落实落地。基于联防联控机制定期召开南方区域年度运行方式汇报会等工作会议，研究会商二级以上电网安全风险应对策略，针对性制定风险管控任务

清单，逐项分解为人防、物防、技防措施，明确责任单位、督导单位和监督管理单位。把保障重大活动、重要时期电力安全保障贯穿在电网安全风险的全过程，及时协调解决跨部门、跨行业重大电网风险，同频共振完成各项重大管控任务，确保了南方区域大电网安全稳定运行。

3.4.5.4 江苏、广东省海上风电安全管理良好实践

海上风电是一类较为特殊的发电项目，它既要满足电力施工、生产运行的普遍规定和要求，更要满足海上交通安全管理的有关要求。因此需要各级能源管理部门与各级海事管理部门加强协作，形成齐抓共管格局，以有效加强对海上风电的安全监管，防范生产安全事故的发生。

经过实践探索，目前江苏、广东省初步构建起了较为有效的海上风电安全管理模式。

江苏省印发《省政府办公厅关于加强沿海海上活动安全管理的意见》（苏政办发〔2021〕70号），明确由省发展改革委（省能源局）会同相关单位，加强行业安全管理，把生产安全相关内容作为项目核准重要条件，将海上风电审批与建设施工生产、应急保障等工作同研究、同部署、同检查、同落实；由江苏海事局、连云港海事局会同相关单位，强化施工运维安全监管，杜绝不合格船舶参与海上作业，加强风电水域通航秩序检查，持续加强海上风电从业人员培训和持证管理。

广东省深刻汲取惠州海上风电作业平台倾斜事故教训，及时印发《广东省安委会办公室　广东省应急管理厅关于进一步加强海上风电项目施工安全防范的通知》（粤安办〔2021〕149号），明确省能源局依法履行海上风电行业安全监管职责，常态化检查海上风电项目安全生产制度落实情况、项目施工相关手续办理情况、施工方案编制论证情况、设备人员和施工现场管理情况、应急处置及救援机制情况等；广东海事局要从严审批水上水下活动许可证，严格履行海上风电施工作业安全监管职责，督促海上风电建设、施工单位完善安全生产条件，严格安全生产管理，保障作业安全及其周边水域交通安全。

4
安全是文化

安全是文化，文化引领安全。安全文化的繁荣发展，是实现行业长治久安、高质量发展的精神力量。具有生命力、凝聚力、感召力的核心价值文化理念是行业软实力建设的重点。本章对“安全是文化”进行系统论述，强调了从战略定位上，安全文化在历史发展及应对新形势变化中所起的引领作用；在理念更新上，建设“和谐 · 守规”行业核心价值理念是从制度推动的“强制安全”到文化引领的“自觉安全”跃升的关键因素；在路径探索上，文化建设有效促进“四个安全”治理理念的贯彻实施，有力提升电力安全治理能力。最后介绍了“安全是文化”理念的实践案例，为读者提供经验和借鉴。

4.1 概论

4.1.1 基本概念

文化是凝结在物质之中又游离于物质之外的，能够被传承和传播的国家或民族的思维方式、价值观念、生活方式、行为规范等。《辞海》对文化的定义：从广义来说，指人类社会历史实践过程中所创造的物质财富和精神财富的总和。从狭义来说，指社会的意识形态，以及与之相适应的制度和组织机构。

文化是推动人类社会进步不可轻视的一股重要力量。为了生存、繁衍和发展，几千年来，人类祖先用鲜血和生命，换来了对付灾害与猛兽的经验，找到了维持人类生命运动生存的方式，并不断创造保障活动的安全环境。社会发展的每一个历史阶段都有与其相适应的文化。尤其是近四百年来，世界工业文化的发展证明了文化元素在社会进程中所发挥的基础性、长期性、决定性的影响；同时，文化也在促进社会发展的过程中衍生、积淀出更加强大的力量，在当前以及未来都将发挥更加重要的作用。几千年的人类发展史也正对应了安全文化的发展史，人类对安全的认识也从无知、被动向科学、系统转变，而安全文化也在一代代的创造、继承、优化建设中不断完善、不断发展、走向繁荣。

安全文化是安全理念、安全意识以及在其指导下的各项行为的总和，其作用是通过对从业人员理念、道德、态度、思想、行为等因素演化，从心理学、行为学、社会学等领域入手，完善、提高安全意识、提升安全素养、规范安全行为，使从业人员由被动安全转向主动安全，从而有效防范和减少安全事故。安全文化包括多种属性，核心层是人的属性假设，中间层包括信念、态度和价值观，表层是可见的人为现象，例如管理者和产业工人的言行、组织等。

新时代电力安全治理体系对全行业安全文化高质量建设提出新的要求，

如何持续提升安全文化软实力成为行业发展的共同课题。安全文化当前在高技术含量、高风险企业应用广泛，在能源电力等行业中所发挥的作用尤为重要。安全文化的核心是以人为本，在从业人员中培育高度认可的安全价值观和安全行为规范，并通过企业、班组等细胞单元营造出自我约束、自主管理、和谐共生、循章守规的文化氛围，最终实现安全生产长效目标。

在长期的安全生产实践中，在多样本的安全事故数据梳理过程中，不难发现，通过安全技术核心能力的不断提升、安全管理能力的不断完善、安全责任保障的协同提升，以及安全文化内核动力的不断挖掘，才能够有效实现本质安全。“安全是文化”理念的提出和贯彻实践，以及“和谐·守规”安全文化核心价值在全行业的传播推广，真正让从业者入脑入心，有望逐步消除因人的不安全行为导致的各类安全隐患。

“文化是一个国家、一个民族的灵魂。文化兴国运兴，文化强民族强。没有高度的文化自信，没有文化的繁荣兴盛，就没有中华民族的伟大复兴。”在电力工业安全治理体系建设框架内，文化建设必将成为推动行业发展的重要力量，成为保护生产力、发展生产力的重要保障。文化建设的跃升是社会文明、国家综合实力提升的重要标志，营造良好的安全文化氛围将为满足人民日益增长的文化需求提供保障。

4.1.2 “安全是文化”的核心内涵

文化是国家的根脉，也是行业发展的根基，只有认识到文化在行业发展中的价值，重视文化建设，才能推动行业发展；只有形成与行业发展水平相适应的文化优势，才能在发展中掌握主动权，有效应对来自各方面的挑战。为此，必须从电力行业安全可靠高质量发展的战略上思考和谋划安全文化的核心内涵。

我国电力工业经过140年的发展，不断在实践中探索、在探索中提升，在经历了工业革命、信息时代的历史潮变后，文化成为安全治理体系中与技术、管理、责任四位一体、不可或缺的重要环节。文化通过人的行为意识、习惯做法，契合安全生产技术要求、管理规范、责任规则，形成了以意识形态为主导、符合产业工人发展要求的规矩意识，成为推动行业发展的重要力量。

随着新时代中国特色社会主义发展不断开创新局面，电力行业稳定健康

发展的基本态势持续巩固增强，支撑电力高质量发展的要素条件显著增多。但与此同时，一些老问题、新情况也在不断交织积聚、叠加演化，风险挑战进一步加剧。对行业而言，保障电力安全是行业高质量发展的第一要务，构筑具有核心价值的行业安全文化是顺应时代发展要求的深刻内涵；对企业而言，随着电力企业安全生产管理水平不断提升，安全文化建设将成为突破瓶颈的“利器”，是真正实现由“要我安全”向“我要安全”转变的关键所在。

安全文化作为一项系统工程，从意识形态切入引领行业发展。首要的是确定行业共识的核心价值理论体系。体系包含核心价值、载体体系、传播机制三大部分，涉及价值取向、落地方式、传播效果。核心价值是安全文化的灵魂，核心价值的提炼是电力行业安全文化建设的重点和难点。通过大量的事故调查和走访调研，电力生产过程中的人与设备、人与环境、人与制度、人与人多个系统环节紧密相连，只有尊重规律，科学研判，不断消除人、环境、物中的不和谐因素，实现管理、行为、物态的和谐共生，才能最终实现安全生产，因此，“和谐”成为包括状态和结果、主体和环境、静态和发展的安全文化目标。同时，文化的行为主体产业工人，必须严格遵循一百多年来行业高度认可的行为准则，包括安全法令、安全规程、安全程序、安全细节，坚守百年守规的安全意识、安全习惯、安全技能，才能将听天由命的自发安全、应付被迫的强制安全升级到自觉安全的较高程度。由此，“和谐·守规”作为电力安全文化核心价值理念，作为行业发展的内驱动力，和技术、管理、责任四位一体，成为构建“四个安全”治理理念的重要内容。

研究安全是文化的意义，归根结底是源远流长的文化观念深刻影响着我们的价值取向、行为方式，也深刻影响着电力工业的发展过程、实现目标。“和谐·守规”核心价值将电力工业“以人为本”的时代精神内涵和传统文化的精髓融合，将电力安全文化核心价值与行业现阶段发展现状统筹结合，充分展示了当前电力安全治理环境下行业人的精神面貌，有利于增强行业高质量发展中的文化含量，延伸出具有电力行业属性特质的使命与愿景、精神与内涵，形成持续发展、具有核心竞争力的文化品牌。

4.1.3 “安全是文化”理念的实践要点

“安全是文化”理念是由满足大众不断变化的精神与物质需求而存在的，

是心理因素、行为因素和状况因素相互作用的产物。“安全是文化”理念的落地要建设价值观体系、建设可行有效的组织载体、建设科学合理的评估指标、建设文化传播工程，建设信息化和集群化的文化产业、建设素养提升工程，以期多方发力共同增强软实力。

1. 价值观体系工程建设

“安全是文化”核心价值理念体系是一个系统工程。全行业必须坚持以习近平新时代中国特色社会主义思想为指引，结合行业发展客观规律，从上到下构建符合新时代发展要求的电力安全文化核心价值理念体系，形成电力工业安全发展的文化凝聚力和向心力。围绕“和谐·守规”核心价值，一方面，不断更新与社会发展同步的思想观点，融入行业发展的点滴，不能出现行业文化与社会文化脱节的现象；另一方面，进一步吸收其他行业的文明成果，例如交通安全文化的宣传手段、矿山安全文化的深厚理念、石油安全文化的铁人精神、汽车安全文化的大众模式等，使电力安全文化延伸到行业发展的每个角落，使行业主体坚定文化信念，凝聚安全力量。

2. 组织载体建设

根据发展战略、工作实际和现实需求，推动完善行业、企业、社会等层面的电力安全文化组织机构建设，具体贯彻实施安全文化建设、评估、教育培训等工作。确保安全文化建设在规划期内有人策划、有人管理、有人执行、有人反馈。全国性电力安全文化组织构建有利于加强行业安全文化顶层设计，推广系统的电力安全文化价值理念，进一步消除不同层级员工对安全文化理念的认知差异，较大范围地统一对核心价值理念的认知程度。同时，全国层面的组织载体有效运转，有利于指导各企业有效消除标准不统一、内容不规范、维度不一致的情况，并在可行框架内保持与安全标准化、安全管理体系等相关工作的互通互联、协同发展，减少重复性工作或顾此失彼的情况。

企业安全文化组织载体建设尽可能搭建与其他职能部门横向贯通的“安全文化生态链”，或采用安委会组织模式，支撑部门间协调沟通，确保双向信息共享，激发安全文化建设力量。

3. 评估体系建设

科学、完善的评估体系是电力安全文化建设的重要组成部分。当前核电领域安全文化评估体系发展相对完善，电网、火电、水电、新能源等领域正

积极构建符合行业发展要求的安全文化评估体系和行之有效的实施方案。各领域在构建电力安全文化评价指标体系时，应先从安全文化核心价值理念、行为观念、能力建设等方面入手设计，确保真实反映情况，为全行业电力安全文化建设提升提供科学依据。

中国安全生产协会《全国安全文化建设示范企业评价标准》(修订版)提出要从组织保障、安全理念、安全制度、安全环境、安全行为、安全教育、安全诚信、激励制度、全员参与、职业健康、持续改进十一项模块开展安全文化评估，主要完成强化组织管理、优化环境物质条件、完善理念传播、规范教育培训行为、健全制度体系、激励全员参与六项重点工作。确定科学合理的指标体系，构建完整的安全文化评价指标体系，有利于正确评价电力企业安全文化建设情况，提升准确度和可信度。

4. 传播工程建设

随着信息技术的进步，全媒体传播体系的发展，不同层面的电力安全文化得以快速深入基层。搭建传播平台，完善交流机制，促进安全文化融合与创新，积极拓展国际交流通道，让先进安全文化“走进来”，也推动优秀安全文化“走出去”成为电力安全文化传播亮点。尤其是“一带一路”工程，加快了电力安全文化全球传播。在“安全是文化”理念的落地实践中，要建立更加完善的上下沟通联动机制，形成政府、部委、行业、企业、社会多方共同参与的安全文化传播体系，推动安全文化传播的社会化进程。在全行业实现资源共享、任务共担，提高安全文化建设影响力，完善国际、国内安全文化交流机制，搭建国际、国内安全文化交流平台，促进国际电力企业之间，电力行业不同领域、不同企业之间安全文化交流，实现电力安全文化的碰撞、融合。

5. 文化产业建设

着力增强行业硬实力的同时，进一步提升文化软实力。一方面，增加行业高质量发展中的文化含量，努力打造具有核心竞争力的文化产品和文化品牌。另一方面，大力发展电力安全文化产业，推动建设一批专业化程度高、科技创新力强的电力安全文化产业基地。

安全文化产业发展要把持“四化”。一是产业形式的“高度化”。科学技术与安全文化内容高度结合，如“互联网 +”、大数据和云计算等新技术和某些专门的安全技术（如消防技术、安全评价技术、事故调查鉴定技术等）催生的安全科技服务业，以及电脑特技、数码技术等在安全培训教育中的应用。二是安全文化产业的“集群化”。文化产业的发展一般会通过各文化产业组织间的互动和带动作用，进而在某一地方形成文化产业群、文化产业带的发展模式。安全文化产业的发展也是如此，近年来安全文化产业群也在快速发展。三是安全文化产业内容的“一体化”。安全文化产业发展与经济发展之间是相互促进的“一体化”统一关系。在安全文化与经济的互动过程中，促进了安全文化的传播，使安全文化的传播和发展步入良性循环机制。四是安全文化产业发展趋势的“全球化”。文化产业已成为全球认可的产业模式，文化产业创意、策划与传播趋于全球化，文化产品流通具有全球化倾向，安全文化产业作为一种典型的文化产业类型，加之安全是全球所有人和国家的共同追求和普遍关注的话题，这就为安全文化产业发展趋于“全球化”注入了源源动力和增加了无限可能性。

6. 素养提升工程建设

安全文化是执行力文化，一线职工是安全生产工作的主力军，是安全文化建设和发挥作用的主体。一线职工的安全意识、安全习惯、安全能力代表电力企业安全文化的水平。电力职工需要具备高度的责任意识，遵章守纪、严格执行，不遗漏任何风险、不放过任何隐患、不放纵任何细节、不放低任何标准，确保企业安全生产工作平稳进行。要求每一名电力职工具备高度的责任意识、质疑的工作态度、严格的工作方法、沟通的工作习惯，以及团队协作精神。行业层面，组织行业专家、学者，制订一套符合行业发展要求的安全文化专业人才培养机制，建立便于全行业交流、参考的文化平台；企业层面，每家电力企业每年组织电力安全文化培训，经过培训并考试合格的从业人员方能上岗，评选一批安全文化学习标兵、先进班组。

在“安全是文化”理念落地实践中，呼吁全社会建立和完善安全文化专业人才培养机制，合理挖掘、培养专业的安全文化教育人才，传播电力安全文化，企业进行考核、量化，培育一批兼具专业素养和安全素养的复合型人才。电力企业加强内部不同岗位职工之间的安全文化交流，使安全文化渗透到每个班组和个人。电力企业与其他企业之间，相互学习、交流、研究电力安全文化建设优秀经验成果。电力企业积极开展与交通、化工、建筑、航空

等行业的安全文化建设示范企业的交流。

4.2 电力安全文化的现状

4.2.1 电力工业发展的必然要求

安全生产、文化引领。回顾历程，自新中国成立以来，电力安全文化经历了历史积淀、起步发展、积极培育、初步形成四个阶段的发展演变，在事故中总结，在教训中反思，安全文化已从单一的安全生产领域的组织和个人扩展到全民“让安全理念成为全社会共识”的美好愿景，并逐步形成了“安全是技术、安全是管理、安全是文化、安全是责任”的基本理念。

政策、管理、资金、技术、人才是电力安全生产之根，文化是电力安全生产之魂。经过多年的发展，我国电力工业发展成果显著，但是电力安全文化建设短板日益显现。当前，我国电力工业规模、电力职工数量均为世界第一，发电装机容量、发电量、输电线路总里程同样居全球之首，但是我国尚未形成与之相匹配的行业安全文化，电力企业、职工安全文化发展不充分、不平衡的现象仍然存在。

从行业层面看，安全文化建设基本规范、标准缺失，不同领域、区域、企业之间的安全文化发展不平衡，安全文化载体相对单一，安全文化传播体系亟待完善；从企业层面看，思想上重视程度不够，一些基层班组安全意识淡薄，安全文化缺乏延续性，人力、物力、财力投入不足，宣传教育相对滞后，考核评价体系有待健全；从员工层面看，内外环境因素导致电力员工安全文化素养参差不齐，安全文化活动参与动力不足。因此，加强安全文化建设已经成为我国电力工业从制度推动“强制安全”到文化引领“自觉安全”跃升的关键要素，成为电力工业发展的必然要求。

“十四五”期间，安全是我国电力工业的“基本盘和基本面”，安全文化是保障该“基本盘和基本面”不可或缺的驱动力，安全文化建设将为安全监管创造新抓手、为安全管理创造新支点、为素养提升创造新动力。

4.2.2 电力工业升级转型的支撑

我国现代电力工业已经站在全球前列，如何建立与行业发展潮流、广大电力职工需求相匹配的安全文化，是全行业着重思考的问题。在新时代电力安全治理体系中，行业安全文化应具备以下属性：

（1）凸显电力行业安全生产工作属性。新时代电力安全文化与电力行业监管特色、管理特色相结合，体现服务监管、服务管理、服务广大电力员工安全素养的特点。

（2）符合国际安全管理通行惯例。新时代电力安全文化借鉴国际安全文化管理经验，在满足电力行业发展需求基础上创新发展，同时打造符合发展趋势、国际一流的安全文化标准体系。

（3）适应电力工业数字化转型趋势。新时代电力安全文化建设应该充分吸收5G、大数据、云计算、人工智能技术优势，打造智能化、网络化电力安全文化大数据平台，满足电力工业数字化转型发展需求。

（4）积极适应行业升级转型的发展要求。大多数电力企业形成了符合自身业务特色和发展模式的安全文化核心价值体系，确定了自己的安全指导思想、方针、意识，并把安全核心价值体系融入企业的安全生产工作中，形成各具特色的电力企业精神文化、管理文化、行为文化及物态文化。

例如，中国核工业集团有限公司的“卓越文化”，中国华能集团有限公司的“安全就是信誉、安全就是效益、安全就是生产力”，国家电力投资集团有限公司的“三个任何”等安全文化理念对企业升级转型起到了引领作用。

4.2.3 安全治理体系中的文化抓手

电力安全文化以习近平新时代中国特色社会主义思想为指导，认真落实党中央关于安全生产工作的部署要求，为搭建现代电力安全治理体系理论框架提供文化支撑。

安全文化服务行业监管。电力行业目前已初步建立安全文化核心价值理念体系、载体体系、传播体系，正在进一步完善新时代电力安全文化理论框架，电力行业“和谐·守规”核心价值逐步成为行业共识，这为行业文化监管提供抓手，为行业安全文化建设提供理论支撑。

安全文化建设优化企业安全管理。当前，电力企业基本建立起较为完备的软件、硬件体系，部分企业引入了国际上先进的安全文化管理工具，并借助互联网、大数据等技术，实现了管理方法、传播手段的个性化，企业安全文化载体建设呈现多样化特征。国家电网有限公司、中国南方电网有限责任公司、中国长江三峡集团有限公司等企业开发出具有自身特色的安全文化建设方法、评估工具，对提升我国电力安全文化整体水平起到了积极的促进作用。例如，国家电网有限公司的“十大安全承诺”、中国核工业集团有限公司的“核安全文化十大原则”，对企业决策层、管理层、一线员工均提出了明确的行为准则，结合科学、规范的评估体系，形成企业安全治理体系中的重要抓手。

4.2.4 安全治理体系中的文化要素

4.2.4.1 电力安全文化的政策搭建

随着技术的进步、管理的完善、责任的夯实，想要真正实现安全自觉，一个自信、丰富、统一的文化灵魂是关键核心。2016 年 12 月，中共中央、国务院正式印发《关于推进安全生产领域改革发展的意见》，提出推进安全文化建设、加强警示教育、强化全民安全意识和法治意识等要求。“让安全文化核心价值成为全社会共识”的愿景使全国各地各行业掀起安全文化建设的浪潮。

结合安全生产发展改革实际，电力行业积极推进安全文化建设。国家能源局连续出台电力安全生产相关意见，多次强调安全文化建设的重要性。2017 年，国家能源局印发《关于推进电力安全生产领域改革发展的实施意见》，要求营造安全和谐的氛围与环境，培养良好的安全行为习惯，提升各类人员综合安全素养；2018 年，国家能源局先后出台《电力安全生产行动计划（2018—2020 年）》和《电力行业应急能力建设行动计划（2018—2020 年）》，强化安全文化导向和约束功能；2019 年，创造性地在全行业开展“电力安全文化建设年”活动，并先后安排部署了“九个一”工程：研究发布全行业首份《电力安全文化建设研究报告》，确立“和谐 · 守规”电力安全文化核心价值，提出电力行业安全文化建设六大工程、十大任务，成功举办电力行业首届安全文化论坛，深入开展电力安全文化实践经验交流，对推进电力安全生产领域改革发展、加快电力安全文化建设起到巨大的推动作用。在行业安全文化政策框架的引导下，电力行业安全教育、培训体系基本建成，电力行业安全文化活动形式多样效果明显，各电力企业也根据自身发展战略和领域特点，形成了较为完备的安全管理文化、安全行为文化、安全物态文化，大多数电力企业提出了内涵丰富、特色鲜明的企业安全文化。2020年，国家能源局印发《电力安全文化建设指导意见》，明确了电力安全文化建设的方向：以习近平新时代中国特色社会主义思想为指导，以总体国家安全观和能源安全新战略为指引，全面贯彻落实党中央、国务院关于安全生产工作的决策部署，牢固树立安全发展理念，以强化安全意识、规范安全行为、提升防范能力、养成安全习惯为目标，创新载体、注重实效，推动构建自我约束、持续改进的安全文化建设长效机制，全面提升电力行业安全文化建设水平，充分发挥安全文化的引领作用，全力打造“和谐·守规”的电力安全文化。

一系列政策的指引，电力行业逐步形成“安全是技术、安全是管理、安全是文化、安全是责任”的理念，用四个安全的理念梳理发展中遇到的问题和不足，搭建必备要素进一步完善电力安全文化本体建设，弘扬新时代电力安全文化核心价值，讲好新时代电力安全发展的“中国能源故事”。

1. 安全文化理论建设

电力安全文化理论研究。建设以习近平新时代中国特色社会主义思想为指导的理论体系，开展跨学科安全文化理论研究，建立安全文化核心价值体系，为行业、企业安全文化建设、职工安全素养提升，提供理论支撑。推进行业、企业建设不同层级电力安全文化理论研究机构，重点扶持一批国家急需、特色鲜明、创新手段、引领行业发展的电力安全文化高端智库、研究机构，广泛集合社科院、党校、行政学院、高校、企业等不同领域专业机构力量，搭建电力安全文化理论研究平台。

2. 安全文化精神信仰

信仰是文化的根基，是产生行动力的内在动力，基于信仰的行动是持久的。加强安全文化信仰建设，构建安全统一认知，进而形成统一的行动力。多年来，我国的雷锋精神、铁人精神、航空报国精神影响了几代人。新时代，我们要坚定电力安全文化核心价值，弘扬电力安全文化精神，打造符合时代发展的电力安全文化精神楷模。

3. 安全文化能力建设

安全能力主要指政府、企业或者个人的安全风险识别能力、管控能力，以及应急处理能力。新时代，我们需要加强能源电力主管部门、企业、个人的安全能力建设，构建预防安全生产事故的安全防线，也要同步加强安全文化能力建设。以现有安全培训体系为基础，拓展电力安全文化培训范围，实现电力安全文化培训教育全员参与，建立职工安全文化考评制度，与职工上岗、企业评价相结合，形成职工安全文化档案。

4. 安全文化文艺作品（产品）

孵化各个领域、各个企业符合行业特色的、创意性的安全文化作品（产品），重点推出一系列具有社会影响力的文学、音乐、戏剧、影视等作品；建设电力安全文化博物馆、旅游基地、体验中心，提升电力安全文化的社会参与度；鼓励企业、职工围绕电力典型事故事件案例，开发一系列漫画、短视频、小游戏等文化产品，以警示大家，传播教育，提高认识。

5. 电力安全文化活动

探索跨行业、跨企业、跨班组文化交流渠道，引导全行业开展形式多样的安全知识普及活动，推进电力安全知识进机关、进企业、进学校、进社区、进乡村、进家庭。在 2019 年全国“电力安全文化建设年”总结大会上，电力企业报送的“聚焦 5 大工作，协同推进核安全文化建设”“依据核安全文化标准，多角度提升安全管理”“构建核安全文化建设推进模型”“勇于创新，持续拓展核安全文化评测方法”等 20 余篇安全文化创新成果入选国家能源局 2019 年全国电力安全文化建设优秀创新成果集，营造了浓厚的创新安全文化氛围。

4.2.4.2 安全文化的多维要求

安全文化是存在于组织和个人特性和态度的总和，它建立在超出一切的观念之上，以价值观、信念、仪式、符号、组织及个人行为方式存在。安全文化的覆盖面是全社会的，涵盖政府、行业和企业，以及个人，其中能源电力主管部门、核心企业的引导和示范作用，对于全社会电力安全文化的健康发展，有着不可替代的重要作用。

政府层面上看，文化是社会治理的根基，体现在行政管理的核心价值、法律法规的指导思想，以及组织行为方式等方面。电力行业政府主管部门行政管理本身就是电力安全文化的核心体现。安全生产的方针、政策、监管模式，无不体现新时代电力安全文化的核心价值及精神，对行业、企业有着深远的影响。

电力工业是我国国民经济的基础，电力安全与国家安全、社会安全相统一。新时代电力安全文化需要以习近平新时代中国特色社会主义思想为指导，以国家总体安全观和能源安全新战略为指引，围绕“依法依规、公平公正、服务大局、监管为民”原则，树立符合我国电力工业发展现状，适应政治、经济、文化、科技等时代发展潮流的安全监管理念。

从行业层面上看，电力安全文化要与行业特性相融合。这要求我们必须认识到电力工业的独特性。电力规划、建设、运行、检修等流程中，在资金、技术、人力允许的条件下，建设多样化的安全文化，为安全生产工作创造良好氛围。

电力行业安全文化以行业倡导的核心价值、精神，以及组织机构和制度体系的形式存在。经过多年的理论研究和实践，我国电力企业安全文化建设已初具规模，并形成独具特色的行业安全文化核心价值理念体系。全行业形成了“关爱生命，关注安全”的文化氛围，确定了“安全第一、预防为主、综合治理”的安全文化方针，明确了“以人为本，安全发展”的安全文化宗旨。然而，我国电力安全文化核心价值理念体系尚不完善，行业核心价值理念、行业安全使命与愿景、行业安全精神等方面还需进一步明确。由于行业层面的制度载体、组织载体、评估评价载体不完善，电力行业安全文化建设、传播更多依赖电力企业安全文化载体；而电力企业更多基于自身企业需求创建电力企业安全文化载体，难以兼顾行业。这就造成了我国电力行业安全文化建设步伐落后于电力企业的现实。

从企业层面上看，电力企业需要确定“任何风险都可以控制、任何违章都可以预防、任何事故都可以避免”的安全理念。安全文化要求企业具备风险意识，加强对人、物的识别和防控。这要求企业在生产工作中实现全过程风险控制，实施安全高于一切的计划、控制、执行工作的流程。同时，要求企业构建和谐的公众关系。企业通过信息公开、公众参与、公众宣传等沟通形式，确保公众的知情权、参与权和监督权，妥善对待和处理公众对企业的各种诉求。

安全文化是电力职工执行力的文化。电力职工需要具备高度的责任意识，遵章守纪、严格执行，不遗漏任何风险、不放过任何隐患、不放纵任何细节、不放低任何标准，确保企业安全生产工作平稳进行。要求每一名电力职工具备高度的责任意识、质疑的工作态度、严格的工作方法、沟通的工作习惯，以及团队协作精神。

4.2.4.3 安全文化的体系支撑

现代电力安全治理体系是政府、行业、企业安全能力的全面提升，对电力安全文化体系也提出系统的要求。

1. 安全文化制度体系支撑

为保障电力行业安全生产，由政府、企业、行业协会主动创制出的、有组织的电力安全文化规范体系。在行业层面，它体现为全行业安全建设导则、行动纲要、评价体系。在企业层面，它体现为企业安全建设规划、方案等。

2. 安全文化组织体系支撑

为确保安全文化建设在规划期内有人策划、有人管理、有人执行，政府、行业、企业需要设立专门的安全文化推进机构，并保持与安全标准化、安全管理体系等相关工作的互通互联、协同发展，减少重复性工作或顾此失彼的情况。行业、企业设置专门机构、人员是推进电力企业安全文化建设的重要保障。

3. 安全教育培训体系支撑

行业、企业需要创新安全生产教育培训方式，丰富安全生产教育培训形式，提升安全培训实际效果，建设一个线上 + 线下电力安全教育平台，通过系统性培训，做好分类、分级教育培训，特别是加强基础性、群众性安全教育。

4. 安全文化评价标准体系支撑

建立全行业安全文化发展指数，跟踪全行业安全文化发展方向，为安全监管提供参考。探索企业全生命周期的安全文化评估机制，对企业安全文化建设不同发展阶段进行鉴定评估。建立职工安全文化定期评估机制，对职工安全意识、安全素养、安全能力进行跟踪。

5. 安全文化信用体系支撑

在创新和加强社会管理、推动社会建设的背景下，把安全诚信列为市场准入条件之一。制定可操作性强的机制和标准，建立企业和个人安全信用档案。

6. 安全文化市场体系支撑

文化本身具有较强的社会性和根植性，容易在行业内产生普遍的融合与渗透，以文化产业带动全社会电力安全水平的提升，提高电力安全文化的影响力。电力行业安全文化产业化将对行业发展产生深远影响。

7. 安全文化传播体系支撑

搭建全行业常态化、制度化的交流、传播机制和平台，促进行业、企业之间安全文化交流、融合。拓展安全文化国际交流通道，引进国际先进安全文化经验，积极推进国内优秀安全文化走出去，服务我国能源国际战略。

4.2.5 安全文化建设面临的问题及挑战

近年来，党中央、国务院高度重视、大力加强和改进安全生产工作。习近平总书记作出一系列重要指示批示，深刻阐述了安全生产的重要意义、思想理念、方针政策和工作要求，强调必须坚守发展决不能以牺牲安全为代价这条不可逾越的红线，明确要求“党政同责、一岗双责、齐抓共管、失职追责”。全国电力行业坚决贯彻落实党中央、国务院决策部署，进一步健全安全生产法律法规和政策措施，严格落实安全生产责任，全面加强安全生产监督管理，不断强化安全生产隐患排查治理和重点领域专项整治，深入开展安全生产大检查，严肃查处各类生产安全事故，大力推进依法治安和科技强安，加快安全生产基础保障能力建设，推动了安全生产形势持续稳定好转，安全生产事故起数和伤亡人数持续下降。

电力安全生产形势稳步向好的同时，电力安全文化稳步发展。我国电力行业、企业、职工安全文化建设均取得了显著成果，其核心价值理念、载体体系、传播体系建设已具备一定基础。行业层面：安全核心价值理念基本确立，安全教育、培训体系全面建立，新闻宣传阵地全面覆盖，安全生产活动形式多样。企业层面：企业安全管理文化、安全行为文化、安全物态文化基本形成；安全培训教育日益制度化、常态化。职工层面：安全意识、安全习惯和安全能力持续提升；职工安全文化创新氛围浓厚。安全文化的持续发展，对安全生产工作起到重要的支撑作用。

党的十九大以来，党中央、国务院对安全生产工作提出新要求，作出新部署，全行业对安全生产工作重视程度持续提升，“人民至上、生命至上”安全理念在电力行业进一步增强，电力安全文化环境持续优化。随着电力市场化改革的逐步深入，电力市场主体日益多元化，电力行业从业人员日益多元化，流动性增大，新技术、新设备、新工艺进入电力系统，电力安全生产环境日益复杂，安全文化建设在迎接新机遇同时，也面临新挑战。

4.2.5.1 安全文化认知误区

综合来看，企业层面，电力安全文化建设缺乏理论体系支撑，集中在安全管理、安全培训层面。高校研究机构、行业协会对电力安全文化的研究针对性不强，企业文化、安全制度、管理、标准化等层面理论研究基础较为雄厚，但电力安全文化理论研究依然处于空白状态。理论研究的不足，给电力安全文化建设工作带来很大的制约。

误区一：安全文化 = 安全管理。安全文化理论建设的薄弱，导致企业安全文化的认知不足。近 80% 的企业把安全文化建设仅仅集中在安全规章制度、安全管理领域上，强调规章制度执行的严谨性、规范性。安全文化是企业的内核，不同的安全文化类型、同一安全文化类型的不同发展阶段，决定不同的安全制度及管理机制。电力企业没有建立系统的安全文化认知体系，无法正确看待安全文化与安全管理的互补关系，难以发挥安全文化对安全生产工作的“软抓手”作用。

误区二：安全文化 = 安全宣教。约 70% 的企业认为安全文化建设就是安全宣传、教育工作。把安全文化建设工作等同于安全工作宣传、安全生产知识普及，以及安全事故事件警示教育。安全文化认知的片面性，电力企业安全愿景、核心价值理念、方针成为口号，无法与企业制度、组织、物态、行为等方面融合，安全文化无法发挥作用。

误区三：安全文化“经济论”。部分企业强调“安全文化建设投入产出比”“安全文化无用”等观点，也有企业把“降低安全事故事件”作为安全文化建设成功与否的唯一标准。安全文化建设是以人为本，广大电力职工是安全文化建设的出发点和落脚点。安全文化建设的成果既有精神层面的，也有物质层面的，把降低安全生产事故事件作为评价安全文化的唯一标准，都是不科学且片面的。

4.2.5.2 安全文化建设共性问题

过去很长一段时间，普遍存在企业对安全文化重视程度认识不足的问题，管理者没有意识到安全文化对企业发展、安全生产的重要作用，没有将安全文化建设作为重要工作来抓，主要存在以下共性问题。

责任主体不明晰，监督保障机制欠缺。电力企业中普遍缺乏安全文化建设相关的监督、保障制度，安全文化责任主体责任不明晰，有的在安全生产部门，有的划归党建部门。各企业、各部门根据各自的工作特点，制订安全愿景、核心价值理念、方针，落地难现象普遍存在。这导致安全文化认知片面、推进乏力，安全文化与安全生产工作相互脱节，难以发挥其应有的作用。

文化冲突与融合难题。随着电力市场化改革步伐的加快，企业、个人参与电力市场过程中，安全文化的冲突与融合进程也在加快。企业内部新旧安全文化的冲突，主体安全文化和亚安全文化的冲突，群体安全文化和个体安全文化的冲突是普遍存在的。弘扬健康、稳定、可持续的安全文化，倡导积极的安全文化信仰、安全道德建设，抵制病态、漠视生命的安全文化仍是一个长期的建设过程。

安全文化建设标准欠缺。当前，尚未制定电力行业安全文化建设标准。《全国安全文化建设示范企业评价标准（修订版）》是当前电力企业安全文化建设的重要参考和依据之一，但是该标准对电力行业针对性不强，对电力企业安全文化建设指导性有限。电力行业各个领域安全生产工作特色差异较大，同一领域不同企业安全文化发展阶段也不同，电力安全文化需要分领域、分阶段制定不同标准体系，防止“一刀切”现象。

文化建设难以适应数字化转型。随着数字技术的进步，大数据、云计算、物联网已经深入到电力行业的各个领域，对安全生产工作的影响也在加深。当前，部分企业已经建立起完善的电力安全文化数据化平台，融合电力安全文化建设的预案、执行、评价全流程，对企业安全生产工作起到重要的支撑作用；部分企业把区块链技术、人工智能技术引入安全生产管理工作，并结合安全文化建设，在外包、外协队伍安全素养建设方面作出积极探索。但是，行业缺乏统一的数据平台，能够将安全文化各个指标数据信息纳入统一采集，作出态势分析。下一步全行业的数据信息化建设成为发展的必然要求。

安全文化面临评估难题。当前国内安全文化建设评价标准体系较多。主

要为《企业安全文化建设评价准则》(AQ/T 9005—2008)、《WANO 核安全文化八大原则》《企业安全文化定量测量量表(中国矿业大学)》三种模式。三种评价模式中，第一种范围较广，并获得化工、钢铁、能源各个领域板块的认可，但针对性不强；第二种主要在核电行业应用，具备成套的标准体系和操作流程，并在数字化评价方面作出重要探索；最后一种主要在矿山领域应用，专业度较高，在降低安全生产事故事件方面，积累了丰富的经验。

随着我国企业国际化程度日益提升，很多企业也把《ISO 45001 职业健康安全管理体系》作为安全文化评价的标准。该标准由职业健康安全管理体系项目委员会负责起草编写。该委员会由 69 个正式成员［包括中国国家标准化管理委员会(Standardization Administration of China，SAC)以及英、美、德、法等国家的相关机构］和 16 个观察成员组成。国际劳工组织(International Labour Organization，ILO)、职业安全与健康协会(Institution Occupational Safety and Health，IOSH)等组织的代表也参与了标准的讨论。该标准是国家认可度最高的标准，在航空、高铁、电信等领域有着较为广泛的应用。

多年来，电力企业安全生产管理工作日益完善，电网、火电、电力工程建设企业均推行过“电力企业现场安全文明生产标准化”活动，火电企业基本具备各集团编制的《火电厂现场安全文明生产标准化规范及评定标准》，这为全国电力安全文化评估体系建设奠定了基础。

4.2.6 “和谐 · 守规”电力安全文化

4.2.6.1 安全文化核心价值

电力安全文化核心价值是在一定时期、一定社会环境中形成的，整个行业、企业、员工共同认可的安全信念和奉行的行为准则。核心价值是电力行业安全文化建设的核心层，是行业安全文化的灵魂。

1. 电力安全文化核心价值理念

核心价值的提炼是电力行业安全文化建设的重点和难点，既能体现行业特点，又能支撑行业战略目标的实现。核心价值的文字内容应语言精练、易于理解、富有感染力，做到一看就能明白，一听就能记住，一想就能认同。

通过对我国电力文化历史、电力行业特征、电力安全文化现场等方面的深入研究，总结事故案例的深层次原因，国家能源局在电力安全文化建设年中探索性提出电力行业安全文化核心价值理念——“和谐·守规”。

“和谐”——是指通过技术升级、管理创新、文化融合、责任担当，使人与设备、人与环境、人与人之间呈现和谐氛围，使电力安全生产的各个环节呈现和谐状态，满足全行业对高质量发展的美好愿望。

“守规”——是指电力工业在近 140 年的发展过程中，形成的符合行业特质的行为规范。倡导长久、持续的守规行为，使之成为全行业高度认可的行为准则，成为新时代安全发展的文化基因。

“和谐·守规”电力安全文化核心价值是在近 140 年的电力工业发展历程中生长出来的文化底色，科学回答了电力行业对于安全文化的美好憧憬是什么、为什么、怎么做。这充分体现了电力行业对习近平新时代中国特色社会主义思想、国家总体安全观、“四个革命、一个合作”能源安全新战略、统筹发展和安全、“安全第一，预防为主，综合治理”总方针的贯彻落实情况，是对“安全是技术、安全是管理、安全是文化、安全是责任”基本理念认识的新高度，充分体现了电力行业对安全文化的全新把握和长远擘画。

“和谐·守规”核心价值为新时代电力安全文化建设指明了新方向，同时也给行业、企业和员工提出新的要求。

行业层面，电力行业以“和谐·守规”核心价值为引领，进一步坚持以“人民为中心”的核心价值，坚持“人民至上、生命至上”理念，以完善的管理文化、行为文化、物态文化，避免安全生产事故的发生。

企业层面，电力企业在“和谐·守规”核心价值指引下，结合自身特点，推出具有生命力的特色安全文化。

职工层面，电力职工遵循“和谐·守规”核心价值，形成人与人、人与设备、人与环境、人与制度之间的和谐，个体意识按照守规的原则进行思想约束，最终实现核心价值的自觉行为。

从“和谐·守规”的核心价值出发，延伸出具有电力行业属性特质的使命与愿景、精神与内涵。

2. 安全文化使命与愿景

使命与愿景是一定历史阶段电力行业依据核心价值制订的安全文化建设任务。它是引导行业安全文化发展方向，增强企业、员工自觉安全的文化意识和素养，提升安全生产软实力保障。在“和谐·守规”核心价值的统领下，

电力企业通过分析新时期电力行业面对的新形势和新挑战，纷纷提出各自的安全使命与愿景。

3. 安全文化精神与内涵

精神与内涵是电力行业基于自身特定的性质、任务、宗旨、时代要求和发展方向，在生产经营实践基础上，精心培育而形成的安全正向心理定势、价值取向和主导意识。

电力工业生产和发展过程中，电力安全文化精神是为安全生产活动提供深层次动力的共同价值观。对电力安全文化精神的要求是能合理推动电力工业安全生产、符合行业价值理想，且顺应行业发展趋势。

新时期，电力安全文化精神与内涵必须融合于电力工业主体中，政府、企业、行业协会、个人在安全生产过程起到至关重要的作用；必须融合在电力工业运行中，在安全生产过程中，形成普遍认同和共同遵守的价值取向和行为规范；必须融合在电力工业客体中，体现在制度、组织、管理、行为、设备等各个方面。

首先是电力安全文化与国家安全、社会安全相统一。新时代，电力行业要不断在实践中探索、在探索中提升，通过社会性活动，使安全意识成为引领、安全理念成为习惯、安全文化根植于心，真正实现由“要我安全”向“我要安全”的转变，为人民美好生活需要提供坚强电力保障。

其次是电力安全文化要与行业特性相融合。电力行业必须认识到行业的独特性和发展规律，电力规划、建设、运行、检修等流程中，不断强化“和谐·守规”核心价值导向，以全行业认同的、不断完善的安全文化促进安全生产管理工作，避免安全生产事故的发生。

最后是电力安全文化要成为职工执行力的文化。电力职工需要切实增强内心对核心价值的认同，提高遵纪守规意识，提升安全素养，努力做到不遗漏任何风险、不放过任何隐患、不放纵任何细节、不放低任何标准，人人都是一道屏障，确保企业安全生产工作平稳进行。

4.2.6.2 安全文化载体体系

安全文化载体体系是实现电力安全文化落地的关键环节，电力安全文化载体体系包括制度载体、组织载体、环境载体和物质载体。电力行业文化载体建设需做到固化于制，把虚做实，刚柔并济。

我国电力安全文化长期面临载体单一的困境。制度载体不完善，组织载体不健全，传播载体体系难以适应新时代新媒体潮流等一系列问题制约着电力安全文化的发展。搭建适应电力安全生产工作需要，符合广大电力员工需求的电力安全文化载体体系，是当前电力安全文化建设的重要任务。

制度载体。为了保障电力安全生产，由政府、企业、行业协会主动创造出来的有组织的规范体系。在行业层面，它体现为全行业安全建设导则、行动纲要、评价体系。在企业层面，它体现为企业安全建设规划、方案等。

组织载体。为服务电力安全生产工作，行业、企业内部形成的各种正式的和非正式的电力安全文化建设组织。

环境载体。指内在环境和外在环境。内在环境主要体现在企业的管理方式、行为方式、人际关系、生活福利条件等；外在环境则体现在安全标志标识，安全文化氛围等方面。

物质载体。指以各种物化和精神的形式承载，传播企业文化的媒介体和传播工具，包括教育设施、文化场地、体育与娱乐设施的文化设施载体；文娱、体育、竞赛、知识性和趣味性活动的文化活动载体；企业的产品、广告、厂报、厂徽、厂歌、厂训、广播、电视等文化媒介载体。它是电力企业安全文化得以形成与扩散的重要途径与手段。

电力安全文化载体建设是电力安全文化的外在表现，优秀的电力安全文化一定有好的载体，但是电力安全文化载体建设不等于电力安全文化建设。没有核心安全价值，无法与电力安全生产工作相结合，无法提升广大员工的安全文化意识、安全素养、安全能力的电力安全文化载体，是无效的载体。

新时代电力安全文化建设需要建立较为完备的载体体系，没有载体体系，电力安全文化就是空中楼阁、无本之木。

（1）完备的制度载体是前提。行业层面需要形成电力安全文化建设导则、电力安全文化评估办法、电力安全文化行为规范、电力安全文化信用评价制度、电力安全文化信用公开办法等制度框架。依据行业层面制定制度框架，企业层面制定细则方案，分步实施执行。

（2）系统的组织载体是基础。建设电力安全文化需要形成多层级的组织。行业需要建立安全文化推进组织，负责行业层面安全文化制度、规范、标准的起草、修订，以及评估等相关工作，组织跨行业、跨区域、跨企业的文化

交流等活动。企业成立专门部门及人员推进安全文化工作，组织企业全员安全文化建设、评估、培训教育、交流及传播等工作。

（3）立体的环境载体是支撑。建设电力安全文化需要环境载体塑造安全氛围，让安全文化理念外化于形，内化于心，逐步提升职工的安全意识、改善安全行为，提升安全能力。

（4）多元的物质载体是保障。行业、企业需要加强安全文化资金、物资长期稳定投入，确保安全文化建设。全社会提倡电力安全文化建设投资多元化，鼓励社会投资主体、文化机构投资，探索电力安全文化全社会共建机制。

4.2.7 “和谐 · 守规”安全文化载体关系

文化引领发展、文化凝聚意志、文化塑造品牌。对于企业而言，优秀的企业安全文化能够凝聚员工共识，指引方向，是确保企业攀登高质量发展的安全基石。一直以来，我国电力企业高度重视推进安全文化建设，秉承“安全是文化”的思路，以实现本质安全为目标，从精神、物质、制度、行为四个维度持续发力，不断完善安全文化体系建设，打造了具有企业自身特色和发展实际的安全文化，并努力实现安全文化与领导决策、安全管理、能力提升的有机融合，有效推动安全生产水平稳步提升。

1. 以精神文化为引领　安全文化内化于心

人是确保安全生产最关键的决定性因素，对于企业而言，员工是一个企业的立业之本、发展之基，是最重要的资源和最宝贵的财富，必须依靠和充分发挥全体员工的主观能动作用。

精神文化是安全文化层次理论结构要素之一，是人的精神食粮，决定了人的精神状态、精神生活、精神本质，发挥着价值导向的功能。近年来，在能源安全新战略的引领下，我国电力企业在探索中发现，在实践中总结，强化意识转变，凝聚安全理念共识，为企业安全文化建设打下坚实基础。

2. 以制度文化为载体　安全文化固化于制

制度文化是人们在安全生产过程中所结成的各种社会关系的总和，主要包括管理体制、人才制度、法律制度和礼仪俗规等内容，是安全文化层次理论要素之一。

近年来，随着企业安全文化建设的不断深化，电力企业逐渐认识到只有

“人治”“法治”相结合，才能使企业安全文化真正达到“固化于制”，实现增强员工素质、规范员工行为、提高管理水平、提升企业品牌的目的。

3. 以物态文化为保障　安全文化外化于形

物态文化是人们安全生产活动方式和产品的总和，是可触知的具有物质实体的文化事物。在安全文化建设中，物态文化是安全文化诸要素中最基础的内容，是人的第一需要，它直接体现了安全文化的性质、文明程度的高低。近年来，电力企业持续改善安全“硬”“软”环境，通过优化安全环境、创新宣传手段等做法，使企业形成良好的安全氛围。

推进智能化建设，夯实安全“硬环境”。随着科技时代的来临，打造智能化安全生产工作环境成为当前电力企业安全发展的一项重点工作，各电力企业通过创新技术应用，确保安全生产有序推进。

开展多样化宣教，营造安全“软环境”。电力企业依托新媒体手段，开展丰富的安全文化传播和实践，进一步提升广大职工和人民群众的安全意识，筑牢安全基础，营造了浓厚的安全宣传氛围。

4. 以行为文化为重点　安全文化实化于行

行为文化是人们在安全生产中表现出来的特定行为方式和行为结果的积淀，这种行为方式是人们行为的具体表现，体现着人们的价值观念取向，受制度的约束和导向。

安全文化培育的关键在于群体行为习惯的养成，关键群体的习惯培养则是安全行为文化建设的重中之重。近年来，电力企业将安全理念植入行为，引导广大干部员工发挥主观能动性，使想安全、要安全、会安全、能安全、刚性执行、分享互助成为所有员工的行为习惯，推动“强制型”安全行为向“自觉型”安全行为转变。

以开展安全生产尽职督察为抓手，抓好安全“起始一公里”。电力企业以专业化、规范化、高效化的安全生产尽职督察为手段，督帮结合、精细指导，提高各级人员安全生产履职尽责能力和意识，发现和解决安全生产管理突出矛盾和问题，督促各级人员落实安全生产责任，促进安全生产管理水平的提升。

班组是企业的细胞，以强化班组安全建设为重点，打通安全“最后一公里”。班组是企业的细胞，安全文化创建工作的成败关键在班组。近年来，

电力企业通过进一步加强班组安全文化建设，促使班组成员用心交流、相互提醒、激发动力、焕发朝气，增强团队凝聚力、提升班组战斗力，达到培育班组安全文化、和谐共保安全的目的。

经过多年的发展，我国电力企业安全文化建设已经取得显著的成果，但同时，我们依然看到电力企业安全文化暴露出的一些问题：安全文化要求组织内所有人都应该保持质疑的工作态度，而电力企业内均不同程度存在“面子文化”“处罚文化”“捷径文化”（出现偏差好面子、不深究；发生事故重处罚、轻分析；不按流程办、走捷径）。一系列因素导致安全隐患无法彻底排除，企业的安全文化建设之路任重而道远。

4.3 “和谐·守规”电力安全文化的发展模式

安全文化建设是一个系统工程。通过电力安全文化理念、载体、传播的研究，结合电力行业、企业、社会客观情况和实际需求，并借鉴国内外先进的安全文化建设经验，本书提出了电力安全文化体系、组织机构、传播体系、发展机制、教育培训、品牌企业、评估体系七项电力安全文化建设重要工作。

4.3.1 电力安全文化核心价值体系

电力安全文化核心价值体系是安全文化建设的内核，安全文化的体系明确了电力行业安全文化建设的核心与目标，电力行业全体人员必须将这些目标内化于心，外化于行。

具体来说，就是要坚持以习近平新时代中国特色社会主义思想为指引，结合行业客观发展规律，构建符合新时代发展要求的电力安全文化体系，形成电力工业安全发展的文化凝聚力和向心力，努力实现人人懂安全、人人讲安全的良好局面。

4.3.1.1 电力安全文化精神

紧紧围绕“和谐·守规”的核心价值，深入开展安全文化体系建设研究，逐步完善电力安全文化理论、载体、传播、评估体系建设，努力实现“法治、诚信、共融、开放、责任、质疑、合作、互助、沟通”的电力安全文化建设目标，进一步凝聚安全文化共识，使电力安全文化延伸到每个角落，坚定改革信念，凝聚安全力量。

法治。在全行业内倡导依法依规精神，让安全生产法律、法规深入到电力行业神经末梢，电力安全生产工作每一项措施做到有法可依、有法必依。法治强调电力行业从业人员必须对法律法规心存敬畏，在思想上树起一道不可逾越的法治防线，依法从事相关活动，依法维护电力行业的安全。在日常工作中应严格遵守法律法规，让“学法知法、遵纪守法、尊重规程、敬畏制度”的法治观念深入人心，推动安全法治意识贯穿于日常工作中。

诚信。电力行业每一个人都要受安全承诺的约束，信守约定。电力行业每一个人都应该有自己的安全承诺，并严格执行。组织内充满信任和尊重，营造一个相互尊重的工作环境，并通过及时和准确的沟通加以促进。鼓励提出不同的专业意见，并及时讨论和解决，及时反馈员工关注问题的解决措施和进展。

共融。积极打破行业壁垒，推动各个行业间安全文化建设交流，实现行业间跨界横向融合，构建安全文化横向、纵向共同发展。电力企业的各供应商和服务商均有各自的做事章法、习惯，电力企业要注意把本企业的制度、程序、习惯做法向合作单位讲清楚，并要求对方有书面承诺，使各单位认同本企业安全文化。此外，这些合作单位也有许多良好，甚至优秀的企业文化和管理办法，电力企业一定要注意学习并汲取对方的优良做法。

开放。开放创新精神是指要具有能够综合运用已有的知识、信息、技能和方法，提出新方法、新观点的思维能力和进行发明创造、改革、革新的意志、信心、勇气和智慧。安全文化需要有创新精神，要通过经验反馈、评估、对标、培训等手段，不断学习行业良好实践，抓好各类学习的工具和方法，将行业的最佳实践学深学透，自觉用科学的理论武装头脑，提升对是非的洞察力和辨别能力。

责任。建立完善安全生产责任制，明确安全生产责任。电力行业每一个人都应该有主动履责的意识和担当，把责任变为切实的行动，遵章守纪、严格执行，不遗漏任何风险、不放过任何隐患、不放纵任何细节、不放低任何标准。全体人员都应该清楚自己的安全责任和权限。责任是企业成就事业的

基石，电力行业的每一个人均应始终牢记使命、主动作为、勇于担当，将安全生产责任牢牢扛在肩上、抓在手上，主动作为、自觉履行安全生产法定责任，切实做到履职尽责。

质疑。要求人人避免自满，对现在的各种状态、假设、异常和活动持续质疑，以发现可能导致的错误和不当行为。每个人都对不利于安全的假设、价值观、状态或行为保持警觉。质疑的工作态度也称“探索精神”，凡在安全事务中取得优异成绩者，都具有质疑的工作态度和品行。质疑的工作态度要求每位员工凡事都要问过为什么，不放过任何蛛丝马迹。常提出的问题有：

1）我了解这项工作吗？（不了解怎么办）

2）我的责任是什么？

3）它们与安全的关系如何？

4）我具备完成任务的技能吗？（不具备怎么办）

5）其他人的责任是什么？

6）有什么异常情况？（气味、噪声、流体物等）

7）我是否需要帮助？

8）会出什么错？

9）出现事故会造成什么后果？

10）应该怎么防止失误？

11）万一出现故障，我该怎么办？

对于一般日常工作，只要相关人员接受过充分培训，大部分的问题和答案会自动形成。对于有新内容的工作，思维过程要变得更加慎重些。对于一个全新的、不寻常的、与安全有重要关系的工作，必须要以书面程序，并使这些问题一目了然。

合作。电力安全是建立在团队基础上的，要求发挥团队精神，相互合作。在电力行业中，每个成员在组织大家庭中能获得应有的安全感，每一个成员为安全作出的贡献都能够得到其他人的认同；在团队关系上，内部成员之间能够辅车相依、互为表里、关系融洽，能够为保障安全紧密协作；在工作上，团队成员表现出了对“安全第一”价值理念的高度认同，并且全力以赴地完成本职工作，并配合他人的需求。

互助。在电力安全文化学习、实践过程中，分享经验、互相帮助有助于

团队共同进步，共创安全氛围。

沟通。各层级员工取得沟通是重中之重，通过书面通知、报告、定期通信、宣传活动、奖励/奖赏计划、召开安全会议等渠道促进信息流通。安全沟通是广泛的，包含了多个方面：公司层面的沟通、工作相关的沟通、基层工作人员间的沟通、设备的标识、运行经验及文件记录。领导们采用正式或非正式的方式传递安全的重要性。组织内由下至上的沟通和从上至下的沟通同样重要。人人都要明白，相互交流的工作习惯对安全至关重要，内容包括如下：

1）从他人处获得有用的信息；

2）向他人传递信息；

3）汇报工作结果并做书面记录，无论是正常状态还是异常状态；

4）提出新的安全建议。

4.3.1.2 安全文化核心价值建设原则

要依托“和谐·守规”电力安全文化核心价值，根据企业发展现状，建设符合企业自身特色的安全文化体系，树立企业安全文化品牌。企业建设符合自身特质的安全文化体系要坚持以下四个原则：

行业性原则。电力企业安全文化精神必须符合电力行业安全文化精神原则，在“和谐·守规”电力安全文化核心价值引导下，建立符合自身特色的安全文化精神。

延续性原则。电力企业安全文化建设发展需要传承性，根据行业的发展脉络实现逐步发展、递进发展、升级发展，防止“不断推倒重来”“一任领导一个文化”的现象，确保其在一定时期的延续性。

系统性原则。电力企业安全文化建设涉及安全意识、安全心理、安全能力、安全习惯、安全保障、安全环境、安全教育、安全培训等多个方面，通过企业的组织建设、制度建设、环境建设、设施建设、活动建设等显现出来。

特色性原则。电力企业安全文化建设应百花齐放，充分发挥自身的行业特色、企业特色、地域特色，建立符合自身发展需求的安全文化。

电力企业在“和谐·守规”的核心价值指导下，在坚持“四个原则”的基础上，将理论与实践相结合，围绕企业自身特色，进一步完善企业安全文化精神、制度、物态、行为文化建设。

4.3.1.3 分层次提升职工安全文化素养

电力安全文化核心价值是职工从内心认可的，是个人在长期的安全生产工作中对相关知识、经验反思的结果，是一定程度上衡量安全工作的标准之一。新时代，要坚持以人民为中心，遵循“和谐·守规”电力安全文化核心价值，分层级提升电力职工安全文化素养。

提高决策层安全文化素养。决策层的个人承诺、领导力和推动力决定了安全工作的品质。电力企业员工的安全意识很大程度上取决于各个层级领导的行为，上行下效，因此电力企业决策层安全文化素养必须达到高水平。

决策层的言行必须展现出对安全的重视，必须用决策力指挥安全工作、用组织力落实安全决策、用感召力凝聚安全共识、用执行力确保安全标准、用学习力提升安全水平。

管理层是安全生产的串联者，既需要及时向上沟通，引发决策层对安全工作、安全隐患的关注，还需要加强对一线职工的监督和管理，引导员工规范工作、安全工作。

管理层需要详细掌握自己的安全责任、权利、能力，所管业务的安全风险、安全隐患的防范、整改及安全措施的情况，下属安全责任的落实程度等。管理层还要明确主管业务的管理程序，安全目标和计划，下属的安全责任与权限，监督程序和考核标准，安全绩效考核落实情况等。

提高基层职工安全文化素养。安全文化是执行力文化，基层职工是安全生产工作的主力军，是安全文化建设和发挥作用的主体。基层职工的执行力是安全文化的基础，他们的安全意识、安全习惯、安全能力代表电力企业安全文化水平。

电力职工需要具备高度的责任意识，遵章守纪、严格执行，不遗漏任何风险、不放过任何隐患、不放纵任何细节、不放低任何标准，确保企业安全生产工作平稳进行。要求每一名电力职工具备高度的责任意识、质疑的工作态度、严格的工作方法、良好的沟通习惯，以及团队协作精神。

4.3.2 电力安全文化组织机构

电力安全文化组织机构是安全文化建设的组织保障，只有打造贯穿整个电力行业的安全文化建设组织机构，才能确保不同组织、不同人员在安全文化建设中的职责，确保安全文化建设在整个电力行业中全面系统地推进，确保安全文化建设能够在各个层级得到顺利贯彻和实施。

任何行业的发展，都离不开组织的管理和推动，它是整个管理系统的“框架”。为确保安全文化建设在规划期内有人策划、有人管理、有人执行，需要设立专门的安全文化建设组织机构，并保持与安全标准化、安全管理体系等相关工作的互通互联、协同发展，减少重复性工作或顾此失彼的情况。专门的机构和人员是推进电力行业安全文化建设的重要推动力。

1. 构建全国性电力安全文化组织机构

根据行业安全生产管理工作的战略和目标，成立包括政府部门、电力企业、高校、研究机构、媒体等单位的全国性电力安全文化组织机构，负责行业层面安全文化制度、规范、标准的起草、修订及评估等相关工作，组织跨行业、跨区域、跨企业的文化交流等活动，包括：

（1）组织电力企业、协会、高校、研究机构和媒体部门从事电力安全文化理论研究工作。

（2）组织全行业范围的第三方电力安全文化标准制定、评估、信用机制建设等工作。

（3）组织全行业的电力安全文化跨企业、跨行业以及国际交流工作。

（4）组织全行业电力安全文化宣贯及电力安全文化万里行工作。

（5）其他工作。

2. 设置企业安全文化组织机构

企业可根据发展战略和实际工作需求，设置安全文化建设管理组织机构，统筹电力企业安全文化建设工作，做好电力企业安全文化传播的整体规划设计，做到设计科学、合理、有效。电力企业安全文化组织机构主要职能包括以下三方面：

制定安全文化建设实施方案。结合企业实际、企业安全文化建设成果，提出短期、中长期电力安全文化发展规划，制定切实可行、操作性强、符合企业需求的配套实施方案。

建设科学的风险防控组织文化。根据电力企业不同工种、岗位提出科学合理的风险防控组织文化。现代化的风险管理工具、管理方法是科学安全地实现安全文化的重要抓手，对企业降低安全生产事故和伤亡人数，提升决策

层、管理层、职工层安全意识、安全行为、安全能力、安全习惯都有着积极的促进作用。

建立职工层面安全文化组织。以班组为单位，建立学习型电力职工安全文化组织，从上到下、由点到面构建全维度、多层次的电力安全文化组织体系。

4.3.3 电力安全文化传播体系

电力安全文化传播体系是安全文化建设的工具，通过多元化的传播方式，形成一个巨大的网络体系，让安全文化的理念能够在行业中横向到边、纵向到底，将安全文化建设的内容融入电力行业的各项工作中。

随着信息技术的进步，全媒体传播体系的发展，电力安全文化得以快速深入基层。电力行业要紧跟技术发展步伐，依托算法推荐、人工智能、区块链、云计算、物联网、5G 等新技术，大力发展移动客户端、手机网站等应用新业态传播电力安全文化，致力于构建联通全行业的传播体系，建立完善的企业传播渠道，促进安全文化融合与创新，积极拓展国际交流通道，让先进安全文化“走进来”，同时推动优秀安全文化“走出去”。

4.3.3.1 构建电力行业安全文化传播体系

构建全行业安全文化宣教体制机制。建立更加完善的宣教机构上下沟通联动机制，形成政府、部门、行业、企业、社会多方共同参与的安全生产宣教思想文化体系，推动安全生产宣教工作的社会化进程。充分发挥安全文化机构的作用，加强与全行业各级工会、共青团、妇联、学校等机构和群众团体的协调，实现资源共享、任务共担，提高安全文化建设影响力。

完善国际、国内安全文化交流机制。搭建国际、国内安全文化交流平台，促进国际电力企业之间，电力行业不同领域、不同企业之间安全文化交流，实现电力安全文化的碰撞、融合。

4.3.3.2 完善电力企业安全文化传播体系

落实电力安全文化传播机制。充分学习、理解行业安全文化传播机制，将行业理念与自身特色相融合，构建符合企业实际的安全文化传播体系。

完善电力企业安全文化信息传递制度。将已经形成的并取得较好现实效果的电力企业安全文化、企业基本价值观、可持续发展战略、重大举措，通过企业网站、微博、微信等互联网平台、内刊，或者宣传橱窗、黑板报等传

播载体，第一时间传递给广大干部职工，及时让员工了解来龙去脉，取得员工的支持。

构建企业内部、外部信息交流平台。电力企业通过 OA 平台等内部信息交流工具，加快电力企业安全文化信息流通速度，收集来自基层单位和员工反馈的信息，迅速做出反应，降低信息流通成本，消除信息不畅导致的各种猜测和疑惑，促进企业内部良好舆论氛围的形成；充分利用企业内部刊物、网站的阵地，大力宣传电力企业安全文化核心价值，营造“和谐·守规”的电力企业安全文化氛围。

创新安全文化传播手段。电力企业借助新兴技术和融媒体发展，创新打造电力安全文化传播手段。

（1）可视化。应尽可能地使用各种手段使安全信息图像化，各类安全指引、各种安全知识都进行图像化加工，如照片、漫画、影像、动画等。

（2）碎片化。可以充分利用各类碎片化的传播渠道，如微信群。

（3）体验式。可以建设安全文化展室展厅、安全文化长廊、VR 体验室等。安全文化展室展厅可以通过展板、灯箱、模型、实物、沙盘等静态形式，也可安置或悬挂投影仪、电子屏等显示设备，播放安全文化科普课件；安全文化长廊可采用挂图、海报、标语、图片墙等形式集中传播安全文化核心价值，传递安全知识；VR 体验室应根据电力行业特点进行场景设置，加大推广。

4.3.3.3 广泛开展社会性电力安全文化传播

加强安全文化传播体系内容创新，开展群众喜闻乐见的安全文化传播。一方面，加强电力安全文化文艺作品创作，积极利用新兴媒体手段，开发有传播度、参与性强的融媒体文化产品，开发系列漫画、短视频、小游戏，以时下新颖的传播方式宣传电力安全文化核心价值，以轻松有趣的表达形式达到最佳的警示效果，不断提高群众对电力行业安全文化的认知度和认可度。另一方面，各级政府要强化电力安全文化舆论引导，广泛宣传创新成果和突出成就、先进事迹和模范人物，发挥安全文化的激励作用，弘扬积极向上的进取精神。同时，健全媒体沟通机制，做到善用媒体、善待媒体、善管媒体，坚持正面宣传，充分发挥对安全宣传工作的主导作用。进一步完善新闻发言人、新闻发布会、信息公开、事故和救援工作报道机制，做好舆情分析，坚持

公开透明、有序开放、正确引导的原则，弘扬正能量，及时引导社会舆论，讲好电力安全故事。

4.3.4 电力安全文化产业发展机制

电力安全文化发展机制是安全文化建设的标杆和引领，通过打造示范基地、示范企业、示范城市，将安全文化建设的良好实践进行复制和推广，稳步提升行业整体的安全文化水平。

鼓励创建安全文化示范基地，引导社会资本推动安全文化产业化发展，依托大数据、云计算、区块链等技术，孵化安全文化创新产品，促进成果转化。

制定详细的评选办法，确立一批具有影响力、具有示范效应的电力安全文化示范基地、示范企业、示范工程、示范城市，并将评估工作常态化；孵化一批符合行业安全核心价值理念的、符合企业自身特色的安全文化创新产品，打造电力行业品牌标杆，对标其他行业模范品牌建设。

4.3.4.1 电力安全文化建设示范基地

积极开展电力安全文化示范基地建设，选取安全文化氛围浓厚、参与度高的区域建设安全文化产业园和创意园，丰富电力安全文化产品和服务项目及内容，在全国同行业中建设具有引领和辐射作用的示范基地。示范产业基地应符合国家有关法律法规和产业政策的规定，符合国家相关产业规划要求；示范基地应遵循内容优先、特色突出、品牌引领、创新发展的原则。示范基地应重点支持安全文化产品生产、安全科技融合、安全服务与相关产业融合。

4.3.4.2 电力安全文化建设示范企业

大力推进电力安全文化建设示范企业创建活动，探索建立电力安全文化创建评价标准和相关管理办法，完善评价指标体系，严格规范申报程序。加强电力企业安全文化建设培训，指导电力行业培育一批国家级安全文化建设示范企业。示范企业建设的标准是高度重视安全文化建设工作，有健全的安全文化建设领导机构，把安全文化建设纳入企业文化建设的范畴，制订安全文化建设计划，安全文化建设纳入企业总体目标，做到目标明确、责任落实、奖惩分明。倡导安全文化，传播安全理念，营造安全文化氛围，实现以文化促安全、以安全促稳定，以稳定促发展。

建设安全文化班组，在全行业建设一批具备行业特色，结合地域特征，安全文化建设成果较为突出的优秀班组，并在全行业进行推广。弘扬新时代电力职工安全文化核心价值。电力职工安全文化核心价值是在安全方面衡量对与错、好与坏的最基本的道德规范和思想。它是从内心萌生出来的，是个人对相关知识、经验反思的结果。电力企业员工已由过去的“要我安全”变成了现在的“我要安全、我会安全，我能安全，人人安全”。搭建电力职工安全文化载体。安全对于企业来说，不仅能带来良好的经济效益，而且是职工切身利益的最基本保障，那么，搭建电力职工安全文化载体至关重要。

4.3.4.3 电力安全文化建设示范城市

开展电力安全文化示范城市建设有利于在全社会推广安全文化核心价值，并形成与之相契合的社会氛围，有利于安全文化融入不同阶层、不同区域并形成示范效应。安全文化示范城市建设需要明晰的、有前瞻性的发展战略，通过呈现出来的鲜明特色、坚强组织，明显成效形成可复制、可借鉴、可推广的示范内容；建设安全文化示范城市将通过智慧城市建设等将安全文化核心价值真正落地，形成全民共享的精神指引。

4.3.5 电力安全生产教育培训体系

电力安全生产教育培训体系是提升行业整体安全文化素养的重要抓手，是保障安全的有效手段，是解决安全文化建设过程中对相关要求不懂、不会、不注意的最有效方式，通过安全生产教育培训，促使行业每个人掌握安全防护知识，增强安全意识，提高安全操作技能，有效预防事故的发生，实现安全文明生产，保障任务的顺利完成。

行业层面：组织行业专家、学者，制定一套符合行业发展要求的安全文化专业人才培养机制，培育电力安全文化教育专业人才，建立行业安全文化智库。

企业层面：组织电力安全文化培训，评选一批安全文化学习标兵、先进班组。

全社会建立和完善安全文化专业人才培养机制，合理挖掘、开发、培养专业安全文化教育人才，传播电力安全文化。企业进行考核、量化，培育一批兼具专业素养和安全素养的复合型人才。

4.3.5.1 深化电力安全文化理论研究

积极开展安全文化理论学习、研究，将“和谐·守规”的电力安全文化核心价值理念深入人心。

建设行业安全文化智库。在电力行业安全文化核心价值理念的基础上，结合电力安全文化建设实践，构建适应行业需求的安全文化智库，为全行业的企业与职工提供电力安全文化建设优秀经验、思想、方案、决策参考。

4.3.5.2 构建安全文化交流平台

电力企业加强内部不同岗位、职工之间的安全文化交流，使安全文化渗透到每个班组和个人。企业与企业之间，相互学习、交流、研究电力安全文化建设优秀经验成果。电力企业积极开展与交通、化工、建筑、航空等行业安全文化建设示范企业的交流。

健全教育培训机制。电力企业完善内部教育培训机制，针对不同岗位、不同工种组织丰富多彩的教育培训活动，帮助职工学知识、学法规、学技能，促进教育培训日趋制度化、规范化，提升企业职工职业技能和安全素养，打造一支负责任、素质高、能力强的员工队伍。

电力职工加强行业安全文化理论学习，将理论与生产实践相结合，定期进行安全文化学习成果交流展示、评比，评选安全文化学习标兵、先进班组，全面提升职工安全意识、安全行为、安全能力、安全习惯。

4.3.6 电力安全文化建设企业品牌

电力安全文化建设企业品牌是安全文化建设的无形资产，是行业对安全文化建设中产品和良好实践的认可，通过打造安全文化建设企业品牌，提升安全文化建设在行业中的认知程度，打造高质量、高水平、高技术的安全文化建设实践。

当前，我国电力行业安全文化发展尚不均衡，电力行业不同领域、不同企业之间的安全文化差异较为明显，部分企业和职工之间安全文化存在较大差距。为进一步全面提升电力行业安全文化发展水平，助推企业建立符合企业自身特质，职工广泛认同的安全文化，需要打造一批安全文化建设品牌企业。

安全文化建设品牌企业的建设要以推进电力安全文化建设为引导方向，立足电力安全运行实际，提炼出安全文化品牌，并逐步形成具有电力特色的

安全文化建设框架，形成特有的行业文化，打造其他行业难以模仿的核心竞争力。通过制定电力安全文化品牌企业评价标准，评选最具特色的电力安全文化品牌企业，举办电力行业安全文化建设年会等方式，扩大电力行业特色安全文化品牌影响力。

4.3.6.1 创建电力安全文化建设企业品牌评价标准

电力行业在电力安全文化核心价值理念基础上，建立符合行业安全文化建设标准的安全文化建设品牌企业评价标准，完善行业安全文化评估体系。行业每年通过企业自评、第三方机构打分、问卷调查、面访、电力安全文化测评软件系统评价等途径，定期组织对企业的安全理念、安全愿景、安全使命、安全价值观的建设程度，对安全文化体系、组织机构、传播体系、产业发展机制、教育培训体系、文化品牌等建设成果进行打分。

4.3.6.2 创建电力安全文化建设企业品牌管理办法

电力企业以行业安全文化建设理念为依据，以电力安全文化核心价值体系为准则，结合自身安全文化建设实践，制定符合企业特质的安全文化品牌管理办法，制定详细评选细则等内容。依据管理办法，创建独一无二、具有鲜明特色的安全文化品牌理念、品牌形象、品牌符号，扩大企业知名度与影响力。

4.3.6.3 创建电力安全文化建设企业品牌具体方式

深入挖掘职业素养、安全素养高，具备新时代“工匠精神”的基层电力职工，定期对电力职工安全意识、安全行为、安全能力、安全习惯进行打分，在不同工种、班组中评选出安全文化标兵，再进一步通过企业打分、网络投票、问卷调查等方式进行评比，推选出符合企业安全文化建设理念并富有安全文化个人特色的安全文化个人品牌，推动个人品牌和企业文化在全社会的广泛传播和认同。

4.3.7 电力安全文化建设评估体系

电力安全文化建设评估体系是安全文化建设持续改进的抓手，通过评估，识别安全文化建设中存在的不足，不断总结、改进，提升行业整体的安全文化的建设水平。

科学、完善的评估体系是电力安全文化建设的重要组成部分。当前，我

国电力安全文化评估体系发展相对缓慢，仅在核电领域得到推广和应用，而在电网、火电、水电、新能源等领域的安全文化评估体系相对较弱。在推动电力安全文化建设评估体系建设时，应遵从当前经济社会环境对于安全生产工作的客观要求，符合电力行业的基本特点，遵循电力行业安全文化建设的一般规律，从安全文化的概念及意义出发，从安全观念、行为等方面入手，设计电力安全文化评估指标体系并真实反映电力行业、企业、个人安全文化建设的情况，为电力安全文化建设工作提供科学依据。

4.3.7.1　电力安全文化评估基本原则及方式

1. 基本原则

在构建电力安全文化评估指标体系时，我们应在吸收借鉴国内外先进经验的同时，紧密结合当前行业现状、领域特色以及企业自身情况，考虑其可行性与实用性，从实际出发合理制定评估体系，将整个电力视为一个大的系统，并且兼顾系统内各部分的特点。

科学性原则。电力安全文化评估应力争反映客观实际和事物的本质，使人们进行安全文化评估时获得的信息具备可靠性和客观性，最终使评估结果有效。

全面性原则。对电力安全文化现状的评估是一种全面性的多因素综合评估，为了保证这一点，应坚持从评估对象的各方面着眼，力争保证确定因素的全面性。

可行性原则。只有具备可行性、评估性的实施方案才能比较容易地为安全管理部门所采用，建立的评估要素体系尽量做到数据化、指标化，评估程序与过程最简化，使所收集的数据资料多维度化，颗粒度细，形成科学有效的数据分析。

稳定性原则。建立评估要素体系时，应尽量选取变化比较有规律性的因素，排除受偶然因素影响较大的因素，争取评估结果尽可能可靠。

周期性原则。安全文化建设效果评估要求时间及时且实施有效，能够指导企业进一步推进安全文化建设，同时确定循环周期开展安全文化建设评估。一般而言，评估周期应与建设规划周期对应。

闭环性原则。安全文化评估必须保证评估结果能够应用到企业安全管理过程中，为完善企业安全绩效提供实践依据和工作要求，达到安全文化创建的完整闭环。

2. 评估方式

安全文化作为安全管理中的一个概念是近年才在我国发展起来的，还缺乏系统的研究。作为企业文化的重要组成部分，其评估方法借鉴了企业文化评估方法，大致分为定性和定量两类方法，但常用的方法均属于定性研究，如下所列。

现场调查。进行安全文化评估前，评估人员或专家需要亲自对企业进行观察，考察呈物质形态的安全生产设施、员工的作业环境及精神风貌、标语、警示牌等，以及公司相关政策的落实执行情况，把观察的结果详细记录下来，同时注意消除被观察者的紧张心理，使观察结果反映真实情况。

访谈讨论。根据调查对象的不同层次，确定访谈形式，可在作业现场对工作班成员或安全生产管理人员进行个别谈话，了解员工对安全文化的基本看法和需求、制度和规章的执行情况以及安全管理中的问题，也可安排座谈会的形式，对企业中层以上领导干部围绕企业安全文化建设情况、企业发展等问题展开集体讨论，通过访谈可以了解到企业安全文化理念在企业不同层次中的接受程度，这种方式简便、灵活、深入。

文件回顾与分析。文件包括企业安全管理的各项规章制度，国家、行业政策及资料，国内外相关企业发展资料等。企业目前现有的安全管理文件，以及近几年安全生产情况等是企业安全文化评估的重要素材。通过文件回顾分析，可以看出企业安全文化建设方面的理念、方针等，以及开展安全文化建设以来，企业安全绩效的变化情况等，可以找出企业安全文化建设的不足及需要改进的地方。

调查问卷。基于安全文化评估的维度，针对企业不同管理水平设计不同的问卷模板。调查问卷能够较为系统和细致地呈现企业安全文化现状。问卷编排的问题合理，并且所有问卷都要有清楚准确的提示与说明，通过问卷可对企业安全文化状况得到清晰、客观的认识。

4.3.7.2 电力行业安全文化评估基本框架

电力安全文化建设过程中，需对电力行业安全发展现状进行定期调查，跟踪行业各个领域、各个企业电力安全文化建设现状，为制定行业电力安全文化发展战略提供参考。

评估主体。电力行业安全文化机构。

评估载体。电力行业安全文化发展指数。

评估方式。问卷调查、面访等。

（1）组织保障。

1）推动设置安全文化组织管理机构和人员，并制定工作制度（办法）。

2）制定行业安全文化建设的实施方案、规划目标、方法措施等。

3）建立安全观察和安全报告制度，对员工识别的安全隐患，给予及时的处理和反馈。

4）加强交流合作，吸收借鉴安全文化建设的先进经验和成果。

（2）安全核心价值。

1）推动安全核心价值理念体系的建设，指导企业设定安全理念、安全愿景、安全使命、安全目标等。

2）广泛传播“和谐·守规”核心价值，鼓励从业人员学习与宣贯，推动对核心价值的理解和认同。

（3）安全传播。

1）推动线下活动的传播，在车间墙壁、上班通道、班组活动场所等设置安全警示、温情提示等宣传用品，设立安全文化长廊、安全角、宣传栏等安全文化阵地，开展演讲、展览、征文、书画、文艺会演等活动大力宣传。

2）充分利用新兴媒体等媒介手段，通过电力安全云上展厅、互联网移动端等方式推广传播核心价值。

（4）安全教育培训。

1）制定安全文化教育培训计划，建立培训考核机制，在全行业范围内开展安全文化资质培训。

2）定期培训，保证从业人员具有适应岗位要求的安全知识、安全职责和安全技能。

3）全员安全文化教育培训或群众性安全文化推广活动，有影响、有成效、有记录。

4）推动企业建立内部培训队伍，或与有资质的培训机构建立培训服务关系，全方位推广安全文化教育。

5）定期更新从业人员有安全文化手册或教育读本，并大力宣讲核心内容。

（5）安全诚信。

1）推动建立全行业安全文化诚信机制，定期发布企业安全诚信报告，接受社会监督。

2）企业主要负责人及各岗位人员都公开作出安全承诺，签订《安全生产承诺书》。《安全生产承诺书》格式规范，内容全面、具体，承诺人签字。

（6）激励制度。

1）推动建立安全文化绩效考核制度，将安全文化考核指标纳入评估体系。

2）对在安全文化工作方面有突出表现的单位或个人给予表彰奖励，树立示范、典型。

（7）全员参与。

1）推动社会对行业落实安全文化的各项工作进行监督。

2）推动从业人员深度参与安全文化建设的各项工作。

3）建立安全文化信息沟通机制，确保各级安全管理部门与上级单位保持良好的沟通协作，鼓励员工参与安全事务，采纳员工的合理化建议。

4.3.7.3 电力企业安全文化评估基本框架

选择有效的评估指标，构建一套比较合理、完整的电力企业安全文化的评估指标体系，是正确评估电力企业安全文化建设情况的前提和基础。指标体系设置的科学合理性，直接关系到电力企业安全文化建设评估的准确度和可信度。

企业安全文化建设需要定期评估，总结成果、分析面临的挑战，理性客观的安全文化评估对企业安全文化建设有着重要的意义。当前我国电力企业安全文化评估依然处于起步阶段，应该尽快建立统一的行业评估标准，引导企业安全文化评估工作进入平稳发展轨道。

评估主体。企业自身、第三方机构。

评估方式。问卷调查、面访、电力安全文化测评软件系统等。

评估类型。电力企业安全文化初始水平评估是指在电力企业在进行系统的安全文化建设之初，开展安全文化评估工作，目的是了解企业安全文化的发展水平。

电力企业安全文化建设效果评估主要针对电力企业安全文化建设各个要素建设成果的评估，可以是一个阶段后的评估或者多次跟踪评估，了解电力

企业安全文化实际状态，为电力企业安全文化建设方案调整提供依据。

（1）评估标准。

评估标准是电力企业安全文化评价的基准和参考，在实际安全文化评估过程中，各电力企业应以电力安全文化体系中“和谐·守规”的核心价值，“法治、诚信、共融、开放、责任、质疑、合作、互助、沟通”的电力安全文化建设目标为重要参考依据，结合企业特点，制定与企业现状相符合的安全文化评估标准。

（2）组建评估队。

邀请电力行业中安全文化建设的资深专家，组建评估队实施评估活动，参与评估的专家应熟悉电力安全文化评估的方法、标准和流程。

（3）开展安全文化评估培训。

在安全文化评估活动开始之前，组织评估队内部培训，在队伍中就安全文化评估的目标达成一致意见。

（4）实施问卷调查。

结合评估标准以及受评单位特点设计问卷，问卷调查旨在获取员工对某一要素的主观感受，问卷题目应覆盖所有安全文化要素。通过问卷调查，获取电力企业员工对安全文化的整体认知和看法。

（5）企业安全文化建设文件审查。

通过审查企业安全文化建设的相关信息，对企业安全文化建设情况有一个初步的判断，其中可以审查的文件包括：

1）受评单位的基本信息，组织结构与职责。

2）受评单位的历史概述和最近几年的业绩。

3）与安全相关的政策及管理程序。

4）受评单位的“绩效提升计划”及“经营发展规划”。

5）近两年内安全监管部门发现的问题及其整改情况。

6）近两年内部重要质量不符合项或事件报告及其整改情况。

7）近两年内重要的质保监察和监督产生的整改项及纠正行动完成情况。

8）近两年内部自我评价的主要结论。

9）评估期间的现场作业活动、培训活动、会议日程表。

10）上一次的安全文化评估及自评估报告。

在安全文化评估实施过程中，评估队应结合文件审查的情况初步梳理出受评单位在安全文化中潜在的负面要素，并明确现场评估期间需重点关注的要素及事项。

（6）现场访谈与观察。

依据安全文化评估标准并参考受评单位组织机构、职责分工、业务特点等实际情况，针对高层管理者、中层管理者、基层员工实施访谈活动与现场观察活动，并对访谈与观察过程中涉及安全文化标准相关的事实进行记录和评价。

（7）形成评估结论。

评估对基于问卷调查、现场访谈观察、文件审查等多维度的综合数据分析，对受评企业的安全文化建设情况给予评价。对识别出明显偏差或者表现优于行业的安全文化要素开发评估结论，一般至少包括 2 类评估结论。即部分要素做得比较好，有机会用于更广泛地提高安全文化水平或对受评单位业绩作出正面结论；部分要素反映出的不好现象或趋势，今后有可能引起进一步的业绩下降，需要作出管理层关注的负面结论。

4.4 “安全是文化”理念的良好实践

按照党中央要求，建设科学、高效的电力安全生产治理体系，推进电力安全生产治理能力现代化，适应新时代全面深化改革发展要求，是电力企业电力安全生产工作的重要任务，也是电力行业安全治理体系的重要组成部分。作为“四个安全”理念中的文化担当，电力安全文化建设应把提升电力行业每一个职工的安全素养、安全能力，以及营造全行业安全文化氛围作为核心工作重点攻坚。各电力企业应积极开展电力安全文化建设，形成全面系统、开放包容、整体协同、形式多样的文化体系，促进电力行业安全生产形势持续稳定向好，确保电力系统安全稳定运行和电力可靠供应。

4.4.1 国家电网有限公司安全文化建设创新与实践

国家电网有限公司高度重视安全生产工作，提高政治站位，强化使命担

当，坚持“生命至上、安全发展、相互关爱、共保平安”安全理念，持续提高本质安全生产水平，不断增强安全风险防控能力，积极营造和谐守规安全文化氛围，全力确保电网安全，维护能源安全，保障国家安全。

1. 秉承“安全是文化”思路，构建安全文化体系

国家电网有限公司秉承“安全是文化”思路，深化“和谐·守规”安全文化内涵，围绕建设具有中国特色国际领先的能源互联网企业目标，学习借鉴优秀企业先进经验，结合公司安全生产特点和“文化铸魂、文化赋能、文化融入”专项行动，逐步构建具有国网特色、适应电力安全生产的安全文化体系。不断通过创新安全宣传形式，丰富文化传播载体，狠抓安全生产“两意识、一承诺”（全员安全责任意识、全员安全风险意识和全员安全责任承诺）落地，将安全理念传达到全体员工，增强全员法治思维和红线意识，引导和培养全体员工把安全意识变成行为习惯，使安全理念溶于血液，使安全文化植于灵魂。

2. 组织实施安全责任清单，健全安全文化责任体系

本着“全面覆盖、依法依规、以岗定责、简明实用”的原则，国家电网有限公司组织编制安全责任清单，实现一组织一清单、一岗位一清单。出台《安全责任清单管理办法》，做到清单与安全教育培训相结合，与安全督查、巡查相结合，与事故事件、违章调查处理相结合，与安全绩效、奖惩相结合，压紧压实各级安全生产责任。根据职责分工，在安全责任清单中明确公司领导班子成员，明确工会、宣传、党建、人资、财务、专业管理、安全管理等部门在安全文化建设工作中的责任，强化各级安全文化建设责任落实。

3. 丰富安全文化传播载体，加强安全文化教育培训

国家电网有限公司依托一报（国家电网报）、一网（国家电网有限公司网站）、一平台（安监一体化平台）、一学院（国网学堂安全学院）、一课堂（国网高培云课堂）、一公众号（电网头条）、一展厅（网上安全文化展厅），多渠道、多维度开展安全文化传播。结合国家电网有限公司“文化铸魂、文化赋能、文化融入”专项行动，把安全文化融入专业管理、融入基层工作、融入员工行为。抓好安全教育培训、班组安全文化建设、宣传推广与主题活动“三个阵地”建设，通过安全教育培训班、网络大学课堂、在线云课堂、安全警示教育、安全主题宣讲、“一把手”讲安全课等形式，将安全文化植入员工

内心，培育员工正确的安全价值观，营造遵章守纪的良好氛围。

4. 提高本质安全生产水平，落实安全发展理念

国家电网有限公司坚持以总体国家安全观和能源安全新战略为指引，按照“系统性、持续性、规范性”原则，逐步构建符合国家要求、接轨国际标准、体现公司特色的国家电网安全管理体系（SGSMS）。按照“电网结构为基础，设备质量为关键，制度建设为保障，队伍建设为根本”的原则，围绕“组织管理、源头保障、隐患排查治理、风险管控、应急处置、队伍素质、科技支撑”七要素，全面推进本质安全建设。通过安全文化建设软实力提升和管理制度硬约束落实，促进各项安全措施有效落地，践行“人民电业为人民”服务宗旨，全力确保电网安全、维护能源安全、保障国家安全。

5. 提升人身安全风险管控能力，弘扬生命至上思想

国家电网有限公司始终高度重视人身安全风险管控工作，牢固树立“风险可以防范、事故可以避免”的理念，完善安全风险管控体系，规范风险辨识、评估、预警、管控等工作，提升人身安全风险防控能力，提高精益化安全管理水平。坚持“安全是技术”理念，推进安全生产信息化、机械化、智能化建设，加快搭建安全风险管控平台，推动作业安全风险防范机制转型升级，努力实现风险计划全覆盖、现场视频监控全覆盖、作业队伍人员资信管理全覆盖、安全督查和违章线上办理全覆盖，强化作业风险“四个管住”（管住计划、管住队伍、管住队伍、管住现场）落地，全力保障从业人员生命安全。

6. 创新班组安全活动形式，营造和谐安全氛围

为充分激发班组成员活力，提升班组自主安全管理能力，促进安全风险管控措施有效落地，国家电网有限公司借鉴基层自治制度、“枫桥经验”等依靠群众，发挥基层自主性的典范，以及知名企业班组安全建设经验，总结提炼国家电网有限公司系统部分单位典型做法，本着“尊重劳动者、发动劳动者、依靠劳动者、保护劳动者”的原则，组织开展班组自主安全管理能力提升活动，变传统班组班前会或班组安全活动“班组长说、班组成员听”的模式，为“班组长主持，班组成员主动说出作业安全风险、风险防控措施”的方式，并通过全员“手指口述”进一步强化记忆，真正提升一线作业人员安全生产意识、安全风险辨识能力和管控措施认知能力。同时，促使班成员用心交流、相互提醒，激发动力、焕发朝气，增强团队凝聚力、提升班组战斗

力，达到培育班组安全文化、和谐共保安全的目的。

7. 开展安全生产巡查督察，强化守规安全生态

国家电网有限公司建立安全生产巡查工作机制，印发《安全生产巡查工作规定（试行）》《巡查工作手册》，逐级组建专业安全巡查队伍，对每家单位定期开展全面诊断和集中体检，深入查找管理问题，解决安全管理堵点，规范安全生产秩序，促进各级单位安全生产管理层严格守规。公司印发“四不两直”安全督察方案，建立督察工作机制，围绕管住计划、管住队伍、管住人员、管住现场，突出重大风险、重要现场、重点环节、重要时段、重点工作，深入开展现场安全督察，真正了解基层安全状况，查找现场问题隐患，促进各级生产技术及一线作业人员严格守规。同时，通过“四不两直”安全督察发现的问题，深挖安全管理上的深层次问题，强化国家、行业和上级单位安全部署要求的穿透力和执行力。

8. 完善安全文化发展机制，打造电力安全文化品牌

国家电网有限公司积极搭建安全文化建设平台，不断完善安全文化发展机制，在电力行业安全文化建设工作指引下，按照国家电网有限公司统一企业文化建设要求，深化安全文化建设工作，取得了明显成效和丰硕成果。近几年，国网上海电力、国网南京供电公司、北京电力工程公司等20余家企业先后被命名为“全国安全文化建设示范企业”，形成了“安全你我他”“吾电竞璀璨”“安全六观”“共担”等一批特色安全文化品牌，制作了《我和我的安全》《你的安全，家人牵挂》《你的安全·她的幸福》《别怕，我就轻轻拍一下》《一失万无》《誓言》《守护》等优秀安全宣传教育片，涌现出了国网天津电力配电抢修班班长张黎明、国网山东电力带电作业班副班长王进、国网湖北电力安全稽查队队长吴光美等一大批爱岗敬业、乐于奉献，为企业安全生产工作作出突出贡献的先进典型，不断激励公司广大员工求真务实，在安全生产战线上作出新的贡献。

2014年以来，国网湖北电力坚持以国家电网有限公司优秀企业文化为指引，坚持“相互关爱，共保平安”的安全理念，突出价值引领、行为规范和制度保障，全面推动公司优秀企业文化落地安全生产领域，打造并持续深化“安全你我他”优秀文化实践，有效提升了企业的本质安全水平。六年来，从根植于实践的探索到紧盯一流安全文化企业的规划，从“安全有你有我有他，

安全为你为我为他，安全靠你靠我靠他”的文化定义到十大核心安全文化理念的凝练，国网湖北电力走出了一条通过项目管理推动安全文化建设从无形到有形转变，走出了一条安全文化建设来源于企业有形实践又升华为无形文化核心价值观的转变。2017 年，“安全你我他”文化建设项目在中电联安全文化评比中荣获一等奖，2019 年，国网湖北电力的电力安全心理评估研究、“光美”安全文化品牌、“安全你我他”安全文化微电影集锦、生产作业“十不干”宣传 MV 及挂图 4 个文化成果被国家电网有限公司推荐参加国家能源局“电力安全文化建设年”活动创新成果评选。

（1）主要做法。

1）规划引领、计之深远。

超前谋划，顶层设计。认真研究未来两年的安全文化建设路径，制订《国网湖北省电力有限公司深化“安全你我他”文化实践行动计划（2019—2020 年）》，明确“坚持安全第一、坚持以人为本、坚持问题导向、坚持创新创效、坚持协同共建”的六大安全文化建设基本原则。系统思考、精心编制“电力安全文化建设年”活动方案，总结提炼国网湖北电力安全文化建设十二条安全理念，结合各二级单位安全文化建设实际打造八大安全示范基地，丰富完善了国网湖北电力安全文化建设的核心理念和支撑平台。2020 年 1 月，进一步提炼升华“十大安全理念”，并在年度安全工作会议上发布《国网湖北电力“十大安全理念”》宣传片，组织设计制作“十大安全理念”宣传画、导入手册，在国网湖北电力系统内形成浓厚的“十大安全理念”宣贯氛围。

2）建立机制、横向协作。

构建“3+1”管理体系，推动安全文化建设齐抓共管。全面构建具有湖北电网企业特色的“3+1”安全管理体系，明确安全保证、保障、监督部门安全定位，实行组织、人资、监察等部门一体化安全考核，形成安全文化建设专业部门各负其责、党政工团齐抓共管的全新格局。“党建 + 安全”管理创新、“青安先锋”专项行动、“青安先锋”百千万成长计划、班组安全管理“五项行动”、职工技能运动会、“安全你我他”演讲比赛等活动广受关注，队伍安全活力竞相迸发。

创新“党建 + 安全”管理模式，推动党建与安全生产深度融合。由各级党组织牵头负责，组建安全工作网络，把安全生产作为党组织参与中心工作的切入点，在以党风廉政责任制考核为载体的党建考核体系、党员考评体系及干部考核体系中，充分体现安全考核的内容。有机融合组织生活制度与安全管理制度，发挥党员“排头兵”作用，培育本质安全先锋，把《安规》纳入基层党员教育的必学科目、作为发展党员的必考课程，并作为公司系统各类培训、全体员工考核的必考课程。将员工思想动态分析作为专业安全风险评估和隐患排查治理的组成部分，以思想引领推动全员安全意识提升。将各级领导班子成员的党建工作联系点同步作为安全工作联系点，每年至少深入基层联系点督导工作 2 次。联系点单位每季度至少向公司领导汇报一次“党建 + 安全”管理创新工作成效，确保“党建履责 + 安全履责”双向落地。

打造多维度安全文化宣传渠道。国网湖北电力安监部自 2017 年推出“鄂电安全你我他”微信公众号，坚持每周发布至少 4 篇文章，建立 54 人采编队伍，公众号关注人数约 1.5 万人。2020 年 3 至 10 月，“鄂电安全你我他”最受读者欢迎的板块为安全头条（平均阅读量 1605 人次）和安全提示（平均阅读量 1272 人次）。每周在公司楼宇媒体发布“鄂电安全你我他”微信公众号重点篇目视频。在公司安委会、双月例会发布典型违章通报。组织各级单位安全生产第一责任人带头撰写安全生产主题署名文章，在公司主页设立“第一责任人谈安全”专题栏目进行刊发。融媒体中心梳理近两年推出的有关安全的新闻宣传作品，进一步促进安全文化落地生根。选取全年网站栏目中的优秀稿件，形成《安言》书籍。书籍涵盖公司要闻综述的安全评论文章，公司及各地市单位安全总监署名文章，专栏优秀文章等。目前已高效完成《安言》书籍的前言撰写、版心设计、内容编辑等相关工作，并及时进行修改调整，将联合安全监察部共同策划推出安全文化作品。在《守住安全底线》系列丛书中，将安全新媒体作品收录其中，形成《两票学习》《小视频说安全》两本优秀成果。营销部制作《知否》安全小视频，并形成宣传折页，提供给营业厅进行安全用电宣传。工会坚持组织职工技能运动会，扎实开展班组安全管理五项行动，实现 563 个偏远站所“五小”全覆盖，推进班组反违章劳动竞赛，选树 3 名安全生产领域劳模工匠，扶持 10 项优秀班组安全创新成果，编辑 89 篇班组安全管理典型案例印发至 2250 个班组，全方位传播安全文化。

3）构筑平台、上下协同。

引入项目管理思维构建安全文化建设平台。2014—2020 年，累计投入

4000 余万元，持续打造“安全你我他”实践项目，开展“人文传播、行为指引、安全行动、示范引领”四个类型的项目建设。实施“三级”项目管理机制，采用“功能定位—方案设计—明确标准—施工建设—过程督导—结项验收—动态改进”的运作方式，确保项目实践有序、有效推进。每年组织召开上年度项目评审会，依托项目建设，培养了一支具备文化认知、文化思维、文化意识和文化建设能力的安全文化建设专家型队伍。深入开展企业文化示范点建设。精心组织建设光美实训基地、应急安全文化示范基地、安全生产示范企业、安全履责示范基地、标准化安全作业示范基地、反违章示范基地、班组安全能力提升示范基地、“安全 + 传统文化”示范基地八大安全文化建设示范基地。

构建安全文化产品出版发行快捷通道。通过与出版单位密切合作，编制《电力“安全你我他”安全文化项目成果出版合作执行方案》，指导基层单位规范文化成果编制，促进安全文化产品早出版、早发行。2019 年，新出版成果包括：标准化安全作业现场示范片《10kV 断路器试验》《10kV 配电变压器安装》《110kV 变压器检修倒闸操作》《220kV 变电站巡视》，安全文化类书籍《全能型供电所安全工作一本通》《安全你我他 · 一封家书》《电力安全心理评估研究》。2019 年 8 月，《“安全你我他”微电影集锦》获中国电机工程学会 2017—2018 年度优秀科普作品奖三等奖。2020 年，《安全你我他 · 一封家书》《电力安全心理评估研究》书籍正式出版，《安全你我他 · 一封家书》宣传片在《电网安全》第 5 期正式出版。公司“安全你我他”安全文化成果出版发行精品力作层出不穷。

（2）主要活动。

1）人文传播。

一是推进“本质安全 · 三年登高”文化实践。国网武汉供电公司针对“看不见”“摸不着”心理因素开展研究探索，打造贴合电力工作实际的“心理安全人”模型。

二是强化全员安全教育培训。将安全课程、安规考试引入各层级、各专业培训班，提升全员安全意识。健全完善外来作业人员常态化安全教育培训工作机制，开办外来作业人员安全技能培训学校，常态开展外来作业人员安全技能培训。

三是试点推进精准安全培训年活动。国网随州供电公司搭建安全学习培

训平台，分析安全培训需求，开展各层级安全培训 148 期次，培训员工 2846 人次，全面提升本质安全水平。

2）行为指引。

一是推广安全行为指引课件应用。推进《安全工器具使用教学片》《基建项目施工方案编制教学片》《技改项目施工方案编制教学片》《现场安全措施布置教学片》《制作新版两票实施细则教学视频》等成果应用，规范现场安全管理。推进《供电所安全履责评价标准》《班组安全学习系列课件》《应急标准化管理一本通》应用，提升管理标准化。

二是推进标准化示范指引系列制作。推进输电运维、配电运维、变电运维、变电检修、配网改造、电网建设（变电、线路施工）、调控专业《标准化安全作业示范片》制作。推进输、变、配《两票填写教学片》《作业风险管控系统应用示范片》《应急演练系统情景库》《智能接地线使用示范片》制作，引导用“五抓六聚”管控作业现场安全风险。

三是开展安全技术等级认证。落实《国网湖北省电力公司安全技术等级认证操作规范》，健全公司安全内训师队伍，完善培训教材体系和试题库，健全常态化安全培训和考试认证机制。制定《外来作业人员安全技术等级认证操作规范》，启动外来作业人员安全技术等级认证试点工作。

3）安全行动。

一是深化“青春扎根供电所　本质安全我先行”。激励和引导国网湖北电力广大青年员工主动投身基层供电所安全管理，发挥生力军和突击队作用，2018 年 8 月，国网湖北电力启动优秀青年结对供电所专项工作，成立领导小组和组织机构，明确“青安先锋”工作目标，组织青年员工深入基层供电所，摸爬滚打、成长历练，并将专项工作纳入安全生产、人才培养、党团建设工作部署。自活动开展以来，国网湖北电力已累计 403 名优秀青年员工，按照“业余时间、就近结对”的工作原则，结对 399 个基层供电所，通过工余帮扶、挂职锻炼、驻点帮扶等多种形式开展一对一、多对一的结对帮扶，结合站所实际，签订结对协议，帮助提升供电所安全工作指标，履行“青安先锋”职责。经过历练成长，其中 148 人取得更高一级的专业职称和技术技能等级，212 人通过了“三种人”资格认证，67 名优秀“青安先锋”成长为所在单位后备干部和站所班组负责人，培养出一批了解基层情况、练就过硬本领、勇于追梦奋斗的优秀青年，为企业改革发展做好了人才储备。

二是组织“安全文化·筑梦电力”宣讲。2019 年 5—6 月，各级单位结合公司“一把手”讲安全课活动要求，通过现场会议、视频会议、新媒体网络平台等方式，由安全生产第一责任人为本单位干部职工讲一堂安全课。引入“党建＋安全”模式，将安全教育纳入各单位党委中心组学习和领导干部培训。充分运用“三会一课”“主题党日”等载体平台，组织党员干部和职工群众学习上级安全文件、安全会议精神、安全知识，不断增强安全意识和能力。

三是试点开展安全“五个一”行动。国网宜昌供电公司以“一堂课”增强安全意识，“一道关”提升安全能力，“一轮训”规范安全监管，“一台戏”营造安全氛围，“一场赛”巩固安全知识，强制性、针对性、系统性地开展安全教育培训。

四是试点开展“班组长＋”安全明星讲师团队建设行动。国网孝感供电公司面向基层生产班组，安全生产管理人员，“青安先锋”等，打造基层班组长安全明星讲师团队，精细修编班组安全学习课件，开展优秀班组长安全知识、安全技能巡回演讲授课活动。

五是试点开展“七步工作法”推动应急预案全面演练。国网恩施供电公司通过“确定原则、明确形式、制订计划、编制通用脚本、示范演练、过程督办考核、成果应用”七步工作法，组织专项应急预案、现场处置方案进行全面演练并修订发布。制作公司应急演练系统情景库（雨雪冰冻灾害、设备事故现场处置），应用于木兰湖应急培训基地。

六是试点开展“红网盾牌”建设行动。国网湖北信通公司创设“红领先锋”示范岗、责任区，举办国网湖北信通公司“红网盾牌”服务队竞赛，建立信息安全蓝队人才培养与选拔机制，成立第一批“红网盾牌”先锋队。

4）示范基地。

一是深化光美实训基地建设。发挥“最美安全卫士吴光美”典型示范作用，依托国网宜昌供电公司光美安全实训基地开展“三种人”安全技能、风控系统、装置性违章解析、带电作业、应急救援等安全培训活动，开展 10kV 智能环网、110kV 高、低双杆位训练区域改造，完善生产运维检修现场培训功能，服务基层、夯实基础、练好基本功。

二是建设应急安全文化示范基地。发挥“守护一方光明的安全卫士郭勇”

典型示范作用，国网湖北送变电公司建立“安全卫士教育室”，大力宣教安全生产知识文化；国网恩施供电公司编制《应急标准化管理一本通》，对应急组织结构、职责分工和流程进行了规定和固化。建设“劳模安全创新工作室”，引领安全技术创新；设立“安全卫士谈心室”，纠正安全问题。强化“最美安全卫士”精神引领，打造一流电力专业防汛抗洪、抗冰抢险特色应急队伍，树立“鄂电铁军”形象。

三是开展“安全生产示范企业”创建。国网湖北检修公司全面开展“安全生产示范企业”创建，抓本质安全能力提升，围绕“遵章守纪　守正创新”安全文化建设，开展“安全生产大学习大调研大反思”“作业现场日管控”和“作业风险库创建推广”等活动。

四是建设安全履责示范基地。国网湖北黄龙滩电厂深化“安全责任田　基层面对面”主题安全活动，落实“全员安全责任清单”。引导干部切实知责领责履责，带头学安全、讲安全，通过开展“一把手”讲安全课、安全微课堂、安全分析会等活动，引导员工自发谈体会、传经验、话安全，增强员工对安全生产的关注和思考，提升主题安全活动过程管控和质效。

五是打造标准化安全作业示范基地。国网襄阳供电公司持续完善“三有、三无、六统一”标准化安全作业现场管理模式，把严格履责、整顿纪律、优化作风、规范行为、提升能力作为重要抓手，组织开展“双基 +1（基本作风）”培训、标准化安全作业技能比武和示范演练等活动，打造激发安全内生动力的有效载体。

六是建设反违章示范基地。国网黄冈供电公司深化“全员反违章”活动，围绕“大家共承诺”“大家来找茬”“大家共创建”三个主题，组织开展“班组长安全宣誓”“违章图片全员大找茬”和“标准化安全作业现场创建观摩”等特色活动。

七是建设班组安全能力提升示范基地。国网孝感供电公司持续开展《全能型供电所安全工作一本通》宣贯，用“一本通”指导和规范供电所安全管理。举办“我为班组安全代言”演讲赛活动。

八是打造“安全 + 传统文化”示范基地。国网黄冈供电公司、十堰供电公司、国网孝感供电公司结合地方文化特色深入挖掘佛家、道家、孝行文化中有关安全的文化，形成具有地域传统文化特色的佛安文化、道安文化、孝安文化。

4.4.2 中国核电核安全文化建设实践

4.4.2.1 中国核电安全文化建设的早期探索

在党和国家几代领导集体的亲切关怀下，中国核工业从无到有，从小到大，从弱到强，建立了较完善的核科技工业体系，铸就了“两弹一星”惊世伟业，实现了核电建设零的突破和自主建设三代核电技术的重大跨越。中国核工业在总结半个多世纪两次创业的精神面貌、光辉业绩、共同价值和社会责任基础上，提出了“事业高于一切，责任重于一切，严细融入一切，进取成就一切”的“四个一切”核工业精神。

中国核电秉承核工业精神，在成立初期就坚持“安全第一，质量第一”的根本方针，并始终关注核安全文化建设。在秦山、田湾核电基地发展初期，通过吸收和融入国际理念，初步开展了一些核安全文化建设的实践工作，为后续中国核电一体化推进核安全文化建设打下了坚实的基础。

1. 秦山核电厂

1989 年，秦山核电厂首次接受国际原子能机构（International Atomic Energy Agency，IAEA）运行前安全评审，在此次评审过程中，秦山核电厂广泛接触到核安全文化管理理念。为了培育核安全文化，秦山核电厂引入 IAEA 的方法，自上而下地宣传和推广核安全文化，采用“走出去，请进来”的方式学习先进的核安全文化理念。通过广泛的宣贯、培训，实现了电厂管理层从传统安全观念到先进安全文化理念的转变。同时，为了强化员工安全文化意识，规范人员行为，电厂开展了各种安全检查活动，使得职工在安全培训、班组安全管理、反习惯性违章、现场隐患排查、执行各项安全管理制度等方面取得了很大成绩。

1994 年，秦山核电厂在核电机组投入商业运行之前，便提出了“安全是核电厂的生命”，并开始进行“核安全文化”培育。为了提高管理人员素养，秦山核电厂启动了管理人员转变观念，提高管理水平，向国外学习的计划。在 IAEA 的支持下，先后派出了四批管理人员到法国、美国、韩国等国进行安全管理提升培训，这为后来秦山核电厂构建现代化的管理平台奠定了坚实基础。通过与国际同行对标交流，管理层认识到人因管理的重要性，通过规范操作和强化意识纠正人的行为偏差，重点提高生产一线员工的核安全文化

意识和整体素养，以提升核电厂安全生产业绩。

1997 年，秦山核电厂首次接受 IAEA 运行安全评审（Operational Safety Review Team，OSART），秦山核电厂认识到对卓越安全文化原则的认知与行业高标准还存在差距，针对 IAEA OSART 评审团提出的建议，秦山核电厂认真分析原因并制定了一系列的纠正行动，进一步促进了秦山核电厂核安全文化的建设。

1998 年，秦山核电厂发生“T6 事件”（堆芯吊篮下部部件受损事件），电厂在“T6 事件”后相继公布了安全质量政策声明，制定了年度安全管理目标和五年规划，完善了管理制度体系，建立了状态报告制度，形成了良好的报告文化，在管理制度中强调保守决策，在公司纲领中明确安全文化是企业文化的核心，建立自我评审制度，不断持续改进。同时，也深刻认识到设备和企业员工是影响核电厂运行安全的两大关键环节，企业员工是关键中的关键。

2000 年，秦山核电厂提出了第一个五年规划，将核安全文化正式作为安全管理的重要组成部分，并对《运行质量保证大纲》进行了升版，增加了“运行经验反馈”和“持续改进”两项新内容，进一步加强了安全管理的措施。

秦山核电厂不断融合国内外优秀的核安全文化实践，形成了“安全视为生命、责任化为动力、制度保障效益、团队构造优势、创新成就未来”的核心价值观，形成了具有自身特色的安全文化理念。

2. 秦山第二核电厂

1996 年，秦山第二核电厂自开工之日起，就牢固树立“安全第一、质量第一”的根本方针，坚持本质安全、人机保护、分级管理、保守决策、监护操作等核安全文化理念。

2002 年，秦山第二核电厂在 1 号机组刚投入商业运行不久，2 号机组正在进行安装调试的情况下，接受了国防科工委（中华人民共和国国防科学技术工业委员会）核电厂运行评估委员会组织的国内首次核电运行评估。评估结果反映出核电厂核安全文化高标准的践行还有待提高。秦山第二核电厂接受运行评估后，电厂管理层非常重视问题的整改，从人、财、物方面提供了充分的保障，如优化了管理制度和管理流程，建立了指标管理体系、状态报告制度、十大缺陷管理制度，组织机构与部门职责接口分工更加明确，一些重要安全生产岗位人员得到了充实，对设备缺陷、定期试验、在役检查进行了有效跟踪和趋势分析等，电厂安全可靠性得到了明显的提升。

2003 年，秦山第二核电厂接受了世界核电运营者协会（Word Association of Nuclear Operators，WANO）同行评估，这也是中国核电首个接受 WANO 同行评估的核电厂。评估期间，电厂认识到管理与行业高标准还存在差距，针对 WANO 评估队提出的建议，电厂认真分析原因并制定了一系列的纠正行动，进一步促进了电厂核安全文化的建设。

2004 年，电厂借鉴国际同行先进经验，结合电厂的管理流程，自主开发了同期国内功能最为完善的状态报告系统，规范了报告问题、处理问题的流程，在电厂内部营造了员工关注安全、报告问题的氛围。

3. 秦山第三核电厂

秦山第三核电厂是国家“九五”重点工程，中国和加拿大两国迄今最大的贸易项目。工程于 1998 年 6 月 8 日开工，两台机组分别于 2002 年 12 月 31 日和 2003 年 7 月 24 日投入商业运行。在工程建设中，建立了“垂直管理，分级授权，相互协作，横向约束，规范化、程序化和信息化运作”管理模式，实现了工程管理与国际接轨，工程全部 104 个单位工程评为优良，优良率为 100%，电站各项指标满足设计要求，是同期世界上先进水平的坎杜 6 型机组，为我国核电发展积累了宝贵的经验。

2003 年，秦山第三核电厂投产后，通过与国际先进同行的管理对标，明确了以提升管理层领导力和员工职业素养为核心的核安全文化建设理念。一方面发挥管理层的带头、示范和管理作用，一方面重点提高生产一线操作人员的核安全文化的意识和整体素质。电厂逐步形成了以安全文化为核心的企业文化，提炼出“一个硬道理，两个永远，三化运作，四个创造，五星管理，六个期望”的“123456”安全文化体系。该体系作为电厂推行文化管理的理念和基础，促进了电厂的整体运行管理水平的持续提升。

2005 年，秦山第三核电厂管理层积极探索核安全文化的内涵以及与电厂安全管理的关系，发布了《核电企业的灵魂》安全文化专著，从建设核电企业安全文化、加强制度建设、环境建设等方面入手，对安全文化进行了深入分析和有益的探讨，开创性地建立了安全文化与星级目标管理的评价体系。

2010 年，秦山第三核电厂启动高标准电厂建设，持续开展与国际一流核

电厂对标管理，强化敏感设备管理、机组十大缺陷管理，以及日常消缺和预防性维修，促进设备管理绩效持续改进提升。同时，深入开展6S管理，将6S管理理念融入核电厂安全生产、机组大修和日常管理等各个方面，促进电厂管理和员工职业素养持续提升。

4. 田湾核电厂

田湾核电厂从建设初期就坚持“安全第一，质量第一”的根本方针，倡导“人人都是安全的一道屏障”的安全管理理念。

2004年，田湾核电厂接受IAEA运行前安全评审，吸收了国际同行的最新核安全文化理念和实践，结合电厂实际开展了核安全文化建设工作，并开展核安全文化全员培训。

2006年，田湾核电厂接受WANO同行评估，针对评估队提出的组织管理及核安全文化方面的问题，电厂制定了有效的纠正措施，开始全面推进管理规范化和精细化工作，基本形成了“垂直管理、分级授权、相互协作、横向约束、规范化、程序化和信息化运作”的企业管理模式，标志着电厂核安全管理由认知向提升转变的开始。

2008年，田湾核电厂接受中国核能行业协会同行评估，结合同行评估的结论，首次提出了电厂管理层期望和领域工作文化理念，电厂的日常工作逐渐由制度约束向文化牵引过渡。

2010年，田湾核电厂在管理层期望和领域工作文化理念基础上，进一步凝练出“明确的工作目标、质疑的工作态度、审慎的工作方法、清晰的沟通表达、严格地遵守程序、细致地自我检查、认真的工前会议，以及进取的和谐团队”的“总经理部八个期望”为核心的核安全文化建设理念，明确了电厂以核安全文化为核心的管理思路，传递出管理层的管理期望，旨在通过共同价值观的引导和共同愿景的建立，促进核安全文化的培育。

4.4.2.2 中国核电一体化推进核安全文化建设

中国核电各电厂在早期的发展中不断引入和借鉴国际同行先进经验，将其融入电厂安全管理实践中，并不断丰富核安全文化建设理论，开展了各具特色的核安全文化实践。

2008年，中国核电成立伊始，便从管理理念和组织构架上对标国际先进组织，在核安全文化建设中，始终秉承核工业精神，将核安全视为事业的生命线、企业的生存线、员工的幸福线，遵循“理性、协调、并进”的核安全观，坚持文化引领导向，一体化推进核安全文化建设。

1. 核安全文化建设推进总体思路

核安全文化是中国核电企业文化的灵魂和内核，是中国核电安身立命的文化根基。中国核电的企业文化以中华优秀传统文化为“养分”，以核工业文化为“土壤”，以核安全文化为“根系”，以追求卓越的导向为“主干”，以子公司文化的特色为“枝叶”，以国际一流目标为“果实”，如图 4–1 所示。

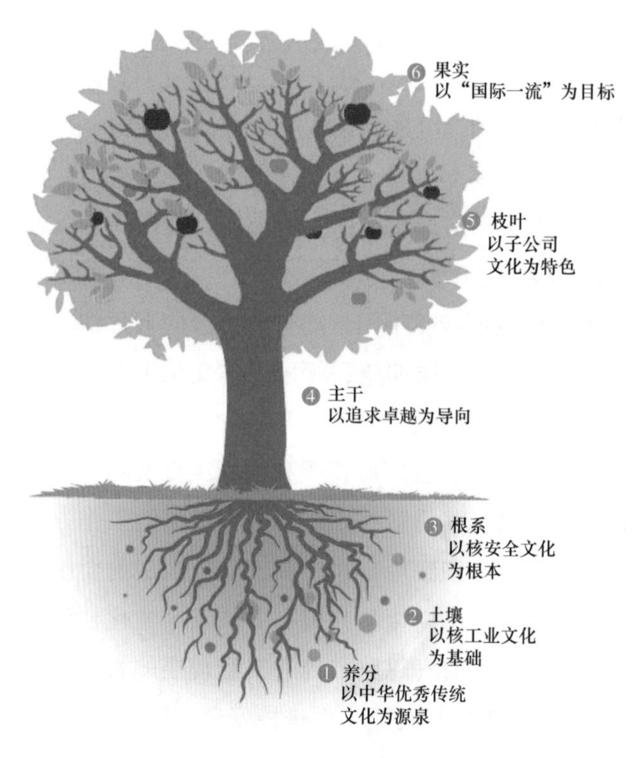

▲ 图 4–1 中国核电“卓越文化树”

核安全是安全文化建设的核心，安全文化是企业文化的重要组成部分，安全文化建设依赖于企业文化这个基础。

中国核电在借鉴国际、国内同行开展核安全文化建设经验基础上，结合自身多年核安全文化实践经验，总结出中国核电核安全文化一体化推进思路，

并应用于核安全文化建设工作中。

中国核电核安全文化一体化推进思路是指成立核安全文化推进专项组织，建立共同认可和奉行的核安全文化标准，开展系统化的培训与宣贯，明确各级人员的行为要求和职责，定期实施核安全文化评价与监督，识别核安全文化薄弱环节并改进，以持续提升核安全文化水平。

2. 组织机构与管理制度建设

中国核电安全生产委员会是中国核电一体化推进核安全文化建设的顶层组织。安全生产委员会业务组下设核安全组、工业安全组、辐射防护组、消防保卫组等 8 个业务小组。

2010 年，在中国核电安全生产委员会的领导下，中国核电成立了核安全文化推进专项工作组，统筹开展核安全文化标准开发，核安全文化评价体系建设，核安全文化宣贯培训相关工作。

中国核电发布了《核安全文化政策声明》，提出“核安全是事业的生命线、企业的生存线、员工的幸福线”的卓越核安全文化理念。同时，为规范中国核电及各成员单位核安全文化推进工作，中国核电发布了《核安全文化推进管理导则》，明确了各成员单位推进核安全文化建设的组织机构与职责、核安全文化标准，以及培育核安全文化的管理措施，通过宣贯与培训、专项评估、问卷调查等工作一体化推进核安全文化水平提升。

4.4.2.3 核安全文化标准的制定与发布

2010 年，中国核电通过 WANO 技术支持活动（TSM），组织了核安全文化评估培训研讨班，并邀请到 IAEA、美国核电运行研究所（Institute of Nuclear Power Operation，INPO）、日本核技术研究所（Japan Nuclear Technology Institute，JANTI），以及台湾电力公司的核安全文化专家就核安全文化标准开发工作进行研讨与交流。

通过对比分析，中国核电最终确定引入 WANO 发布的《强有力的核安全文化原则》，并于 2010 年 7 月正式发布了《中国核电卓越核安全文化的八大原则》（以下简称“八大原则”）。同时，中国核电巧妙地将核安全文化的基本内涵与中国古典文化相结合，创造性地设计了八张宣传图，加深了员工对八大原则的理解。

2013 年，WANO 发布《健康的核安全文化特征》。2015 年，国家核安全局、国家能源局和国家国防科技工业局联合发布《核安全文化政策声明》。中国核电鉴于国内外的发展趋势，于 2015 年着手开展核安全文化标准升版工作，并制定了五条升版原则：第一，要紧跟国内外变化步伐，使用行业共同的语言；第二，新标准要体现中国核电多年的经验；第三，要重点关注核电厂的核安全文化要素；第四，吸收国际新版标准的优点；第五，保持与《核安全文化政策声明》内容的协调一致。在此基础上，开发出了《中国核电卓越核安全文化的十大原则》(以下简称《十大原则》)，如图 4–2 所示。

▲ 图 4–2　中国核电卓越核安全文化的十大原则

《十大原则》在编制过程中，既参考国内外的最新进展，也保留中国核电的珍贵经验：每一个原则使用一句话清楚表达期望；原则中继续突出“认识核技术的独特性”；原则中增加“构建和谐的公众关系”，在内容上实现和政策声明的一致性；继承或新增对变化保持敏感、向监管方如实报告、反映长期业绩、确保设备的可靠性和避免组织自满五个属性，反映中国核电运行经验的积累；吸收国际最新实践，开发 237 条行为示例，方便核安全文化的落地；继续设计使用 10 张具有中国文化特色宣传海报，如图 4–3 所示，方便记忆和传播。

▲ 图 4–3 《中国核电卓越核安全文化的十大原则》海报

4.4.2.4 中国核电特色核安全文化建设活动

中国核电按照 GOSP（Governance、Oversight、Support、Performance 管控、监督、支持、执行）管理方式，依托群厂管理思路，开展了多项核安全文化一体化推进工作，如统筹开展核安全文化评价，推进群厂经验反馈体系建设和运转，防人因失误工具的开发、推广和应用，开展观察指导和人员行为监测，以及统一开展标准化的基本安全授权培训等。

1. 核安全文化评价

按照中国核电核安全文化一体化推进思路，为了识别核安全文化薄弱环节，中国核电早在 2009 年就计划启动核安全文化评估体系的建设工作。

2010 年，中国核电通过对比各国际组织的核安全文化评估方法，最终确定了引入 INPO 核安全文化评估方法，核安全文化推进工作组组织编制了《中国核电核安全文化评估体系》，如图 4–4 所示。

2011 年，为了进一步了解和掌握核安全文化评估方法，中国核电派出 3 名核安全文化推进工作组成员前往美国学习核安全文化评估方法与流程。中国核电参考国际实践，开发了核安全文化评估软件及核安全文化问卷调查系统，编制了核安全文化访谈问题清单。

▲ 图 4–4　中国核电核安全文化评估体系

2011 年，中国核电首次在浙江组织举办了首次核电厂核安全文化评估员培训班。为了保证核安全文化基本理念的传播以及核安全文化评价的实施效果，中国核电每年统筹规划，组织开发形式多样的核安全文化培训材料，对中国核电及各成员单位骨干人员进行核安全文化集中培训。截至 2018 年年底，中国核电已组织开展了 7 期核安全文化培训班，对中国核电及各成员单位近 150 名骨干人员进行了核安全文化理念和评价方法的培训。具备核安全文化评价资质的核电骨干人员，将进一步推动核安全文化向基层员工传播，有利于核安全文化内化于心。

2015 年，中国核电升版开发了“十大原则”见表 4–1，为充分体现核安全文化标准的新要求，中国核电结合第一阶段核安全文化评估经验，对核安全文化评估体系文件进行了升版，重新开发了适合中国核电的核安全文化访谈问题题库和问卷调查题库，核安全文化评估软件及核安全文化问卷调查系统，进一步完善了中国核电的核安全文化评估体系。

2011 年，中国核电对秦山核电厂实施了国内首次核安全文化评估。截至 2018 年年底，中国核电已成功组织实施了 10 场核安全文化评估（见图 4–5），

表 4–1 中国核电十大原则

原则	要素
原则 1：核安全人人有责	PA.1 高度的责任心；PA.2 坚持高标准；PA.3 发扬团队合作精神
原则 2：培育质疑的态度	QA.1 避免个人自满；QA.2 不确定时暂停；QA.3 对假设保持质疑；QA.4 对变化保持敏感
原则 3：沟通关注安全	CO.1 工作过程的沟通；CO.2 决策依据的沟通；CO.3 保持信息通畅；CO.4 强化期望
原则 4：领导作安全的表率	LA.1 安全承诺；LA.2 定义角色 / 职责和权限；LA.3 以身作则；LA.4 下现场；LA.5 提供资源；LA.6 激励 / 惩罚 / 奖励；LA.7 变化管理
原则 5：建立组织内部高度信任	WE.1 尊重他人；WE.2 重视建议；WE.3 解决冲突；WE.4 鼓励无顾虑报告安全问题；WE.5 报告问题多种渠道；WE.6 向监管方如实报告
原则 6：决策体现安全第一	DM.1 明确决策责任；DM.2 统一决策流程；DM.3 体现保守倾向；DM.4 反映长期业绩
原则 7：认识核技术的独特性	NS.1 认识核安全三个基本功能的重要性；NS.2 严守设计裕量；NS.3 工作全过程的风险控制；NS.4 确保设备的可靠性；NS.5 具有高质量的程序
原则 8：识别并解决问题	PI.1 识别；PI.2 评价；PI.3 解决；PI.4 趋势分析
原则 9：倡导学习型组织	LO.1 避免组织自满；LO.2 使用运行经验；LO.3 开展评估；LO.4 对标；LO.5 培训；LO.6 监督检查
原则 10：构建和谐的公众关系	PR.1 信息公开；PR.2 公众参与；PR.3 公众宣传

▲ 图 4–5 中国核电核安全文化评估活动

覆盖到中国核电所有运行核电厂。

自2015年起，中国核电基于核安全文化评估结果定期开发分析报告，通过对相关数据的分类、归纳与分析，挖掘中国核电在核安全文化建设方面存在的共性问题，并持续改进。

自2016年起，中国核电每年实施全员核安全文化问卷调查，超过90%的员工参与到核安全文化问卷调查活动中，及时了解中国核电核安全文化状况，同时营造了全员关注核安全文化的氛围。

2. 群厂经验反馈体系建设和运转

随着中国核电"规模化、标准化、国际化"战略目标的确定，中国核电建立了群厂经验反馈体系，并不断推动经验反馈体系标准化，稳步提高群厂经验反馈有效性。

中国核电群厂经验反馈管理体系，以经验反馈委员会为运作核心，以经验反馈信息平台为主要工具依托，明确了中国核电总部、成员公司、技术支持单位的主要职能、相互关系和需要分工协作的经验反馈事务，实现了从以前对单个电厂扩大为群厂范围的经验反馈管理。

2013年，中国核电制定了《中国核电经验反馈管理办法》，并开发了相应的标准化导则，为群厂经验反馈管理机制的运行提供了顶层制度保障。同时，中国核电建立了A、B类事件管理机制，通过识别A、B类事件、分析事件根本原因、制定和落实共性管理要求等措施，针对性解决各电厂实体缺陷、人员绩效和相关管理问题。

2013年，中国核电设计并开发了"中国核电经验反馈平台"（见图4–6），于2015年正式上线。该平台实现了中国核电A、B类事件实时管理以及各核电厂经验信息的实时共享，为将来经验反馈大数据分析以及信息的二次分析利用提供了基础条件。

同时，中国核电开展了基于统计过程控制的趋势分析工作，通过明确的、具有可操作性的异常趋势判断准则，以识别出某些领域存在的异常趋势。例如针对成员核电厂发生的重要事件，中国核电启动调查分析，开发重要事件群厂经验反馈报告。

3. 防人因失误工具的开发、推广和应用

2009年，中国核电组织编制了《防人因失误工具》手册（见图4–7），开

▲ 图 4–6　中国核电经验反馈平台

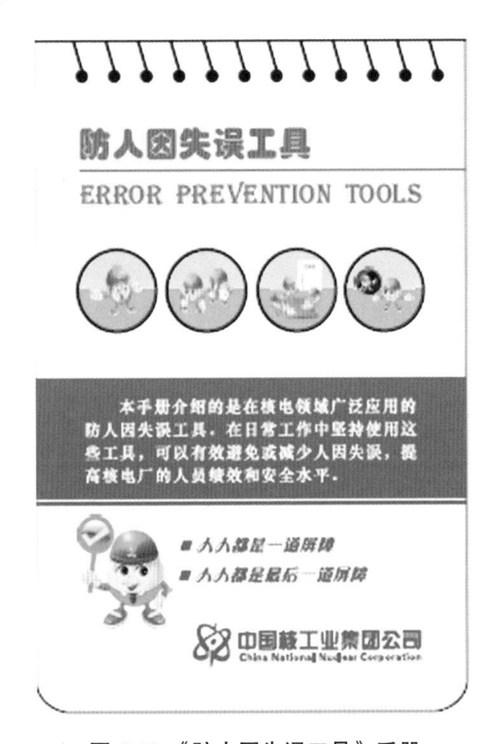

▲ 图 4–7 《防人因失误工具》手册

发了 11 个标准化防人因失误工具并推广应用。为了持续培育使用人因工具的氛围，中国核电设计了防人因失误工具海报等产品，并张贴至各电厂作业现场，让每位核电人将防人因失误工具使用内化于心，外化于行。

2010 年，中国核电在人因管理实践的基础上，发布了《核电厂人因管理基础》和《核电厂人因管理指南》（见图 4–8），为各电厂开展人因管理工作提供了有力指导。

▲ 图 4–8 《核电厂人因管理基础》及《核电厂人因管理指南》

2012 年，为了进一步增强培训效果，中国核电陆续推进了各核电厂人因实验室（见图 4–9）的建设，目前中国核电所有运行电厂均已建设人因实验室并投入使用。

2012 年，中国核电首次举办了防人因失误技能竞赛，以更好地宣传、引导、鼓励、激励核电职工用好防人因工具，截至 2018 年年底，已经累计举办 4 届。防人因失误职工技能竞赛活动已成为中国核电一项品牌活动。

为了加强人因管理领域的交流，中国核电定期组织各核电厂召开防人因失误专题研讨会、技术交流会等研讨活动，推进核电厂人因管理人防、技防综合发展，全面提升核电厂人因管理水平。中国核电通过推广“人因失误陷阱”查找竞赛活动，鼓励全体员工通过现场工作查找人因失误陷阱，并在经验反馈平台填写状态报告，反映查找到的人因失误陷阱。人因失误陷阱通常

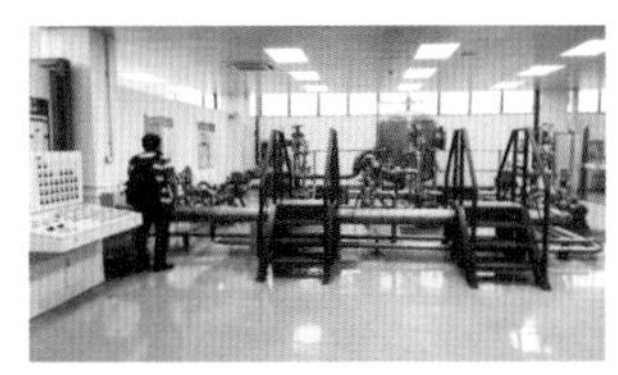

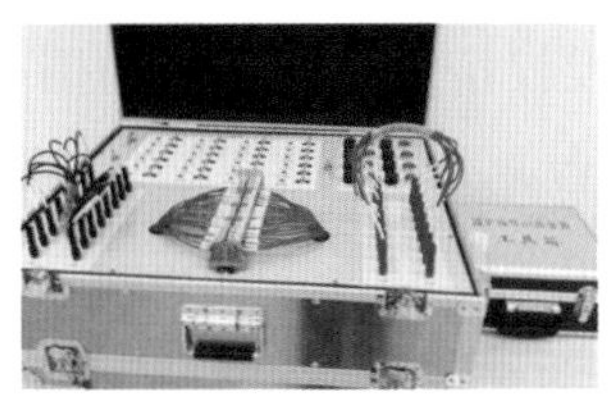

▲ 图 4–9　核电厂人因实验室

会涉及程序质量、工作准备、工作时间控制、人员知识和技能等。同时，中国核电持续强化对成员公司人因管理的监督，通过对核电厂人因事件二级分析和反馈，使核电厂人员了解人因失误产生的原因，结合自身工作吸取教训避免失误。通过这种方式，及时识别各成员单位人因管理的偏差和良好实践，指导各核电厂提升人因管理有效性。

4. 观察指导和人员行为监测

2015 年，中国核电在调研、了解、分析、理解国外同行经验的基础上，以系统化、标准化的思维推动开展观察指导工作，结合人因管理理论、《十大原则》和自身的实践经验，组织开发了《核电厂观察指导手册》，明确了中国核电各核电厂开展观察指导工作的基本原则。《核电厂观察指导手册》充分考虑核电厂各级领导下现场的需求，设计了观察指导卡，并给出了填写样例，切实提高观察指导的有效性。

2016 年，观察指导卡首次在秦山核电使用，后续又在田湾、福清等成员电厂普遍应用。

2018 年，中国核电发布了《观察指导管理导则》，进一步明确了核电厂实施观察指导的要求。

5. 标准化的基本安全授权培训

2011 年，中国核电成立了“核电厂网络化基本安全授权平台工作组”，专项开展中国核电的安全授权网络化培训的相关研究工作。

2012 年，中国核电编制了统一的核安全文化培训教材《核电厂安全文化》，用于各电厂的基本授权培训。同年，中国核电研发了核电厂基本安全授权课程网络化培训平台，并投入使用。同时，开发了 8 门基本安全授权培训课程多媒体课件，并部署在 e-Learning 系统中。目前，网络化培训体系已经覆盖所有基本安全授权培训领域。

2018 年，中国核电发布了《基本安全培训实施管理导则》，规范了各成员单位基本安全培训管理体系的建立和实施。目前，核电厂安全文化已经作为一项基本安全管理要素纳入所有成员公司的培训体系中，通过基本安全授权培训可以确保核电厂所有人员均能得到系统的核安全文化培训，了解核安全文化起源与发展，以及核安全文化在核电厂实际工作中的实践活动和管理层对员工行为的期望。

5
安全是责任

本章主要介绍了“安全是责任”的内涵，安全与责任的逻辑关系，责任与其他三个要素的联系，当前电力行业安全责任体系的现状、不足和展望，最后分别从政府层面和企业层面列举了落实“齐抓共管”要求和企业主体责任的良好实践。

152
党员实

5.1 概论

5.1.1 基本概念

安全是责任，顾名思义，是指企业安全生产离不开法定责任和工作职责的约束和守护。责任是贯穿安全生产全过程要素的纽带，是企业实现安全生产的必要因素，是促进技术发展、强化安全管理、开展文化建设的有效手段，研究明责知责、尽责担责和追责免责对提升安全生产水平有着重要的意义。责任划分本是安全管理的一部分，在我国电力安全实践中，历来强调安全责任，通过责任将人与物、人与环境的关系压实，形成对安全的最后约束。

责任，从字面理解有两层意思：一是指对事、对他人、对自己、对社会都有应尽的义务，也就是俗话说的"分内之事"。二是指没有做好分内的事，因而应承担的处罚，例如：推卸责任，追究责任。责任是一个完整的体系，包含四个基本要素：责任目标，即"干成什么样"；责任制度，即"具体干什么"；责任落实，即"究竟怎么干"；责任追究，即"没干好怎么办"。自古以来，有关责任的名言数不胜数：明代大儒顾炎武的名言"天下兴亡、匹夫有责"，强调的是爱国之责；梁启超说，"人生须知负责任的苦处，才能知道尽责任的乐趣"，辩证地反映了责任与权利的相对性；二战期间英国首相丘吉尔更是指出，"高尚、伟大的代价就是责任"，体现出每个人只要履行责任，对社会、集体而言就是高尚的、伟大的。

何为安全生产责任？其内涵是安全相关法定职责以及未履职尽责应承担的处罚。涉及两个层面，一是各级人民政府及相关部门依法承担的安全监督管理责任；二是从事生产的有责主体必须承担的安全法律责任，就是我们经常说的企业安全生产主体责任。

企业安全生产主体责任是企业社会责任的一部分，经历了从无到有的转变。19 世纪资本主义快速发展，工人作业环境恶劣，职业健康没有保障，雇工伤亡引发舆论关注和社会对抗，也激发政府、企业、专家、从业人员思考

“企业是否该承担包括雇工生命安全在内的社会责任”。1911 年 3 月 25 日，美国纽约埃斯科大楼制衣车间大火事故导致 146 人死亡，人们开始认真探讨企业生产经营的初衷究竟是什么。1924 年，美国学者谢尔顿首次提出“企业社会责任”的概念。他认为，企业社会责任与企业经营应该把满足人需要的责任联系起来，企业社会责任含有道德因素。1953 年，美国学者霍华德·鲍恩在《商人的社会责任》一书中也提到了企业社会责任这个概念。他认为，如果决策中考虑社会目标的话，就会带来广泛的社会和经济利益。这些观点的提出，逐渐转变了法律和社会认为企业不应该承担安全生产责任的错误观点。

1963 年《国务院关于加强企业生产中安全工作几项规定》（注：已于 2008 年 3 月废止）发布，首次提到了各企业单位必须建立安全生产责任制。经过几十年的发展，安全生产责任制已逐渐成为我国安全生产领域里长期坚持的一项最基本、最核心的制度。2016 年印发的《中共中央　国务院关于推进安全生产领域改革发展的意见》（中发〔2016〕32 号，简称中发 32 号文）指出：坚持党政同责、一岗双责、齐抓共管、失职追责，完善安全生产责任体系；企业对本单位安全生产和职业健康工作负全面责任，要严格履行安全生产法定责任，建立健全自我约束、持续改进的内生机制。2017 年《国务院安委办印发关于全面加强企业全员安全生产责任制的通知》（安委办〔2017〕29 号）印发，对企业建立健全全员安全生产责任制提出了明确要求。实践表明，构建严密的安全责任体系有利于增强各级领导和员工的责任心，调动安全生产的积极性，杜绝或减少事故的发生。

党的十八大以来，习近平总书记站在党和国家发展全局的战略高度，对安全发展理念、安全生产责任制等一系列重大理论实践问题进行了深刻阐释，确立了新时代安全生产的重要地位，揭示了现阶段安全生产的规律特点，体现了以人民为中心的发展思想，对于构建我国安全生产理论体系，加快推进安全发展战略，促进安全生产形势根本好转，具有重大的理论和实践意义。建立健全安全生产责任体系，要把安全责任落实到岗位、落实到人头，认真履行安全生产主体责任，做到安全投入到位、安全培训到位、基础管理到位、应急救援到位。各级政府要落实属地管理责任，坚持“管行业必须管安全、管业务必须管安全，管生产必须管安全”和“党政同责、一岗双责、齐抓共管、失职追责”，加强督促检查，严肃责任追究，严格考核奖惩，全面推进安全生产工作。

5.1.2 内涵要义

5.1.2.1 “安全是责任”理念内涵要义

安全是责任，就是将责任作为守护安全的底线措施，建立健全安全责任保障体系和监督体系，明确全员安全责任清单，贯彻责任落实措施，强化安全责任追究，有效规范和约束从业人员行为，达到守护和保障企业安全生产的目的。在我国，电力安全责任主要包括两部分，一是电力行业监管部门、各地属地电力管理部门对辖区内电力企业依法开展的行业监管或属地管理职责，另一个就是电力企业必须依法落实的安全生产主体责任。

责任是安全治理的约束和保障。责任原本是管理的一部分，但是在我国电力安全治理过程中，一直将责任作为独立因素，发挥重要、不可替代的作用。责任能够督促技术的自我检测、自我革新，能够确保技术在实际应用前，审视检查技术本身的安全性、实用性以及适用范围，并能促使技术在责任压力面前不断进步改良。责任是管理正常有效运行的约束，界定了管理动作中各层级职权在运用过程中的责任，确保安全治理运转不失控，把治理动作约束在一定范围之内。同时，有了责任的约束，才能确保抽象的文化有效渗透、落到实处，确保文化保持在正确、积极的方向上，持续扩散到体系的各级人员当中。所以说，是因为有责任的存在，才能让技术、管理、文化在正确的“轨道”正常运转，不至于跑偏，技术、管理、文化才能充分发挥作用。责任与技术、管理、文化之间的逻辑关系如图 5-1 所示。

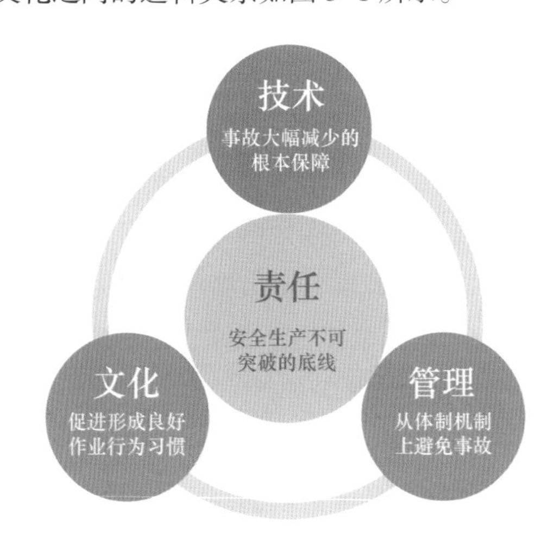

▲ 图 5-1 责任与技术、管理、文化之间的逻辑关系

责任是联系安全治理各个环节的纽带和手段。责任是电力安全治理体系中贯穿技术、管理和文化生产始终的要素和纽带，是技术、管理、文化在电力安全治理中发挥应有作用的内在约束和外在保障。通过知责、履责、追责等一系列手段和措施，构筑守护安全的“最后一道防线”和“最终枷锁”。

健全和完善电力企业安全生产责任体系对我国电力安全生产具有重大的意义。电力工业始终是我国国民经济的命脉，安全发展的重要性不言而喻。特别是改革开放以来，一代代的电力工作者围绕加强电力安全生产付出了大量研究和实践，形成了普遍共识：技术进步是电力生产事故事件大幅减少的根本保障，强化管理从体制机制上避免了超能力超强度导致的安全事故事件，有效提升风险管控水平，加强安全文化建设促进形成良好作业行为习惯，增强安全“软实力”。政府部门监督企业压实安全生产主体责任，落实法律规定动作，有效弥补技术、管理、文化方面的不足。所以说，责任是强化电力安全监管的最后一道防线，是企业必须坚守的底线，是技术、管理、文化的有益补充。责任与技术、管理、文化作为电力安全生产治理体系的四方面要素，共同构成防风险、除隐患、遏事故的坚实屏障。

5.1.2.2 行业监管和属地管理责任

我国已经建立了较为完备的电力安全生产法律体系，包括法律、法规、部门规章及相关规范性文件和技术规范标准（见表 5-1）。各级法律法规随着我国经济社会的发展不断修订完善，为政府部门、监管机构提供执法依据。

2003 年，《国务院办公厅关于加强电力安全工作的通知》（国办发〔2003〕98 号）印发，授权国家电监会具体负责电力安全监督管理，国家电监会正式开始履行电力安全监管职能。2013 年，电力安全监管职责并入重新组建的国家能源局。近年来，国家能源局作为电力行业安全监督管理部门，也作为国务院安委会成员单位，积极开展对电力企业的电力运行安全（不包括核安全）、电力建设施工安全、电力工程质量安全、电力应急、水电站大坝运行安全和电力可靠性工作等方面的监督管理。

同时，《安全生产法》也明确了电力行业的安全监管职责。国务院有关部门依照本法和其他有关法律、行政法规的规定，对有关行业、领域的安全生产工作实施监督管理；县级以上地方各级人民政府有关部门依照本法和其他

表 5-1 我国电力安全生产相关法律法规体系

序号	类别		相关法律法规标准
1	法律	基础法	《安全生产法》
		专门法律	《消防法》《特种设备安全法》《防洪法》《突发事件应对法》《网络安全法》
		相关法律	《刑法》《电力法》《建筑法》
2	行政法规		《电力监管条例》《电力安全事故应急处置和调查处理条例》《生产安全事故报告和调查处理条例》《水库大坝安全管理条例》《建设工程安全生产管理条例》《建设工程质量管理条例》《特种设备安全监察条例》《防汛条例》
3	地方性安全生产法规		如《山西省安全生产条例》《山东省生产经营单位安全生产主体责任规定》等
4	部门规章		《电力安全生产监督管理办法》《水电站大坝运行安全监督管理规定》《电力建设工程施工安全监督管理办法》《电力可靠性监督管理办法》《安全生产隐患排查治理暂行规定》《生产安全事故应急预案管理办法》
5	国务院文件		《中共中央　国务院关于推进安全生产领域改革发展的意见》《地方党政干部安全生产责任制规定》《国务院关于全面加强应急管理工作的意见》等
6	规范性文件		《国家发展改革委　国家能源局关于推进电力安全生产领域改革发展的实施意见》等
7	技术标准		《燃煤发电厂贮灰厂安全评估导则》《电网企业安全生产标准化规范达标评级标准》《防止电力生产事故的二十五项重点要求》《电力安全工作规程》等

有关法律、法规的规定，对有关行业、领域的安全生产工作实施监督管理。

《安全生产法》对执法行为提出了具体要求。安全生产监督检查人员应当忠于职守，坚持原则，秉公执法。安全生产监督检查人员执行监督检查任务时，必须出示有效的行政执法证件；对涉及被检查单位的技术秘密和业务秘密，应当为其保密。

《安全生产法》第九十条对政府监管人员的违法事项也作出规定。安全生产监督管理职责的部门的工作人员，有未依法批准验收事项、接到举报未依法处理、监管不到位、发现重大隐患不处理等事项的，给予降级或者撤职的处分；构成犯罪的，依照刑法有关规定追究刑事责任。

属地安全管理责任方面，中发 32 号文明确提到："理顺民航、铁路、电力等行业跨区域监管体制，明确行业监管、区域监管与地方监管职责。"《国家发展改革委、国家能源局关于推进电力安全生产领域改革发展的实施意见》（发改能源规〔2017〕1986 号，简称 1986 号文）也提出建立电力安全齐抓共管机制的实施意见，即电力安全监管责任仍由国家能源局及其派出机构承担，地方各级政府电力管理等有关部门按照"三管三必须"及法律法规，履行地方电力安全管理责任，将安全生产工作作为行业管理的重要内容，督促指导电力企业落实安全生产主体责任，加强电力安全生产管理。地方政府电力管理部门要积极配合派出能源监管机构，强化协同监管，联合组织开展安全检查、安全执法等工作，共同构建齐抓共管的良好工作局面。

此外，2018 年 4 月，中共中央办公厅和国务院办公厅印发《地方党政领导干部安全生产责任制规定》（厅字〔2018〕13 号），明确了县级以上地方各级党委、政府主要负责人、分管安全生产工作领导干部的安全生产职责，首次提出将地方党政领导干部落实安全生产责任情况纳入党委和政府督查督办重要内容，要求各级党委政府对下级党委和政府安全生产工作情况进行全面评价，将考核结果与干部履职评定挂钩，是"一岗双责"和"三管三必须"要求的具体体现。

5.1.2.3　企业法定责任

2021 年 3 月 1 日，《刑法修正案（十一）》正式生效，为安全生产强化法治措施提供了有力手段。生产经营单位若存在违反刑法的行为，将受到严厉的刑事责任追究。2021 年 9 月 1 日，新版《安全生产法》（简称新安法）正式实施，新安法进一步强化和落实生产经营单位的主体责任，建立健全全员安全生产责任制，强调了"安全绝非安监部门的事情"，是要依靠全员共同努力实现。新安法还明确地方政府和有关部门的安全生产监督管理职责，加大对安全生产违法行为和失职失责的处罚力度，为督促企业落实安全责任提供了坚强的法律保障。

电力企业生产经营过程必须接受应急管理部门的综合监管、国家能源局及其派出机构的行业监管和地方政府的属地安全管理。《安全生产法》《刑法》《电力安全生产监督管理办法》等法律规章对生产经营单位主要负责人、安全

管理人员职责做了明确规定，电力企业相关人员必须严格遵守法律规定，强化履职尽责意识和能力，确保生产经营依法合规。

安全生产法明确了生产经营单位主要负责人是本单位安全生产第一责任人，对本单位安全生产工作负有下列职责：

（1）建立健全并落实全员安全生产责任制，加强安全生产标准化建设；

（2）组织制定并实施本单位安全生产规章制度和操作规程；

（3）组织制定并实施本单位安全生产教育和培训计划；

（4）保证本单位安全生产投入的有效实施；

（5）组织建立并落实安全风险分级管控和隐患排查治理双重预防机制，督促、检查本单位的安全生产工作，及时消除生产安全事故隐患；

（6）组织制定并实施本单位的生产安全事故应急救援预案；

（7）及时、如实报告生产安全事故。

安全生产法还规定了生产经营单位的安全生产管理机构以及安全生产管理人员履行下列职责：

（1）组织或者参与拟订本单位安全生产规章制度、操作规程和生产安全事故应急救援预案；

（2）组织或者参与本单位安全生产教育和培训，如实记录安全生产教育和培训情况；

（3）组织开展危险源辨识和评估，督促落实本单位重大危险源的安全管理措施；

（4）组织或者参与本单位应急救援演练；

（5）检查本单位的安全生产状况，及时排查生产安全事故隐患，提出改进安全生产管理的建议；

（6）制止和纠正违章指挥、强令冒险作业、违反操作规程的行为；

（7）督促落实本单位安全生产整改措施。

生产经营单位可以设置专职安全生产分管负责人，协助本单位主要负责人履行安全生产管理职责。

新安法提高了经济处罚标准：生产经营单位的主要负责人未履行本法规定的安全生产管理职责，导致发生生产安全事故的，按照事故等级分别处以上年收入 40%、60%、80%、100% 的经济处罚。

新修订的《刑法》关于安全生产明确了重大劳动安全事故罪，强令、组织他人违章冒险作业罪，重大劳动安全事故罪，大型群众性活动重大安全事故罪，工程重大安全事故罪，消防责任事故罪，不报、谎报安全事故罪的定义以及相应的刑罚。

此外，《电力安全生产监督管理办法》分别对发电、电网、电力建设企业和水电站大坝的安全生产责任以及罚则予以了明确。

5.1.3 "安全是责任"理念的实践要点

落实"安全是责任"理念，首先要牢固树立"安全是责任"的意识。其次按照责任链条全流程分析，将责任划分为"责任目标、责任清单、责任落实、责任追究"四个要素。只有确定责任目标、明确责任清单、督促责任落实、强化责任追究，方可推动"安全是责任"理念有效落地。

5.1.3.1 树立"安全是责任"的意识

安全是责任，每个人在世上都不是形单影只地生活，对自己负责，就是对家人负责；对他人负责，就是对集体负责。电力行业经过多年发展，提炼出多种形式的"责任"："两票"是一种责任，"四不伤害"是一种责任，"四不放过"也是一种责任。安全责任界定了安全管理体系中各层级职权在运用过程中的职责，还将安全管理体系行为约束在一定的范围之内，明晰的安全责任能够引导各级生产人员重视安全生产、劳动保护、职业健康工作，切实贯彻执行国家政策法规，在认真负责地组织生产的同时，积极采取措施，改善劳动条件，降低安全事故风险。相反，责任意识不牢固而导致的事故一再发生，后果惨痛，教训深刻，发人深省。2018 年 6 月 9 日，某外包单位 1 名维护人员在贵州某风电场开展风机定检工作时，在风机第三层平台进行塔筒螺栓力矩作业过程中，从塔筒内部电梯孔坠落。2017 年 7 月 6 日，某外包单位 1 名维护人员在山东某新能源有限公司完成 A20 风机风速风向仪更换后，下塔过程中，作业人员坠落至第一节塔筒平台上，造成 1 人死亡。这两起事故都发生在风机质保期内，业主对厂家外包队伍在入场安全教育、资质审查、安全交底、作业监护方面均存在责任缺失的问题。责任是贯穿安全生产始终的要素和纽带，发生事故后，不论是人的不安全行为还是物的不安全状态导致，通常都能找到失职失责问题。一旦构成责任事故，都将面临严厉的处罚。

近年来，面对日益繁重和复杂多变的电力安全任务，行业监管与属地管理同时发力，加强联合监督检查，严肃事故责任追究，严格奖惩考核，对持续改进安全生产工作发挥了重要作用。同时，通过构建失职追责责任体系，在事故发生后进行严厉的责任追究，让事故责任人为事故发生付出代价，也让其他人员受到警示教育，达到提高安全生产意识的目的。

5.1.3.2 确定责任目标

让人民生命安全和健康获得保障既是个人的基本权利，也是国家的根本任务。发展决不能以牺牲人的生命为代价，这必须作为一条不可逾越的红线。强调安全生产"红线"，实质上就是把保护生命放在高于一切的位置，体现了"以人为本、生命至上"的价值取向，这正是安全生产工作的目标追求。

近年来，党中央、国务院高度重视安全生产工作，坚持以防范重特大事故为目标，狠抓各地区、各部门、各企业安全生产责任落实，生产事故数量和死亡人数均有了大幅下降。据统计，全国生产安全事故起数、死亡人数从历史最高峰2002年的107万余起、13万余人，降至2020年的3.8万余起、2.74万余人，按可比口径累计分别下降96.4%和78.9%；重特大事故从2001年的140起、2556人降到2020年的16起、262人，累计分别下降88.6%和89.7%。就电力行业而言，国家能源局提出了"系统稳定、人身安全、设备可靠、应急高效"的奋斗目标，划定了"杜绝重大人身、电力安全、大坝溃坝漫坝事故"的底线；着力管控电力安全风险，加强电力生产安全监管，"十三五"期间电力安全生产形势明显好转，2018—2020年连续三年人身伤亡事故起数和死亡人数都保持在低位水平。企业层面，全国19家电力安全生产委员会企业成员单位均在每年年初以文件通知的方式明确全年安全生产目标，各分支机构结合业务实际，通过逐级签订安全生产责任状，不断细化分解责任，贯穿全年落实。

科学合理的安全目标可以引领安全管理向更高层次迈进。《论语》有云："取乎其上，得乎其中；取乎其中，得乎其下；取乎其下，则无所得矣。"意思是指：一个人制定了高目标，最后有可能只达到中等水平；而如果制定了一个中等的目标，最后有可能只能达到低等水平；如果立一个低等的目标，就可能什么目标也达不到。安全生产亦如此，企业员工共同为之奋斗的安全目标，能有效激发员工主动性和积极性，引导其主动作为、关注安全指标、改善个人业绩，最终实现员工与企业的共同发展。近年来，多家发电企业提出了“零死亡→零事故→零伤害→零损失”的安全目标行动路径，这既是电力工作者为之奋斗的目标，也是电力工作者向全社会做出的庄严承诺。

科学合理的安全目标可以促进岗位责任制落实。目标管理是现代管理科学中一种基本的管理方法，它通过划分组织目标与个人目标的方法，将许多关键的管理活动结合起来，实现全面、有效的管理。通过工作设计，将企业的安全目标逐级分解，最终落实到岗位和个人。例如，发电厂通常按照四级控制来设置安全目标：企业控制重伤和事故，不发生人身死亡和重大设备和电网事故；车间控制轻伤和障碍，不发生人身重伤和事故；班组控制未遂和异常，不发生人身轻伤和障碍；个人控制失误和差错，不发生人身未遂和异常。在目标分解落实过程中，权、责、利明确和对等，环环相扣，形成协调统一的目标体系，推动岗位责任制和目标管理两者有机结合，通过管事实现管人，通过管人促进管事，从而更有效地推动促进岗位责任制的落实。

科学合理的安全目标可以有效衡量责任制落实情况。国际安全管理的趋势是既关注结果又重视过程。在结果性指标方面，国际上通行的指标是二十万工时指标，主要包括二十万工时可记录事件率、伤害率和损失工时率，统计范围既包括重伤和死亡事故，也涵盖轻伤和轻微伤害等造成工时损失的事件。在过程性指标方面，一些优秀企业特别重视统计未遂事件、分析安全观察数据，将安全管理的重心从事后整改转向风险预控，通过发现和纠正没有造成后果的事件和隐患，从源头上降低事故概率直至消除事故，值得学习和借鉴。杜邦公司 1912 年开始统计安全绩效，主要包括：工亡人数、总可记录事故率、损工伤害事故率；GE 公司、壳牌公司采用百万工时可记录事故率指标；美国铝业公司、道化学公司、BP 公司、埃克森美孚公司按二十万工时设置安全统计指标；壳牌公司还对职业病进行单独统计。

5.1.3.3　明确责任清单

广义的安全生产责任制度由安全生产法律法规和企业安全生产责任制组成。企业安全生产责任制，是指企业为贯彻“安全第一、预防为主、综合治理”的方针，严格落实“三管三必须”的要求，依据《安全生产法》等法律法规，结合企业安全生产的业务特点、人员配置，对企业主要负责人、其他领导班子成员、安全生产监督体系、安全生产保证体系和其他职能部门应承

担的安全生产责任作出的规定，以促进领导班子、各部门直至生产一线人员在安全生产工作中，牢固树立安全发展理念，做到各司其职、各负其责。它既是责任目标的直接体现，又是责任落实、责任追究的根本前提和基础。

“工欲善其事，必先利其器”，建章立制是企业构建安全生产体系的首要环节。电力生产、施工过程中安全风险无处不在，不仅一线操作人员和技术人员肩负安全生产责任，企业工会、宣传、后勤、消防、交通、公共卫生等归口部门也与安全生产息息相关。例如，财务部门承担着保证安全投入的责任，物资采购部门承担着审查承包商安全资质的责任，管业务的同时必须管安全，这就是我们反复强调的“一岗双责”。任一环节的安全责任落实不到位，就有可能导致事故发生。因此，安全生产责任必须落到纸面、严格规范，企业其他制度规定不得与安全生产责任制冲突。

建立健全安全生产责任体系，要在以编制领导和职能部门安全责任制的基础上编制基于岗位的全员安全生产责任清单和到位标准，让每名员工直观了解到本岗位安全生产工作干什么、怎么干、怎样才算干好，也就是经常说的“写我所做，写我应做，做我所写，达我所写”。编制全员安全生产责任清单和到位标准，要发动全员结合自身岗位安全风险以及失职后造成的问题后果来编制，要与企业组织机构建立或调整同步进行，要在生产经营活动开始前完成，确保各级人员清晰自身承担的安全义务，确保日常安全监督管理有据可依，确保发生事故事件后有据可查。所以说，建立健全安全生产责任制，既是开展安全生产工作的法律指引，也是“失职追责、尽职免责”的判定依据。比如，近年来外包队伍、外来人员事故屡禁不止。根据调查发现，部分企业与外包队伍安全生产职责界面不清，存在一定的责任真空；特别是成立技改、检修等临时组织机构后，未能建立与之相匹配的安全生产责任制，致使业主单位部分人员仍在按照老标准、旧责任来工作，忽视了对临时项目部的安全管理。例如，2018 年黑龙江某电厂超低排放改造期间，发生一起施工人员手动盘转空预器挤压空预器内部作业人员头部导致死亡的事故。经后续调查发现，该电厂未针对超低排放外包工程建立安全生产责任清单，未明确各区域安全监督负责人，对外包施工作业缺乏有效的监管机制。

此外，为保证各岗位职工明确自身岗位责任制，企业应将责任制相关内容纳入日常安全培训中，通过专题讲座、不定期培训等形式，使职工牢记岗位安全责任范围。近年来，责任制不清导致的擅自扩大作业范围，逐渐成为事故主因。例如，2018 年陕西某电厂脱硫吸收塔更换差压变送器时，热控人员违规指挥路过的输煤维护人员对脱硫吸收塔进差压变送器表管动火，火渣落入除雾器导致吸收塔着火，直接经济损失 800 余万元。

5.1.3.4 督促责任落实

如果说建立健全企业全员安全生产责任制是抓好企业安全生产工作的基础，那么落实主体责任就是企业坚守安全生产底线的根本。落实责任制是检验责任制有效性的判别标准，更是将责任制直接转化为安全生产效能的唯一途径。

1931 年，美国的海因里希提出了事故因果连锁论，用五块多米诺骨牌表示事故因果连锁过程，第一个原因出现牌即倒下，连锁反应发生，该理论把大多数事故安全生产责任归结于人的不安全行为，也曾一度被称作“工业安全公理”。但该理论忽视了企业雇主及管理者的责任，均将事故责任归结为工人，认为企业不承担安全事故方面的社会责任，表现出时代的局限性。尽管如此，因为该理论得出的推论一切事故都是有原因的，因此事故因果连锁论仍是安全学科的重要理论基础之一。英国的亚当斯和日本的北川彻三提炼出现代因果连锁理论，认为企业管理人员的决策对安全工作具有决定性作用，管理人员的决策受文化、政治、经济、教育等因素影响，能否熟知自身的安全责任、能否愿意履行自身的安全责任、是否具备履责的能力等已成为人身安全事故发生的主因。由此可见，每一起人身事故的发生，都与企业安全生产管理体系及各岗位责任制的落实息息相关。

以 2020 年全国电力事故为例，全年共发生 36 起人身事故导致 45 人死亡，其中人的不安全行为造成 23 起事故导致 32 人死亡，事故起数占比 64%，死亡人数占比 71%，如图 5-2 所示。人的不安全行为事故归根结底都属于责任链条在落实环节出问题引起，有的是因为风险防控责任不落实，未能有效辨识、管控风险；有的是因为隐患排查治理责任不落实，未能按规定检查或者查出问题举一反三治理不够，造成问题异地同类反复发生；有的是因为安全教育培训责任不落实，人员不具备专业技能便上岗作业；有的是因为技术审查责任不落实，专项施工方案不具备、不审核便随意开工；有的是因为现场监护责任不落实，高风险作业没有现场监护、不执行“两票”贸然作业……正是这些安全生产责任不落实，给许许多多家庭带来了灾难性的打击。

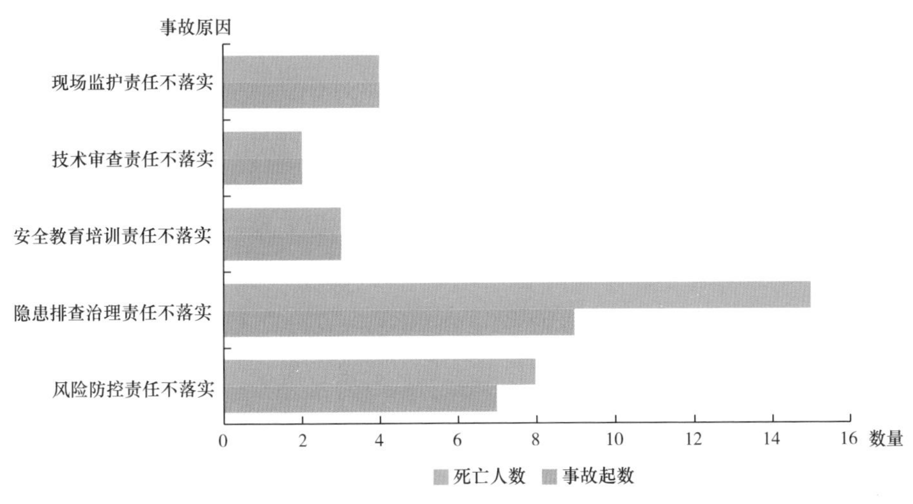

▲ 图 5-2　2020 年电力行业人因事故责任分析

以 2018 年湖南某地风机倒塔事故为例，业主单位未落实设备管理主体责任，对质保期内风机安全管理介入不够，过分依赖厂家维护队伍，对现场消缺工作未进行监督和把关，厂家在风机维护消缺后未合上紧急变桨直流电源开关，导致紧急变桨失败，叶片处于全开位置，风机严重超速、振动严重超标，造成倒塔事故。

与此相反，绝大多数企业在压实各级人员安全生产责任方面采取了一些新的举措。2012 年以来，中国大唐集团公司为督促生产人员严格执行“三讲一落实”（即讲任务、讲风险、讲措施、抓落实），创造性推出并实施“六规”管理规范，通过规定时间、规定地点、规定人员、规定内容、规定指导、规定监督，对生产作业开工前和执行过程中的责任落实情况采用视频和远程信息化系统监督，促进全员安全生产责任制在现场有效落地。该集团自开展“六规”以来，各级人员养成了按岗位职责办事的良好传统，近十年来保持了安全生产局面总体稳定。

近年来，大型电网、发电集团都在强化安全主体责任落实方面互相学习借鉴，组织专家研究，开展了许多行之有效的工作，形成了宝贵的经验。一是狠抓企业主要负责人落实法定责任。企业主要负责人有权利配置资源保证技术投入，推动改善管理，营造良好安全文化氛围，是推动企业落实安全生产主体责任的关键。二是设定全员安全目标和任务，健全责任体系，签订安全生产责任状，实现安全目标沿着责任链条传递。三是建立安全绩效考核和奖惩制度，实行违章积分管理，培养按责任清单办事的良好行为习惯，实行安全生产党政主要领导首问负责制，做到尽职照单免责、失职照单问责。四是用好检查、督查、巡查、事故事件调查、“回头看”以及安全专项监督审计等方法论，推动企业从事后追责向无后果追责、提前预控转变，以强制性手段确保责任、制度、要求得到落实。

5.1.3.5 强化责任追究

要严格事故调查，做到审时度势、宽严有度，解决失之于软、失之于宽的问题。所有企业都必须认真履行安全生产主体责任，做到安全投入到位、严格考核奖惩。要加大安全生产指标考核权重，实行安全生产和重大安全生产事故“一票否决”。对事故责任单位和责任人要打到痛处，让他们真正痛定思痛、痛改前非，有效防止悲剧重演。多年来各企业的实践证明，强化责任追究，严肃问责考核，是督促企业建立健全责任制、落实安全生产主体责任的有力武器。

近年来，国家能源局作为电力行业安全监管部门，已经建立了行政处罚、行业通报警示、监管约谈和风险排序等多种追责处罚方式。例如，2018 年国家能源局印发的《电力安全监管约谈办法》，对电力企业发生的 10 种情形进行约谈（见表 5–2），并将约谈情况在国家能源局网站公布，在行业内起到警示作用，从事后追责的角度督促企业压实各级人员特别是主要负责人的安全生产责任。

国家能源局派出机构在现场执法检查中，可以依据《电力安全生产监督管理办法》《电力建设工程施工安全监督管理办法》《电力可靠性监督管理办法》等部门规章对企业不落实法定责任和无故不执行规定监管部门工作要求的采取行政处罚。

企业内部追责考核方面，电网、发电、电建企业都已经建立了完备的事故报告调查处理以及追责考核机制，将责任事故定义为人员违反规章、失职过失、违反劳动纪律、安全措施不当、事故处置不正确、生产管理失控等情形引起的事故，对事故处理应坚持“事故原因未查清不放过、责任人员未处理不放过、整改措施未落实不放过、有关人员未受教育不放过”的原则，严格按照安全生产责任清单和到位标准追究从企业党政主要负责人、中层干部

表 5-2 《电力安全监管约谈办法》规定的约谈情形

序号	约谈情形
1	发生《电力安全事故应急处置和调查处理条例》规定的电力安全事故
2	发生重大及以上生产安全事故
3	发生性质严重、社会影响恶劣的较大生产安全事故
4	3 个月内发生 2 起以上较大生产安全事故
5	3 个月内发生 5 起以上一般及以上生产安全事故
6	发生造成重大社会影响的电力安全事件
7	谎报、迟报、瞒报、漏报电力安全信息
8	未贯彻落实安全生产法律法规和党中央、国务院有关安全生产的决策部署，安全生产责任制落实不到位
9	发现重大安全生产隐患或存在重大安全生产风险
10	国家能源局认为有必要实施监管约谈的其他情形

到直接责任人的领导责任、直接责任、管理责任，实施政纪处分和经济处罚并举（见表 5-3），规定相应处分影响期，提高责任制度不健全、责任制度停

表 5-3 某发电集团事故责任人政纪处分及经济处罚对照表

岗位职务 / 事故等级	事故主要责任人	事故次要责任人	三级单位责任部门负责人	三级单位负责人	二级单位主管部门负责人	二级单位负责人
一般事故	留用察看至开除并处罚年收入 40%	留用察看	降级至撤职并处罚年收入 40%	记过至撤职并处罚年收入 40%	警告至记过	警告至记过
较大事故	解除劳动合同	记过至留用察看	撤职	降级至撤职处罚年收入 60%	记过至降级	记大过
重大事故	解除劳动合同	解除劳动合同	解除劳动合同并处罚年收入 80%	撤职并处罚年收入 80%	撤职	降级或撤职
特别重大事故	解除劳动合同	解除劳动合同	解除劳动合同并处罚年收入 100%	撤职并处罚年收入 80%	撤职	降级或撤职

留在纸面的违规成本。

部分电力企业按照《安全生产法》《企业安全生产责任体系五落实五到位规定》，制定了“党政同责、一岗双责”方面的责任制度，明确企业党政组织共同对本单位安全生产负责，党政领导班子成员既要履行业务工作的职责，又要履行安全生产工作的职责，发生事故后，党委领导和业务领导要按照事故调查承担相应的行政处分和经济处罚。

针对未造成事故事件但是在安全生产工作中有失职失责的情形，部分企业还建立了相应的问责办法，采取约谈、通报和建议组织处理等措施，强化对领导干部的无后果追责力度。

严厉的安全生产追责问责彰显了“发展决不能以牺牲安全为代价”这一红线，是强化安全监管、督促企业落实主体责任的有力保障。各级监管机构执法人员、企业安全生产监督人员要坚持依法治安、以制严安、以严保安，对照法规标准查失职失责行为，对照责任清单追责问责，形成安全生产责任落实由企业被动接受监管向主动加强管理转变的良好局面。

5.2　电力安全责任体系的现状

目前国际上的安全管理研究机构普遍认同将企业安全管理水平由低到高划分成四个阶段。

第一阶段是最低阶段即自然本能阶段。主要特点是企业规章制度不健全，管理者对安全缺少具体的行动，监督管理缺失；员工安全培训不到位，主要依靠经验进行工作。事故不受控制，安全风险突出。

第二阶段是严格监督阶段。主要特点是企业已经建立必要的安全管理规章制度，管理者重视安全，实行严格的安全监督管理；但员工处于被动服从状态，缺少主动性和参与意识，认为安全管理只是安全监督部门的责任。这个阶段安全管理的效果主要取决于安全监督和考核的力度，安全管理无法做到全覆盖，事故时有发生。

第三阶段是自主管理阶段。主要特点是员工将安全视为个人成就和价值，

关注自身安全，主动参与安全生产管理，自觉处理安全问题，甚至在工作时间之外也将安全作为日常生活的行为习惯。这一阶段，事故的发生是极其偶然的。

第四阶段是团队管理阶段。主要特点是安全文化深入人心，安全人人有责、各尽其责；员工相互分享安全经验，不仅关注自身安全，还留心观察、纠正他人的不安全行为，不但自觉遵守各项规章制度，还提醒、督促别人遵章守纪。除非遇到不可抗力，事故是完全可以避免的。

以上四个阶段代表着安全管理循序渐进的发展过程。从自然本能阶段到严格监督管理阶段，制度从无到有、管理从松到严，是实现“制度理性”的量变过程；从严格监督管理阶段到自主管理阶段，管理思想从事后转向事前，员工意识从被动变为主动，是实现“意识觉醒”的质变过程；而从自主管理阶段到团队管理阶段，人的主动落实责任意识不断增强，是“自我解放”的质变过程。安全管理的发展史就是马克思强调的“人的自由全面发展”的历程。按照美国杜邦公司、壳牌公司等安全管理先进企业的实践经验，可以认为，自主管理阶段即代表企业进入了安全管理世界一流阶段，而团队管理阶段就标志着企业达到了安全管理世界一流水平。

我国电力企业的管理水平基本都在严格监督管理阶段或严格监管向自主管理跨越的阶段，这一阶段最有效的管理方式就是“严”，管理越严格，安全生产形势就越趋于稳定，为建立长效机制赢得时间，为进入更高阶段创造条件。重点是继续保持对安全生产事故惩处的高压态势；在此基础上，建立全员安全生产责任制，将责任真正落实到各个岗位、各个环节，做到“失职照单追责，尽职照单免责”；追究从事后向事前延伸，加大对违章和隐患的考核力度，制定“违章就下岗”“隐患排查治理责任追究”等具体措施，将压力沿责任链条由管理者向车间、班组和员工传递。

失职照单追责，尽职照单免责，这个“单”包括法律规章制度明确的责任和上级单位赋予的工作职责，这个“单”就是电力企业的“分内之事”，是责任制度的重要组成。本节将重点介绍电力企业明责职责、尽责担责和追责问责机制，引入近年来企业未落实主体责任内外部追责处罚案例，反映出安全生产高压态势不减，未来一段时期我国对事故和对法定要求不落实从严惩处的决心不变。本节最后简要分析了当前政府监管和企业履职尽责存在的一些不足，需行业各方高度关注。

5.2.1 明责知责机制

著名教育家陶行知先生曾经说过：“知责任，明责任，负责任。”也就是说我们每个人都应该具有责任感，清楚自身承担的、肩负的职责。在安全生产方面，就企业而言，要求明确企业的安全生产主体责任；就个人而言，要求清楚掌握个人的岗位安全生产职责。明责知责，就是要明晰责任，懂得责任。现代社会从各个角度赋予了我们职责，每个人都有责任、有义务知道自己的责任，知道你是谁、为了谁，知道自己是干什么的、该干什么、干好什么，才能切实做到守土有责、守土尽责、守土担责。在家庭、学校中如此，在企业中更是如此。不明晰自己的责任、不知道自己的责任，不仅会毁掉一个员工的事业，更会给企业带来灭顶之灾。责任感认知缺失的后果是严重的，就像一颗铆钉足以倾覆一列火车，一个烟头足以毁掉一片森林。

明责知责才能更好履责担责，明责知责是尽责担责的前提和基础。企业全员安全生产责任制的实质在于企业明确每个人的安全生产责任，所有人员关注并清楚自身的安全生产工作内容和工作责任，并落实到位。

安全生产责任制明确安全生产责任的层次，日常安全生产的每一个环节都需要认真对待，每一步都要精益求精，只有秉持着精益求精的态度，才能保证安全生产工作的健康有序运行。其中安全生产责任制是指对所有组织和个人的安全责任进行正确的定位，明确自身的角色和责任，以及对生产活动的安全管理工作进行细分。在明确责任后，工作标准要高、严、精。使所有的决策、目标、任务、计划都能分层分解，逐步达到目标。

近年来，国内发生的江苏响水“3·21”、天津港“8·12”等多起重特大生产安全事故，造成了严重的人员伤亡和财产损失。分析这些事故，企业主体安全责任落实不到位成为主要原因之一，具体到事故企业主要负责人及相关责任人，他们对自己的安全职责“一无所知”的情况也比比皆是。企业要全面落实安全生产责任制，前提是建立健全各部门、人员的安全生产责任，形成不同层次、人员的安全生产责任体系。为推动企业主体责任归位，推进不断建立健全安全生产责任体系，国家先后出台了《中共中央　国务院

关于推进安全生产领域改革发展的意见》《企业安全生产责任体系五落实五到位规定》等系列政策规定，既为企业建立安全生产责任体系提出了明确要求，也列出了具体的操作指南。具体到企业主要负责人及各岗位人员，更是要首先明责、知责，才能形成具体的行动指南和到位标准，没有这个前提和顶层设计，后面的规划再细致、再全面，也只会更加“南辕北辙”“相去甚远”。

安全生产责任制明确安全生产责任的层次，日常安全生产的每一个环节都需要认真对待，每一步都要精益求精，只有秉持着精益求精的态度，才能保证安全生产工作的健康有序运行。其中安全生产责任制是指对所有组织和个人的安全责任进行正确的定位，明确自身的角色和责任，以及对生产活动的安全管理工作进行细分。在明确责任后，工作标准要高、严、精。使所有的决策、目标、任务、计划都能分层分解，逐步达到目标。

5.2.1.1 明确岗位安全职责

企业建立健全安全生产责任制度应遵循“横向到边、纵向到底”总体要求，形成覆盖所有部门、所有岗位、所有人员的安全生产责任网络体系。“横向到边”要求企业建立的安全生产责任制中应包括生产、技术、安全、财务、工会等所有党政工团部门的职责；“纵向到底”则要求责任制应包括主要负责人、部门负责人、安全管理人员、特种作业人员及一线员工等所有人员在内的职责。通过建立健全企业全员岗位安全生产的责任清单、量化的到位标准，明确安全生产失职及渎职的考核标准，履行岗位安全生产责任的权利与义务，实现厘清全员岗位安全生产责任的工作目标。一个卓越的全员岗位安全生产责任制关键要素在于在全员自身业务职责基础上编制基于岗位的全员安全生产责任清单和到位标准。能够紧密结合公司经营业务核心及安全风险管控重点，按照“党政同责、一岗双责、齐抓共管、失职追责”和“安全生产、人人有责”的原则，围绕“一个中心、两个基础保障、三个工作界面”的思路开展。

建立安全生产责任制应包括成立编制小组、资料收集、起草编制、组织审核、发布实施、学习培训、监督考核、持续改进 8 个步骤。

（1）成立编制小组。企业制定安全生产责任制度应成立由主要负责人为组长，各党政工团部门负责人和职工代表为成员的制度编制小组，组织开展安全生产责任制的编制工作。

（2）资料收集。编制小组应收集相关法律法规、标准规范以及同行业企业制定的责任制度等资料。

（3）起草编制。编制应按照相关法律法规规定，按照企业实际进行编制。法律法规对相关部门和人员责任有规定的，应必须将规定条款编入。法律法规没有明确规定，应按照其工作职责，确定相应的安全生产职责。编制应遵循科学、合理、实事求是的原则。

（4）组织审核。起草完的责任制度应交企业权力机构进行审核，必要时可邀请政府主管部门工作人员或相关专家进行外部审核。审核通过予以发布，不通过则退回编制小组重新修改，直到审核通过。

（5）发布实施。审核通过的责任制应由企业主要负责人签发，以正式文件形式向全公司发布。

（6）学习培训。发布后的责任制应组织全体员工进行学习培训，让每位员工熟知其安全生产责任。

（7）监督考核。组织对责任制落实情况进行监督考核，并把考核结果纳入员工工作绩效。

（8）持续改进。发布后的责任制应对其实用性、科学性进行持续改进。

《国务院安委会办公室关于全面加强企业全员安全生产责任制工作的通知》（安委办〔2017〕29号）下发以来，各电力企业按照国务院安委会、国家能源局的部署，结合公司安全生产业务核心及风险管控的重点，推进企业全员岗位安全生产责任制的建设，建立起安全生产工作“层层负责、人人有责、各负其责”的工作体系，有效预防因岗位安全生产责任的失职、渎职造成企业损失的不安全事件的发生。表5-4和表5-5是某电力企业依据安全生产相关的法律法规、企业安全生产管理规章制度及标准，全面识别、获取的全员岗位安全生产责任职责、量化到位标准、考核标准、权利与义务。

5.2.1.2　积极推动知责于心

建立安全生产责任制之后，更加准确清晰地知责就成了尽责担责前最重要的一个关口。企业全员要把责任清单和到位标准中的各项责任始终记在心里、扛在肩上、抓在手上，做到安全责任“不松手”“不甩手”“不袖手”“不

表 5–4　某企业发布的厂长岗位安全生产责任制

<table>
<tr><td colspan="5">厂长是本单位安全生产第一责任人，对本单位的安全生产工作负全面责任。接受上级单位及地方政府的领导并对其负责，组织做好本单位安全生产与职业健康工作，落实企业主体责任。</td></tr>
<tr><th>序号</th><th>职责</th><th>到位标准</th><th>考核标准</th><th>权限与义务</th></tr>
<tr><td>1</td><td>组织贯彻执行法律法规、标准和上级规章制度</td><td>1）每年组织学习新颁布的有关安全生产的法律、法规、规范标准并贯彻执行，及时处罚纠正执行不到位的人员。
2）每年 1 季度组织完成安全生产法律法规及其他要求的识别、获取，建立法律法规清单，将有关要求融入安全生产规章制度和规程，执行率 100%。
3）每年 1 季度组织合法合规性评价</td><td>未执行，考核 1000 元；经上级单位要求仍不落实的，由 ××× 给予提示约谈</td><td rowspan="4">1）有权制止“三违”行为，并提出考核意见。
2）有权停止危及人身安全的作业，并组织人员进行撤离。
3）有权审查、批准安全生产费用。
4）有权审定、签署、发布应急救援预案。
5）有权提出安全奖惩意见。
6）有权审批安全生产教育培训计划。
7）有权审定、批准年度工作计划。
8）有权督办安全生产事故隐患。
9）有义务接受安全生产教育和培训并持证上岗。
10）有义务监护、指导重大操作、重大作业项目。
11）有义务批阅安全生产文件并提出贯彻意见。
12）有义务召开安委会会议、安全生产分析会会议。
13）有义务组织应急救援预案演练与培训。
14）有义务按照“四不放过”的原则进行调查处理，追究有关人员责任。
15）有义务开展职业危害治理及职业病防治工作</td></tr>
<tr><td>2</td><td>组织制定安全生产目标及措施</td><td>1）每年 3 月组织制定本单位安全生产目标及控制措施。
2）每年 3 月与各部门负责人签订安全生产目标责任书，签订率 100%。
3）每年 12 月组织安全生产目标完成情况的年度绩效考评，考评覆盖率 100%</td><td>未执行，考核 1000 元；经上级单位要求仍不落实的，由 ××× 给予提示约谈</td></tr>
<tr><td>3</td><td>建立健全并落实安全生产责任制</td><td>1）每年 1 季度组织安全生产责任制的评估和更新工作，全员岗位责任制 100% 全覆盖。
2）每半年组织开展厂级、每季度组织开展部门 / 班组级安全职责履职评价工作，评价覆盖率 100%</td><td>未执行，考核 1000 元；经上级单位要求仍不落实的，由 ××× 给予提示约谈</td></tr>
<tr><td>4</td><td>保证安全监督机构及其人员配备符合要求，直接领导和支持安全监督部门履行职责</td><td>1）组织设立具有安全监督职能的 HSE 部，并配置专职安全监督管理人员，满足安全生产监督工作实际需要，持证上岗率 100%。
2）直接领导和支持安全监督部门履行职责，每月听取 HSE 部安全生产监督情况汇报。
3）根据 ×× 安质环部检查 HSE 部履职情况，问题整改闭环率 100%</td><td>未执行，考核 1000 元；经上级单位要求仍不落实的，由 ××× 给予提示约谈</td></tr>
</table>

续表

序号	职责	到位标准	考核标准	权限与义务
5	成立安全生产委员会，负责统一领导本单位的安全生产工作，研究决策本单位安全生产的重大问题	1）安全生产委员会成员应100%覆盖生产、经营、工程建设各部门，成员发生变更后20个工作日内，督促安委会办公室下发文件。 2）每季度主持召开安委会，研究解决安全生产重大问题和生产安全事故隐患，整改闭环率100%	未执行，考核1000元；经上级单位要求仍不落实的，由×××给予提示约谈	1）有权制止“三违”行为，并提出考核意见。 2）有权停止危及人身安全的作业，并组织人员进行撤离。 3）有权审查、批准安全生产费用。 4）有权审定、签署、发布应急救援预案。 5）有权提出安全奖惩意见。 6）有权审批安全生产教育培训计划。 7）有权审定、批准年度工作计划。 8）有权督办安全生产事故隐患。 9）有义务接受安全生产教育和培训并持证上岗。 10）有义务监护、指导重大操作、重大作业项目。 11）有义务批阅安全生产文件并提出贯彻意见。 12）有义务召开安委会会议、安全生产分析会会议。 13）有义务组织应急救援预案演练与培训。 14）有义务按照“四不放过”的原则进行调查处理，追究有关人员责任。 15）有义务开展职业危害治理及职业病防治工作
6	组织制定并落实安全生产规章制度和操作规程	1）每年组织安全生产规章制度评估、修订并发布有效清单。 2）每年组织检查规章制度和规程执行情况，问题整改闭环率100%。 3）每3年组织安全生产规章制度全面修订，覆盖率100%	未执行，考核1000元；经上级单位要求仍不落实的，由×××给予提示约谈	
7	保证安全生产投入的有效实施，保证安全奖励经费的提取和使用	1）每年4季度组织制定并审批次年度安全生产费用计划。 2）每半年组织对安全生产费用的使用情况进行一次内部自评估，发现问题1周内召开专题会议协调解决。 3）审批安全生产奖励专项资金，按奖惩规定100%考核兑现。 4）每年1季度审批上年度的评先评优工作，对安全生产先进集体和个人给予表彰和奖励	未执行，考核1000元；经上级单位要求仍不落实的，由×××给予提示约谈	
8	组织劳动保护与职业危害控制	1）组织新建、改建、扩建项目职业健康设施100%履行“三同时”。 2）组织每年的职业危害检测及每3年的职业危害评估工作，评估覆盖率100%	未执行，考核1000元；经上级单位要求仍不落实的，由×××给予提示约谈	

续表

序号	职责	到位标准	考核标准	权限与义务
9	组织制定并实施安全生产教育和培训计划	1）每年11月组织编制次年安全生产教育和培训计划，并审批实施，执行率100%。 2）每年12月组织检查计划执行情况，计划完成率100%。 3）参加地方安全监督部门和上级组织的安全生产教育培训并取得培训合格证书，持证上岗，初次安全培训的时间不少于32学时，每年再培训时间不少于12学时	未执行，考核1000元；经上级单位要求仍不落实的，由×××给予提示约谈	1）有权制止“三违”行为，并提出考核意见。 2）有权停止危及人身安全的作业，并组织人员进行撤离。 3）有权审查、批准安全生产费用。 4）有权审定、签署、发布应急救援预案。 5）有权提出安全奖惩意见。 6）有权审批安全生产教育培训计划。 7）有权审定、批准年度工作计划。 8）有权督办安全生产事故隐患。 9）有义务接受安全生产教育和培训并持证上岗。 10）有义务监护、指导重大操作、重大作业项目。 11）有义务批阅安全生产文件并提出贯彻意见。 12）有义务召开安委会会议、安全生产分析会会议。 13）有义务组织应急救援预案演练与培训。 14）有义务按照“四不放过”的原则进行调查处理，追究有关人员责任。 15）有义务开展职业危害治理及职业病防治工作
10	开展安全例行工作	1）每月主持召开安全分析会，分析研究安全生产薄弱环节，落实预防事故措施率100%。 2）每月参加一个班组的安全活动，检查活动情况，问题整改闭环率100%	未执行，考核1000元；经上级单位要求仍不落实的，由×××给予提示约谈	
11	组织开展隐患排查治理	1）每年组织开展隐患排查治理工作，建档并落实整改，整改闭环率100%。 2）组织制定重大隐患整改方案、安全保障措施，落实整改，整改闭环率100%	未执行，考核1000元；经上级单位要求仍不落实的，由×××给予提示约谈	
12	组织开展消防安全和交通安全工作	1）成立以厂长为第一责任人，各部门负责人和专（兼）职消防员、义务消防队员共同负责的义务消防队，负责消防安全。 2）每月组织开展消防检查，问题整改闭环率100%。 3）每半年组织开展交通安全管理问题整改闭环率100%	未执行，考核1000元；经上级单位要求仍不落实的，由×××给予提示约谈	

续表

序号	职责	到位标准	考核标准	权限与义务
13	组织制定并实施生产安全事故应急预案	1）组织制定应急预案体系，建立覆盖本单位潜在的自然灾害、事故灾难、社会安全、公共卫生、突发环境事件风险的应急预案，签署发布并备案。 2）应急预案文件发布后 20 日内，向 ××× 县安监局及有关部门进行告知性备案。 3）每年组织开展应急管理执行情况检查，问题整改闭环率 100%	未执行，考核 1000 元；经上级单位要求仍不落实的，由 ××× 给予提示约谈	1）有权制止“三违”行为，并提出考核意见。 2）有权停止危及人身安全的作业，并组织人员进行撤离。 3）有权审查、批准安全生产费用。 4）有权审定、签署、发布应急救援预案。 5）有权提出安全奖惩意见。 6）有权审批安全生产教育培训计划。 7）有权审定、批准年度工作计划。 8）有权督办安全生产事故隐患。 9）有义务接受安全生产教育和培训并持证上岗。 10）有义务监护、指导重大操作、重大作业项目。 11）有义务批阅安全生产文件并提出贯彻意见。 12）有义务召开安委会会议、安全生产分析会会议。 13）有义务组织应急救援预案演练与培训。 14）有义务按照“四不放过”的原则进行调查处理，追究有关人员责任。 15）有义务开展职业危害治理及职业病防治工作
14	组织开展安全文化和安健环体系建设	1）每年 1 季度组织提炼本厂安全特色文化并推广实施。 2）每年组织开展安全文化评估工作，评估覆盖率 100%。 3）每年 1 季度组织开展安健环体系内部评审，每年 4 季度组织开展安健环体系管理评审，问题整改闭环率不低于 90%。 4）组织开展班组建设，制定年度工作计划和目标，示范班组达标率不低于 90%。 5）每年 1 季度组织制定安全生产标准化及工作场所目视化工作计划，并督促实施。	未执行，考核 1000 元；经上级单位要求仍不落实的，由 ××× 给予提示约谈	
15	批阅上级有关安全生产的重要文件，及时协调和解决问题	1）3 个工作日内负责完成安全生产文件批示，重要文件传达，并组织 100% 落实。 2）每月组织检查工作落实情况，协调解决问题，整改闭环率 100%	未执行，考核 1000 元；经上级单位要求仍不落实的，由 ××× 给予提示约谈	

续表

序号	职责	到位标准	考核标准	权限与义务
16	及时、如实报告生产安全事故	1）发生安全生产事故或突发事件，应立即启动应急预案，组织开展应急救援。 2）事故发生后，应立即用电话、传真或邮件等方式报告 ××× 主要领导及安质环部、火电部，并于 1 小时内报告 ××× 安监局、××× 省能监办	未启动、组织救援由 ××× 按同一事故等级规定上限惩处。 迟报、漏报，由 ××× 按同一事故等级规定上限进行惩处；谎报、瞒报，由 ××× 按上一事故等级规定上限进行惩处	1）有权制止“三违”行为，并提出考核意见。 2）有权停止危及人身安全的作业，并组织人员进行撤离。 3）有权审查、批准安全生产费用。 4）有权审定、签署、发布应急救援预案。 5）有权提出安全奖惩意见。 6）有权审批安全生产教育培训计划。 7）有权审定、批准年度工作计划。 8）有权督办安全生产事故隐患。 9）有义务接受安全生产教育和培训并持证上岗。 10）有义务监护、指导重大操作、重大作业项目。 11）有义务批阅安全生产文件并提出贯彻意见。 12）有义务召开安委会会议、安全生产分析会会议。 13）有义务组织应急救援预案演练与培训。 14）有义务按照“四不放过”的原则进行调查处理，追究有关人员责任。 15）有义务开展职业危害治理及职业病防治工作
17	为及时组织生产安全事故调查、分析、采取防范措施和落实各级责任提供有效保证	1）事故调查期间，随时接受调查组询问，如实提供有关情况。 2）根据事故调查报告要求，落实事故防范的组织和技术措施，措施执行率 100%。 3）根据事故责任认定结果，负责对本单位事故责任人员进行处理。 4）同行业、系统内发生事故 7 个工作日内，组织开展事故经验反馈，改进措施落实率 100%	阻碍调查由 ××× 按上一事故等级规定上限进行惩处。 未执行，考核 1000 元；经上级单位要求仍不落实的，由 ××× 给予提示约谈	

表 5–5　某企业发布的党委书记岗位安全生产责任制

党委书记是与厂长负有同等责任的安全生产责任人，对本单位的安全生产工作负全面责任。接受上级单位及地方政府的领导并对其负责，组织做好本单位安全生产与职业健康工作，落实企业主体责任。				
序号	职责	到位标准	考核标准	权限与义务
1	组织贯彻执行法律法规、标准和上级规章制度	1）每年组织学习、掌握新颁布的法律法规、规范标准、规章制度并贯彻执行，及时处罚纠正执行不到位的人员。 2）每年1季度组织完成安全生产法律法规及其他要求的识别、获取，建立法律法规清单，将有关要求融入安全生产规章制度和规程，执行率100%。 3）每年1季度组织合法合规性评价	未执行，考核1000元；经上级单位要求仍不落实的，由×××给予提示约谈	1）有权审批党委会议的决议。 2）有权监督党委会议决议的执行落实情况。 3）有权监督党委中心组集体学习执行落实情况。 4）有权监督党委领导班子岗位安全生产责任履职情况。 5）有权对安全生产工作不落实人员提出处理建议。 6）有权提出安全生产的建议。 7）有权检查指导党群工作的建设。 8）有义务组织应急救援。 9）有义务维护职工权益，做好善后处理工作
2	组织党委中心组集体学习，专题学习安全生产有关法律法规和重大方针政策、典型事故案例等	每季度组织党委中心组集体学习安全生产有关法律和重大方针政策、典型事故案例等，完成率100%	未执行，考核1000元；经上级单位要求仍不落实的，由×××给予提示约谈	
3	主持召开党委会议专题研究安全生产工作	每年主持召开1次党委会议，分析研究企业安全生产形势，协调解决安全生产重大问题，研究班子队伍建设、职工思想稳定、安全生产宣传教育培训等工作，会议决议事项完成率100%	未执行，考核1000元；经上级单位要求仍不落实的，由×××给予提示约谈	
4	及时了解安全生产情况，组织开展安全生产专题调研和检查指导	1）负责监督检查各级管理人员履责情况，每月1次到生产现场巡视检查。 2）每季度开展安全生产调研和检查指导，了解本单位安全生产各项情况，检查指导安全生产履职情况，问题整改闭环率100%。 3）每月2次深入部门、班组了解班组员工安全思想动态、安全生产状况和工作情况	未执行，考核1000元；经上级单位要求仍不落实的，由×××给予提示约谈	

续表

序号	职责	到位标准	考核标准	权限与义务
5	督促落实安全生产“党政同责、一岗双责、齐抓共管、失职追责”制度，认真履行安全生产工作职责	1）每年1月组织各级党支部、工会、团组织安全生产岗位责任制的评估、更新，完成率100%。 2）每年检查党委领导班子其他成员安全生产“党政同责、一岗双责、齐抓共管、失职追责”工作，问题整改闭环率100%。 3）每年组织对领导班子其他成员及各级党支部开展尽职督察，督察问题整改闭环率100%。 4）每年组织4次党委领导班子及其他成员安全生产专题谈话，督促落实安全生产“党政同责、一岗双责、齐抓共管、失职追责”制度，落实率100%	未执行，考核1000元；经上级单位要求仍不落实的，由×××给予提示约谈	1）有权审批党委会议的决议。 2）有权监督党委会议决议的执行落实情况。 3）有权监督党委中心组集体学习执行落实情况。 4）有权监督党委领导班子岗位安全生产责任履职情况。 5）有权对安全生产工作不落实人员提出处理建议。 6）有权提出安全生产的建议。 7）有权检查指导党群工作的建设。 8）有义务组织应急救援。 9）有义务维护职工权益，做好善后处理工作
6	组织开展安全文化和安健环体系建设	1）每年1季度组织提炼本厂安全特色文化并推广实施。 2）每年组织开展安全文化评估工作，评估覆盖率100%。 3）每年1季度配合开展安健环体系内部评审，每年4季度配合开展安健环体系管理评审，发现问题整改闭环率不低于90%。 4）组织开展班组建设，制定年度工作计划和目标，示范班组达标率不低于90%。 5）每年1季度组织制定安全生产标准化及工作场所目视化工作计划，并督促实施	未执行，考核1000元；经上级单位要求仍不落实的，由×××给予提示约谈	
7	围绕安全生产中心任务组织做好党建工作	1）按计划组织开展“党建研究会”、支部“三会一课”、团支部“三会一课”等活动，将安全生产工作作为其重要内容的一部分，每年开展党员突击队、党员身边无事故等竞赛活动，完成率100%。 2）将安全生产工作列为组织发展党员一项重要指标，指标覆盖率100%。 3）每季度召开党群工作例会，总结布置党群工作的同时总结布置安全生产工作，布置覆盖率100%	未执行，考核1000元；经上级单位要求仍不落实的，由×××给予提示约谈	

续表

序号	职责	到位标准	考核标准	权限与义务
8	组织制定安全生产目标及措施	1）每年 3 月组织制定本单位安全生产目标及控制措施。 2）每年 3 月与各部门负责人签订安全生产目标责任书，签订率 100%。 3）每年 12 月组织安全生产目标完成情况的年度绩效考评，考评覆盖率 100%	未执行，考核 1000 元；经上级单位要求仍不落实的，由 ××× 给予提示约谈	1）有权审批党委会议的决议。 2）有权监督党委会议决议的执行落实情况。 3）有权监督党委中心组集体学习执行落实情况。 4）有权监督党委领导班子岗位安全生产责任履职情况。 5）有权对安全生产工作不落实人员提出处理建议。 6）有权提出安全生产的建议。 7）有权检查指导党群工作的建设。 8）有义务组织应急救援。 9）有义务维护职工权益，做好善后处理工作
9	成立安全生产委员会，负责统一领导本单位的安全生产工作，研究决策本单位安全生产的重大问题	1）安全生产委员会成员应 100% 覆盖生产、经营、工程建设各部门，成员发生变更后 20 个工作日内，督促安委会办公室下发文件。 2）每季度参加召开安委会，研究解决安全生产重大问题和生产安全事故隐患，整改闭环率 100%	未执行，考核 1000 元；经上级单位要求仍不落实的，由 ××× 给予提示约谈	
10	开展安全例行工作	1）每月参加安全分析会，分析研究安全生产薄弱环节，落实预防事故措施率 100%。 2）每月参加一个班组的安全活动，检查活动情况，问题整改闭环率 100%。 3）组织制定重大隐患整改方案、安全保障措施，落实整改，整改闭环率 100%	未执行，考核 1000 元；经上级单位要求仍不落实的，由 ××× 给予提示约谈	
11	批阅上级有关安全生产的重要文件，及时协调和解决问题	1）3 个工作日内完成安全生产文件批示，重要文件传达，并组织落实，落实率 100%。 2）每月组织检查工作落实情况，协调解决问题，整改闭环率 100%	未执行，考核 1000 元；经上级单位要求仍不落实的，由 ××× 给予提示约谈	

续表

序号	职责	到位标准	考核标准	权限与义务
12	发生生产安全事故时，按照应急救援预案及时赶赴现场，协助组织指挥救援和善后处理工作	1）接到事件（事故）报告后，立即赶往现场协助救援，做好舆情引导，善后稳定工作，及时率 100%。 2）事故发生 5 个工作日内，开展责任单位和责任人的思想政治工作，及时率 100%。 3）适时组织召开公司安全生产专题民主生活会，分析研究安全生产存在的问题及采取的整改措施并监督执行，整改闭环率 100%。 4）参加有关事故的调查处理，配合做好事故伤亡人员的抚恤及善后处理工作等，做好工伤认定工作，向有关责任人员提出责任追究意见	未执行，考核 1000 元；经上级单位要求仍不落实的，由 ××× 给予提示约谈	1）有权审批党委会议的决议。 2）有权监督党委会议决议的执行落实情况。 3）有权监督党委中心组集体学习执行落实情况。 4）有权监督党委领导班子岗位安全生产责任履职情况。 5）有权对安全生产工作不落实人员提出处理建议。 6）有权提出安全生产的建议。 7）有权检查指导党群工作的建设。 8）有义务组织应急救援。 9）有义务维护职工权益，做好善后处理工作

缩手”，方能形成齐抓共管，全员安全的良好氛围。电力行业实现全员知责的几个主要途径是通过加强日常培训考问、有感领导、责任清单公示、制定安全标准化行为手册等方式，不断强化全员在实际生产活动过程中的安全行为，从“知责于书”到“知责于规”，再从“知责于行”最终做到“知责于心”。

日常培训考问。加强日常教育培训是电力企业普及全员责任制最常见的方式。教育培训应以班组或车间为单位开展，企业安监部要动态监督各部门、重点岗位员工对于本部门和自身岗位责任制掌握情况。一些企业将责任制纳入年度安全生产教育培训计划，并在考试题目中体现或单独开展全员责任制考问。考试不再是机械背诵，考问的过程一方面是让员工对本岗位责任制熟悉的过程，另一方面也是让员工重新梳理本岗位责任制的过程，通过考问发现并非“写我所做、写我应做”的，要及时进行修订完善。培训考问既要让员工清楚自身岗位责任制，更要让员工清楚责任制每一条内容的目的、由来以及做不到位会承担的后果，也就是我们常说的“知其然更要知其所以然”。

有感领导。有感领导的概念最初来源于石化行业，是指各级领导通过以身作则的良好个人安全行为，让员工和下属体会到领导对安全的重视，使员工真正感知到安全的重要性，感受到领导做好安全的示范性，感悟到自身做好安全的必要性。领导层在这个过程中要充分发挥“三力作用”：一是执行力，提供人力、财力和组织运行保障，让员工感受到各级领导对履行安全责任做出的承诺；二是示范力，各级领导以身作则，亲力亲为，通过深入现场、遵守制度等良好个人行为，起到履责尽责模范示范作用；三是影响力，各级领导所展现出来的安全行为，积极参与安全健康环境管理，以及表现出对安全工作的决心，可以有效影响员工的安全行为。

责任清单公示。主要是指公司全员根据工作岗位，亮明岗位安全生产责任、亮出安全生产任务清单，也就是常说的将安全生产责任制进行公示。公司各级结合安全生产中长期规划和年度安全生产重点工作，采取全员在编岗位认岗定责、外委人员设岗定责等办法，明确岗位安全生产职责任务、到位标准、任务清单，提出日常安全生产履责的具体要求，并在显要位置对内外公布，激励全员增强责任感和使命感，立足岗位建功立业、履职尽责发挥作用。

制定安全标准化行为手册。对全员岗位安全管理方面的工作进行提取汇总、细化分解，对各项管理工作提出明确要求和相应的管理标准，结合企业

生产的实际，将全员岗位安全管理标准内容确定为员工安全行为标准通则，包括安全生产目标管理、安全生产责任制管理、规程制度及设备异动管理、安全生产培训管理、安全例行工作管理、安全事件管理等内容，明确在不同范畴应尽的义务和责任。

5.2.1.3　不同企业管理模式下的安全责任

企业在落实安全生产主体责任的同时，要注意结合自身性质和管理模式实际，做好与相关方的安全责任边界划分。

《中央企业安全生产监督管理暂行办法》（国务院国有资产监督管理委员会令第 21 号）规定："对控股但不负责管理的子企业，中央企业应当与管理方商定管理模式，按照《中华人民共和国安全生产法》的要求，通过经营合同、公司章程、协议书等明确安全生产管理责任、目标和要求等；对参股并负有管理职责的企业，中央企业应当按照有关法律法规的规定与参股企业签订安全生产管理协议书，明确安全生产管理责任。"

《电力建设工程施工安全监督管理办法》（中华人民共和国国家发展和改革委员会令第 28 号）规定："建设单位对电力建设工程施工安全负全面管理责任……建设工程实行工程总承包的，总承包单位应当按照合同约定，履行建设单位对工程的安全生产责任；建设单位应当监督工程总承包单位履行对工程的安全生产责任。"

新版《安全生产法》（2021 年 9 月 1 日正式施行）规定："平台经济等新兴行业、领域的生产经营单位应当根据本行业、领域的特点，建立健全并落实全员安全生产责任制，加强从业人员安全生产教育和培训，履行本法和其他法律、法规规定的有关安全生产义务。"

当前情况下还存在新能源全委托管理、投资型平台管理、全委托运营、全委托代建等不同管理模式下的安全生产责任划分，在符合安全生产法律法规和行业标准的基础上，发包方与承包方应在合同和协议中明确双方安全职责，保证合同或协议的相关利益方清晰做好合同约定、管理协议过程中的"明责知责"，杜绝责任落实、责任追究阶段出现"责任真空"。

5.2.2　尽责担责机制

我国电力行业在责任落实方面，已经初步形成了"政府抓企业负责人、企业领导抓职能部门、中层管理人员抓班组一线”层层传递的责任链条，一级抓一级，一级带一级，一级保一级，通过严格履职尽责共同守护着企业安全发展。

5.2.2.1 抓住关键少数，督促企业领导班子落实责任

安全生产重于泰山，关乎经济社会发展大局，更关乎人民生命财产安全。要牢固树立安全发展理念，坚持生命至上，安全第一的思想观念，始终把安全生产放在首要位置，要坚决落实安全生产责任制，切实做到“党政同责、一岗双责”。当前电力行业安全事故还是时有发生，主要原因还是这些地方党委政府、企业单位主要负责人、管理人责任不落实、意识淡薄、举措不多、监督不力、惩罚不严。这就要求必须紧紧抓住“关键少数”这个牛鼻子，压实夯实“一把手”领导责任。应急管理部、国家能源局作为电力安全监督的顶层设计者，针对安全生产责任落实的问题相继出台诸多法规、政策文件等，采取一系列有力措施，努力解决影响安全发展当中存在的体制性、根本性和突出性问题，有效督促企业领导班子落实责任，形成了良好的工作机制。

（1）开展安全生产尽职督察。安全生产尽职督察是电力企业内部上级单位对所属单位领导班子安全责任落实情况、三大责任体系运作情况的一次全面体检。要注意“察”与“查”的区别，一字之差，前者是察责任，后者是查行为。例如国家电力投资集团有限公司组织开展的安全生产尽职督察工作，就是由各级安全监督管理部门牵头组织，主要是对下属企业主要负责人或企业内部相关职能部门主要负责人的督察，通过听取报告、座谈询问、民主评议、抽查验证、旁听会议、调阅资料、组织测试等方式，发现和解决安全生产管理中的突出矛盾和问题，对所属单位领导班子履职尽责情况开展全面评价，持续提升安全生产管理绩效，促进全员安全生产责任制落实。

（2）实施电力安全监管约谈。为防止和遏制重特大电力安全生产事故，进一步加强电力安全监管工作，国家能源局于2018年印发了《电力安全监管约谈办法》，办法中明确了约谈情形及约谈对象，突出了国家能源局“抓早、抓小、抓苗头性倾向性问题”的工作思路。例如2021年3月，针对某发电集团在短期内接连发生2起电力生产人身伤亡事故，国家能源局对其开展了电力安全监管约谈，并在约谈中强调该集团特别是基层企业在安全风险辨识、作业现场管控、安全措施落实等方面存在薄弱环节。通过约谈加强对电力企

业的安全监督管理，督促企业要切实落实安全生产主体责任。

（3）突出“五落实五到位”。为强化企业安全生产主体责任落实，2015年原国家安全监管总局印发了《企业安全生产责任体系五落实五到位规定》，如果说企业是安全生产主体责任的根本，那么主要负责人就是落实主体责任的核心，“五落实五到位”中的“必须落实‘党政同责’要求，董事长、党组织书记、总经理对本企业安全生产工作共同承担领导责任”“必须落实安全生产‘一岗双责’，所有领导班子成员对分管范围内安全生产工作承担相应职责”就是突出重点，切中要害，牢牢扣住了责任这个安全生产的灵魂，对如何落实企业安全生产责任特别是领导责任作出明确规定，所有领导干部，不管在什么岗位、分管什么工作，都必须在做好本职工作的同时，担负起相应的安全生产工作责任，始终要做到把安全生产与其他业务工作同研究、同部署、同督促、同检查、同考核、同问责，真正做到“两手抓、两手硬”。

（4）狠抓业主安全责任。国家能源局始终强调“围墙内的事就是自己的事”，持续督促业主单位加强承包商安全管理，在月度事故通报中，凡是总包或分包单位发生安全事故，一是通报批评业主单位及其法定代表人，二是有关事故调查分析从业主单位开始，三是季度、年度按照业主单位发生事故起数和人数进行统计、排序、分析、通报，对于业主单位事故起数上升较多的单位开展电力安全监管约谈。

（5）推行领导安全风险责任金。安全风险责任金，也称安全风险质押金，是近年来在各大集团普遍推广应用的督促领导班子落实责任的有效形式。例如，中国长江三峡集团有限公司自2012年开始推行安全风险责任金，对安全生产风险高的单位相关负责人，每年配套一定比例的风险责任金，配套人员当年未发生承担责任的生产安全事故时，全额获得安全风险责任金；发生承担责任的生产安全事故时，先从配套的安全风险责任金中扣除事故罚金，不足部分个人补缴。配套人员包括配套单位党政主要负责人、分管生产负责人、分管安全负责人以及安全总监，集团公司配套金额 = 基数 × 配套基本比例 × 岗位安全风险责任系数。配套基数是本人上一年税后收入，配套基本比例是根据企业风险大小，在3%~15%之间浮动，岗位安全风险责任基本系数方面，党政主要负责人为1.0，分管生产领导、分管安全领导和安全总监分别为0.8。中国长江三峡集团有限公司推行多年来，强化了安全生产责任落实，调动各级领导干部安全生产积极性，有效遏制了工程建设领域事故多发、频发的势头。2020年以来中国长江三峡集团有限公司按照“分类、分级、分岗位、全员覆盖”的原则开始推行全员安全风险责任金，进一步调动员工的积极性，提升全员安全生产责任意识。

5.2.2.2 管住绝大多数，构建齐抓共管良好机制

电力企业安全生产主体责任落实的根本其实就是由各部门人员共同履行，只有厘清各部门安全责任清单，发挥实实在在的作用，才能真正将全员安全生产责任制落实落地。

（1）安全监督部门。根据《安全生产法》等法律法规的要求，各电力企业均设置了独立的安全监督管理部门，安全监督管理部门作为监督体系中唯一的职能部门，在安全生产工作中发挥着统筹全局的作用，不仅要做好监督检查工作，更要做好指导协调工作，充当着老师、警察、医生三种角色，履行对企业安全生产的监督主体责任。安全监督管理部门既要监督业务执行环节的到位标准落实情况，同时也要监督专业管理环节的专业监督情况，形成“对监督的再监督”。其管理链条通过安全督查、安全大检查和安全巡查形成安全生产主体监督职能管控闭环。常见的监督方法包括以下几种。

开展安全专项检查。全面检查企业落实国家安全生产法规政策的质量和成效，关注安全管理制度的执行情况和风险隐患的排查治理效果，突出季节性特点，做到企业全员参与、全业务领域覆盖。例如，春季或秋季安全大检查是电力企业普遍开展的定期工作之一，通常分为基层企业自查、二级单位督查和集团公司抽查三个环节，检查内容在突出季节特点上，覆盖责任制、制度、现场风险隐患、承包商管理、应急管理等各方面。例如华能集团定期组织对基层企业开展安全生产责任制评估工作，就是对全员定期安全生产履职情况的一次全面体检，通过查看年度安全目标责任书完成情况、岗位清单落实情况、发生的事故事件等开展评估，并通过发现的问题倒推出其相关安全管理制度执行是否到位，最终对其责任制总体落实情况进行评价打分。

监督安全费用足额投入。各大电力集团都能参照原安监总局和财政部的要求，制定了本企业的安全生产费用提取使用管理办法，设定比例提取，监督足额投入，保证安全保障设施、安全培训教育、隐患排查治理、安全生产责任制考核奖励、安全科技创新费用等安全生产的资金投入。例如某电力企

业明确规定的安全费用提取标准，以新能源电站为例的安全费用预算标准为每亿千瓦时 15 万元，火电（垃圾电站）、燃机电站、水电站同样列出了相关提取标准，对于新建投产不足一年电力生产企业以计划电量为年度安全费用预算依据。同时明确了发电企业和电力建设项目安全费用使用详细范围，根据提取总金额审定年度预算，编制详细的年度安全生产费用使用计划，并经相关部门和公司领导审核。在使用阶段对实施安全费用项目进行监督检查及验收，并每月做好使用台账。

组织实施安全教育培训。安全教育培训工作是提高各级从业人员安全素质，防范伤亡事故，减轻职业危害的基础。例如某电力企业针对主要负责人及安全监督管理人员全部取得安全管理培训证书，具备岗位安全管理的知识和技能，并按照规定学时每年进行教育再培训。开展全员培训需求调查，按照“缺什么、补什么”原则制定全年安全教育培训计划，并严格按照计划实施。定期组织全员开展安全生产法律法规、规程制度考试，针对不合格人员，及时进行补考。该企业积极推动智能化安全教育培训，所有培训、考试、需求调查等全部通过多媒体开展，并在电力工程项目建立 VR 体验区，将安全知识、安全事故、实际工作场景体验三方面紧密结合，实现了企业培训转型，将各级人员安全培训责任落到实处。

严格事故报告与调查处理。安全事故事件管理是把握事故发展规律、落实整改防范措施、堵塞安全漏洞的有效措施。例如某企业对安全生产事故的认定和非安全生产事故的认定进行了详细的分级，明确了各级事故的报告程序、应急处置流程、调查和处理程序等，对事故事件的调查处理严格按照“四不放过”原则，做到事故原因未查清不放过，责任人员未处理不放过，整改措施未落实不放过，有关人员未受到教育不放过。针对企业内部事故事件及外部相关事故事件，建立有效的事故事件经验反馈机制，组织全员开展经验反馈工作，深挖问题根源，深入查找管理流程机制存在的问题，采取相应防范措施，制定相关整改行动项，将经验教训转化到日常管理中去，坚决遏制事故事件重复发生。

（2）专业技术管理、生产检修部门。真正将各项安全管理要求落地的部门，他们同时承担本专业领域安全生产管理和监督的责任。严格落实安全管理要求，以 PDCA（计划→执行→检查→处理）形式照章办事，及时排查并消除安全隐患。其中，计划就是根据工作任务和主体责任到位标准要求，做好相应的工作计划安排；执行是根据既定方案和计划开展工作，并在工作期间不折不扣落实主体责任到位标准，确保安全生产；检查则是在工作期间时刻关注风险变化情况，工作结束后及时回顾总结到位标准落实成效，查找隐患漏洞；处理是根据权责对主体责任到位标准进行查漏补缺或提请上级主管部门进行修改完善，不断推动主体责任到位标准循环改善。主要的履责方式包括以下几种。

落实风险分级管控和隐患排查治理职责。双重预防机制是实现安全生产目标的重要抓手，是把风险控制在隐患之前、把隐患消灭在事故之前的根本举措。例如某电力企业在推进双重预防机制工作中建立了覆盖全员、全方位、全过程完整的安全风险数据库，根据风险评估结果，采取相应管控措施。建立“岗位、班组、部门、企业”四级隐患排查治理机制，明确了从主要负责人到每名员工的隐患排查治理责任清单，根据岗位安全风险明确隐患排查事项、内容和频次，逐级落实排查治理和监控责任，实现了全员参与、全岗位覆盖、全过程衔接。建立了“一图两规三卡＋清单”，有效落实了重大风险的防范措施、重大隐患的整改措施。其中“一图”是指“红橙黄蓝”四色安全风险空间分布图；“两规”是指安全规程和作业规程；“三卡”是指安全风险公告栏、岗位安全风险告知卡、应急处置卡；“清单”是指任务清单、风险清单、隐患清单、风险清单、重大风险数据库、重大隐患台账等。

落实承包商安全管理责任。承包商安全管理是当前各电力企业相对薄弱的一个环节，是安全管理的难点和重点。保证体系是承包商作业施工安全的直接管理者，如何打通承包商这一最薄弱环节，各电力企业也是一直在探索，在持续加大对承包商安全管理的力度。例如某电力企业严格落实承包商“等同管理”要求，从“准入、选择、使用、评价”的四个方面，对承包商进行全过程管控。按照“永临结合”的要求，在基建工程建立覆盖全场的监控系统，实时查看现场动态，对现场人员违章情况、安全技术交底情况、安全措施落实情况等薄弱环节基本实现了全程管控。针对现场高风险作业实行提级管理，业主单位加强对承包商高风险作业“四措两案”的抽查。将承包商安全管理的关口前移，在招评标阶段严格审查承包商资质、综合业绩等，促使业主单位有关部门积极落实承包商管理职责。例如，安徽华电宿州发电有

限公司提出“五关三到位”的承包商管控新机制。通过把好“入口关”“措施关”“交底关”“教育关”“检查关”，做到“闭环管理到位”“应急防范到位”“安全验收到位”，实现将“两外”（外包队伍、外来人员）管理关口前移，打通制度执行“最后一公里”，防患于未然。

（3）人资、党建、工会、财务等部门。充分合理的资源配置是安全生产主体责任落实体系的重要保障，人资、党建、工会、财务等部门对安全生产工作起到引领督促和支持保障的作用。在影响和制约安全生产工作的员工队伍建设、政治思想教育、安全文化建设、宣传氛围营造、激励约束机制建设、必要的财力供给等方面，提供资源支持。

例如近年来部分电网和发电集团试点纪检监察部门对安全生产工作开展“再监督”，一方面是纪检监察部门深度参与生产安全事故事件调查，在安监部门对事故原因专业分析的基础上，进一步查找党员领导干部是否存在违反党纪政纪和渎职失职行为，形成对有关责任人员的处理决议；另一方面，纪检监察部门对安监人员监督、调查行为的规范性进行监督，督促安监部门对照职责清单落实监督责任。

例如国家电力投资集团有限公司的班组建设工作就是工会牵头组织开展，充分发挥了工会在班组建设中的指导管理作用。各级工会负责组织召开班组建设会议，承担班组建设评比、表彰、激励等工作，并负责推荐先进班组和优秀班组长参加相关表彰奖励；负责开展班组建设培训、学习和交流活动，建立交流学习的平台，积极探讨提高班组建设水平的方法；负责组织班组进行检查、考核和评比，根据考核结果对班组评星定级，提出年度受表彰的先进班组名单，落实星级班组的激励措施，着力营造推动班组建设工作开展的良好氛围。

5.2.2.3 畅通责任链条，保证安全管理要求在一线落地生根

班组管理是企业管理中的基础，是安全文化建设的落脚点。因为班组是企业的最小生产单位，企业所有生产工作最终都要落实到班组，他们是直接与工器具、设备打交道的人，班组工作的好坏直接影响公司生产决策的实施，企业的安全建立在班组的安全之上。因此，让班组人员落实好自己的职责才是打通电力企业安全生产的“最后一公里”。

（1）签订安全责任状。安全责任状是为了增强干部员工的工作意识、责

任意识和安全意识。各电力企业大多基于“公司 – 部门 – 个人”“公司 – 车间（场站）– 班组 – 个人”两种原则逐级签订安全责任状，层层落实安全生产责任，并根据分级目标制定相应管控措施，做到人人有指标、人人安全有责任、到位可测量。安全责任状的实施有助于传递工作压力，做到“安全重担大家挑，人人头上有指标”，使大家真正把指标作为工作目标，把压力作为工作动力，把责任作为工作使命，各司其职，各负其责，确保公司全年安全态势稳定。

（2）开好班前会班后会。班前会绝不是“要注意安全”“做事要小心”之类口号式的交代所能替代的，它需要在布置工作的同时，进行危险点分析，并提出切实可行的防范措施。有很多班组的作业内容每天都相似，于是布置安全工作时，班组长就一味地强调同样的内容，不仅枯燥，而且没有必要。其实，只要班组长留心观察，就会发现绝对没有哪两天的情况完全相同。新版《安全生产法》特别提出，生产经营单位应当关注从业人员的身体、心理状况和行为习惯，加强对从业人员的心理疏导、精神慰藉，严格落实岗位安全生产责任，防范从业人员行为异常导致事故发生。因此，企业管理人员要认识到，作业现场每天不尽相同，如同样是主变定检，设备厂家不同，参数也会有差别，员工的思想状态每天也不同。不同时期，企业也会对安全生产有不同的要求，如在节日期间，企业会要求班组长注意酗酒上班的员工。

某电力企业开发了“团队式”班前会，如图 5–3 所示，让班组成员围成能够相互观察到的一圈，班组长交代任务，提示安全，并带领大家用“手指

▲ 图 5–3 “团队式”班前会

口述”方式互相检查安全状态，灌输“人人关注、相互关爱、践行安全”的思想。主要内容包括：一是班组成员点名并检查人员健康和精神状态；二是交代当班工作内容、危害预知与防范控制措施；三是传达最新工作要求；四是共同复述、演示“手指口述”内容。安全监督管理人员每月至少参加 1 次旁站监督，对班前会实施过程进行指导和监督，验证班前会安全交底质量；部门负责人或部门安全监督管理人员每周至少参加 1 次旁站监督，对班前会实施过程进行指导和监督，验证班前会安全交底质量。

（3）夯实“两票三制”管理。“两票”问题一直是引发严重违章和事故的主要原因，各电力企业在两票管理上一直在探索新方法，实行精细化管理。一是做好宣贯，强化对“两票”重要性的认识，充分利用班前班后会、安全日活动等平台，结合事故案例宣贯“两票”的执行，让每一名工作人员都充分认识到“两票”是作业过程中保证自身和设备安全的重要手段，安全措施未布置到位，操作步骤未按要求执行到位，都会埋下重大安全隐患。二是做好两票培训，促进员工对“两票”制度的掌握。通过培训使各级人员熟练掌握“两票”使用标准，规范“两票”的动态执行与管理，提升人员的专业技能水平。三是完善标准票，做实组织策划工作。严格把好标准票入库关，实行层层审核，确保标准票库内每一张票的准确性。同时结合现场设备更换情况，及时对票库进行修订审核，补充相应的危险点分析及控制措施内容，使之更具针对性、适用性。四是细化管理。相关管理人员每天深入现场对每张工作票从审核、打印、执行、终结等过程进行监督。月度对“两票”执行情况进行详细分析，针对工作票在执行过程中安全措施是否完善、执行顺序是否正确、有无存在漏项等内容进行评价，发现问题及时纠正。五是严加考核。对“两票”执行中发生的错票严加考核，对标票使用过程中发现错误的，将按照追溯原则追究到底，考核各级审票人员。同时对现场执行中发生的严重错票，按照严重违章处理并及时将“两票”的执行考核情况进行曝光，杜绝因“两票”问题引发各类人员责任事故。

（4）做好安全技术交底。安全技术交底是保障作业安全的一项重要举措。传统安全技术措施交底存在着多种问题：安全措施不全面、作业人员参与性低、交底过程流于形式等。某电力企业开发的面对面安全技术交底方式，让所有作业人员参与其中、知会于其中，熟练掌握安全防护措施，能够有效避免工作中存在的风险点，使人员在作业前的安全技术措施交底发挥出真正的作用。主要措施是在交底时，作业人员面对负责人站立，工作负责人陈述当日工作任务内容，安排工作任务，提醒工作中的注意事项，进行危险点分析和安全控制措施告知，由作业组成员进行复述、补充，然后再以文字形式签字确认后执行。同时，工作负责人需向个别作业组成员进行提问，确认其是否掌握要点。当天工作结束后，利用简短的时间组织班后会，对当天的工作完成情况和安全情况进行说明，总结当天的工作。

（5）丰富班组安全活动。班组的安全活动是提高班组员工安全意识、安全水平的有效途径。组织安全活动必须做到联系实际、目的明确、重点突出、精心组织，只有这样才能使安全活动收到事半功倍的效果。一是班组长要对班组安全活动的内容、形式做到心中有数，早计划巧安排，班组成员要在活动中说看法、谈感受，通过活动找出本班组安全工作的不足；二是在班组安全活动中开展危险点分析，以一项工作任务或一项操作任务为一个专题，在班组安全活动中发动全班人员讨论分析，找出此项工作的危险点并有针对性地提出预控措施；三是要让每一位班组成员熟知自己的所签订的安全目标责任书，在班组安全活动中定期进行讨论，总结各自安全目标在前一轮工作中的落实情况，并指出下一阶段工作中的注意事项；四是在班组活动中要定期组织安全知识考试，让每位班组员工熟悉各种安全规程，并把严格执行安全操作规程放在第一位。

培养和提高员工的安全文化素质，不是一朝一夕的事，需要在不断学习中，在浓厚的安全文化氛围的潜移默化中，逐步形成。

5.2.3 追责问责机制

根据对电力安全生产相关法律法规的梳理，可以看出应急管理部门承担着安全生产综合管理职责、国家能源局及其派出机构承担着行业监管职责、地方政府电力管理部门承担着属地电力安全管理职责。电力安全监督管理执法过程一方面是对企业发生事故事件后的追责问责，另一方面是对企业不落实法定要求产生的一些苗头性问题进行警示、质询、约谈和通报，抓早抓小，督促企业进一步落实安全生产主体责任。近年来，电力生产事故事件追责处罚呈现出从严追责、无后果追责、照单追责、全过程追责的良好态势，充分发挥了追责的警示、震慑作用，进一步督促了企业全员明责知责、尽责担责。

5.2.3.1 电力企业失职追责处罚方式

《安全生产法》《地方党政领导干部安全生产责任制规定》《电力安全生产监督管理规定》等法律法规已对电力企业违法承担责任做了明确规定，有些违法行为需接受行政处罚，有些违法行为的公职人员需接受政务处分，有些违法行为的党员干部需要接受党纪处分，涉及犯罪的行为还要接受刑罚。

国内主要电力企业均建立了严格的安全生产责任追究制度，吸取事故教训，严格做到“四不放过”。多数企业是通过安全生产奖励与考核管理办法等制度来明确事故事件追责，还有一些企业在此基础上制定无后果的考核问责办法。

表 5–6 梳理了政府应急管理部门和电力监管机构对企业生产事故追责处罚方式，表 5–7 罗列了电力企业生产事故内部追责处罚方式。

表 5–6 政府应急管理部门和电力监管机构对企业生产事故追责处罚方式

序号	追责处罚分类	具体方式
1	党纪处分	警告、严重警告、撤销党内职务、留党察看、开除党籍
2	政纪处分	警告、记过、记大过、降级、撤职、开除
3	行政处罚	警告、罚款、没收违法所得、责令停产停业、行政拘留、暂扣或吊销许可证
4	刑事处罚	三年以下有期徒刑或者拘役；情节特别恶劣的，处三年以上七年以下有期徒刑

表 5–7 电力企业生产事故内部追责处罚方式

序号	追责处罚分类	具体方式
1	通报批评	约谈、通报
2	党纪处分	警告、严重警告、撤销党内职务、留党察看、开除党籍
3	政纪处分	警告、记过、降级、撤职
4	经济处罚	按照责任人员上年收入的一定百分比计算
5	解除劳动合同	与失职责任人员解除劳动关系

对比上述表格可见，国内主要电力企业在事故责任追究方面，根据不同情形进行详细分类，处罚力度比现行法律法规的要求严格，是国有企业对生

产安全事故“先处理、后调查”要求的有力体现。以某发电集团为例，2018年上半年，该集团87人因生产安全事故受到警告至记大过处分，9名管理人员受到降级、撤职处分，6名事故直接责任人受到留厂察看乃至被清退的处分。

5.2.3.2 始终保持从严追责的高压态势

如前文所述，我国电力企业当前的管理水平基本都在严格监督管理阶段或严格监管向自主管理跨越的阶段，严肃追责是这一阶段最有效的管理方式。调研的多数电力企业认为，追责越严格，安全生产形势就越趋于稳定，为建立长效机制赢得时间，为营造“和谐·守规”电力安全文化创造条件。

近年来，随着刑法和安全生产法的进一步完善，特别是党的十八大以来，“以人为本”的安全发展理念已深入人心，保护人民群众生命财产安全是电力企业必须履行的社会责任。保证企业生产区域不发生安全事故是企业安全生产的底线，责任落实是坚守底线的核心和基础，触碰“红线”和逾越“底线”的行为就是责任不落实的具体表现，更是漠视从业人员职业健康和生命安全的表现，必将受到严肃的责任追究和法律制裁。

以江西丰城“11·24”冷却塔施工平台坍塌特别重大事故为例，事故发生后，国务院批准成立事故调查组，由原国家安全生产监督管理总局牵头，公安部、监察部、住房城乡建设部、国务院国资委、质检总局、全国总工会、国家能源局以及江西省政府派员参加，全面负责事故调查工作。事故调查组通过现场勘验、调查取证、模拟实验、专家论证，查明了事故发生的经过、原因、人员死亡和直接经济损失情况，认定“11·24”冷却塔施工平台坍塌特别重大事故是一起生产安全责任事故，并提出了对有关责任人员和责任单位的处理意见。

事故调查报告显示，江西丰城“11·24”事故是由于建设单位、施工单位违规大幅度压缩合同工期，设计单位、监理单位、监管部门不落实法定职责等多方原因造成的，导致了73人死亡、2人受伤，直接经济损失高达10197.2万元。此起事故中，对所涉9件刑事案件共28名被告人和1个被告单位依法判处刑罚；对38名失职的责任人员给予党纪政纪处分；对9名责任情节轻微人员进行通报、诫勉谈话或批评教育；对5家事故有关企业及相关负责人的违法违规行为给予行政处罚。

5.2.3.3 失职人员追责突出照单精准化

如何让追责过程和结果更加精准、更加依法合规、更加不偏不倚，对照清单开展追责无疑是行之有效的做法。对照责任清单及到位标准，查看事故相关人员是否履行清单规定的责任、到位是否符合既定标准、是否真正实现“做我所写”和“达我所写”，如果发现失职渎职行为，再根据事故调查结论判定应该承担主要、同等或次要责任，是领导、技术管理、监督管理还是现场直接责任，最后对照既定的考核标准或安全生产奖惩规定作出失职人员处理决定，减少人为情感因素干扰。

例如，2020 年 5 月，某送变电公司承包的蒙西至晋中特高压交流线路某标段发生一起组塔抱杆倾倒事故。施工单位采用明令禁止的“正装法”从抱杆顶部加高抱杆，抱杆拉线使用的钢丝绳直径不满足施工方案要求，拉线固定在地脚螺栓的对地夹角也超过了施工方案的许可值。施工单位项目经理、现场经理和安全员现场检查均未发现上述问题。抱杆加高过程中现场受到强风作用，拉线发生断裂，造成抱杆倾倒并与底座脱离，3 名在抱杆上作业的人员随抱杆一起从 36 米高度跌落，经抢救无效死亡。

事故暴露出承包商未严格执行施工方案，施工单位安全教育培训、现场安全管理不到位，分包单位未经许可擅自施工且随意改变作业方式等多方面的问题，保证体系和监督体系对外包队伍的“两道关口”作用均失效。

该集团严格依据全员安全生产责任制的落实情况，对业主单位、总包单位和监理单位 30 人进行了追责问责，具有一定的示范意义，部分责任人员的考核问责列举如下。

（1）送变电公司施工项目部安全员李某，对作业层班组日常施工计划管理、施工方案执行管理、现场安全措施管理的安全监管力度不够，对监理项目部的问题通知单处理不及时，未尽到本人安全责任清单中“履行项目部安全责任制”职责，负主要责任。给予其留用察看一年处分，并处罚款 3 万元。

（2）送变电公司施工项目部安全总监沈某，中共党员，未将劳务派遣人员、临时用工人员纳入安全管理体系，监管不到位，未尽到本人安全责任清单“协助健全项目部范围内的安全生产责任制”职责，负主要责任。给予其留党察看一年、留用察看一年处分，并处罚款 3 万元。

（3）送变电施工项目部执行经理谭某，中共预备党员，对分包单位的技术交底不到位、安全教育培训不落实，未尽到本人安全责任清单“督促、检查安全生产工作，及时消除事故隐患”职责，且事故报告信息不及时，负主要责任。延长其党员预备期一年，给予其留用察看一年处分，并处上一年收入60%的罚款。

（4）送变电公司执行董事、党委书记彭某，中共党员，履行安全第一责任人的职责不到位，未尽到本人安全责任清单“督促、检查安全生产工作，及时消除事故隐患”职责，负领导责任。给予其行政记过处分，并处罚款2万元。

（5）业主单位项目部安全专责李某，对施工项目部、监理项目部安全管理工作监督检查力度不够，未尽到本人安全责任清单“全面掌握工程三级及以上风险作业动态信息，准确识别、评估施工作业风险，制定预控措施”职责，负管理责任。给予其行政记大过处分，并处罚款2万元。

5.2.3.4 强化无后果追责防范苗头性问题

近年来，无论是政府部门还是电力企业，都加大了对法定要求不落实、无后果事件的追责力度，有效防止“未遂”变为“已遂”。例如，国家能源局对安全生产工作中有失职失责和违反规章情形的，采取了行政处罚、约谈、通报等措施，进一步提升了电力企业安全生产履职尽责的思想自觉和行为自觉。

行政处罚书通常由违法违规事实和证据、行政处罚的依据、种类及履行方式和期限、申请复议或者提起诉讼的途径和期限三方面内容组成。例如，2020年11月25日，国家能源局华北监管局对内蒙古某输电企业下发行政处罚决定书，违法事实是该企业5名人员的“线路架线施工”安全考试试卷由他人代答、替考，未如实记录施工作业安全生产教育培训和培训考核结果，违反了《安全生产法》第二十五条规定。华北监管局依据《安全生产法》第九十四条规定，对该企业罚款3万元。

建设单位施工前必须办理工程质量监督手续，接受质监站对重要节点的质量监督，确保不发生质量事件以及投产后系统稳定运行。质监工作也是国家能源局各派出机构督查的重点，也是近年来无后果追责的重要方面。例如，2020年11月17日，国家能源局东北监管局对大连某风电项目下发行政处罚决定书，违法事实是风电项目未进行工程备案并办理质监手续，违反了《建

设工程质量管理条例》第十三条以及《电力建设工程施工安全监督管理办法》第十三条规定。东北监管局依据《建设工程质量管理条例》第五十六条第六款“建设单位未办理工程质量监督手续的，责令改正，处20万元以上50万元以下罚款”，对该企业罚款20万元。

约谈方面，国家能源局及其派出机构自2018年印发《电力安全监管约谈办法》以来，依法对发电、电网、电建等多家集团总部开展约谈，在督促各单位严格落实安全生产主体责任方面发挥了重要作用。

通报方面，国家能源局自2017年起建立了月度、季度、年度全国电力事故事件通报机制，至今已经下发90余期，对电力事故简要情况进行描述，通报业主单位、施工单位及负有安全责任的设计、监理单位法定代表人，在行业内起到了警示通报、互相吸取事故教训的作用，有力遏制了较大以上事故多发的势头。事故分析报告样板如图5-4所示。

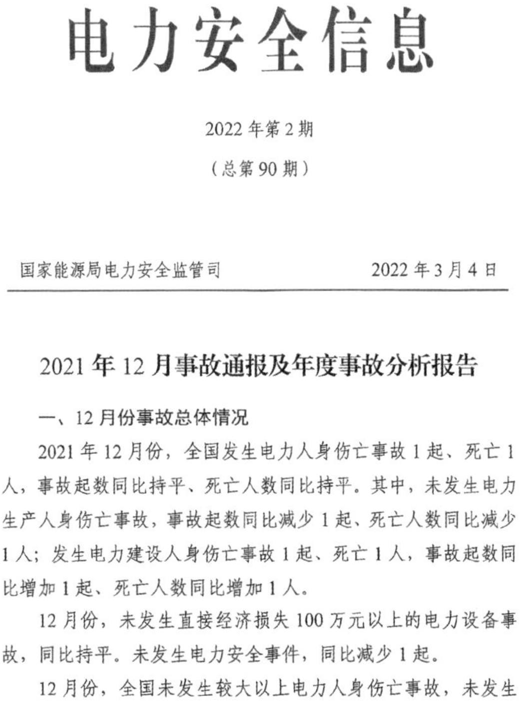

电力安全信息

2022年第2期

（总第90期）

国家能源局电力安全监管司　　2022年3月4日

2021年12月事故通报及年度事故分析报告

一、12月份事故总体情况

2021年12月份，全国发生电力人身伤亡事故1起、死亡1人，事故起数同比持平、死亡人数同比持平。其中，未发生电力生产人身伤亡事故，事故起数同比减少1起、死亡人数同比减少1人；发生电力建设人身伤亡事故1起、死亡1人，事故起数同比增加1起、死亡人数同比增加1人。

12月份，未发生直接经济损失100万元以上的电力设备事故，同比持平。未发生电力安全事件，同比减少1起。

12月份，全国未发生较大以上电力人身伤亡事故，未发生

▲ 图5-4　事故分析报告样板

监管督查方面，2020年9月—2021年1月，国家能源局组组织开展了

电力安全生产政策法规落实情况监管，对全国电力安全生产委员会19个企业成员单位学习贯彻习近平总书记关于安全生产重要指示批示精神，落实党中央、国务院安全生产重大决策部署，执行安全生产法律法规和政策文件等情况进行了检查。抽查核查阶段，国家能源局组成6个核查组分赴18个省（市、自治区），综合运用听取工作汇报、人员访谈、现场验证、审阅资料、调看企业办公信息系统等方式，对19个电力企业总部及其21个二级单位、22个基层单位、59个生产一线班组、1800多名员工进行了抽查核查。发现了部分电力企业学习贯彻中央精神不到位、执行政策法规有偏差、责任体系不健全、组织机构不完善、双重预防机制运转不良等方面的318个问题，亟须整治改进。印发《电力安全生产政策法规落实情况监管报告》（监管公告〔2021〕第2号）（见图5-5），要求各电力企业主动认领监管发现的问题，深入剖析问题根源，制定整改方案，落实整改责任，并于2021年3月底前，由各电力企业总部将问题整改方案及有关情况报送国家能源局。监管工作有效推动了电力行业学习宣传贯彻习近平总书记关于安全生产重要指示批示精神，完善落实安全生产责任链条、管理办法、制度成果和工作机制。

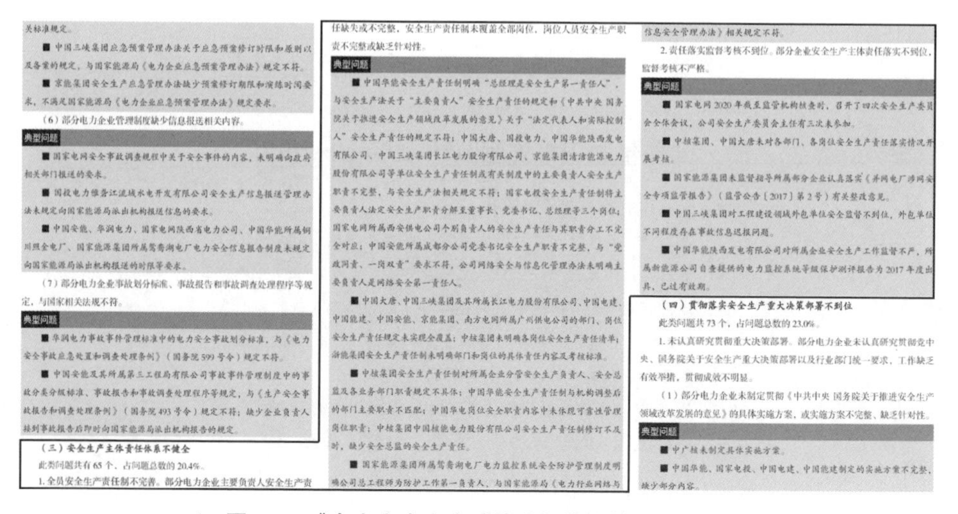

关标准规定。

■ 中国三峡集团应急预案管理办法关于应急预案修订时限和原则以及备案的规定，与国家能源局《电力企业应急预案管理办法》规定不符。

■ 京能集团安全生产应急管理办法缺少预案修订期限和演练时间要求，不满足国家能源局《电力企业应急预案管理办法》规定要求。

（6）部分电力企业管理制度缺少信息报送相关内容。

典型问题

■ 国家电网安全事故调查规程中关于安全事件的内容，未明确向政府相关部门报送的要求。

■ 国投电力雅砻江流域水电开发有限公司安全生产信息报送管理办法未规定向国家能源局派出机构报送信息的要求。

■ 中国安能、华润电力、国家电网陕西省电力公司、中国华能所属铜川照金电厂、国家能源集团所属鸳鸯湖电厂电力安全信息报告制度未规定向国家能源局派出机构报送的时限等要求。

（7）部分电力企业事故划分标准、事故报告和事故调查处理程序等规定，与国家相关法规不符。

典型问题

■ 华润电力事故事件管理标准中的电力安全事故划分标准，与《电力安全事故应急处置和调查处理条例》（国务院599号令）规定不符。

■ 中国安能及其所属第三工程局有限公司事故事件管理制度中的事故分类分级标准、事故报告和事故调查处理程序等规定，与《生产安全事故报告和调查处理条例》（国务院493号令）规定不符；缺少企业负责人接到事故报告后即时向国家能源局派出机构报告的规定。

（三）安全生产主体责任体系不健全

此类问题共有65个，占问题总数的20.4%。

1.全员安全生产责任制不完善。部分电力企业主要负责人安全生产责任缺失或不完整，安全生产责任制未覆盖全部岗位，岗位人员安全生产职责不完整或缺乏针对性。

典型问题

■ 中国华能安全生产责任制明确“总经理是安全生产第一责任人”，与安全生产法关于“主要负责人”安全生产责任的规定和《中共中央 国务院关于推进安全生产领域改革发展的意见》关于“法定代表人和实际控制人”安全生产责任的规定不符；中国大唐、国投电力、中国华能陕西发电有限公司、中国三峡集团长江电力股份有限公司、京能集团清洁能源电力股份有限公司等单位安全生产责任制或有关制度中的主要负责人安全生产职责不完整，与安全生产法相关规定不符；国家电投安全生产责任制将主要负责人法定安全生产职责分解至董事长、党委书记、总经理等三个岗位；国家电网所属西安供电公司个别负责人的安全生产责任与其职责分工不完全对应；中国安能所属成都分公司党委书记安全生产职责不完整，与“党政同责、一岗双责”要求不符，公司网络安全与信息化管理办法未明确主要负责人是网络安全第一责任人。

■ 中国大唐、中国三峡集团及其所属长江电力股份有限公司、中国电建、中国能建、中国安能、京能集团、南方电网所属广州供电公司的部门、岗位安全生产责任规定未实现全覆盖；中核集团未明确各岗位安全生产责任清单；浙能集团安全生产责任制未明确部门和岗位的具体责任内容及考核标准。

■ 中核集团安全生产责任制对所属企业分管安全生产负责人、安全总监及各业务部门职责规定不具体；中国华能安全生产责任制与机构调整后的部门主要职责不匹配；中国华电岗位安全职责内容中未体现可靠性管理岗位职责；中核集团中国核能电力股份有限公司安全生产责任制修订不及时，缺少安全总监的安全生产责任。

■ 国家能源集团所属鸳鸯湖电厂电力监控系统安全防护管理制度明确公司总工程师为防护工作第一负责人，与国家能源局《电力行业网络与信息安全管理办法》相关规定不符。

2.责任落实监督考核不到位。部分企业安全生产主体责任落实不到位，监督考核不严格。

典型问题

■ 国家电网2020年截至监管机构核查时，召开了四次安全生产委员会全体会议，公司安全生产委员会主任有三次未参加。

■ 中核集团、中国大唐未对各部门、各岗位安全生产责任落实情况开展考核。

■ 国家能源集团未监督指导所属部分企业认真落实《并网电厂涉网安全专项监管报告》（监管公告〔2017〕第2号）有关整改意见。

■ 中国三峡集团对工程建设领域外包单位安全监督不到位，外包单位不同程度存在事故信息迟报问题。

■ 中国华能陕西发电有限公司对所属企业安全生产工作监督不严，所属新能源公司自查提供的电力监控系统等级保护测评报告为2017年度出具，已过有效期。

（四）贯彻落实安全生产重大决策部署不到位

此类问题共有73个，占问题总数的23.0%。

1.未认真研究贯彻重大决策部署。部分电力企业未认真研究贯彻党中央、国务院关于安全生产重大决策部署以及行业部门统一要求，工作缺乏有效举措，贯彻成效不明显。

（1）部分电力企业未制定贯彻《中共中央 国务院关于推进安全生产领域改革发展的意见》的具体实施方案，或实施方案不完整、缺乏针对性。

典型问题

■ 中广核未制定具体实施方案。

■ 中国华能、国家电投、中国电建、中国能建制定的实施方案不完整，缺少部分内容。

▲ 图5-5 《电力安全生产政策法规落实情况监管报告》

5.2.3.5 探索全过程追责实现考核全覆盖

随着电力工业的改革发展，我国已形成一个产业链完备、高度发达的电力市场，呈现出少人化、模块化、合同化的特征，规划设计、招标采购、施工安装、生产运营各环节都要按照“管业务必须管安全”的原则承担相应的安全职责，方能确保安全生产万无一失。下文列举的电力设备事故和承包商责任事故案例，就是当前事故追责已经沿着责任链条向外部单位逐步延伸的明证。

（1）电力设备事故追责处罚案例。电力设备可靠性是人身安全、系统安全、设备安全的基础，基础不牢，地动山摇。由于部分电力设备设施长期疲劳运行，检修维护不到位，改造更新不及时，安全投入不足，设计存在缺陷，维护技术不够成熟等原因造成部分电力设备运行状态和健康状况不符合安全运行要求，导致电力设备损坏，甚至威胁电力系统运行可靠性。特别是近年来风机倒塔、着火等设备事故频发，严重影响到以新能源为主的新型电力系统的发展基础。

以某热电公司“3・13”2号机组一般设备事故为例，事故发生后，企业积极组织救援并上报有关信息，全力配合有关部门开展事故调查工作。通过现场勘查、调查取证、实验测试和专家分析论证，并结合金属专业等技术鉴定结果。事故调查组认定此起事故为一起因设备质量缺陷导致的一般设备事故。

事故暴露出国内在役的苏联解体时期生产制造的大型发电机组设备可靠性不高，其老化速度可能较快，特别是个别部件加工质量一般。由于电力行业普遍缺乏对汽轮机转子应力腐蚀的研究，国内在役同类型机组也可能存在同类事故隐患。为此，国家能源局要求各电力企业举一反三，积极推动汽轮机组转子、叶轮、叶片等部件金属试验的研究工作，提升金属部件事故隐患的排查治理能力；对其他俄制汽轮机组通流部件的金属材质和机械性能应进行检验，并对设计上应力集中区域加以详细分析，评估其安全性，及时研究制定和实施改进措施，避免此类事故再次发生。

由于事故是因设备质量缺陷导致，建议不对该热电公司和相关责任人员进行行政处罚，事故设备制造单位为俄罗斯乌拉尔汽轮发动机厂，对事故发生负有产品质量责任。该设备以易货贸易方式引进，制造期间正处在苏联解体时期，对责任单位建议由有关部门依法处理。

与之相反，一些企业政治站位不高，落实习近平总书记关于安全生产指示批示精神不力，安全生产专项整治三年行动开展不深入，安全生产责任制落实不到位，法律意识淡薄，发生问题后遮遮掩掩，抱有侥幸心理，企图蒙混过关。例如，宁夏某风电公司 2021 年 2 月 26 日发生一起风机倒塔事故。事故原因正在调查中。3 月 1 日，在国家能源局西北监管局已掌握有关情况，向该公司询问核实后，该公司才于当晚 19 时书面报送事故信息，违反了国家电力安全信息报送有关规定，涉嫌瞒报事故，性质恶劣，影响极坏。为督促该公司端正思想认识，依法经营，规范管理，有效遏制安全生产事故发生，依据《西北（陕宁青）电力企业安全生产形势预警管理办法》（西北能监安全〔2018〕23 号）第十条第一款之规定，给予该公司安全生产形势红色预警。同时，对该公司事故整改工作开展情况实行挂牌督办，期限 90 天。要求挂牌督办期间，要及时向西北监管局汇报整改工作进展情况。

（2）外部承包商责任事故追责处罚案例。业主在与外部承包商订立合同时会对相关职责进行协商，在签订的安全协议中规定双方安全责任，包含承包工程的生产工艺，确保安全的组织措施、安全措施、技术措施，编订现场安全管理的规程和制度，管理人员、施工人员资格资质等多种要求，外部承包商要对安全协议内容负责。

2008 年 12 月 13 日上午，某发电厂 5 号机组两台空气预热器改造工程作业中，5 号 B 空预热器工作负责人庞某安排没有特种作业操作证人员赵某，站在 5 号楼 B 空预热器安装孔内部，操作电动葫芦手柄，起吊蓄热片组；蓄热片组提升到顶时，没有及时松开上升按钮，因电动葫芦的上升限位器被拆除，导致钢丝绳过卷扬被拉断。同时，设备部锅炉点检员朱某从起吊的蓄热片下方经过，被掉下的蓄热片组砸到，经医院抢救无效死亡。

事故暴露出外部承包商失职失责的问题：外部承包单位施工组织混乱，施工中没有认真执行“三措两案”；所安装的四台电动葫芦未按照甲方要求到地方质量技术监督局检验、取证，投入使用、配备的持证操作人员数量不能满足现场实际施工需要，随意指派无证人员操作；操作现场未按规定设置隔离警戒、警示、警告和工作监护。

对外部承包商的处理决定：外部承包单位是事故发生单位，对事故负有

主要责任，扣除该公司安全保证金 2.5 万元，并将该承包商纳入集团公司承包商“黑名单”。

5.2.4 电力安全责任体系面临的困难和问题

通过上述案例，我们清晰地看到当前电力安全监管机构和电力企业均建立了一套完备的追责考核机制，政府部门按照相关法律法规对各类电力事故事件或法定要求不落实进行严肃追责和处罚，电力企业内部在事故调查中重点核查领导班子、监督体系、保证体系是否有失职行为，如果发现法定要求不落实的情形，根据后果严重程度，启动相应的追责问责和经济处罚程序。电力监管机构和电力企业内外追责相结合，督促企业安全生产主体责任进一步得到落实，促使“十三五”期间电力事故事件起数逐年下降，充分彰显了“责任守护安全”的内涵。

全面落实安全生产责任，需要政府引导、严格监管、健全法规、手段多样、领导重视、投入充足、奖惩分明、培训到位、敢于追责，上述环节缺一不可。但是，结合近年的电力事故分析，不难看出，各地、各企业在落实监管责任和主体责任方面，或多或少都存在一些困难和问题，制约着安全生产稳定发展。

5.2.4.1 落实监管责任面临的困难

由于历史遗留问题，地方政府电力管理职责较为复杂，部分省份电力规划建设管理职责在省发展改革委（能源局），电力运行管理职责在经信委（工信委），属地管理意识尚未完全转变、电力安全专业人才缺乏，造成地方政府属地管理职责难以落实。中发 32 号文和 1986 号文相继印发后，各地属地管理职责落实取得了一定积极成果，部分省份属地管理单位得到明确，北京、吉林、江苏、河南等部分区域形成了良好的齐抓共管工作机制，多数省市与派出机构联合开展督查检查行动。

随着我国电力改革发展的进程加快，新能源发电规模不断扩大，售电侧市场进一步放开，各种新型的电力投资运营主体加快进入日益开放的电力行业，电力安全生产的外部性冲突将更加明显，对电力安全生产监管工作提出了更高的要求。在现有体系下的具体监管实践中，电力安全监管的实施又与《安全生产法》和《电力法》的相关规定存在一定的背离，在电力安全生产行业监管方面存在缺位、错位现象并显现出明显弊端。根据近些年对有关派出机构和地方政府调研，能源派出监管机构普遍认为安全监管是“高风险”职业，特别是由于法律支撑不够、执法手段有限、监管能力不足导致监管责任难以落实，责权不对等已经影响到派出机构开展电力安全监管工作的积极性。下一步要从健全监管保障机制、完善监管法律法规、落实属地管理责任等方面采取措施，督促企业由“被监管”向“主动落实责任”转变，提高电力安全监管效能。

5.2.4.2 落实主体责任存在的问题

（1）责任目标方面。企业安全管理目标是企业要牢牢守住的安全底线，需要明确不能触碰的安全红线，为年度安全生产工作指明方向，同时也是企业在落实主体责任过程中所应解决问题的正面表述。只有目标明确并分析透彻，主体责任才能落实到预期效果，所采取的安全管控措施才会得当。各电力企业在制定安全责任目标时往往会出现“目标不切实际”“上下一般粗”等共性问题。

企业安全管理目标不切实际。企业安全管理目标的制定要反映企业安全发展的愿望，但是这些愿望必须是基于对事物发展规律的反映，而不能是揠苗助长、缘木求鱼之类的妄想。例如，某大型发电公司处于快速发展期，历年频繁发生人身伤亡事故，为快速实现安全稳定局面，在组织架构尚未完善，人员力量尚未补缺的情况下，直接将安全管理目标制定为“零轻伤”，未充分考虑内部条件的综合水平及外部环境的制约因素，其安全目标的实现就会缺乏可行性。

企业安全责任目标制定“上下一般粗”。企业安全管理目标制定的过程中，普遍存在结合基层实际不够，责任目标照抄照搬，“上下一般粗”管控措施内容、格式千篇一律等突出问题。例如，某发电企业为落实安全生产主体责任，将安全管理目标定为“零重伤”。其车间、班组则照抄照搬，直接将企业安全管理目标作为车间、班组安全管理目标，甚至原文转发。未按照“逐级从严、以下保上”的原则将企业安全目标进行细化分解，未结合现场物质条件、技术条件、信息条件、文化条件及以往的安全管理经验综合考虑制定具有针对性的安全管理目标。目标既不能过高，也不能过低。过高，可能使目标缺乏可行性；过低，可能使目标缺乏指引性。

安全管理目标缺少过程性指标。部分电力企业安全管理目标偏重“结果化”，未建立过程性指标，未细化量化考核指标，未明确各项指标的数量、时间、标准、要求，不能化抽象为具体、化无形为有形，且指标设置偏“虚”，致使基层单位在主体责任落实工作中无法物化，难以量化，以致管控措施内容“虚化”。例如，某电力企业制定“零重伤”管控目标未明确更加具体、量化的过程指标，导致系统内各公司将责任目标逐级分解时无参考性要求，只简单地把是否成立领导小组、是否发文、是否开展活动、是否安全投入作为指标，难以客观公正地反映主体责任落实的实际成效，甚至可能会在一定程度上造成文牍主义、形式主义。

（2）责任体系方面。随着国家法律法规的要求和我国安全生产工作的不断推广和深入，“以人为本，安全发展”已成为全民广泛共识。各企业建立健全安全生产责任制的必要性和紧迫性日益凸显。但在体系改革的过程中伴随着“体系不健全”“内容宽泛”“标准不一”等问题。

安全生产责任体系不健全。部分电力企业在建立安全生产责任体系时，存在将安全责任体系认知为一般性单项工作责任制，未建立相应的配套机制。例如，某生产型企业仅建立全员安全生产责任制，未建立安全生产责任的监督保障制度、安全生产责任追究责任制度等监督机制，在日常经营管理过程中，企业各岗位员工不清楚自己到位标准以及事后追责范围，造成制度难以执行，突出问题难以解决。

安全生产责任制内容宽泛。各电力企业全员安全生产责任制内容宽泛。一是在责任制的制定上，区域性差别小。各企业依据上级要求制定的一些办法、细则普遍存在照抄、照搬、照转现象，与本企业实际结合不紧。二是在责任分解上，有的责任条款过于笼统，内容不明确，存在责任交叉和责任空档现象；有的没有贯穿到日常业务工作中；有的“责任状”缺乏可操作性，格式千篇一律，难以提出针对性强的硬性要求，因此各单位制度执行也千差万别。三是对安全生产重点工作牵头部门、参与部门的职责、目标、任务缺乏细分，部门在具体操作时感到很为难。四是未分部门立标，建立横向负责机制，管理上存在“断档”和“空档”。未做到界限清晰，责任明确，未实现领导负责、分工负责、逐级负责和岗位负责，把各自规范的责任制内容分别落实到所有责任人的肩上。

责任体系与原有管理体系“各自为政”。企业所建立安全生产责任体系在实际执行时与原有管理体系机制未做到有效融合，“各自为政”的问题较为突出。例如，某企业人资部制定《员工绩效考核办法》，其中对安全生产奖惩标准仅进行宽泛概括，且该部分内容所占权重较小，在测量主体责任落实情况的过程中，企业考虑员工的绩效考核项目较多，遵从安全生产奖惩规定的较少，无法形成奖惩分明的安全目标和考核体系，做到奖惩兑现，使之安全管控能力逐步弱化，主体责任落实形式化。

责任体系覆盖面不足。部分企业全员岗位安全生产责任制覆盖面不足，未落实到每位员工；部分电力企业未将保证体系及中长期承包商的安全职责纳入责任体系统一管理。例如，某生产型企业仅将监督体系纳入安全生产责任制，日常经营管理过程中，对安全投入、绩效考核、安全管理机构和人员配置、承包商管理等支撑性问题未划分职责，造成工作难以开展，主体责任难以落实。

（3）责任落实方面。新安法要求“生产经营单位建立健全并落实本单位全员安全生产责任制”。落实主体责任，要落到实处，而且要落到“点子”上，落到具体的事情上，找准载体向实处使劲，找准切口向细处用力，找准问题从严处较真。要坚持把主体责任和中心工作一起谋划、一起部署、一起推进。但是各电力企业没有可以参照执行的标准文件，各自按照自己的理解摸索开展，以致“不具体、不深入”“不敢管、不会管、管不住”“雷声大、雨点小”等问题逐步放大。

主体责任的“龙头”作用不明显。部分电力企业安全工作“说起来重要，干起来次要，忙起来不要”的观念在个别领导干部的思想意识和行为习惯上仍有不同程度的表现。一是在认识水平上，部分企业个别领导重发展、轻安全，认为经济工作是中心，其他工作尤其是安全生产都是“副业”；有的基层主要负责人认为抓住经济发展看得见、摸得着，短时间内容易出成绩，抓安全生产工作不显山、不露水，一时难以看出效果；因而对经济发展工作思考多、管得多、出场多，对安全生产工作谋划少、抓得少、露面少。没有真正将“安全第一”的要求落实到企业经营发展的全过程、各方面，对主体责任的落实视而不见。二是在推动力量上，各级党政“一把手”第一推动力的作用发挥不充分，主要负责人只停留在会议讲话、发指示上，把履行安全生产

主体责任等同于开会讲个话、发文签个字、活动露个脸，“一岗双责”没有落到实处，尤其“只挂帅不出征”的问题较为普遍，远远没有形成党政统一领导下齐抓共管的局面，安全监察部门和安监人员“单打独斗”的现象比较普遍。三是在实际推动作用上，落实主体责任较大的动作只是年初分解、年终考核“两步曲”，对过程中的安全工作不够重视。

敢管敢抓的力度不强。部分电力企业各级领导干部、管理人员在主体责任落实的监管过程中缺乏敢抓的底气。一是部分企业管理层自身未履责，因此对不尽职履责的行为管起来腰杆不硬、底气不足，怕“拔出萝卜带出泥”；有的监督管理人员怕执行规定过严，会束缚员工手脚，落下影响员工积极性和企业经济发展的“罪名”。二是缺乏严抓的政治觉悟。有的企业干部员工存在“圈子”文化和“好人主义”思想，对一些主体责任不落实的单位或个人“睁一只眼闭一只眼”，存在失之于宽、失之于软的问题。三是缺乏常抓的韧劲。对待主体责任落实工作存在上级重视基层就重视，开展活动就紧一阵，不开展活动就松一阵，时紧时松的现象较为普遍，缺乏持之以恒的韧劲。四是缺乏细抓的定力。对苗头性、倾向性问题重视不够，该提醒的不提醒，该批评的不批评，该约谈的不约谈，“从严治企”的思想没有得到真正贯彻落实。

岗位安全生产责任到位标准参差不齐。目前各电力企业对岗位安全生产责任清单和到位标准的理解深度不同，离“写我所做、写我应做、做我所写、达我所写”有不小的差距，落实全员安全生产责任制参差不齐，谁对哪些工作负责任，在哪些范围内负责，负什么样的责任的问题难以确定，“见人”“见目标”“见管理”内容缺失。部分单位支持体系职能部门使用岗位职责来代替安全岗位责任制，责任清单到位标准较为空洞；一些单位到位标准缺乏考核标准，为编而编，无法实现闭环管理；还有部分单位将董事长、总经理、党委书记等岗位的责任清单混为一谈，认为两个安全第一责任人的责任清单必须相同，没有突出侧重点；一些单位评价考核安全绩效时，不对照责任清单和到位标准。

保证体系责任落实不到位。部分电力企业对自身安全职责认识模糊、掌握不清、未有效形成合力，推诿扯皮等问题还较普遍，安全生产责任得不到有效落实。运转规范有序的体制机制，各司其职、通力合作、运转高效、齐抓共管的工作格局尚未完全形成。一是部分电力企业仍然错误地认为安全生产工作是安监部门一个部门的职责，与其他部门无关，对“一岗双责”理解偏差较大。二是部分员工认为落实安全生产主体责任是管理人员的事，与自己无关，自己管了，没有好处还会得罪人。部分管理人员怕得罪人，提醒得多，处罚得少，息事宁人的心态严重。四是责任落实内松外紧，对外委单位处罚重，对自己单位处罚轻，以劳务抵扣违章处罚降低了安全奖惩的目的性和严肃性。

责任落实层层衰减。部分电力企业未完善“三个体系”，即纵向到底的层级责任体系、横向到边的齐抓共管体系、定向到人的推进落实体系，构建一级抓一级、一级带一级、一级促一级、层层抓落实的责任体系。以致各级组织在贯彻落实上级精神和要求上行动不迅速、措施不落实、执行不到位，层层衰减，安全管理“两张皮”现象严重。一是思想认识不够。各级管理人员安全强调得多，落实得少，一些基层组织习惯于“上传下达”，满足于“照搬照抄”，上级布置什么就完成什么，过分依赖上级部门的布置和推动。二是工作作风不扎实。对责任落实情况满足于强调了，布置了，记录了，没有深入现场检查督促，企业间贯彻落实情况检查考核不到位。三是“三基”工作不扎实，基层班组、员工对上级公司的精神和要求认识不到位，未做到人人肩上有任务、个个心中有压力，导致执行力层层衰减，形成“上紧下松”的局面，执行出现严重偏差。

员工不知责、不履责。部分电力企业未全面落实、全员落实、全程落实“一岗双责”制度。一是部分电力企业未以强有力的问责追责倒逼责任落实，层层传导压力。未着力构建“一级抓一级、层层抓落实、责任全覆盖”的责任机制，未推动主体责任向基层延伸。部分员工尚未建立安全生产红线意识和底线思维，未达到精神自觉和行动自觉，对安全理念尚未入耳入脑入心，仍然认为“安全是他人的事，与己无关”。二是培训教育不到位，各电力企业普遍存在安全教育不扎实、不深入，安全预防工作做得不细、不实的问题。例如，某企业虽制定安全生产责任教育培训计划，但培训教育未执行或仅停留在“纸面上、照片里”，培训教育形式化严重，甚至存在一人代写全班培训档案的情况。三是部分岗位安全生产责任制不够明确、具体，与实际不符，存在“两张皮”现象。安全生产压力还没有有效传递到基层一线，部分管理人员及员工对自己岗位有哪些安全责任、安全责任未落实好应承担什么责任不知道、不了解。工作标准不高、落实不严的现象比较普遍和突出。

一线责任落实困难。部分电力企业基层场站安全生产人员数量和技能无法满足需要。例如，新能源企业随着新能源装机高速增长，技术骨干力量迅速稀释，场站地处偏远，人才吸引力不足，离职率较高，高素质高技能人才紧缺。甚至一些场站生产人员身兼数职、交叉履责。一线员工的结构偏于年轻化，安全意识薄弱、安全生产的知识和经验欠缺，对自身履责及他人履责情况无法有力监管，在专业技术管理上存在盲区。企业部分基层员工在态度观念方面对主体责任没有主观积极性，未主动把责任落实放在心上、扛在肩上、抓在手上，存在经验主义、我行我素等突出问题。

（4）责任追究方面。严格责任追究是落实企业主体责任的最后一道防线，守不住这个防线，落实主体责任就会流于形式、陷入空谈。要坚持制度上从严、执行上较真、效果上戒示。责任追究亦是无形的“指挥棒”，追究的导向，直接影响企业干部员工努力的方向。尊重考核结果、严肃责任追究是各电力企业坚守最后一道防线的有效措施。

责任追究重结果，轻过程。部分电力企业发生事故后追责处理时轰轰烈烈，以儆效尤，平息之后事故责任人员则照常提拔使用，导致既定的考核奖惩办法未有效执行，严重影响安全生产体系工作积极性。

责任考核，流于形式。在时间上，一般采取年终“赶庙会”式的集中进行，让人觉得考核是走过场，意义不大；在组织主体上，有些责任追究不是党委（党组）组织开展，而是以纪委的名义进行，而纪委对下级党政机关这个责任主体的考核，又变成了对下级纪委的工作检查；在考核形式上，多以听汇报、看资料、搞测评为主，很难了解到真实情况，也很难了解到不落实和落实不够的问题；在考核检查内容上也缺乏客观标准；考核结果也未有效运用，未与岗位、薪酬挂钩，缺乏与主体责任考核结果配套的相关制度条规，因而即使主观上努力运用考核结果，实践中也难免力不从心，由此导致为考核而考核，考核与考核结果的运用形成“两张皮”，没有真挂钩、真兑现，责任追究结果与领导干部的奖惩、选拔任用脱钩，存在责任履行好坏一个样的问题，对干部员工起不到警示的作用。

“四不放过”效果不佳，隐患问题“异地同类”重复发生。部分电力企业只重视事故事件的考核，不查事故背后的深层次原因，导致同类型事件重复发生。例如，某公司 12 月 13 日在煤仓清煤作业过程中发生人身死亡事故，该公司及时组织了“说清楚”会议和经验反馈，并对相关责任人进行经济处罚和组织处理。但事隔四天，12 月 17 日又发生一起因煤矿煤仓清理煤矸石垮塌造成 2 人死亡的悲惨事故。证明该企业“四不放过”执行不到位，没有从这些血淋淋的事故中受到教育，吸取事故教训，事故人防、物防、技防措施在现场没有得到有效落实。暴露出企业各级管理人员思想麻木，对上级公司反复强调的工作要求重视不够，主体责任落实严重不到位。

考责评责体系不健全。部分电力企业主体责任考核在执行过程中存在执行偏差，企业责任制的逐级测量、逐级监督机制尚未有效运转。一是考核比重偏“基层”。部分企业对普通员工的责任考核较多，对领导层管理责任考核较少。二是由于责任制在追究方面的宽泛性、不明确性，责任追究往往取决于主要领导的态度和决心，不可避免地受到人情观的影响，往往“对人不对事”，或是以集体责任捂盖，大事化小、小事化了。这样一来，畸轻畸重弹性很大，畸轻现象尤其明显。三是从近年来处理完结的案例来看，在责任追究上明显存在追究内容窄、追究干部职级偏低的问题，以往追究的案例大多是重大责任事故，却很少有干部因不履行岗位安全职责受到追究的。四是考核比重偏“轻”。部分电力企业将责任追究考核纳入综合目标考核体系，但所占权重太小，对落实主体责任的激励作用不明显，甚至产生负面影响。五是考核方式偏“单”。注重年终集中考核，忽视平时的监督检查和民意调查。未把分散在企业各部门的考核合并起来，从而致使人资、纪委、工程、生产、安全考核各自为政，分别考核，不能综合评定主体责任落实的成效。

这些现象都是构建现代电力安全责任体系道路上的障碍，其根本属性还是形式主义、官僚主义，需从强化安全生产作风建设、强化履职尽责督查方面下大力气解决。

5.3 构建现代电力安全责任体系的展望

5.3.1 完善巡查和执法检查机制

我国电力工业已经进入大容量、高参数、特高压、高度自动化时期，电

力系统具有互联互通、高度集成和发电、输电、配电、供电、用电瞬间完成的特征，随着以新能源为主体的新型电力系统稳步推进，系统愈发复杂、动态稳定问题更加突出、安全冗余储备结构性不足，给电网运行和安全管理提出了更高的要求。任何一个电力企业发生安全问题，都会直接造成危害外溢，对电力系统上下游环节和电力用户构成冲击和影响，严重时会造成系统失稳、电网崩溃甚至发生大面积停电并在社会层面引发严重衍生、次生灾害。

正因为电力安全生产具有比其他一般行业更为显著的外部性特征，使得电力企业及其员工、电力用户、社会公众乃至各级政府对电力安全监管产生了强烈需求，而建立一套合理有效的安全生产巡查和执法检查机制正是监督落实安全生产责任的基础和保障。作为政府电力监管部门和电力企业安全监督部门，应从以下六方面集中发力。

（1）强化安全监管执法监督制度建设。一是要建立健全联合执法机制。全国电力安委会和各地电力安委会要充分发挥组织协调职能，对单个部门难以解决和处理的重大安全生产隐患和“三违”行为，要多部门合作开展联合执法，各有关部门要密切配合、协调联动，形成执法合力。二是要建立健全电力安全风险跟踪督办和重大安全隐患挂牌督办制度。坚持把风险挺在隐患前面，把隐患挺在事故前面的原则，国家能源局及其派出监管机构对于所辖区域电力企业的重大电力风险和安全隐患，必须落实跟踪机制，实行挂牌督办，督促企业领导班子、三大体系、一线班组层层落实责任。三是要建立健全安全生产诚信约束制度。电力基层企业内部建立违章积分动态管理机制，狠抓员工的反违章管理；电力集团层面建立承包商安全信用评价管理系统，通过“红名单”“白名单”“黑名单”等方式加强承包商的安全管理；政府层面要建立地方区域的安全生产信用评价系统和违法信息库，定期通报企业安全生产正面和负面事项。四是要建立健全举报奖励制度。政府监管部门和电力企业要畅通公众监督渠道，畅通举报热线，鼓励公众争当安全生产违法的“吹哨人”，加强对举报线索的调查处理，对于举报查实的，按规定给予奖励。五是要不断完善安全专家聘用机制。政府部门和电力企业要充分借助安全专家的力量，以事故统计、分析、调查和日常安全巡查、督察为契机，聘请行业专家深入分析问题，查找深层次原因，通过以老带新，培育自主人才力量。六是要建立健全“四不两直”（不发通知、不打招呼、不听汇报、不用陪同接待、直奔基层、直插现场）暗查暗访制度。各地、各部门要将“四不两直”暗查暗访的安全检查方式制度化、常态化，制定周密的检查方案，明确检查目标和检查重点，严格做好检查前的保密工作。七是要建立健全安全生产约谈制度。对安全生产重大隐患和问题不整改、发生挂牌督办的生产安全事故不积极主动办理以及上级重大决策部署落实不到位的有关组织，由政府电力监管部门或企业安委会领导对其进行约谈警示，督促解决问题，深化约谈结果运用，进一步提高行业内的警示力度。

（2）强化安全监管执法队伍建设。进一步加强政府和企业安全监督管理部门机构队伍建设。政府层面定期补充有电力生产建设经历的公职人员开展安全监督工作，企业层面要结合装机规模、管控难度、业务类型确定安监部门人员定编。高度重视基层企业安监机构建设，配备与安全生产工作任务相适应的安全监督人员，在发电、电网、电力建设企业的运行、设备、检修、工程等部门也要配备充足的安全员，接受本部门和安监部门的双重管理、双重考评，一线班组安全员应从班组技术经验丰富的员工中选拔配置，确保企业安全监督网运作正常。

（3）强化安全监管执法保障建设。明确要求企业所属各单位专职安全人员收入待遇略高于其他部门同岗级人员，鼓励企业人员报考注册安全工程师，建立健全注册安全工程师一次性和长期激励相结合的良好机制。完善安全生产监督管理制度，赋予专职安监人员相应的监管权力和手段，最大限度保证安监人员责权利对等。逐级落实安全生产专项经费，将聘请专家经费、举报奖励资金、责任制考核奖励资金和宣传及培训专项经费、应急救援管理费用纳入企业财务预算，不得挤占和挪用。及时升级完善调查取证等执法装备，鼓励企业安监部门配齐使用便携式移动执法终端和执法记录仪，确保现场监督检查痕迹齐全。

（4）强化执法监督人员业务能力和组织建设。加强对政府安全监管人员和企业专职安监岗位的法律法规和执法程序培训和考试，所有执法人员必须持证上岗。调整企业安监队伍年龄结构，提高安监人员入职门槛，所学专业要与企业业务类型、技术工艺相关或相近。加强业务学习培训，开发建设员工在线培训信息系统，利用互联网平台实现安全培训、考试、竞赛、调考、档案全过程闭环管理。鼓励员工报考国家注册安全工程师，提高专职安监队

伍中注册安全工程师的比例。

（5）强化完善全过程追责机制建设。国家能源局及其派出机构依照《电力安全生产监督管理办法》，对电力企业的电力运行安全（不包括核安全）、电力建设施工安全、电力工程质量安全、电力应急、水电站大坝运行安全和电力可靠性工作等方面实施监督管理，对各企业检查发现的问题按照有关法律和规章进行处理。但在具体实践中，对一些因为设备质量缺陷导致的电力安全事件追责缺少法律支撑，如前文提到的某热电公司“3・13”2号机组一般设备事故和某热电公司“12・21”全厂对外停止供热事故，均由设备质量、制造工艺差引起，责任追究时无法追溯其本源，只能通过法律途径按合同约定进行赔偿。建议通过建立全过程安全责任追溯制度，完善全行业电力重要设备供应商黑名单机制等方法，完善设备制造、供货、安装、调试等全过程追责体系。

（6）强化安全生产标准化属地化管理。由地方政府电力主管部门牵头，督促电力企业持续开展安全生产标准化工作，强化安全生产风险管控，促进企业主体责任落实。例如北京市城市管理委员会以电力企业安全生产标准化建设为抓手，组织在京各电力企业开展达标评审工作，并与安全生产责任险费率挂钩，提高企业规范管理的积极性，在促进企业安全主体责任落实方面起到了良好效果。

5.3.2 完善属地管理和协同督导机制

关于安全责任，《安全生产法》确立了“政府领导、分级负责、属地管理”的法定原则。但在电力安全监管实践中，存在行业监管和属地监管界面模糊、要求冲突的现象，应按以下要求严格推进地方安全监督管理责任落实。

（1）根据法定原则，修订有关法律法规。一是按照“政府领导、分级负责、属地管理”的法定原则，修订电力安全监管的有关法律法规。二是做好与《安全生产法》相关规定和处罚条款的衔接，规定不应粗于《安全生产法》相关要求。三是进一步明确电力安全监管职责范围，例如重点明确储能、自备电厂、用户资产电力设备、市政用途为主的垃圾电厂等企业的监管权限。

（2）根据各方职责，健全安全监管体系。统筹中央与地方、行业与属地等各方力量，努力构建责任清晰、分工明确的电力安全监管体系，推动履职尽责由被动作为向主动担当转变。贯彻落实电力安全监管责任在能源局和派出机构，属地责任在能源局和地方能源主管部门这一要求，把省级能源管理部门全部纳入全国电力安委会，努力推动形成“国家行业监管督导、地方政府属地监管、企业承担主体责任”的电力安全生产体系，共同承担起促一方发展，保一方平安的责任。

（3）根据监管对象特点，实施分类监管。通过综合监管与分类监管联动机制推动建立国家监察体制下的分类监管制度。为解决电力安全监管职责与能力严重不匹配的问题，将现行的电力安全垂直监管体系，改为属地监管与垂直监管并重。例如对于电力应急管理和水电站大坝运行安全，既具有属地的特点，又具有跨区域的特征，应当采取国家能源局统一监察与地方属地监管相结合的监管模式。鉴于当前电网企业和主要发电企业均为跨区域经营的央企，其一体化的经营模式可能给地方政府履行属地监管职责带来一定的困难。为此，国家能源局应当发挥国家监察的职能，对中央电力企业履行安全主体责任、自觉接受地方政府属地监管的情况进行再监督、再核查。电力运行安全中的生产作业安全、电力建设施工安全和电力工程质量安全具有明显的属地特点，适用网格化的就地监管，应当严格依照《安全生产法》及配套行政法规执行落实分级、属地的监管原则，由地方各级政府实施属地监管，国家能源局负责行业监管指导。

5.3.3 建立“保证 + 监督 + 支持”三大责任体系

根据对各大电力企业的调研统计，目前国内电力企业责任体系划分不尽相同，但最终目的都是为了进一步构建党政工团协调联动、齐抓共管安全生产的工作格局。根据调研，本书推荐“保证 + 监督 + 支持”安全生产三大责任体系，供各企业参考借鉴。

5.3.3.1 建立安全生产责任体系遵循的基本原则

一是“安全第一”的原则。弘扬生命至上、安全第一思想，牢固树立发展绝不能以牺牲安全为代价的安全发展理念，守牢安全底线。

二是“协调联动、齐抓共管”的原则。按照“党政同责、一岗双责、齐抓共管、失职追责”的要求，构建党政工团协调联动、齐抓共管安全生产的工作格局。

三是“安全责任无盲区”的原则。按照“管行业必须管安全、管业务必须管安全、管生产经营必须管安全”和“谁主管、谁负责”的原则，强化企业安全生产主体责任，建立覆盖各业务、各领域和各岗位、人员的安全生产责任体系和工作协作机制。

5.3.3.2 责任体系构成

电力企业安全生产主体责任一般由以下三个责任体系共同履行。

安全生产保证责任体系。以专业管理部门为主，直接从事与安全生产有关的生产、基建、技术、运行、检修、维护、试验等部门、机构及所有岗位和人员，共同履行对企业安全生产的管理主体责任，是落实企业技术责任的主要力量。

安全生产监督责任体系。以安全监督部门为主，直接从事安全监督工作的部门、机构及所有岗位和人员，共同履行对企业安全生产的监督主体责任，是落实企业管理责任的主要力量。

安全生产支持责任体系。党群、财务、人资、纪检、监察、工会、计划、办公室、审计、法律、评价、科技、信息、物资、采购等部门、机构及所有岗位和人员，共同履行对企业安全生产的支持主体责任，是落实企业文化责任的主要力量。

5.3.3.3 三大责任体系安全职责划分

（1）保证责任体系。以产业全寿命、全周期、全过程管理为立足点和重心，把握设备设施和技术发展规律，从政策、制度、标准、规划、审批、建设和生产决策指挥、运行操作、检修维护、更新改造、工艺技术、设备设施等各个方面、各个流程和各个环节，落实安全管理要求，开展检查、评估、纠正、提升等管理活动，夯实本质化安全基础，保证安全生产。安全生产保证责任体系是安全生产工作的基础和核心，主要包括以下工作职责。

1）贯彻落实国家安全生产法律法规、行业标准规范以及上级有关规章制度、文件。建立健全保证安全生产的规章制度、标准规范和操作规程。根据安全生产目标、规划，制定并落实保证安全生产各项措施。

2）合理、规范、有效使用安全生产费用。建立健全管理范围内的全员安全生产责任制及相应机制，保证安全生产责任制落实到位。

3）建立健全事故隐患自查自改自报机制，建立并落实事故隐患排查治理和监控责任制，制定岗位隐患排查治理清单，按规定组织开展隐患排查治理工作。组织制定事故隐患整改方案，做到整改目标、资金、人员、时限、措施、应急预案“六落实”。严格执行隐患排查、登记、评估、报告、监控、治理、销账闭环管理程序。

4）组织开展危害辨识和风险评估工作，落实作业风险、设备风险、环境风险和职业健康风险等管控措施。制定并执行安全操作规程，规范从业人员作业行为。

5）建立健全危险物品安全管理制度，规范危险物品管理工作。组织开展培训，确保从业人员和相关人员掌握在紧急情况下应当采取的应急措施。组织开展重大危险源辨识、评估、登记建档、备案、核销及监控等管理工作。制定重大危险源应急预案，按规定组织开展应急预案演练。

6）建立健全承包商“准入、选择、使用、评价”全过程安全管理机制，按照“等同管理”要求，做好承包商安全管理工作。

7）组织开展安全管理、操作行为、设备设施和作业环境等标准化建设。落实安全生产“目视化”管理要求，在有较大危险因素的生产经营场所和有关设施、设备上，设置明显的安全警示标志，确保作业环境和条件满足安全生产要求。

8）执行国家关于职业病防治的法律法规、卫生标准，规范劳动过程中的职业病防护管理，落实职业病防治预防措施，使工作场所符合职业卫生要求。制定反事故措施计划，组织实施反事故措施计划和安全技术劳动保护措施计划。

9）建立并执行设备设施全周期、全寿命、全过程管理制度。保证新建、改建、扩建工程项目安全设施、消防设施、职业卫生防护设施与主体工程同时设计、同时施工、同时投入生产和使用。

10）制定、实施设备设施检修、技改规划。建立健全设备设施检修、技改规范标准和工艺流程，做好设备设施检修、技改工作的安全、质量管理。建立安全生产设备设施维护、保养、检测标准，规范开展维护、保养、检测工作。建立并执行“两票三制”、设备异动变更、设备停用（退役）等管理制度。

11）组织开展设备设施健康状况评估，对于满足停用（退役）条件的设

备设施，执行停用（退役）流程，制定并落实停用、拆除和处置过程中的风险管控措施。

12）根据有关规定和实际需要，提出劳保用品、安全工器具、安全防护用品等采购计划，并按要求进行存储、保管、发放和使用。

13）严格执行特种作业“资格准入”制度，按要求做好特种设备管理，特种设备必须由具有专业资质的检测、检验机构检测、检验合格，并取得安全使用证或者安全标志。

14）落实管理范围内的消防安全和交通安全责任，制定并执行消防管理制度和交通安全管理制度，强化消防和交通安全管理，防止火灾和交通事故的发生。

15）制定专项应急预案和现场处置方案，建立健全安全生产突发事件应急体系。组织开展应急演练和人员避险自救培训，提升应急管理水平和人员应急能力。组织开展应急抢险和事故恢复工作，及时、准确报告安全生产事故，协助开展事故调查，组织落实事故整改措施、事故经验反馈要求。

16）建立健全从业人员（含实习人员、劳务派遣人员）安全技术培训机制，开展从业人员安全教育培训，确保从业人员熟悉有关的安全生产规章制度和操作规程，掌握本岗位的操作技能和劳动保护用品使用方法。

17）组织开展安全生产技术路线制定、技术标准管理。推广应用新技术、新材料、新工艺，根据其安全技术特性，采取有效的安全防护措施，并对从业人员进行专门的安全生产教育和培训。落实人防、物防、技防措施，提高设备设施的自动化、智能化水平，持续提升失误和故障的安全可控率，增强本质安全保证能力。

18）推进班组安全建设，组织参加安全生产劳动竞赛、安全生产合理化建议征集、员工安全技能竞赛等工作，促进员工安全生产技能水平和安全意识不断提升。

（2）监督责任体系。把握安全生产的规律，从全局和宏观上整体对待和把握安全生产的要求，开展安全生产政策规范、规划、监督执行、事故调查处理、应急综合管理、安全统计分析、宣传教育培训等综合性工作。安全生产监督责任体系对安全生产工作起到监督检查和指导协调作用，主要包括以下工作职责。

1）贯彻执行国家有关安全生产的方针政策和法律法规，组织完善建立企业安全生产规范性文件，制定安全生产综合管理制度和规程并监督落实执行。监督检查国家安全生产法律法规和标准规范的落实情况。

2）拟订企业安全生产政策、规划和目标，分析和预测安全生产形势，发布安全生产信息。组织开展安全绩效评价工作，监督考核并通报安全生产责任目标执行情况。对企业经营决策提出建议和意见，协调解决安全生产中的重大问题。

3）牵头完善企业安全生产责任制，监督考核安全生产责任制落实情况。指导协调企业安全生产费用的提取和使用，对安全生产费用的提取、使用和效果进行全过程监督。根据法律法规要求和工作实际，提出安全监督机构设置和人员配备建议和意见。

4）组织企业安全生产综合检查和专项督查工作。监督检查隐患排查治理工作，对重大事故隐患和可能对生产经营、建设、社会造成较大影响的事故隐患治理进行跟踪监控与督办。监督检查危险物品和重大危险源管理制度落实情况，对事故隐患排查治理和重大危险源管理工作进行统计、分析、总结、上报。

5）牵头建立企业安全健康管理体系并监督落实执行。指导协调和监督检查企业安全生产标准化建设和“目视化”管理工作。

6）监督检查承包商安全管理工作开展情况，对承包商安全生产违法违纪行为进行惩处。组织承包商生产安全事故内部调查。按规定开展承包商安全资质审查和安全生产业绩评价工作。

7）指导协调企业职业健康管理工作，监督检查职业健康管理工作开展情况。对职业健康管理工作进行统计、分析、总结、上报。制定安全技术劳动保护措施计划，监督检查反事故措施计划和安全技术劳动保护措施计划的实施情况。

8）指导协调安全文化建设，制定、实施安全文化建设规划。牵头建立企业安全文化建设组织机构和运作机制，推进安全文化建设。指导协调企业安全生产科学技术研究和推广，组织开展安全生产方面的交流与合作。

9）指导协调企业应急管理工作，组织企业综合应急预案编制。监督检查企业应急体系建设、应急预案编制与培训演练等工作开展情况。发生事故后，

组织、参与、协调应急救援工作。

10）组织生产安全事故内部调查，及时、准确查清事故原因，查明事故性质和责任，完成并提交事故调查报告，对事故责任者提出处理意见。组织开展事故经验反馈工作，监督检查事故整改措施落实情况，做好安全生产事故事件统计、分析、总结、上报工作。

11）指导协调企业安全教育培训工作，组织安全生产法律法规和安全管理知识的宣传和培训，监督检查安全教育培训工作开展情况。建立安全生产教育和培训档案，如实记录安全生产教育和培训的时间、内容、参加人员以及考核结果等情况。

12）牵头建立企业安全生产奖惩和全过程责任追溯机制，制止和纠正违章指挥、强令冒险作业、违反操作规程的行为，对安全生产违法违纪行为进行惩处。

13）参与项目建设、收购、并购、转让、投产、停产（关闭）等重大事项对安全生产影响的分析，参与可研和设计审查、安全验收、安全评价工作。监督检查新建、改建、扩建工程项目安全设施、消防设施、职业卫生设施、环保设施“三同时”执行情况。

14）监督检查生产设备设施安全技术状况、人身安全防护设施状况。监督检查劳保用品、安全工器具、安全防护用品的购置、发放、使用、存储、保管工作情况。监督检查设备设施全周期、全寿命、全过程管理过程中风险防范措施落实情况。

（3）支持责任体系。按照“党政同责、一岗双责、齐抓共管、失职追责”的要求，围绕影响和制约安全生产工作的各方面因素，在员工队伍建设、政治思想教育、企业人文环境培育、激励约束机制建设、必要的人财物供给等方面提供资源支持。安全生产支持责任体系对安全生产工作起到引领督促和支持保障的作用，主要包括以下工作职责。

1）对企业安全生产规章制度、安全生产目标、规划，提出建议和意见。建立健全管理范围内的安全生产责任制及相应机制，保证安全生产责任制落实到位。根据国家要求、行业标准和企业规定，安排和提取安全生产费用。

2）组织对安全生产工作开展民主管理和民主监督，接收或承办安全生产方面的申诉。落实安全生产“一票否决”原则，将安全工作业绩纳入各类评

先、干部晋升、员工晋级和奖励考核内容。

3）组织劳动合同的签订，明确关于劳动安全卫生、工作时间、休息休假和工伤保险等条款。对劳动合同中劳动安全、卫生条款的执行情况进行监督检查，及时纠正违反安全生产法律法规和侵犯从业人员合法权益的行为。组织开展职业健康检查、职业病诊疗、康复等职业病防治服务，按照相关规定妥善安置职业病病人，落实疗养、抚恤等政策。

4）协助开展安全生产标准化建设和“目视化”管理工作。发现违章指挥、强令冒险作业和事故隐患时，提出解决建议和意见。发现危及从业人员生命安全的情况时，建议或组织从业人员撤离危险场所。

5）协助开展安全生产技术路线制定、技术标准管理和安全生产科技成果的推广应用活动。指导协调安全生产信息化项目建设，提供网络信息安全技术支持。

6）发生生产安全事故时，协助应急救援和善后处理工作。参加有关事故的调查处理，配合做好事故伤亡人员的抚恤及善后处理工作等，做好工伤认定工作，向有关责任人员提出责任追究意见。

7）组织宣传劳动保护、劳动合同等法律法规，促进员工知悉自身在安全生产方面的权利和义务。协调组织安全生产科学技术知识普及、先进安全管理经验介绍等工作，充分发挥员工的主动性、积极性和创造性。

8）组织开展安全生产效能监察，定期召开党组织会议，专题研究安全生产工作。利用多种渠道对在安全生产工作中涌现的先进、典型事迹进行宣传，激励和鼓舞广大员工，发挥好党政工团在企业中的思想政治工作优势和组织优势。

9）组织开展安全生产劳动竞赛、合理化建议征集、员工安全技能竞赛等群体性活动。开展班组建设和员工之家建设活动，营造企业和谐安全文化氛围。

10）对建设项目的安全设施、消防设施、职业卫生设施、环保设施与主体工程同时设计、同时施工、同时投入生产和使用情况进行监督并提出建议和意见。

11）根据安全生产工作需要，研究制定物资与服务的采购策略，建立承包商准入和退出机制，组织协调劳保用品、安全工器具、安全防护用品等的

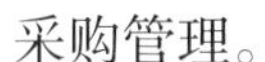

采购管理。

12）结合企业发展战略和当前安全生产实际，分析企业人力资源对安全生产发展的需求和影响，制定调整或完善方案，按照“适度超前”的原则，为安全生产配备合适的人力资源。

以上是对电力企业常规的三大体系职责归纳，各企业在机构设置、划分职能、建单明则时可以参考选用。本书列出安全生产保证体系职责 18 条、监督体系职责 14 条、支持体系职责 12 条，更加印证了电力企业安全生产是一个需要多部门齐抓共管、协同奋进的过程，抓好安全生产工作绝非安监部门一个部门的事情，企业安全生产出了问题、出了事故事件，需要从各责任体系、各职能部门角度出发进行调查、分析和解决。

5.3.4　开展全员安全生产责任制评估考核

据了解，各电力企业对所属基层单位检查时，普遍发现基层单位、车间、班组安全生产责任制内容空洞、与实际脱节、员工不熟悉自身责任制、未按照责任制开展工作、履职尽责痕迹不全等问题。开展全员安全生产责任制评估能充分调动员工主动明责知责、尽责担责的积极性，倒逼全员安全生产责任制的落实。有效推动落实所属单位各级人员责任。

（1）成立评估组织，明确对象。年初制定全年安全生产责任制评估计划，根据集团所属单位数量和业务性质，力争 3~5 年实现安全生产责任制评估全覆盖，适时对已完成评估的单位整改情况开展“回头看”。评估对象最好是二级单位，可以延伸至一些重点三级单位开展。每次开展评估前，要成立巡查评估组，由总部安全生产委员会负责组建，通常设置组长 1 名，分组小组长若干，每个小组从总部专家库中随机抽取专家组成。为保证公平公正，专家应与被评估单位无利益关系。

（2）完善评估内容，细化标准。评估内容应包含企业安全生产法律法规落实情况、“五落实五到位”情况、安全生产制度制定和落实情况、反违章管理情况、双重预防机制建设和运行情况、发承包工程责任落实情况、安全生产教育培训开展情况等内容，评估内容可结合国家、行业、集团总部的重点要求进行动态调整。每一项评估内容都要以政策法律法规或企业内部制度为依据，将评估内容分解细化为多项评估标准，确保评估工作标准化、可操作、可执行。评估过程中可以采用座谈、测评、考试、接受举报、现场检查验证、查阅资料台账档案等方式，在全面反映企业落实责任的基础上要确保评估工作有理有据，评估结果令被评估单位认可和信服。

（3）量化评估结果，深化运用。评估组应对各项评估内容的评估标准进行正向积分或负向扣分，综合考虑优化民主测评、安全生产事故事件情况和举报情况，不断优化各项占比系数，形成固定的量化计算公式，确保评估最终得分可以全面反映企业领导班子、安全生产管理人员法定职责、“三管三必须”要求以及企业安全管理制度的落实情况。现场评估结束后，要召开评估情况反馈通报会，向评估对象反馈评估发现的共性问题和急需整改的突出问题。深化评估结果的运用，将各单位每轮评估的分数做排名通报，连续多轮排名处于末尾的企业要采取约谈甚至调整领导职务的措施。将排名分数纳入企业领导班子业绩考核体系，与员工收入薪金联动挂钩，充分调动企业落实安全生产主体责任的积极性和主动性。

5.3.5 健全奖励考核机制

当前，电力企业安全生产激励考核制度尚未形成“齐抓共管”的局面，未完全解决“干多干少一个样”“干好干坏一个样”的问题，还存在正负激励方法不足、导向作用不明显、精准激励不够等问题，需要进一步完善安全生产奖励考核机制，遵循严管和厚爱相结合、激励和约束相结合、短期和长期相结合、惩罚和教育相结合、精神激励和物质激励相结合的基本原则，建立健全职员职级管理、绩效管理、薪酬激励、包保联责等机制，实行安全目标考核和过程管控并重、分层分级奖励，充分发挥安全生产奖励考核“指挥棒”“风向标”作用，切实落实各级人员安全责任。

（1）强化表彰奖励导向作用。党建工作部门负责将安全管理和安全履责情况纳入党建工作绩效考评和对标管理，作为落实党建工作责任制红旗（先进）单位、文明单位、文明个人等评比条件；工会负责将安全履责情况纳入劳动模范、五一劳动奖章、工人先锋号等评选表彰内容；安监部门负责修订完善安全工作奖惩操作规范，对在安全生产工作中作出重要贡献、在安全生产工作考核中成绩优秀的领导干部，予以重奖；公司各类评先评优要征求安全监察部门意见。

（2）强化薪酬激励导向作用。将绩效管理引入安全生产领域并切实执行，建立安全考核“专项奖惩+绩效融入”的“精准型”考核激励模式。创新开展技能类职员职工聘任工作，增加安全履责优先和否决条件，技能类职员重点在运检、基建、调控、营销等专业实施，向安全责任重、现场工作量大、技术含量高的关键班组和岗位倾斜。开展一线留人激励，工资总额分配与人员配置、安全履责等因素挂钩，向关键岗位、生产一线、高端人才、艰苦偏远地区、克难攻坚者倾斜，一线人均工资水平增长高于管理、后勤岗位。增加特殊岗位定向激励，提高“三种人”履职待遇，实行边远地区津贴。设置企业负责人安全履职奖励年薪，与安全考核得分挂钩。修订企业负责人业绩考核管理办法，强化安全生产考核，明确生产安全红线指标。

（3）实施一体化奖励考核。专业部门按照“谁主管谁负责，管业务必须管安全”的工作原则开展专业安全管理，将专业安全管理覆盖到集体企业，对基层单位（集体企业）专业安全管理进行指导、监督、考核，向安委会办公室提出安全奖惩意见。安监部门对安全管理进行综合协调，对各部门、各单位安全工作进行监督、评价并提出考核意见。办公室、农电、审计、运监、企协等部门协同开展监督、评价。建立健全组织、人资、安监、党建、监察、工会等部门齐抓共管的一体化安全考核体系，综合运用干部管理、绩效薪酬、安全奖惩、评先评优等激励惩戒措施，倒逼安全保证、保障、监督责任落实，充分发挥激励考核机制在安全生产中的导向作用。

5.3.6 构建“党建+纪检+审计+安全”责任落实及整改机制

党的十八大以来，习近平总书记就加强安全生产工作发表了一系列重要讲话和指示批示，明确指出“坚持最严格的安全生产制度，什么是最严格？就是要落实责任”“要以对人民极端负责的精神抓好安全生产工作，党政一把手必须亲力亲为、亲自动手抓”。习近平总书记的重要论述和指示，为我们做好安全生产工作提供了根本遵循。自新《安全生产法》《中共中央国务院关于推进安全生产领域改革发展的意见》《地方党政领导干部安全生产责任制规定》颁布以来，责任的内涵和外延进一步完善，安全法治环境、监管环境更加严格，安全问责追责空前严厉。反观目前电力企业现状，“谁主管谁负责”“管业务必须管安全”的要求还未完全落地落实，专业部门各负其责、党政工团齐抓共管、企业上下协同并进的全员安全履责格局和机制还未健全。

因此，为切实抓好安全履责，筑牢安全生产防线，让责任成为失职的“高压线”、尽职的“护身符”，就要通过党政工团齐抓共管、群防群治，形成“人人关心安全、处处注意安全、上下共保安全”的大安全格局。

（1）健全安全履责体系。推动安全保证体系、安全监督体系、安全支持体系落地落实，形成“党建 + 纪检 + 审计 + 安全”责任落实及整改机制。健全三大责任体系，即：健全覆盖发策、运检、建设、营销、科信、物资、调度、后勤等部门的安全保证体系，履行专业安全管理主体责任；健全覆盖组织、人资、财务、科信、物资、经法、外联、团青等部门的安全支持体系，履行安全工作支持保障责任；健全覆盖办公室、安监、农电、审计、运监、企协等部门的安全监督体系，履行综合安全管理、监督、评价责任。各级专业部门对业务范围内人身、电网、设备、网络信息安全负直接管理责任；各级组织、人资、财务、党建、监察、工会等部门在职责范围内履行安全工作考核职责，并提供支持保障。把安全第一纳入发展战略、嵌入制度体系、融入工作机制，以企业安全生产委员会为龙头，以保证责任体系、监督责任体系、支持责任体系三大责任体系为构架，构建党政工团齐抓共管、群防群治的大安全格局，全面推动企业主体安全责任落实。

（2）明晰履责管理流程。厘清安全责任，制定《领导干部履责量化考评指导意见》强化领导干部安全履责情况评价，促进领导干部明责履责。督导各专业部门知责履责，推动“管业务必须管安全”要求落地。细化《安全责任清单》，指导全员照单履责，构建承上启下、全面覆盖的安全责任体系，实现从“全员被动参与”到“全员主动履责”的转变。理顺管理流程，充分发挥安委会和专委会作用，严格安全责任目标管理，抓牢各专业领域和薄弱环节安全督导。畅通专业安全管理通道，打通安全责任链条“中梗阻”，形成环环相扣、不留真空的管理流程。强化监督管控，以安全巡查、安全稽查、党委巡察为抓手，重点对安全责任履职、安全机制运转、安全投入保障等情况监督评价。健全安全履责信息与考核部门日常沟通机制，落实一体化考核，倒逼安全责任落实。

（3）发挥齐抓共管作用。一是坚持党建引领作用。各级党委要将安全生产重大事项纳入党委会研究内容，将党建工作与安全工作同关注、同督导、

同进步。将党组织书记履行安全生产“一岗双责”情况纳入年度党建述职评议考核，做到抓党建与抓安全同责联动。建立健全党建工作、安全工作“双考核”“双通报”机制，对于安全方面发生“一票否决”的被考核事项和人员，同步纳入党建绩效考核，并作为党内评先奖优的前置否决事项。实施“党员安全履责”评价、通报和激励机制，开展“红色引领·安全争先”“两票审查我把关”等主题实践。建立健全党员反违章激励约束机制，把各级党组织和广大党员在安全工作中是否切实发挥示范带动作用的情况纳入党建工作对标管理和党建绩效考核评价。

二是发挥纪检监督作用。以专业指导为依据，编制《巡察工作指导书（安全履责监督）》，把握巡察重点。以切合实际为原则，量身定制不同的安全生产重点检查方案，确保巡察更具针对性和实效性。以履责质效和问题清单为重点，通过安全巡察全体组员参与、全专业覆盖、全方位比对，巡察相关单位安全生产突出问题整改情况，对安全生产问题突出、安全责任不落实、安全隐患不整改、安全管理形式主义和官僚主义等问题进行问责追责。常态化开展巡察“回头看”工作，完善安全问题整改问责问效、通报约谈制度，以考核问责推动整体整改效果提升。按照“治已病、防未病”原则，围绕安全责任落实的全过程、全链条，从安全治理角度深入分析问题背后的体制性障碍、机制性缺陷和制度性漏洞，促进完善安全管理体系机制。

三是强化审计支持作用。将安全专项资金使用、安全责任处罚和安全考核奖惩纳入年度经济责任审计重点内容，现场核查安全专项费用使用情况、安全责任处罚和安全考核奖惩执行情况。通过审计促进公司相关单位完善安全违章处罚管理流程，完善安全保证金、质保金合同相应条款促进公司安全生产规范管理。聚焦公司安全管理重点领域和关键环节，通过开展施工承载力及分包管理审计调查，及时揭示存在问题，提出合理化管控建议，促进企业安全规范管理和健康发展。

5.3.7 构建“宽严并济、尽职免责”的容错机制

2019 年，国务院印发了《关于加强和规范事中和事后监管的指导意见》（国发〔2019〕18 号），明确提出“加快完善各监管执法领域尽职免责办法，明确履职标准和评判界线，对严格依据法律法规履行监管职责、监管对

象出现问题的，应结合动机态度、客观条件、程序方法、性质程度、后果影响以及挽回损失等情况进行综合分析，符合条件的要予以免责”。近年来，由于政府和企业对事故事件的追责问责愈发严格，企业安监队伍“宁可不干、也不干错”的畏难情绪较为普遍，尽职免责机制尚不健全，严重影响了安监人员的工作积极性。因此，构建“宽严并济、尽职免责”的电力安全追责机制势在必行。

（1）从频繁处罚向鼓励尽职免责的方向发展。一些企业干部员工在面对安全生产工作时出现“干多错多”“不干不担责”“安全就是考核”的认识，甚至“谈安全而色变”。产生这种错误思想主要原因之一在于对安全生产工作依然不能明责知责，存在“背锅式”安全责任的认识。只有全面推动安全生产责任体系向安全行业健康引导方向发展，才能做到责任清晰不留死角；只有做到让全员能够明责知责，坚信“尽职能够照单免责”，才能更加不遗余力地尽责担责。例如在深圳市某建筑工程有限公司“2・8”机械伤害死亡事故中，最终深圳市应急局出具的事故调查报告认为：各参建单位已履行了安全管理职责，均建议不予受到处罚。

（2）从考核处罚向积极激励相辅的方向发展。企业应建立健全安全奖励机制，及时对实现安全目标、作出安全生产突出贡献、安全生产过程管控优秀等的单位（集体）和个人予以表扬、表彰、奖励。按照精神鼓励与物质奖励相结合、思想教育与处罚相结合的原则，推动“责权利对等”“奖惩考核对等”的安全绩效，杜绝“奖一罚万”“一刀切”式的管理。实行安全目标管理、过程管控和以责论处的安全奖惩机制，设置不同类别、形式、人性化的激励机制，例如目标类、突出贡献类、过程控制类等，对在安全生产方面作出贡献的个人优先提拔或加分。坚持“奖惩并重、突出重点、侧重一线”，制定安全奖惩实施办法，细化奖惩项目、标准，规范实施流程、职责，明确兑现方式、周期，充分发挥、调动安全生产保证体系、专业管理的根本优势和正向激励作用，甚至一些企业规定，任何岗位的领导干部提拔前必须有安全监督管理部门的专兼职工作经历。

（3）从“一票否决”向正面激励并举的方向发展。将企业安全生产作为与企业经营、业务发展等同化的名片。建立安全生产和职业健康公示制度和由第三方实施的信用评定制度，信用等级证书是企业经营活动中的“通行证”

和市场经济中的“身份证”。信用级别高可以得到政府、银行等部门的政策支持。对优质安全评分的企业在采购、项目招投标、资质认定管理、市场准入政策制定等工作中，给予相应的优惠政策支持，适当减免企业有关常规检查次数与力度。

（4）从综合类安全监管督导向全员尽职履责督察方向发展。传统的安全检查侧重综合安全管理检查，主要包括会议精神学习、上级文件贯彻、日常安全管理体系等内容，对主要负责人安全履职尽责、专业技术安全管理、支持体系岗位安全生产情况涉及内容较少。要在健全完善安全生产责任体系基础上，进一步加强对企业主要负责人、保证体系、支持体系等全员履责情况的督察。树立“专业安全”“大监督”的理念，推动技术安全管理和专业保证管理，真正提升生产经营活动中的本质安全水平。

5.3.8 引入保险机制促进责任落实

中发32号文、《全国安全生产专项整治三年行动计划》明确要求建立健全安全生产责任保险制度，指出要深入推动落实《安全生产责任保险事故预防技术服务规范》（AQ 9010—2019），将“安全生产责任保险”（简称安责险）引入安全生产领域，既能发挥保险对生产安全事故的风险预防和经济补偿功能，又能促进保险与安全生产工作相互融合，调动社会各方积极性，共同为企业加强安全生产工作提供保障。

早在1884年，德国政府就通过立法颁布了《德国工伤保险法》，建立了无责任保险制度。1884年之前的德国，当雇工受伤时，雇主希望把责任推到雇工身上，雇工又要把责任推到雇主身上，这就不可避免地导致了争议。所以那时的德国人就想，他们需要的就是一个无责任保险的机制，不需要证明有无责任，也不需要追究责任就能够进行赔偿。在德国人设计的这种保险产品当中，雇工利益将得到保障，如果雇工受伤因此误工，从此之后变成部分或全部的残疾，甚至导致死亡，那么雇工本身和他的亲属就能够不需要任何证明或者法律诉讼，自动获得赔偿。

我国的工伤保险是一种基本的社会保障，主要由政府部门统筹统管，在保障劳动者合法权益，分散用人单位风险和促进安全生产工作方面发挥了重要的作用。但工伤保险也同时存在着覆盖面窄、赔付额较低等缺陷，难以有效满足企业，特别是高危行业企业的保险需求，在突发性较大以上生产安全事故发生后，企业巨大的赔偿责任更是难以兑现。

安全生产责任保险就是运用保险手段解决安全生产问题的经济政策，是商业保险与安全生产管理相结合的产物，发达国家由于较早进入工业化社会、保险市场发达，已建立了比较完善的安全生产责任保障体系。当前，我国电力安全生产形势复杂严峻，新风险、老问题叠加出现，安全生产责任保险是在原有安全生产管理手段和方法不能完全发挥作用的情况下提出的安全管理新方法。

引入保险机制来辅助增强安全生产管理责任的落实，是将市场机制引入安全生产责任保险，可以对社会保险存在的缺陷作最好的补充，企业可以及时得到较大的损失赔偿，弥补工伤保险的覆盖面窄、赔付低的缺陷，起到优势互补的作用。同时，保险机构与投保单位在签订保险合同以后，就与企业一同构成了风险共担的关系主体，他们出于对各自利益的考虑，必须要采取一些措施，联合社会舆论加强对企业安全生产的监督，有助于发挥保险的社会管理功能，促进安全防范措施的落实。此外，保险公司为了降低事故赔偿，通常会设计一些激励约束相兼容的制度条款来调动企业加强安全管理的积极性，提高企业管理人员做好安全生产工作的责任心，有利于形成企业安全生产自我约束机制。

所以将保险机制引入安全生产管理是顺应经济社会发展的必然，因为这样可以促使企业进一步落实安全生产主体责任，加大安全生产投入，加强安全生产管理工作，及时消除事故隐患，预防和减少各类生产安全事故的发生，减少企业因发生事故带来的经济损失，减轻政府的社会保障负担。2021 年 9 月 1 日起施行的《安全生产法》明确要求高危行业必须投保安全生产责任保险，鼓励其他行业参与安全生产责任保险。在《全国安全生产专项整治三年行动计划》中指出 2021 年年底前各地区应急管理部门要全面建立安全生产责任保险信息化管理平台，2022 年年底前对所有承保安责险的保险机构开展预防技术服务情况实现在线监测，并制定实施第三方评估公示制度。对预防服务没有达到规范标准要求、只收费不服务或少服务的责任单位和负责人予以警示，督促整改，情节严重的按照《安全生产责任保险实施办法》有关规定，纳入安全生产领域联合惩戒“黑名单”管理，并向社会公布。

5.3.9 推动社会力量参与现代电力安全生产治理

新闻媒体、中介机构、科研院所是构建现代电力安全生产体系的重要力量，既为政府和企业开展安全生产工作提供智力支持，也是代表人民群众监督政府和企业履职尽责情况的第三方。

（1）坚持正面宣传与反面曝光并举。新闻媒体是普及安全生产法律法规、基本知识和曝光“三违”的重要途径，通过积极宣传电力安全生产法律法规和政府对企业采取的追责问责工作，警示、督促电力企业建立健全并严格落实责任制；通过普及电力安全常识技能，提高社会理性辨识安全风险和安全防护自救互救能力；通过设立安全生产专栏，曝光安全检查、隐患排查和专项整治中发现的违法违规行为以及跟踪报道电力安全生产事故事件，提高对违法人员的事故震慑力，对履行安全生产主体责任不到位的企业及所在地政府形成强大压力；通过宣传先进典型示范企业和个人，提高企业知名度，助力企业形成安全效益，让企业负责人增加工作获得感和成就感，对全社会具有正向激励作用，推动企业和广大干部职工更好履职尽责。

（2）建立完善企业安全承诺制。企业主要负责人要结合本企业实际，在进行全面安全风险评估分析的基础上，通过企业官网、政府公告栏、报纸媒体、微信公众号等渠道，向社会和全体员工公开落实主体责任、健全管理体系、加大安全投入、严格风险管控、强化隐患治理等方面的工作开展情况和目标设定情况。企业内部要加强工会监督和纪检监督，核查各项承诺按期落实。企业内部还要研究建立安全生产举报机制和保护、奖励举报人机制，鼓励员工同失职失责现象作斗争，督促企业严守承诺、执行到位。

（3）完善落实安全生产诚信制度。各区域监管机构、各电力企业应健全完善安全生产失信行为联合惩戒制度，对存在以隐蔽、欺骗或阻碍等方式逃避、对抗安全生产监管，违章指挥、违章作业产生重大安全隐患，违规更改工艺流程，破坏监测监控设施，以及发生事故隐瞒不报、谎报或迟报事故等严重危害人民群众生命财产安全的主观故意行为的单位及主要责任人，依法依规将其纳入信用记录，加强失信惩戒，从严监管。电力企业特别要建立并动态完善本企业承包商“红名单”和“黑名单”，鼓励基层企业推荐诚实守信、安全基础牢固的企业进入“红名单”，严防安全诚信不落实的“黑名单”

企业冒名顶替、“死灰复燃”。

（4）强化安全生产中介机构的责任担当。安全评价等中介机构承担法律赋予的安全生产相关权利，逐步承接政府有关职能的转移，为企业提供市场评价等服务，社会责任重大。电力监管机构应积极引导和从严监管，构建能上能下、能进能出的中介服务市场，研究出台技术服务机构评价结果公开和第三方评估制度，促使安全生产中介机构形成对法律和制度程序的敬畏之心，严格履行中介职责。

（5）发挥科研院校对安全生产的科技支撑作用。企业应联合高等院校、科研机构开展以新能源为主的新型电力系统背景下安全责任理论研究，特别是针对近年来承包商事故高发态势，分析事故深层次原因和动机，利用区块链等技术，构建可追溯的责任追究信息平台，重点解决施工人员随意性强、责任心差等问题，为企业落实安全生产主体责任提供指引。

5.4 “安全是责任”理念的良好实践

5.4.1 部分省市及派出机构齐抓共管良好实践

2016 年中共中央、国务院印发了中发 32 号文，2017 年国家发展改革委、国家能源局印发了 1986 号文后，各派出机构积极与地方政府电力管理部门沟通联系，特别是《地方党政领导干部安全生产责任制》印发后，部分省（市、自治区）已经向国家能源局明确了电力安全属地管理责任部门，多数省（市、自治区）已经开始和派出监管机构开展联合执法检查，形成了“上下联系、齐抓共管”的良好工作机制。2021 年，各地电力管理部门将逐步纳入全国电力安全生产委员会，为进一步落实属地管理职责提供了组织保障。

5.4.1.1 四川省落实小水电属地安全管理责任的良好实践

为进一步压实各方责任，消除水电站安全监管盲区，2022 年初，四川省安全生产委员会办公室印发了《关于完善末端发力终端见效工作长效机制推动水电站安全生产监管责任落地落实的通知》，通过建立“三张清单、一项承诺书”，即责任清单、任务清单、督查清单和安全生产责任与任务承诺书，将

水电站安全生产工作要求和任务逐级压紧压实，落实到最小工作单元，推进水电站安全生产长效化治理。责任清单压紧压实一对一包保责任，市（州）领导干部包县（市、区）、县（市、区）领导干部包乡（镇）、乡（镇）领导干部包水电站；任务清单明确属地政府、行业监管部门和水电站企业的安全生产重点工作和具体工作；督查清单建立省、市（州）、县（市、区）三级水电站安全生产督查组，对地方政府、行业监管部门及水电站企业落实责任、任务“两张清单”的情况进行督查，运用“两书一函”等机制对工作不得力、责任不落实的单位进行警示约谈、限期整改及通报。安全生产责任与任务承诺书由县（市、区）水电站牵头监管部门与属地水电站企业签订，市（州）水电站牵头监管部门与县（市、区）水电站牵头监管部门签订，并于对应省直部门签订，明确责任包干。

四川省通过梳理，明确了每座水电站属地安全监管责任，编制了《四川省水电站安全监管责任统计汇编》《发改（能源）部门行业安全监管水电站清单》《经济和信息化部门行业安全监管水电站清单》《水利（务）部门行业安全监管水电站清单》，并印发《四川省安全生产委员会办公室关于落实水电站安全监管责任的函》（川安办函〔2022〕22号），基本落实固化地方政府属地安全管理责任、各级部门行业安全监管责任和水电站企业安全生产主体责任。经统计，截至2022年2月底，四川省共有水电站3962座，分布在21个市（州）、169个县（市、区），总装机容量13990.41万千瓦，其中5万千瓦以上的215座，装机容量12561.11万千瓦，5万千瓦以下的3747座，装机容量1429.3万千瓦，在建104座、已建成投运3858座（其中停产水电站89座）。其中，由四川省能源局履行行业安全监管的水电站有354座，由四川省经济和信息化厅履行行业安全监管的水电站有1569座，由四川省水利厅履行行业安全监管的水电站有2039座，真正实现了小水电站底数清、风险准，责任明，具有一定的推广意义。

5.4.1.2 山西省能源局积极落实电力安全监管属地责任的良好实践

随着电力安全监管齐抓共管工作的推进，各地政府积极响应，推动电力安全属地管理体制机制改革。

山西省政府于2018年组建了山西省能源局，2019年初山西省委发文将原省工信厅承担的全省电力企业、非电力生产自备电厂的属地安全监管职责和省发展改革委承担的全省新能源、可再生能源行业的安全监管职责调整，明确由省能源局承担，近两年来，在电力安全属地监管方面，积极开展了如下工作。

一是明确了省市县属地监管责任。为进一步理顺电力安全监管体制，明确监管责任，加强对全省电力企业和自备电厂、新能源和可再生能源企业的安全监督，印发文件进一步明确全省电力企业、自备电厂、新能源和可再生能源企业的安全生产管理工作坚持分级属地监管原则，省能源局负责属地安全监管职责。国家能源局山西监管办公室按照国家有关规定，开展电力安全监管工作，各市县能源管理部门负责本行政区域上述电力企业的属地安全监管职责，指导督促企业健全安全生产责任制，落实安全监管责任，切实加强企业安全监督工作。要求各市县能源管理部门和省电力企业积极主动对接省能源局各项工作安排。

二是制定分级监管办法督促责任落实。制定山西省电力企业分级分类安全暂行监管办法，明确市能源局负责本行政区域内电力安全生产工作，并直接监管总装机容量为60万千瓦及以上火电、水电和非电力企业自备电厂，装机容量为10万千瓦及以上的光伏、风力发电企业，110千伏及以上电压等级的输配电线路以及自行确定监管的其他电力企业；明确县级能源局负责本行政区域内总装机容量为60万千瓦以下的火电、水电、非电力企业自备电厂，装机容量为10万千瓦以下的光伏、风力发电企业，35千伏及以下电压等级的输配电线路的安全监管工作。同时，按照安全生产标准化，将全省电力安全等级从高到低确定为A、B、C、D四类，其中A类电力企业安全等级最高，D类电力企业安全等级较低。各市县能源管理部门要根据电力企业分类等级，确定监督检查频次，坚持属地负责、分类实施、动态管理、差异化监管。近两年来，山西省安全监管属地责任逐年加强，电力安全管理水平有效提升。

5.4.1.3 贵州省能源局落实属地电力安全管理职责管理实践

贵州是全国的重要能源基地，是国家“西电东送”战略的重要送电省份。近年来，贵州省能源局把电力安全保障作为政治责任，积极配合国家能源局贵州监管办等有关部门，切实履行行业管理职责，多措并举，创新推动，电力行业保持了良好的安全态势，圆满完成庆祝新中国成立70周年特级保供电及中国国际大数据产业博览会、生态文明贵阳国际论坛等重要保供电任务，

顺利完成水城县“7·23”特大山体滑坡等事件的应急抢险供电保障工作。主要做法如下。

一是强化上下联动，组织开展安全防范检查。针对贵州气候特点和自然灾害发生规律，在重要时段特别是在强降雨时期、凝冻时期，及时下发做好电力安全防范工作的通知，要求市县两级能源管理部门加强政策指导，督促各电力企业切做好安全防范工作，要求电力企业对安全隐患易发区域和重要部位进行自查，有效防范安全风险。同时，省、市、县能源管理部门联合组成检查组，赴重点电力企业开展安全防范现场检查，督促电力企业落实安全主体责任，确保安全防范措施执行到位。

二是强化部门联动，开展电力安全专项督查。与省委网信办建立信息沟通机制，配合网信办对电力企业进行网络安全转型检查，强化关键信息基础设施网络安全。与贵州监管办建立联动机制，配合能监办对贵州电网等电力企业、车站机场等重要集聚场地开展电力安全保障专项检查。配合省市场监管部门，对省内8家火电企业进行锅炉管道质量安全专项督查，共查出问题125项，逐一提出整改意见，责令企业落实整改措施，确保电力设备运行安全。

三是强化厂网联动，积极参与大面积停电应急演练。为认真落实大面积停电应急预案，组织能源管理部门、能源监管部门、电网企业参加国家能源局组织的大面积停电事件应急工作培训，组织普安电厂等企业参加国家能源局南方监管局在广州举办的2019年南方区域大面积停电事件厂网联动应急演练，全面检验电力企业大面积停电应急预案的实用性、事件响应过程的合理性与应急处置的协同性，提高电力行业厂网联动、跨省联动、政企联动的电力安全事故应急处置能力。

5.4.1.4 河南监管办推动构建电力安全齐抓共管机制的良好实践

河南是华中电网火电基地，截至2020年年底，全省发电装机容量10169万千瓦，其中火电装机容量6919万千瓦，居全国第八位。河南电网还是华北、华中、西北三大区域电网连接的枢纽，以及全国首个省级交直流特高压混联电网。2020年河南全省用电量达3392亿千瓦时，居全国第六位。2020年，河南省风电、光伏发电装机容量分别达到1518万千瓦、1175万千瓦，占全省总发电装机比重的28%。做好河南电力安全监督管理工作，对河南乃至中部地区经济社会发展具有非常重要的意义。

近年来，河南监管办认真贯彻落实1986号文，不断加强与电力政府及有关部门的沟通联系，努力推进属地电力安全监管责任落实。全省18个省辖市和10个直管县已于2017年年底明确了属地电力监管部门，全省属地电力安全监管责任落实初见成效，采取的措施有以下三方面。

一是发文明确职责。推动河南省安委办出台了《关于督促落实电力属地安全监督管理工作的通知》，明确河南省级层面由省发展改革委和河南监管办共同负责电力安全生产监管工作，指导市、县电力安全生产监管部门开展电力安全生产监管工作，结合国务院安委会对河南省安全生产和消防考核巡查工作要求，积极推动落实属地安全监管责任不断明确和深化。河南省印发明确省级电力管理部门的意见，明确省发展改革委为省级电力管理部门，履行地方电力安全管理相关职责。

二是构建“四同”机制。河南监管办与省发展改革委逐步形成常态化的“同发文、同部署、同检查、同落实”的“四同”监管机制。联合省发展改革委制定印发《河南省电力安全生产专项整治三年行动实施方案》，及时组织召开会议开展警示教育，部署三年行动计划。会同省发改委组织召开全省电力安委会和全省能源安全工作会议，督导各单位牢固树立安全发展理念，健全落实责任制，有效防范风险。与省发展改革委组成联合督导组，对各地风电建设项目开展现场督察检查，及时通报反馈问题，对违法违规行为依法依规严肃处理。联合省发展改革委及时组织召开液氨改造工作推进会，督促电力企业不断推进重大危险源改造。认真落实国务院安委会对河南省安全生产巡查整改要求，推动完善省、市政府大面积停电应急预案编制和演练，配合省发展改革委修订《河南省大面积停电事件应急预案》，参加省发展改革委组织的大面积停电事件综合演练，提升电力安全保障能力。

开展电力安全齐抓共管工作已初见成效：2020年，河南省电力行业未发生人身伤亡事故、电力安全事故，电力安全生产保持了持续稳定的良好态势，实现了平稳运行和电力（热力）可靠供应，为全省经济高质量发展提供了坚强保障。

5.4.1.5 吉林省能源局电力安全监管齐抓共管经验

吉林省能源局高度重视电力安全工作，以《国家发展改革委　国家能源局关于推进电力安全生产领域改革发展的实施意见》（发改能源规〔2017〕1986号）为工作主线，按照“三管三必须”的要求，扎实推进能源系统安全生产

各项工作，推动能源企业落实安全生产主体责任。

一是安全生产监管机构逐步健全。2017年年初吉林省能源局向吉林省政府请示成立专门机构，承担能源行业安全生产监管责任。5月份省编办批复吉林省能源局增设安全生产监督管理处。随后吉林省能源局采取发文商请、电话催报、请省安委办帮助督办等办法，要求各市县明确当地能源行业安全生产监督管理部门。经全力沟通协调，吉林全省60个市（州）、县（市、区）都明确了能源行业安全生产监管部门，建立起省、市、县三级能源安全生产监管机构，构建上下联动、相互支撑、协同配合、齐抓共管的责任体系。

二是安全生产齐抓共管机制进一步夯实。吉林省能源局积极与国家能源局东北监管局和吉林业务办、吉林省应急厅开展工作对接，建立起交流沟通、信息交换、联合检查等工作机制。调整完善电力安全专家库。推动信息平台建设，积极与国家能源局东北监管局沟通协商，建立起资源共享、信息共用的机制，通过信息资源的“双共”，进一步提升工作效率。

三是双重预防机制长抓不懈。制定印发《吉林省能源局关于建立健全安全风险分级管控和隐患排查治理双重预防机制的实施方案》，对吉林省能源系统双重预防机制建设工作作出安排部署，督促各地行业管理部门、各企业开展双重预防机制建设，并先后开展双重预防机制建设中期检查、年度检查“回头看”。在开展安全生产专项督查时，始终将双重预防机制建设列为重点内容，对双重预防体系运行情况实行动态管理，持续用力，确保形成常态长效机制。

四是安全生产三年行动扎实有效。与国家能源局东北监管局联合印发《吉林省电力安全生产专项整治三年行动实施方案》，成立以吉林省能源局局长为组长的安全生产专项整治三年行动领导小组。按照三年整治的时间节点，吉林省能源局聘请专家组成督查组，以“干部＋专家”的模式，先后深入各地区及有关能源企业，对安全生产专项整治三年行动工作开展情况进行抽查。

五是电力应急管理能力进一步加强。制定吉林省电力应急能力建设专项督查工作实施方案，下发至各市地行业管理部门，并与国家能源局东北监管局联合对部分市地行业管理部门和电力企业开展综合督查，确保建党百年庆祝活动期间电力全生产形势稳定。

六是加大宣传培训和安全文化建设力度。深入宣传习近平总书记关于安全生产工作的重要思想以及各级有关部门关于安全生产工作的会议精神、部署要求，组织开展好“安全生产月”“安全生产万里行”等活动。督促企业开展全员安全生产教育培训，通过开展入眼、入耳、入脑、入心的宣传教育活动，将安全文化切实转化为行动自觉。召开吉林省能源局党组理论学习中心组（扩大）学习会议，学习习近平总书记关于安全生产重要论述及《生命重于泰山》专题片。

5.4.2 企业落实安全生产主体责任良好实践

5.4.2.1 国家电力投资集团有限公司安全生产尽职督察创新与实践

（1）安全生产尽职督察相关背景。

近年来，国家电力投资集团有限公司认真贯彻落实党中央、国务院关于安全生产的各项决策部署，深入分析研究安全生产法律法规以及企业安全生产责任制落实的痛点、难点、关键点，充分吸收、借鉴卓越绩效模式的“领导三要素”和“结果三要素”核心思想，遵循 PDCA 循环管理方法，创新性地构建安全生产尽职督察机制，对二级单位领导班子尤其是主要负责人开展全覆盖式尽职督察，不断强化责任认同、推动思想转变、促进责任落实。

安全生产尽职督察，是指对所管单位领导班子成员安全生产方面履职尽责情况组织开展的专项监督监察。督察对象是所管单位安全生产第一责任人，董事长（执行董事）、总经理、党委（组）书记；分管领导，纪委书记、工会主席，总师及副总师等领导班子成员，即“关键少数人和少数关键人”。主要目的是通过开展尽职督察，提高二、三级单位领导班子，特别是主要负责人安全生产履职尽责的意识和能力，发现和解决安全生产管理的突出矛盾和问题，持续提升安全生产管理绩效。

（2）安全生产尽职督察架构。

国家电力投资集团有限公司所属企业涉及多个行业、管理水平存在较大差异，自 2018 年以来，国家电力投资集团有限公司对安全生产尽职督察经过探索、实践和反馈，对尽职督察的内容、方式、程序、管理闭环等各要素历经多轮迭代、优化，充分融合卓越绩效模式的核心价值观，以及 PDCA 循环的方法论，基本形成了重点突出、要素科学、方式多维、测量立体、定性定量有机结合的安全生产尽职督察机制。

1）安全生产尽职督察对象。督察对象为所管单位主要负责人及领导班

子。重点是董事长（执行董事）、总经理、党委书记（非法人实体的单位，为党政主要负责人）等安全生产第一责任人。督察延伸到本部有关部门及所管单位、车间、班组，考察责任制的全面落实情况。

2）安全生产尽职督察程序。安全生产尽职督察程序包括督察准备、督察进驻、督察开展、督察反馈、整改闭环五个主要程序，每个关键程序内部的工作步骤如图 5–6 所示。

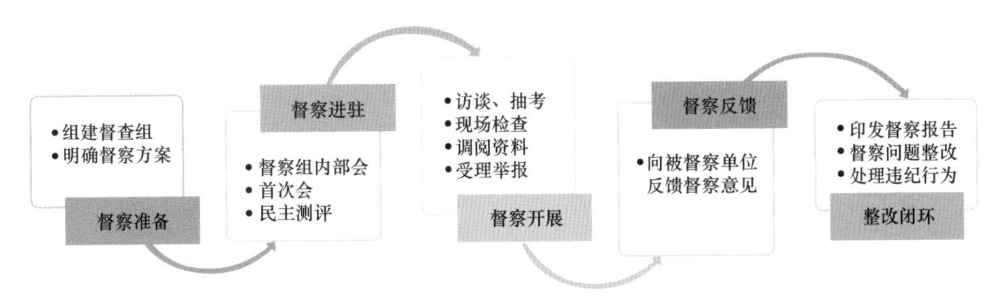

▲ 图 5–6　安全生产尽职督察主要程序

3）安全生产尽职督察方式。安全生产尽职督察实施方式主要有 7 种：听取报告、座谈询问、民主评议、抽查验证、旁听会议、调阅资料、组织测试。

4）安全生产尽职督察内容。安全生产尽职督察内容围绕“7+1+*N*”的原则进行设计。“7”即《安全生产法》规定的主要负责人七条职责，“1”即“党政同责、一岗双责、齐抓共管、失职追责”，“*N*”即国家电力投资集团有限公司当年重点任务。

重点对合法合规、责任落实、规章制度、安全检查、安全会议、安全履职、安全培训、安全投入、应急管理、事件管理 10 个方面开展督察，如图 5–7 所示。

▲ 图 5–7　安全生产尽职督察主要内容

5）安全生产尽职督察指标设计。督察结果采用百分制量化打分。由尽职督察评估得分、民主测评得分组成，并经事故系数和督察组总体测评系数修正。尽职督察评估得分、民主测评得分分别占比 70%、30%。民主测评采用无记名方式，由督察组组织并负责统计结果。

安全生产第一责任人和领导班子副职的最终得分均与二级单位本部、三级单位测评分数、总体测评系数、问题举报、事故系数相关，如图 5-8 所示。

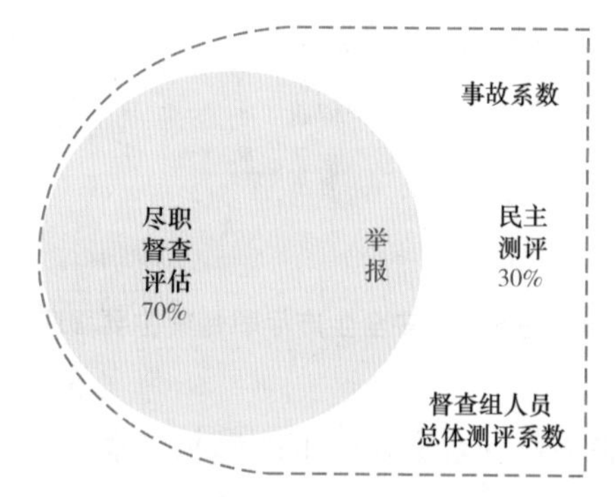

▲ 图 5-8　安全生产尽职督察量化指标设计

（3）安全生产尽职督察滚动实施。

一是集团总部制定尽职督察三年计划，实现二级单位全覆盖。尽职督察聚焦重点领域、问题单位、薄弱环节，有序开展。

二是开展安全生产尽职督察“回头看”。针对尽职督察报告，责任单位制定整改方案实施整改，督察的第二年实施尽职督察“回头看”，验证整改效果，实现问题整改到位、措施落实到位、督察效果到位。

三是将尽职督察评价结果纳入绩效考核管理体系，作为二、三级单位安全绩效考核、干部考察、年度先进评比的重要参考和依据。针对督察评估和民主测评情况，形成督察量化评价结果，作为评选年度安全生产先进集体和个人的重要参考依据。

（4）安全生产尽职督察取得成效。

国家电力投资集团自 2018 年实施尽职督察以来，成效显著。一是安全绩效提升，生产安全事故实现双下降；二是各级领导尤其是一把手意识大幅提

升，催生了安全文化氛围的营造；三是推动了各级领导尤其是主要领导履职尽责的主动性，打通安全生产责任链条，责任得到有效落实；四是管理更加系统规范，整体管理水平得到提高。

安全生产尽职督察紧密围绕理念、方式、指标、应用四个方面的创新，为国家和行业根治“安全生产责任不落实、难落实”这个“老大难问题”提供了先行尝试和有益借鉴，为企业落实安全生产责任制提供了有力抓手，督促企业各级领导特别是主要负责人牢固树立“依法治安”的意识，提升安全管理能力，是企业接受被动监管向主动落实责任的良好实践，具有一定的示范意义和推广价值。

5.4.2.2 国网浙江省电力有限公司安全履责激励约束机制创新与实践

为充分调动广大干部员工积极性，不断提升工作精气神，国网浙江省电力有限公司基于精确激励、正向激励的导向，多维度健全安全生产激励机制。以安全目标管理和以责论处为目标，严格执行全过程事故责任追究和考核，在安全工作中做到奖惩分明，建立差别化、合理化的考评体系，为业绩考核中勇于担当、敢于负责的优秀干部员工脱颖而出提供平台。安全履责激励约束机制如图 5-9 所示。

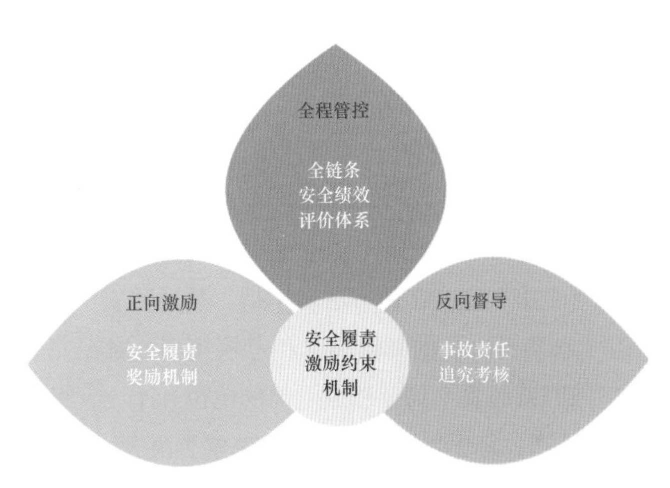

▲ 图 5-9 安全履责激励约束机制

（1）正向激励，健全安全履责奖励机制。

1）加大安全生产专项奖励。设置安全生产专项奖励基金，设立季度安全奖、千日安全奖、安全生产特殊贡献奖，对基层单位在安全生产上作出突出贡献的集体和个人进行奖励；每年对实现安全目标的地市公司及所属各级单位中贡献突出的单位、集体和个人进行表扬；地市公司、直属单位可酌情设立优秀工作票签发人、优秀工作许可人、优秀工作负责人、实现千步操作无差错、“两票”执行无差错、无违章班组、无违章现场等奖励项目。安全生产奖励向承担主要安全责任和风险的单位、部门和班组生产一线人员倾斜，充分调动一线员工安全主观能动性，充分发挥物质奖励对安全生产的激励作用。

2）建立事故整改后评估机制。为落实各项整改措施、提高整改质量、巩固安全管理基础，建立事故整改后评估机制，按照“整改期”“巩固期”“攀高期”三步走模式，对照评价标准对事件整改情况进行评估，评估通过后对扣罚的部分奖金给予返还，同时对落实不力的加大问责考核力度，从而督促相关单位提升管理水平，确保长治久安。

3）注重基层一线员工履责奖励落地。坚持精神鼓励与物质奖励相结合、思想教育和行政经济处罚相结合。出台《“每日安全小红花”激励实施意见》，建立“日积分、月统计、年评定”综合管控模式，对年度“每日安全小红花”获得多的员工授予“安全守护者”称号，持续激发基层一线员工干事创业的使命感和责任感。

（2）反向督导，严格事故责任追究考核。

1）构建安全责任全过程追溯机制。充分研究“事故链”和“责任链”原理，认真追究每一起事故，对照安全职责清单，从安全监督管理、规划设计、招标采购、建设施工、生产运行、教育培训等各环节失职行为进行追责，督促全员履责尽责，实现企业里有我的岗位，企业安全我负责！

2）严格“一票否决”安全工作方法。坚持“从严治安”“铁腕治安”，明确安全生产实行“一票否决”的具体标准和考核规则，对在安全生产过程中触碰“红线”，因失职或履责不到位造成后果的单位和个人，根据后果严重程度予以离职或调岗处理，坚决执行安全生产“一票否决”。

3）坚持实施安全生产警示、约谈和说清楚。根据全面、全员、全过程、全方位的问责管理制度，出台《安全生产通报警示约谈说清楚实施办法（试行）》，对安全生产警示、约谈、说清楚内容和范畴进行详细定义精确划分，实施的人员、对象、程序等做到层次分明、职责明晰。坚持监督考核原则，

对不认真落实警示、约谈、说清楚要求的，严肃追究相关单位和个人的责任，取消其当年安全生产先进单位、先进集体、先进个人的评选资格。

（3）全程管控，构建全链条安全绩效评价体系。

1）分层分级开展安全履责绩效考评。以安全管理和以责论处为目标，出台《安全履职述职和评价工作实施办法》，分公司领导班子、管理人员、基层一线人员三个层级，分别开展安全述职、安全履职评价和安全等级评定，如图 5–10 所示。同时将考核评定结果与岗位评价、薪酬分配、安全先进评选挂钩，全方位、多层级评价全员安全履责情况，大力选拔任用敢担当有作为的干部员工。

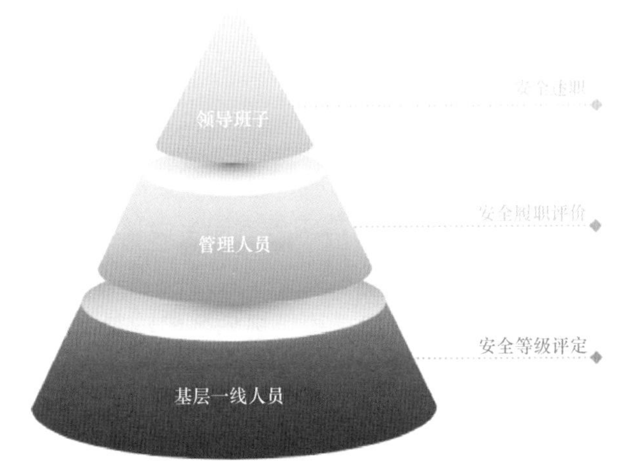

▲ 图 5–10　分层分级安全履责绩效考评体系

2）业务全过程实施安全绩效管控。以安全绩效考核和年度安全目标管理为抓手，由传统安全考核结果导向转变为安全绩效监测。年初明确安全工作目标，按照二十四节气将目标分解为月度安全重点工作任务，开展安全绩效监测，重点监测各项任务具体计划、保障措施和目标是否实现；系统检查各项安全制度的执行情况和流程的安全合理性；全面监测公司各单位风险等级和作业环境，保证预防和控制措施的有效性。

3）全方位实施员工安全状态评价。给每位生产岗位员工建立个人技能安全账户，每月将安全奖金和岗位技能奖金从个人工资中暂扣，直接注入个人安全技能账户；逐月考核员工的安全状况、违章情况，开展岗位操作和安全技能训练测试并公示。如无违章且岗位操作和安全技能训练考试成绩合格，则在年底将账户金额按照一定奖励系数兑现给本人；如出现违章，视情节轻重，按比例扣除累计到当月的安全奖金。以年终个人安全账户里的金额反映员工的“安全信用”水平，从而实现对员工安全状态全方位评价。

国网浙江省电力有限公司在安全履责激励约束机制创新与实践中，将正向激励、反向督导以及安全履责绩效考评相结合，运用安全生产专项奖励、事故整改后评估机制、安全生产警示、约谈、说清楚等管控手段配合，强化全员安全生产主动履责的意识，有效促进管理和安全责任落实，形成齐抓共管、人人有责、奋发向上，一致努力抓安全生产的凝聚力；实现员工共同的安全目标、安全价值观及共同的安全使命感，推动企业高质量发展。

5.4.2.3 大唐甘肃发电有限公司“一图四卡”外包施工现场安全管控

“一图四卡”是外包施工现场安全管控工作方法，通过制定并严格执行外包施工现场安全管控网格图、高风险作业标准卡、高风险作业旁站记录卡、现场监督管理卡、现场定期抽查卡（简称“一图四卡”），促进外包工程各相关方管理人员主动参与现场管理，落实各方安全责任，保证工程顺利实施，保障作业人员安全。

（1）绘制现场安全管理网格图，构建现场各层级管理链条。外包施工作业通常存在环境差，施工难度大，风险高，工期紧张，人员技能低、流动频繁等情况，造成管理难度大，现场容易混乱。对施工现场以区域为单元，绘制工程施工单位、监理单位、发包方（业主）三级安全管理网格图（见图5-11）。标注工作负责人、承包方管理人员、监理、发包方管理人员组成的管理流程，制成图板张贴在现场醒目位置，做到提纲挈领。

网格化管理机构由承包单位、监理、业主组成，承包单位包含工作负责人、技术人员、安监人员和项目负责人；监理单位包含监理和总监；业主包含项目部技术人员、安监人员、项目负责人和企业领导等。网格化管理机构人员按照各自职责分工对作业现场全程管控。

（2）制定高风险作业标准卡，规范现场作业。对八类高风险作业问题找出对应标准填入高风险作业标准卡，如搭设脚手架，作业卡内标有立杆间距、步距等具体数据，脚手板铺设、绑扎等具体要求（见图5-12），由工作负责人对照卡内各项标准检查打钩，随同工作票保存。

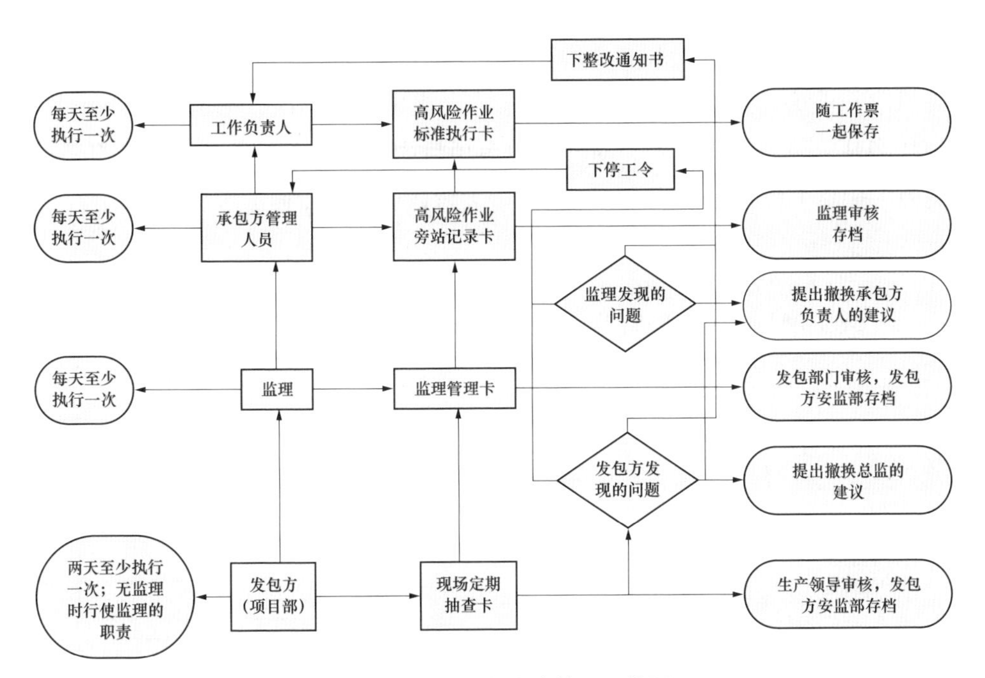

▲ 图 5-11　三级安全管理网格图

某发电厂（发电公司）发包工程高风险作业执行卡

工程名称		作业类型	高处作业
作业任务		工作负责人	
作业人员		旁站监护人	
执行工作时间：自　年　月　日　时　分开始至　时　分结束			

序号	作业标准	执行情况（√）	未执行项备注
1	应持有工作票，工作班成员对作业危险点及控制措施已掌握		
2	有落物风险的下方区域做好人员和设备的安全防护并采取全封闭硬隔离，悬挂“闲人免进”、“禁止通行”警示牌		
3	工作场所孔洞、沟道已设置盖板、安全网或硬质围栏		
4	作业区无妨碍通行的杂物、垃圾，作业现场照明充足		
5	检查脚手架已验收，扣件完整、牢固，防护栏（防坠网）完整无破损无杂物，脚手板满铺，脚手架整体结构稳固		
6	脚手架、平台临边未摆放工器具、备件，已配备工具袋		
7	作业区设有合格、牢固的防护栏；作业立足点面积要足够，跳板、踢脚板已满铺并有效固定		
8	使用吊篮作业时，吊篮已检验合格，有独立于吊篮的安全绳，安全带挂在安全绳上；吊篮结构件有足够强度和可固定措施，下方禁止人员停留和通行		
9	使用两端装有防滑套的梯子，梯阶不大于40cm，在距梯顶1m处设限高标志；使用单梯工作，梯子与地面倾斜角为60°左右，梯子有人扶持		
10	作业人员已戴安全帽、穿防滑鞋、正确使用安全带，安全带系在牢固物件上。不具备挂安全带的要使用防坠器或安全绳		
11	电气设备附近高处作业满足安全距离的要求		
12	坝顶、陡坡、屋顶、悬崖、杆塔、吊桥以及其他危险的边沿进行作业时，临空一面装设安全网或防护栏杆		
13	拦污栅、闸门处的临水作业，人员穿救生衣，并使用防坠器或安全绳		
14	水电厂引水隧洞作业上下垂直爬梯时，爬梯旁设置可靠的钢丝绳，并使用速差防坠器		
15	风电机组塔筒清洗、叶片维修等高处作业，须在风机停机状态下进行并将叶轮锁定		
16	六级及以上大风(气象台发布蓝色预警)以及暴雨、打雷、大雾等恶劣天气，禁止露天高处作业		
17	禁止一人独自在炉内升降平台上作业		
18	禁止上下垂直作业，若必须上下垂直作业时，必须做好隔离措施		
19	禁止饮酒、精神不振者登高作业		

备注：1. 作业任务与工作票上工作任务一致。
2. 工作负责人为该项工作票负责人，旁站监护人为承包方管理人员。
3. 工作中涉及此作业必须每天执行，随工作票一起保存。

某发电厂（发电公司）发包工程高风险作业执行卡

工程名称		作业类型	脚手架搭设
作业任务		工作负责人	
作业人员		旁站监护人	
执行工作时间：自　年　月　日　时　分开始至　时　分结束			

序号	作业标准	执行情况（√）	未执行项备注
1	应持工作票，搭设脚手架须由持证的架子工进行		
2	10米及以上、10人以上作业脚手架已编制搭设方案		
3	作业区周围设围栏，悬挂警戒标志，严禁非作业人员入内		
4	作业人员已戴安全帽，系安全带，穿软底鞋		
5	钢管两端面平整，无斜口、毛口，无硬伤；扣件表面平整且无缺损（木杆无折裂，小头直径不小于80mm）		
6	立杆垂直稳放在金属底座或垫板上（厚度≥50mm），横跨两个立杆的垫板宽度不少于200mm。禁止直接立放在无钢梁支撑的格栅上		
7	立杆间距≤2m；大横杆设置在立杆里侧，步距≤1.8m；小横杆在大横杆上方，水平间距≤相邻立杆纵距的1/2		
8	立杆采用搭接时长度不少于1m，不少于2个旋转扣件固定。相邻立杆接头不在同步内；同步内隔一根立杆的两个相隔接头垂直距离≥50cm；各接头中心至主节点的距离≤步距的1/3。（木杆搭接1m）		
9	相邻大横杆对接接头不在同跨内；接头水平方向错开距离≥500mm；各接头中心距最近主节点距离≤纵距的1/3。（木杆搭接1m）		
10	相邻大横杆搭接接头不在同跨内；横杆搭接部分≥1m，旋转扣件等间距固定（木杆绑扎3道）。所有杆件端部扣件盖板边缘至杆端距离≥100mm		
11	设置抛撑：采用通长杆件，与地面夹角在45°-60°范围内，连接点中心至主节点的距离不应大于300mm		
12	设置连墙杆：水平方向每隔不大于7m，垂直方向不大于4m设置一拉结点（检修现场，根据现场实际与构筑物连接，或设抛撑，确保脚手架稳固）		
13	设置扫地杆：扫地杆应连续设置，大横杆在上，小横杆在下，扫地杆距离垫板顶皮200mm		
14	脚手板满铺绑牢，固定铅丝直径不小于10号铅丝；脚手板对接长度130＜§≤150mm，搭接长度§≥100mm。端部脚手板伸出探头≤200mm		
15	作业层设置1.2m高防护栏杆和180mm高挡脚板，中部再设置一道栏杆		
16	设有爬梯或斜道，直爬梯踏步高度≤40cm，5m以上顶部设置防坠器		
17	高度在6m以上的脚手架作业，应使用安全网		
18	安全网试验合格，平网应外高内低（15°）；网与其下方（或地面）物体表面距离不得小于3m。严禁立网代替平网		
19	炉膛脚手架搭设前先清理炉内焦块		
20	门（快装）式脚手架高度超过底部宽度4倍时，须设置连墙件与建构筑物可靠固定，或设置安装对称斜支撑		
21	吊架挑梁须固定在建筑物的牢固部位上，立杆上下两端加设一道扣件		

备注：1. 作业任务与工作票上工作任务一致。
2. 工作负责人为该项工作票负责人，旁站监护人为承包方管理人员。
3. 工作中涉及此作业必须每天执行，随工作票一起保存。

▲ 图 5-12　高风险作业标准卡

（3）制定旁站记录卡，促使承包方管理人员履职。充分发挥承包单位自主管理作用，承包方管理人员直接管理工作负责人，上下沟通便利，上传下达便捷。对承包方管理人员进入现场须检查的主要内容编入承包方管理人员高风险作业旁站记录卡（见图 5-13）内，规定检查频次，遇有高风险作业，须持旁站记录卡全程监护，对照卡内各项目内容检查，对发现问题及时督促整改。记录卡执行完毕由承包项目负责人审核后交由监理审核存档。

某发电厂（发电公司）发包工程

承包方管理人员高风险作业旁站记录卡

工程名称			
检查人员签名			
执行工作时间：自　年　月　日　时开始至　年　月　日　时结束			
序号	检查项目	执行情况（√）	未执行项备注
一、通用部分			
1	工作负责人、工作班成员已熟知作业危险点及控制措施，并在现场正确实施		
2	工作负责人始终在现场		
3	现场配备消防器材完整齐全；工作人员熟知应急预案的内容		
4	工作场所的楼梯、平台、栏杆完整，孔洞封堵，通道畅通		
5	《高风险作业标准执行卡》已按要求正确执行		
6	工作班成员变更后，已在工作票上备注；新增加人员已在危险点分析控制措施票签名		
7	对作业人员的违章、违规行为进行纠正和制止		
8	对现场新发现以及发包方、监理提出的未整改问题，督促限期闭环落实		
二、脚手架			
9	脚手架的验收人员符合要求，脚手架验收合格并在使用期限内		
10	安全警示标牌悬挂正确		
11	整体结构无变动，“脚手架使用日检查表”执行完整		
12	不得利用脚手架起吊重物		
13	人行通道无障碍物，超过 5 米的脚手架已配置防坠器		
三、高处作业			
14	安全带系挂正确；同一作业面工作不超过 2 人，须超过 2 人时不得超过 9 人且不能聚集在一起		
15	及时制止高处作业人员、管理人员随意翻越栏杆、攀爬脚手架等走捷径从事高处工作的行为；及时制止投掷各种器具和物品行为		
16	作业区域下方人行通道上部采用全封闭；防止落物的防护网完整		
四、有限空间			
17	有限空间第二监护人始终在现场		
18	有限空间出入口醒目位置已悬挂有限空间作业安全告知牌		
19	核实登记进入人员与实际人员相符		
20	有毒有害气体浓度已按要求检测并记录完整		
21	有限空间入口处无影响人员通行的障碍物		
22	未进行作业的有限空间入口处已设置“危险!严禁入内!”警告牌并已采取封闭措施		
五、防腐作业			
23	口罩、手套等个人防护用品已配备；作业区域消防水、灭火器等消防设施配备到位		
24	安全使用照明装置		
25	10 米范围内无动火作业；现场火种已全部交出，无人员吸烟		
26	通风设施运行正常		
27	逃生路线畅通		
六、动火作业			
28	动火作业已按照动火级别进行监护，并备有灭火器，消防通道畅通		
29	易燃易爆物质浓度已按要求检测并做记录		
30	电焊机及其接线、氧气、乙炔瓶安全可靠并按规范使用		
31	动火结束后，作业现场及周围没有残留火种		
七、临时电源			
32	临时电源线布置规范、整齐，无电线直接插入插座内使用的现象		
33	做到一机一闸一保		
34	电源箱编号、电源线标牌齐全		
35	负荷分配合理		
36	柜门及时上锁		
37	室外放置的电源箱固定牢固，做好防水、防火措施		
八、起重吊装作业			
38	起重作业使用的起重机械和吊具符合施工要求，承力点选择合适		
39	现场有专人指挥，起重机下方无人员停留或通过		
40	各种重物放置稳妥		
41	不存在用人身重量平衡吊运物体或人力支撑起吊的现象；起吊物体上无人员站立		
检查结果	存在的问题： 承包方负责人签名：　　　　工作负责人签名：		
监理审核意见： 签名：			

备注：1. 承包方指定高风险作业专职安全管理人员，每天至少检查一次，由承包方负责人审核签名，发现问题告知所属工作负责人并签名确认。

2. 执行情况栏对符合要求项打“√”，不符合要求项打“×”并记录问题。

3. 执行完毕交由监理审核存档。

▲ 图 5-13　承包方管理人员高风险作业旁站记录卡

（4）制定监督管理卡，发挥监理协调组织作用。按照监理对承包方的安全管理负直接责任原则，充分赋予监理行使业主管理权限，事先对监理进入现场须监督检查的主要内容编入监理现场监督管理卡（见图 5-14）内，规定检查频次，对照卡内各项目内容检查，及时制止违章行为，存在的问题及时下发通报监督整改，严重违章情形及时勒令停工整改并上报发包方。同时有权提出清退承包方当事人和撤换项目负责人的建议，监督管理卡执行完毕由总监审核后交由发包方安监部门存档。

某发电厂（发电公司）发包工程
监理现场监督管理卡

工程名称			
检查人员签名			
执行工作时间：自　年　月　日　时开始至　年　月　日　时结束			
序号	检查项目	执行情况（√）	未执行项备注
一、通用部分			
1	工作负责人、工作班成员已开展危险点分析，执行“六规”讲解并已在现场落实		
2	“三措两案”已在现场落实		
3	现场承包方工作负责人、旁站人员到位		
4	工作场所的楼梯、平台、栏杆完整，孔洞封堵，通道畅通		
5	核对工作票新增工作班人员已进行安全交底并在危险点分析与控制措施票签名		
6	对工作人员的违章、违规行为进行纠正和制止		
7	对于高处、有限空间、升降平台、吊篮等方面的作业控制作业人数“能2人作业的不超过3人，能9人作业的不超过10人”		
8	出现施工单位交叉作业，必须到位协调安全措施的落实		
9	《承包方管理人员高风险作业旁站记录卡》执行完整		
10	现场发现的问题及时汇报发包方，下发整改通知限期闭环落实		
二、脚手架			
11	使用中的脚手架已通过三级验收合格、挂牌，整体结构无变动		
12	脚手架是否利用各种管道、电缆桥架、栏杆作为承力点搭设		
13	脚手架上未摆放工器具、备件		
14	脚手架如搭近带电体时，是否做好防止触电的措施		
15	脚手架拆除是否存在整体推倒情况		
三、高处作业			
16	5米以上作业是否使用全身式安全带和防坠器		
17	同一作业面不超过2人，须超过2人时不得超过9人且不能聚集在一起		
18	作业区域下方人行通道上部采用全封闭；防止落物的防护网完整		
四、有限空间			
19	有限空间第二监护人始终在现场		
20	一级有限空间出入口醒目位置已悬挂有限空间作业安全告知牌		
21	核实登记进入人员与实际人员相符		
22	现场已配备必要的个人防护用品（防毒面罩、防尘口罩），入口处无影响人员通行的障碍物		
23	中途停止作业的入口处已设置“危险!严禁入内!”警告牌并已采取封闭措施		
五、防腐作业			
24	口罩、手套等个人防护用品已配备；作业周围消防水、灭火器等消防设施配备到位		
25	10米范围内无动火作业，无人员吸烟		
26	电动工器具已粘贴检验合格证		
27	有毒有害气体浓度已按要求检测并记录完整		
28	逃生路线畅通		
六、动火作业			
29	动火作业已按照动火级别进行监护，并备有灭火器，消防通道畅通		
30	氧气、乙炔瓶放置符合要求，瓶体上是否粘贴有充装合格证		
31	氧气乙炔瓶分库存放，标识清晰，库门加锁，设置警示标志		
32	动火结束后，作业现场及周围没有残留火种		
七、临时电源			
33	电动工具粘贴有检验合格证		
34	电源选取合理，负荷匹配；电源线布置规范、整齐		
35	室外电源箱上锁，已做好防水、防火措施		
八、起重吊装作业			
36	现场有专人指挥，起重机下方无人员停留或通过		
37	起重作业使用的起重机械和吊具符合施工要求，承力点选择合适		
38	是否存在重物长时间吊悬在空中		
39	起重设备在输电线路下方或附近工作是否做好防止触电的措施		
九、下发停工令的条件			
40	作业现场未进行封闭硬隔离		
41	工作负责人不在现场；工作票上的专职监护人不在现场		
42	高处作业未系安全带或安全绳未系挂在上部牢固构建上		
43	超过7米的高处作业现场步道（斜道）防滑条、围网，作业面平台栏杆（立网）未设置，超过4米的高处作业下方未设平网		
44	易燃、易爆作业、防腐作业无消防水、灭火器、干砂等防火措施，未使用安全电压及防爆工器具		
45	中途停止作业的入口处未设置“危险!严禁入内!”警告牌且未采取封闭措施		
46	进入有限空间作业的实际人员与登记人员不符		
47	未验收的脚手架上进行作业		
48	严禁吸烟场所出现吸烟现象		
49	工作场所的楼梯、平台、栏杆缺失，孔洞未封堵，无照明		
十、撤换承包方负责人的条件			
50	对下发的问题拒不整改		
51	打架斗殴、不服从管理，破坏设备设施等严重威胁施工安全的行为		
检查结果	存在的问题： 总监签名：　　承包方负责人签名：		
发包部门（项目部）负责人审核意见： 签名：			

备注：1. 每天至少检查一次，由总监审核签名，发现问题告知承包方负责人并签名确认，下发整改通知单。
2. 执行情况栏对符合要求项打“√”，不符合要求项打“×”并记录问题。
3. 执行完毕由发包部门审核交至发包方安监部存档。
4. 检查作业区域符合停工令条件之一时，该区域立即停止作业。
5. 符合撤换承包方负责人的条件之一时，汇报发包方生产负责人后执行。

▲ 图 5–14　监理现场监督管理卡

（5）制定定期抽查卡，力促发包方人员管理到位。发包方项目负责人对工程统一组织管理，监督监理、承包方管理人员履行安全生产责任。对发包方管理人员进入现场须监督检查的主要内容编入发包方现场定期抽查卡（见图 5–15）内，规定检查频次，对照抽查卡内各项目内容检查，及时制止违章行为，现存的问题隐患及时下发通报督办整改，严重违章情形及时勒令停工整改。同时有权提出清退承包方、监理当事人和撤换项目负责人、总监的建议，抽查卡执行完毕由生产领导审核后交由发包方安监部门存档。

为确保“一图四卡”执行到位，发包工程合同须明确甲乙方在安全生产方面的权利、责任、义务以及“一图四卡”中有关停工、撤换项目负责人、总监和相应的经济处罚规定；安全协议明确提出“三措两案”编制、审批及监督执行要求，明确承包方遵照执行安全文明生产及实施奖惩的规定。

某发电厂（发电公司）发包工程

发包工程发包方现场定期抽查卡

工程名称			
带队负责人签名		检查人员	
执行工作时间：自　年　月　日　时开始至　年　月　日　时结束			
序号	检查项目	执行情况（√）	未执行项备注
一、通用部分			
1	工作负责人、工作班成员已开展危险点分析，执行“六规”讲解并已在现场正确实施；施工区域搭设规范，门禁管理严谨		
2	“三措两案”已在现场落实		
3	现场承包方工作负责人、高风险作业旁站人员到位		
4	工作场所的楼梯、平台、栏杆完整，孔洞封堵，通道畅通		
5	核对工作票新增工作班人员已进行安全交底并在危险点分析与控制措施票签名；工作负责人变更已履行手续		
6	对工作人员的违章、违规行为进行纠正和制止		
7	对于高处、有限空间、升降平台、吊篮等方面作业控制作业人数“能2人作业的不超过3人，能9人作业的不超过10人”		
8	《高风险作业标准执行卡》、《承包方管理人员高风险作业旁站记录卡》、《监理现场监督管理卡》执行完整		
9	监理下发的问题整改通知单是否按要求闭环管理		
10	现场发现的问题及时下发整改通知限期闭环落实		
二、脚手架			
11	使用中的脚手架已通过三级验收合格、挂牌，整体结构无变动		
12	脚手架是否利用各种管道、电缆桥架、栏杆作为承力点搭设		
13	脚手架上未摆放工器具、备件		
14	脚手架如接近带电体时，是否做好防止触电的措施		
15	脚手架拆除是否存在整体推倒情况		
三、高处作业			
16	5米以上作业是否使用全身式安全带和防坠器		
17	同一作业面不超过2人，须超过2人时不得超过9人且不能聚集在一起		
18	作业区域下方人行通道上部采用全封闭，防止落物的防护网完整		
四、有限空间			
19	有限空间第二监护人符合要求且始终在现场		
20	有限空间出入口醒目位置已悬挂有限空间作业安全告知牌		
21	核实登记进入人员与实际人员相符		
22	已配备必要的个人防护用品（防毒面罩、防尘口罩），入口处无影响人员通行的障碍物		
23	停止作业的入口处已设置“危险!严禁入内!”警告牌并采取封闭措施		
五、防腐作业			
24	口罩、手套等个人防护用品已配备；作业区域消防水、灭火器等消防设施配备到位		
25	10米范围内无动火作业，无人员吸烟		
26	电动工器具已粘贴检验合格证		
27	有毒有害气体浓度已按要求检测并记录完整		
28	逃生路线畅通		
六、动火作业			
29	动火作业已按照动火级别进行监护，并备有灭火器，消防通道畅通		
30	氧气、乙炔瓶放置符合要求，瓶体上是否粘贴有充装合格证		
31	氧气乙炔瓶是否分库存放，标识清晰，库门加锁，设置警示标志		
32	动火结束后，作业现场及周围没有残留火种		
七、临时电源			
33	电动工具粘贴有检验合格证		
34	电源选取合理，负荷匹配；电源线布置规范、整齐		
35	室外电源箱上锁，已做好防水、防火措施		
八、起重吊装作业			
36	现场有专人指挥，起重机下方无人员停留或通过		
37	起重作业使用的起重机械和吊具符合施工要求，承力点选择合适		
38	是否存在重物长时间吊悬在空中		
39	起重设备在输电线路下方或附近工作是否做好防止触电的措施		
九、下发停工令的条件			
40	作业现场未进行封闭硬隔离		
41	工作负责人不在现场，工作票上的专职监护人不在现场		
42	高处作业未系安全带或安全绳未系挂在上部牢固构建上		
43	超过7米的高处作业现场步道（斜道）防滑条、围网，作业面平台栏杆（立网）未设置，超过4米的高处作业下方未设平网		
44	易燃、易爆作业、防腐作业无消防水、灭火器、干砂等防火措施，未使用安全电压及防爆工器具		
45	中途停止有限空间作业的入口处未设置“危险!严禁入内!”警告牌且未采取封闭措施		
46	进入有限空间作业的实际人员与登记人员不符		
47	未验收的脚手架上作业		
48	严禁吸烟场所出现吸烟现象		
49	工作场所的楼梯、平台、栏杆缺失，孔洞未封堵，无照明		
十、撤换承包方负责人、总监的条件			
50	被政府部门或集团公司下发“停工令”		
51	承包方对下发的问题拒不整改		
52	《承包方管理人员高风险作业旁站记录单》、《监理现场监督管理卡》内检查项目内容弄虚作假（他人代替检查，检查项目内容与现场不符）		
检查结果	存在的问题： 生产领导签名：　　　　带队负责人签名：		
发包方安监部门负责人审核意见： 签名：			

备注：1. 由发包部门（项目部）组织，带队负责人必须是发包方领导、发包部门或安监部负责人。检查人员由监理、承包方、发包方安全员，专职消防员、专业主管组成。
2. 每两天至少执行一次，由生产领导审核签名，发现问题由组织部门下发整改通知单。
3. 执行情况栏对符合要求项打“√”，不符合要求项打“×”并记录问题。
4. 执行完毕交至发包方安监部存档。
5. 检查作业区域符合停工令条件之一时，该区域立即停止作业。
6. 符合撤换承包方负责人、总监的条件之一时，汇报发包方生产领导后执行。

▲ 图 5-15　发包方现场定期抽查卡

“一图四卡”外包工程现场安全管控的主要特点就是将现场安全管理做到数据化、流程化、标准化、精细化，将企业最难管理、人员用工最复杂的外包工作分解成层次分明、流程清晰、职责明确的管理模式，不仅适用外包工程，该方法还适用于企业其他检修工作以及检修技改工程，对电力企业及其他行业具有较好的推广前景。

6
电力安全数字化治理

电力安全的数字化治理是“四个安全”治理理念在能源转型升级和数字化治理背景下落地实施的重要手段，也是电力安全治理的核心方向。总体而言，电力安全数字化治理还处于探索阶段，本章内容旨在提出电力安全数字化治理的基本概念，明确数字化治理建设思路、实现路径和重点任务，展望数字化治理发展方向，促进“四个安全”治理理念有效落地。

6.1 概论

6.1.1 基本概念

21 世纪以来，大数据、云计算、人工智能等数字技术迅速发展。党中央在多次会议上提出并强调数据与信息技术应用是完善和提升治理体系和治理能力的着力点。2017 年和 2018 年，习近平总书记两次强调“加快建设数字中国”，由此可见，数字化治理是推进国家治理体系和治理能力现代化的关键。当前，我国能源电力领域正处于转型升级期，特别是我国“碳达峰、碳中和”承诺提出后，建设以可再生能源为主体的新型电力系统已成为国家战略。“数字化 + 可再生能源”已成为当前能源电力转型升级的最主要特征。作为国家经济第一基础产业的电力行业，如何借助数字化治理，挖掘各类资源潜力，提升运行效率和服务水平，培育新业态、新模式，成为各电力企业追求高质量发展、推动电力企业安全治理的必经之路。

数字化的概念历经演变，内涵不断丰富。在当前时代背景下，数字化是指依托各类数字技术的应用，充分挖掘数据价值，促进文化理念、经济模式、治理形态等转变的过程。数字化逐步成为社会经济发展的主流方向，数字时代的发展序幕正徐徐拉开。目前数字化发展分为三个阶段（见图 6-1）：早期的信息化阶段，实现了信息系统从无到有，解决了数据的产生、交换、应用等问题，在此期间，企业界展开了持续不断的信息化建设，MIS 系统、ERP 系统、综合管理平台、数据中心等相继涌现；正在经历的网络化阶段，利用“互联网 +”、移动互联技术服务实体产业，以 BAT 为代表的互联网公司相继开展“互联网 + 传统行业”商业模式探索，O2O、跨界、平台等新模式、新业态大行其道；即将到来的智能化阶段，以人工智能、物联网、区块链为代表的新技术将深刻改变生产生活方式，产生颠覆式创新价值，智能电网、机器人故障检查、无人驾驶、金融区块链等智能化解决方案成为典型的代表。

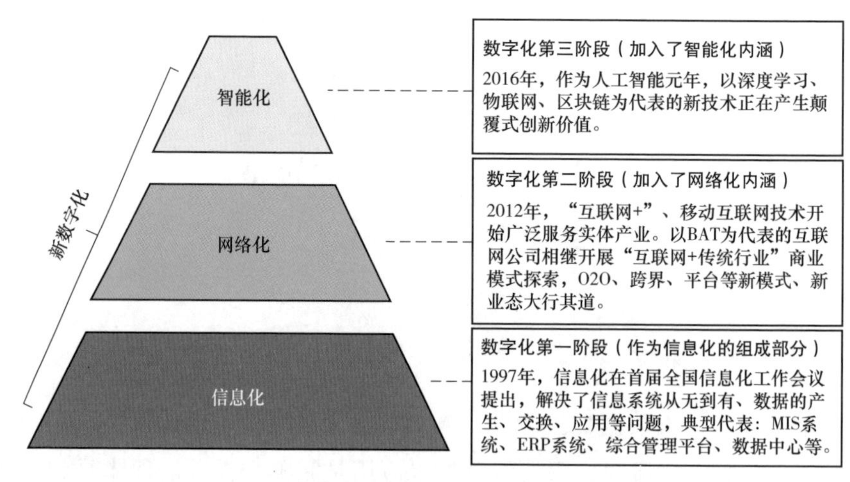

▲ 图 6–1　数字化发展的三个阶段

由此可知，新的数字化概念涵盖了信息化、网络化、智能化的基本含义。

对于电力领域而言，其数字化发展同样经历了上述三个阶段：

第一阶段，电力数字化从发电厂、变电站的自动监测、控制起步，电网调度自动化、电力负荷控制、计算机仿真与辅助设计等信息化手段逐步在电力的广大业务领域得到应用，20 世纪 90 年代后期信息化进一步从操作层向管理层延伸，各级企业开始建设管理信息的单项应用系统，初步实现了管理信息化；第二阶段，随着网络技术的出现和快速发展，数字化在电力行业应用的深度和广度均得到跨越式发展，企业逐步建设综合管理信息系统，系统应用逐步从单机、单项目向网络化、整体性、综合性应用发展，数字化技术手段从局部应用发展到全局应用、从单机运行发展到网络化运行，进一步与电力企业的生产、管理与经营融合；第三阶段，随着发电和电网生态向分布式、低碳化和数字化方向发展，电力企业的运行环境和市场环境日趋复杂，电力企业需要依托人工智能、5G 技术、物联网等数字化手段实现组织、业务和技术的三重转型，打造具备管理复杂分布式环境的能力，构建智能连接的基础设施，以基于平台的环境来支持跨业务、跨生态系统的集成和创新，打造面向未来的电力企业，提供安全、可靠、高效的电力供应和电网运营，保障供电持续稳定。

基于对数字化治理在推进国家治理体系和治理能力现代化重要意义的理解以及深入分析电力行业数字化发展阶段特点的基础上，本书提出电力安全

数字化治理的概念：在数字化转型基础上，依托“大云物移智链”等数字化核心技术，通过对安全生产全要素（人、机、料、法、环）信息化、可视化、智能化分析，实现单一业务全面感知、跨专业领域数据全面共享、安全治理体系有机重构，进一步增强安全生产全过程的感知、检测、预警、处置和评估能力，实现电力企业安全管理从静态分析向动态感知、事后应急向事前预防、单点防控向全局联防的转变，切实提升电力企业本质安全水平。

6.1.2 电力安全数字化治理的基本特征

依据电力安全数字化治理的概念，综合多方观点，电力安全数字化治理具有全方位感知、网络化联接、一体化融合、大数据分析四大特征（见图6–2）。

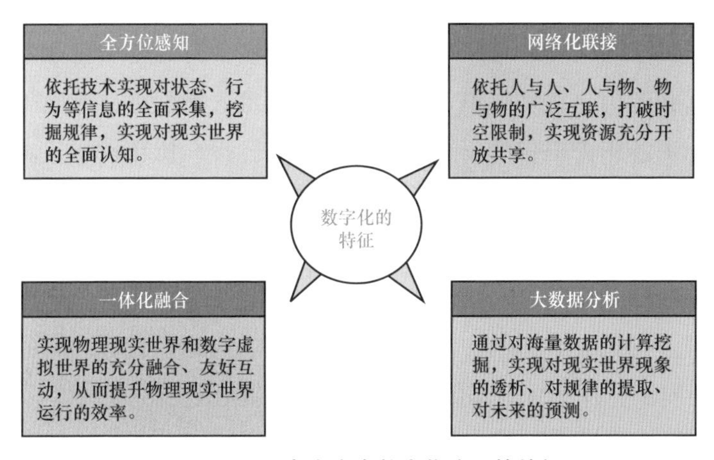

▲ 图 6–2 电力安全数字化治理的特征

1. 全方位感知

全方位感知是依靠空、天、地全网络采集，以多维数据解析电力设备、人员、组织等方面的安全生产要素，使电力企业对内外部安全环境感知更为实时、客观、全面、准确，实现对电力企业安全生产态势、隐患情况、潜在风险的超前研判。全方位感知主要构建了全覆盖的“神经网络系统”，能够实时、客观、精确、自动地采集多维数据，实现对电网、设备、人员、环境等安全状态的全面刻画，通过认识现状、挖掘规律、预判形势，实现对现实世界的全面认知，提高对电力设备事故、电网安全事故、作业现场安全风险的感知程度，强化风险管控到人的精细化程度，从根本上规避安全风险。全方位感知为电力安全数字化治理奠定了基础，是数字化价值发挥作用、提升企业本质安全水平的前提条件。通过数字化的全方位感知，一是使感知更真实可靠：克服人为采集数据的误差，确保数据的客观性和真实性。二是使信息时效性提升：以数字技术实时快速地采集数据，提高了电力企业对安全状态变化、紧急突发安全情况的反应速度。三是使数据获取范围更全面：数据采集范围拓展，强化电力企业对安全生产内外部环境的充分认知，从而实现安全治理的提前预判。

2. 网络化联接

网络化联接是指以数据打破时空限制、促进业务贯通，使电力企业内部管理协作更高效，业务生态更加开放。对应到电力安全数字化治理而言，主要是依托互联网、物联网、移动终端等技术，让人、事、物广泛互联，通过多源信息的共享与交互，打破时间和空间的限制，打通电力企业各业务部门和各体系之间的信息流动渠道，极大地降低发电、输变电、配电等电网全生命周期流程中各相关单位的安全生产协作成本，提高协作效率，发挥协作价值。网络化联接对电力企业安全治理而言意味着两方面：一是使管理协作更高效，统一数据标准，打通数据壁垒，增进电力安全生产各业务间衔接，促进电力企业内部数据共享，推动内部广泛协作。二是使业务生态更开放，搭建企业与利益相关方（如用户和监管部门）信息沟通和资源共享的平台，促进业务健康发展，以平台合作促电力安全治理的共赢生态。

3. 一体化融合

一体化融合是指以数据促进新认知、新知识产生，实现数字世界和物理世界的跨界融合，从而涌现出新的价值。电力安全治理方面的一体化融合主要是通过打通安全生产业务各环节数据，建立数字世界和现实世界的联系，实现数字治理和现实治理之间的映射，依托安全生产数据的流动引导现实世界安全管理资源配置，实现诸如电力安全风险预警系统、安监信息一体化平台间的数据贯通，从而极大地提升安全治理效率，降低安全风险，激发跨界创新。一体化融合对电力企业安全治理意味着三方面：一是促进跨专业、跨部门协作，优化生产运营流程与职责分工，建立线上安全数据和线下实体管理之间的互动关系，使流程处理更顺畅更高效。二是实现人机融

合、提升效率，合理的部署先进安全技术应用，使人机协作能力提升，实现智能化代人，从源头上降低安全风险，进而在安全管理上达到优势互补、提质增效的目的；三是促进安全治理新模式出现，促进安全生产资源要素的跨专业、跨界流动，创新安全治理新模式。

4. 大数据分析

大数据分析是指依靠海量大样本数据研判规律，预测趋势，使企业管理决策更精益、价值创造更多元。安全治理下的大数据分析是指依托数据科学，应用大数据、人工智能等技术，实现对安全指标、生产过程、管控要素等数据的全面挖掘，释放历史数据价值，从而实现对现实安全状况情况更精准、客观、系统、敏捷地剖析。这种方式能够降低分析的成本，提升分析的客观性，提升对复杂问题的分析能力。大数据分析对电力企业安全治理意味着两方面：一是使安全管理决策更精益，依托全量多维度数据计算，提升安全生产管理效率、压缩管理链条，实现不同场景个性化决策。二是使价值创造更多元，将大数据、人工智能等新技术融入安全生产业务各环节，构建机器智能和人类智能相互配合的管控治理模式，极大地提升安全治理质效，实现电力企业动态风险评估和管控、安全生产形势预判、应急处置与事故调查的闭环管控等，最终实现安全生产过程智能管控的效果最优化。

6.2 电力安全数字化治理的现状

在总结提炼电力安全数字化治理概念及基本特征基础上，有必要对当前电力行业的数字化治理现状进行全面的梳理，对建设中先进的经验进行总结、推广，对存在的困境进行探讨，以便于电力安全数字化治理推进更加快速高效。

6.2.1 电力安全数字化治理当前的进程

电力行业在十多年企业信息化建设的基础上，加快推进新型数字基础设施建设，全面推动数字化转型发展，使得电力安全数字化治理具备一定的基础条件，并逐渐走进现实。

1. 行业监管部门已在加快相关领域数字化监管进程

随着电力企业规模、数量不断扩大，电网结构日趋复杂，电网安全风险交织叠加以及国家对能源电力安全供应要求逐步提高，传统的电力安全监管模式已无法适应当前快速发展的需要。国家能源局印发《电力安全生产“十四五”行动计划》(国能发安全〔2021〕62号)，明确提出要加快电力安全生产数字化转型升级，推进数字化技术赋能“四个安全”治理，全面提升电力安全快速感知能力、实时监测能力、超前预警能力、应急处置能力和系统评估能力。当前正在以行业各单位态势感知平台为基础，通过融合集成，覆盖电力行业电网侧和电厂侧，构建一套具有行业风险感知、威胁态势感知、事故调查取证、多源情报预警、联动处置与应急响应等功能的电力行业网络安全态势感知平台，同时对接中央网信办、公安部等部门，提高协同处置效率，切实保障电网安全稳定运行。

2. 大型电力集团企业已纷纷构建数字化发展战略

数字化已上升为国家战略，以互联网、大数据为代表的数字革命正在深刻改变着国民经济形态和生活方式，也推动着整个电力行业的产业结构调整和模式转变。电力企业作为关系国计民生的国家骨干企业，坚决贯彻落实党中央关于建设网络强国、数字中国、智慧社会的战略部署，大型集团企业已经达成数字化发展共识，纷纷构建数字化发展战略（见表6–1)，将数字化治理作为企业转型升级的重要驱动。国家电网有限公司将建设具有中国特色国际领先的能源互联网企业作为公司发展战略，提出“一业为主、四翼齐飞、全要素发力”的总体布局，为数字化转型指明了方向、明确了目标，大力推动全业务、全环节数字化转型，全面支撑能源互联网企业建设。中国南方电网有限公司印发《数字化转型和数字南网建设行动方案（2019年版)》，发布全球第一份《数字电网白皮书》，明确提出“数字南网”建设要求，将数字化作为公司发展战略路径之一，加快部署数字化建设和转型工作。中国大唐集团有限公司提出了“打造数字大唐，建设世界一流能源企业”的数字化愿景，确定了“3549”数字化转型战略。中国华能集团有限公司出台《华能数字化转型总体规划》，明确数字化转型方向，制定数字化转型路径和重点项目，有序推进数字化转型工作。中国电力建设集团将“数字融合能力”作为十四五

表 6–1 大型电力集团企业数字化发展战略及相关部署

编号	电力集团企业	数字化发展战略及相关部署
1	国家电网有限公司	提出“一业为主、四翼齐飞、全要素发力”的总体布局，大力推动全业务、全环节数字化转型
2	中国南方电网有限公司	提出“数字南网”建设要求，加快部署数字化建设和转型工作
3	中国大唐集团有限公司	提出“打造数字大唐，建设世界一流能源企业”数字化愿景，确定了“3549”数字化转型战略
4	中国华能集团有限公司	出台《华能数字化转型总体规划》，有序推进数字化转型工作
5	中国电力建设集团	将“数字融合能力”列为总体战略建设能力，持续推进保障企业数字化转型
6	华润（集团）有限公司	提出“智慧华润 2028”发展愿景，推动各产业全面实现数字化
7	中国广核集团有限公司	推进核电全寿期数据管理和智能管理，努力打造中国广核特色“核电工业 4.0”

期间集团总体战略六大能力之一，从规划牵引、管理机制、组织保障、人才培养、资金投入等五个方面提供保障措施，持续推进保障企业数字化转型。华润集团提出了“智慧华润 2028”的发展愿景，明确全面推进数字化转型和智能化发展，推动各产业全面实现数字化。中国广核集团有限公司编制了未来数字化转型行动方案，明确通过推进核电全寿命周期数据管理和智能管理，努力打造中广核特色“核电工业 4.0”。

3. 电力企业数字化基础建设有了较大的发展

数字化转型建立在数据的准确采集、高效传输和安全可靠利用的基础上，离不开网络、平台等软硬件基础设施的支撑。目前，部分电力企业已建成部分集成信息系统、企业安全中台、智慧物联体系等，数据治理初见成效。国家电网有限公司建成全球最大、央企领先的一体化集团级信息系统，建成北京、上海、陕西三地集中式数据中心，针对电力数据采集规模大、专业覆盖广、数据类型多等特点，建立跨部门、跨专业、跨领域的一体化数据资源体系；构建了分布广泛、快速反应的电力物联网；建设企业安全域中台，实现跨业务数据互联互通、共享。中国南方电网有限公司定位“五者”、转型“三商”，全面建成云数一体的数字技术平台，基本形成与数字政府、国家工业互联网、能源产业链上下游互联互通格局。中国大唐集团有限公司建成包括集团管控、生产运营、共享服务等多环节智能决策数字化平台，实现火电、风电、水电全部发电资产接入集团生产调度中心，构建发电行业首个数字化作战室，持续运用数字技术提升资产性能，加速通过各类平台推进生产经营管理转型。中国华能集团有限公司搭建“华能智链”平台，建成投运华能企业云数据中心，在北京和青岛构建“两地三中心”容灾体系，推动大数据支撑、网络化共享、智能化协作等业务能力的提升。

4. 部分电力企业已经开展了业务数字化转型

利用数字技术大力改造提升传统安全生产业务，机器人、无人机巡检等技术广泛应用，大数据、云计算加速落地，“数据增值变现业务”“综合能源服务”等新型业务不断推出，促进安全提质、经营提效、服务提升。国家电网有限公司在电网安全保障领域，通过整合配网设备、用电负荷、用户信息等数据开展设备预警分析，构建自然灾害监测、台风预警、设备状态预警等数据分析应用场景。中国电力建设集团搭建以 BIM 为核心的基础数字技术平台，形成支撑服务工程建管运的大数据平台，通过“工程产品 + 服务”推动建造服务化转型，构建互利共赢融合发展的产业链生态圈。中国华能集团有限公司开展智慧电厂的技术研发和示范，研究开发智能电站的标准化体系结构和接口标准，构建安全、可靠、可扩展的一体化智能优化控制平台和管理平台，攻克平台信息安全与功能安全防护技术，并通过与工业互联网的深度融合，实现“云边协同”的智慧电厂技术体系。

5. 数字技术支撑下新技术不断涌现

随着当前以“大云物移智”等为代表的新兴科技不断发展，数字化、信息化建设不断深入，电力安全生产科研和成果不断推广，新材料、新设备、新工艺不断涌现，“机械化换人、自动化减人”目标进一步实现。国家电网有限公司结合自主研发、联合攻关和集成应用等多种方式，推进先进信息技术和能源技术融合创新，加大电力芯片、人工智能、区块链、电力北斗等新技术攻关力度。中国南方电网有限公司以能源关键核心技术攻关固链强链补链，研发电力专用芯片、智能传感器、特高压直流套管等核心装备，对接供应链相关方和工业互联网。中国长江三峡集团有限公司围绕乌东德、白鹤滩

水电站等重大水电工程，持续升级数字大坝，全面打造智能建造。推进智慧电厂建设，深化5G、人工智能、物联网等技术规模化应用，实现流域梯级水电站全生命周期管理。中国大唐集团有限公司利用物联网、大数据、云计算、可视化在线分析等技术，研发了全过程智能燃料管控系统，利用“互联网+”技术进行集成整合，实现了燃料全过程全要素信息自动检测与控制、全业务大数据智能建模、智能化可视化在线分析等技术创新，产生直接经济效益数亿元，同时在节能减排、依法治企等方面产生了巨大的社会效益。

6.2.2 电力安全数字化治理的困境

电力安全数字化转型实践已经为企业的安全发展带来显著的经济效益、社会效益，无论从业务层面还是技术层面均有了较为明显的变革。但是因为数字化治理尚处于初级探索阶段，由于惯性思维、认知以及现有组织架构方面的客观原因，数字化治理持续发展仍然面临以下困境。

1. 部分电力企业数字化治理缺乏顶层设计

电力企业安全数字化治理是企业传统业务数字化转型中的一个部分，涉及各层级、各领域、各业务，既是一项极具创新性的复杂系统工程，也是一个长期的动态过程。需要纳入企业战略进行统一研究、整体部署，确保方向正确、思想统一。目前，我国电力企业虽对数字化发展有了初步认知，但是仍缺乏行业、企业级视角和全局性统筹，跨专业、跨层级工作界面不清晰，企业级统筹不足，数字化发展顶层设计及确立的标准规范欠缺，尚未形成数字化发展合力，导致我国电力企业数字化转型仍处于零打碎敲、要求驱动的自发性阶段，数据体系建设不完善，跨部门的数字化系统邻避效应问题凸显，统计数据反复录入，管理方法各一，统计数据存在互相矛盾等问题。

2. 电力企业数字化治理体系尚未构建成熟

数字革命与能源革命的融合，将重构能源电力系统的运行模式和电力企业的治理方式。数字化思维理念和技术只有与安全生产治理体系深度融合，才能实现能源系统和能源产业发展新形态，这是新一代能源和电力系统安全生产治理水平和能力现代化的重要发展方向。目前，各大型电力企业虽然已经制定了数字化发展战略，但是其他各管理层级，由于思维认知、专业限制等因素的局限性，数字化治理体系尚未构建成熟，仍然存在协作创新不足、

数字治理经验技能欠缺，传统的考核体系、孤立的组织架构以及短视的战术规划仍然束缚着电力企业数字化治理向深层次迈进的步伐。

3. 电力企业信息化系统“烟囱”现象明显

近年来，随着信息化、数字化、智能化技术的发展，电力能源领域积极推进数字技术的应用工作，在安全风险防控、智能电网、隐患管理等方面取得长足的发展。然而，不同安全生产业务领域的数字技术应用多相互孤立，暴露出不集成、不协同、难共享的关键问题。同时，业务信息系统建设“各自为政、条块分割、烟囱林立、信息孤岛”问题依然突出，跨区域、跨系统、跨部门数字系统融合困难重重，多数业务应用还处于探索起步阶段，存在技术路线及技术标准不统一、数字化能力建设分散和重复、算法能力重复训练、智能化建设成果及能力无法开放共享等问题，为安全生产数据的贯通和深化应用带来壁垒。

4. 数据安全性考虑不足

在“新基建”浪潮下，电力行业拥抱数字技术的速度不断加快，安全生产方面的数据作为核心生产要素，支撑着电力行业新业态的产生，在流动中充分创造价值。伴随着更多新技术、新应用的运用，数据交互更多元、流动路径更复杂，安全风险不断扩大，既有内部研发运维、业务人员，也有与外部伙伴、用户的共享交换，这使得数据各环节都存在新的安全风险，数据滥用、数据偷窃、数据被越权使用、数据泄漏等隐患重重。目前电力行业数据安全防护以边界为主，但随着数字电网建设推进，数据开始跨越不同的安全域使用，使用方及接触者不断扩大，电力行业既要考虑数据的安全、机密，还要考虑数据可用性，确保数据在复杂的场景、系统之间被安全、合理的访问和使用。

6.3　电力安全数字化治理体系的构建

6.3.1　总体思路

电力安全数字化治理不仅仅是利用数字化技术提升安全水平，更是安全

观念的更新、认识的提升、管理的进步，是技术与企业安全治理的深度融合，是系统性的建设工程，是创新变革之旅。电力企业的安全治理的数字化发展是一个兼顾技术、管理、业务三者平衡发展的过程。应用数字化技术的同时，更重视安全生产管理模式、业务模式的衔接与匹配，三者统筹推进。电力企业的安全治理数字化发展应首先坚持以下三点原则：第一，把握国情企情特点，以“四个安全”电力安全生产治理体系为核心，紧紧围绕企业安全生产管理变革与转型升级的痛点难点进行数字化治理突破。第二，在明晰安全生产数字化治理的核心特征基础上，用数字化四大特征分析透视公司安全生产管理与业务情况，并作为数字化支撑工作的逻辑线索。第三，紧密结合企业安全生产管控模式、技术手段的变革方向，把握公司的安全生产业务发展思路是数字化治理发展的实践依据。

通过总结电力行业企业的大量数字化转型实践经验，基于“四个安全”治理理念，提出一套典型电力安全数字化治理整体思路（见图 6–3），包含治理战略制定、组织体系构建、数字化技术支撑三个层面。电力企业应紧紧围绕“四个安全”电力安全治理体系落地，将安全数字化治理工作纳入企业战略规划体系中，明确电力安全数字化治理目标及战略定位，为安全数字化治理指明方向。同时，通过构建数字化治理体系和数字化支撑系统来推动电力企业安全生产数字化工作，为治理的数字化转型实践指引路径。

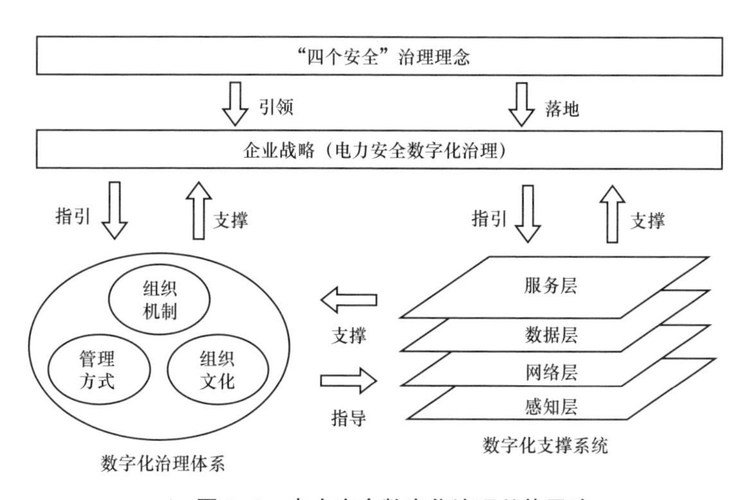

▲ 图 6–3　电力安全数字化治理总体思路

基于“四个安全”的数字化治理实现，需要借助数字化支撑系统，通过系统全方位感知、信息传输、数据处理以及业务重组等各要素的构建，全面推进企业治理组织体系的演变和完善，进而实现电力安全数字化治理转型。综合电力行业数字化发展进程，可以将数字化支撑系统架构分为两类，一类是基于平台的传统型数字化治理支撑系统架构；一类是基于中台的新型数字化治理支撑系统架构。

1. 基于平台的传统型数字化治理支撑系统架构

包括感知层、网络层、数据层、服务层四个层次，其具体架构见图 6-4。

▲ 图 6-4 基于平台的传统型数字化治理系统支撑构架

感知层：分为终端设备侧和边缘计算侧。终端设备侧主要依托广泛部署的各类信息采集终端设备数据，包括表计、采集器、摄像头等视频采集终端、定位终端、音频采集终端、温湿度传感器等环境信息采集终端、系统及设备运行状态监测装置等。边缘计算侧由物联代理装置、边缘计算装置构成，汇总终端设备侧的采集数据进行数据的初步处理与分析，实现电网运行状态、设备状态、环境状态、作业现场状况、人员行为等实时性要求高的功能，智慧物联感知终端、边缘计算装置等装备的研发和应用是感知层的核心。

网络层：主要负责数据传输，接收感知层采集的数据，传输至数据层；同时，接收数据层的指令，可靠传输至感知层。数据传输的实时性、安全性是传输层重点关注的问题。

数据层：重点关注数据的集中存储及处理，服务于服务层功能的实现，即企业级数据服务平台。目前数据层有数据中心、数据仓库等组织形式，建设综合的数据云平台是各企业的发展方向，基于数据云平台实现设备、项目、网架、运行、运营等数据的汇集和融合，同时强化与其他系统平台的数据贯通能力，实现业务应用。此外，通过完善辅助决策和大数据分析等功能模块，构建电力业务大数据应用和辅助决策能力，对内支撑新能源业务“一网通办、全程透明”，对外形成新能源创新服务新生态。数据层需要解决数据标准化、数据质量治理、数据模型构建、数据共享等核心问题。

服务层：主要是在数据层基础上实现面向各业务领域的智能化管理、应用和服务。服务层解决的是信息处理和人机交互的问题，数据层传输来的数据在服务层进入电力安全数字化管理中心，通过各种设备与现场服务人员、现场作业人员、安全监管人员等对象进行交互。服务层开展客户智能服务、设备自动巡检、物资联动管理、安全智能监督、综合能源管理等应用服务。

基于平台的传统型数字化治理支撑系统架构，通过数据平台的建设，统一数据标准、规范和管理，有效解决了以往跨专业数据无法共享的问题，为电力安全治理提供了统一的数据服务。但是在服务层方面，各专业服务仍然需要各自独立、各自开发建设，尚没有对公共服务需求进行统一规划建设，业务共享仍然存在不足。

2. 基于中台的新型数字化治理支撑系统架构

通过对先进企业转型实践研究发现，数字化中台是数字化技术与业务管理得以融合发展的枢纽，是依托数据充分共享打破专业壁垒、促进专业协同、提升运行效率、实现上下贯通的载体。数字化中台将企业前端发电、输变配、售电、建设、新业务新业态等一线业务与后台的全业务数据中心及决策支持应用紧密联系在一起。其中，数据作为新的生产要素，指导企业内部其他资源的调配。数字技术作为新的生产力，最大程度挖掘数据要素的价值。数字化中台依托数字技术的应用，实现对公司全量数据要素的充分挖掘和按需共享，从而提升安全管理和状态信息的产出、交互的速度和质量，实现更精准科学的安全管理决策、更敏捷和透明的业务流程。

综合借鉴国内先进互联网企业的中台运作方式，典型的安全治理“业务、技术、数据”兼备的基于中台的新型数字化治理支撑系统架构（见图 6–5），依托后台全业务数据中心的数据支撑，在业务方面承担信息共享、业务指挥和业务协调等职能，在数据方面承担跨专业数据集成、数据分析和大数据应用等职能，在技术方面承担业务管理相关技术集成等职能，实现对前台各专业安全治理工作业务指导、管控和数据服务。通过数字化中台建设，进一步打通数据壁垒、整合功能应用、提供跨专业业务安全管控支撑，同时发挥连接枢纽、融合提升作用，突破共享与协同瓶颈，做好业务前端、管理后台的强力支撑。

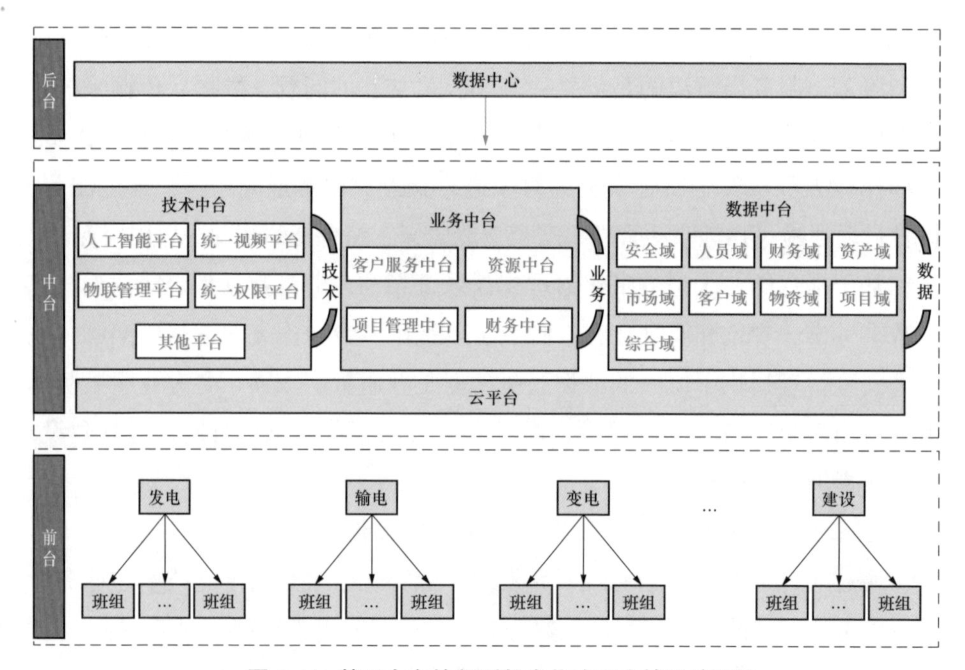

▲ 图 6–5 基于中台的新型数字化治理支撑系统架构

企业的数字化中台建立离不开技术、业务、数据三个层面的支撑。在技术层面，需要建立开放的技术中台，构建人工智能、统一视频、统一权限、物联管理等支撑应用，提供业务指挥监控、数据分析等服务；结合前端业务需求，统一规划系统建设，为管理变革提供支撑；在业务层面，搭建客户服

务中台、电网资源中台、项目管理中台等企业级业务中台，统一提供基础公共服务能力；在数据层面，建设数据中台，为安全生产各专业业务提供可用、实时数据，固化数据贯通渠道，支撑计算服务和分析应用。为实现中台建设，需要组建包含以分析师、架构师为核心的技术团队，实现业务与数据映射、业务系统间的信息交互和跨专业协作。数字化中台除了要打通技术壁垒外，还肩负着促进业务融合、提高决策响应的管理职责与业务职责。各电力企业宜结合相关业务部门实际情况构建适应企业高质量发展的中台。

基于中台的新型数字化治理支撑系统架构既解决了跨专业数据共享问题，又实现了跨专业通用业务共享，破除了重复建设弊端，对于大型综合企业数字化治理具有极大的促进作用，但是其实现技术难度较高、结构复杂、投资较大。

6.3.2 电力安全数字化治理的具体实现

1.“安全是技术”方面

安全技术数字化的目的是将数字化引入安全技术，对目前各专业领域中传统的安全技术进行数字化革新、技术创新，提升安全技术的信息化、智能化与数字化水平，增强电力企业抵御安全风险的能力，提高本质安全水平，通过构建安全技术创新发展数字化平台实现。

首先，利用数字化技术实时监测掌握电力企业重点领域的安全技术应用进展并进行智能分析，实现对行业安全技术发展布局与动态的全景式跟踪。例如，对于电力系统网络安全技术方面，未来的网络攻击特征呈集团化、自动化、组合型。随着能源互联网的发展，未来电网面临网络边界外延，数据融合共享等问题，加之量子计算等新技术对隔离网络造成持久性威胁，以防为主、“封闭隔离”的传统电网防护体系已不能满足未来电网安全的需求。通过“分级分域、可信接入、智能感知、动态防护”策略，力求打破封闭隔离的被动式安全防御体系，向动态的、智能的主动式安全防御体系转变，需研究动态防御、态势感知、可信计算等技术和抗量子技术，提升安全防护水平。

其次，对国内外重要安全技术发展态势进行实时获取，为电力企业及时全面了解安全科技最新进展提供途径。未来，全球数字技术创新速度不断加快、专业程度不断提高、融合边界不断扩展，以区块链、数字孪生、脑机接口、量子计算为代表的下一代数字技术不断获得新的突破，并逐渐用于安全技术领域。电力数字化治理可先从统一数据模型、数据的精准性保障、物联管理平台、数据云平台、数据传输的实时性、数据传输的安全性、智慧物联感知终端、网络传输能力、边缘计算装置等方面提升自身数字化水平，然后基于数字化技术重点向风险隐患自动扫描和辅助决策、电力系统抗灾能力预判、突发事件的处置预案库、智能报表功能等方向发展。

最后，结合数字技术，对企业应用设备、人身、系统安全技术数据进行综合、智能分析，将低价值、单专业的数据优势转化为高价值决策优势，帮助管理者及时有效地掌握各类安全治理技术特征与规律，并加以改进和综合利用，织密安全防护的技术网，继而转化为电力企业安全科技创新发展的导控优势。向电力智能调度、安全生产智能管控、设备侧智能巡检等方向发展。例如，可借助“互联网+”等信息技术，提升设备检测能力，建设智能运检体系，实现运检业务和管理信息化、自动化、智能化。应用边缘计算、物联网、大数据等先进技术，聚焦现场作业安全智能化管控，以边缘计算装置为核心，统一数据规范、开发平台、通信规约、接口要求，统筹推进电子围栏、智能安全帽、智能安全工器具等各类现场终端研发和数据接入，全面整合作业现场各类设备数据、人员信息、视频图像，以数字化工作票执行为主线，通过边缘计算装置与作业内容、安全措施、工作状态的有效匹配、校核和联动，对作业风险及时提醒、违章行为自动告警，实现作业本地化安全管控。

2.“安全是管理”方面

电力安全管理主要实施计划、组织、指挥、协调和控制五大职能。计划层面，借助大数据广泛的信息来源、强大的归纳演绎能力、精准的模拟预测技术，提前捕捉安全生产中存在的隐患问题，为管理者及时研究与制订各项计划和应对措施提供坚实的技术基础和多方面的证据支撑，从而赋予安全生产管理更多的前瞻性和主动性，使得传统的安全管理“事后诸葛亮”模式向“事前管控”转变，极大提高安全治理的应对能力和风险控制能力。组织层面，借助先进的信息化、数字化管理系统，实现企业人力资源和组织机构的精准管理，利用大数据统计分析技术，对企业人力资源需求、人力资源结构调整、部门权责设置等进行科学化管理，提升企业人力资源更高效地为安

全生产服务。随着数字化程度的深入、数据信息共享、业务模式变革，以价值、效益驱动的组织机构也将随之发生结构性变化。指挥、协调和控制层面，数字化技术与平台可以推动安全生产各信息要素在主管部门、行业、企业间的流通与共享，实现信息的即时分析利用，有助于安全管理决策的迅速反应，从而提升管理指挥效能。同时，拥有了对企业安全生产环节相关要素、状态数据快速收集、分析和利用能力，借助互联网技术、边缘计算终端等可以使安全生产指挥管控更加扁平化、智能化，将显著提高企业安全生产的决策能力和治理效率。

3.“安全是文化”方面

目前，各电力企业安全文化核心价值观已经形成，当务之急是建立更为行之有效、深入人心的安全文化物质载体体系。可充分利用计算机技术、网络技术、多媒体、VR、全景视觉、3D 等数字技术，将传统的电力安全文化的文字、图片、漫画等传统呈现方式，向动态化、艺术化、互动化等方向发展。可在电力安全文化的严谨性与文化趣味性、文化供给与文化需求的融合中寻求新的切入点，重塑文化表现形式，激活文化魅力，实施安全文化“数字再现、数字再造”；通过“云计算”路径，对员工个体的文化喜好进行全方位评价，更精准地推送文化内容，提供文化服务。可通过建设数字化安全警示教育基地、构建网上安全文化数字馆等方式，打破传统文化在传播上的时空限制，实现文化资源的最大化利用；利用微博、微信、微视以及客户端等载体，完善数字载体传播体系，让安全文化渗透到安全生产的每一个环节；构建“互联网＋安全文化”云平台，整合企业内部分散的文化资源，实现文化资源的组织、整合及个人服务，协调文化的个性服务需求，切实将安全文化落地生根。

4.“安全是责任”方面

当前各电力企业均已建立较为完备的安全生产责任体系，编制基于岗位的全员安全生产责任清单和到位标准，形成了一组织一清单、一岗位一清单，明确了本岗位安全生产工作干什么、怎么干、怎样才算干好。多项事故调查研究表明，落实主体责任是企业坚守安全生产底线的关键。各电力企业可以充分利用信息化、数字化技术手段，构建安全责任全过程管控系统，开展企业员工岗位安全目标责任书与安全责任清单“一键式”签订并长期公示，做到人人明责知责；开发智能技术模块、自动提醒预警功能，将具体工作与相关安全职责、安全履责内容与实际开展情况进行“双匹配”，及时推送提醒相关人员；建立安全失责大数据分析，对于责任缺失环节进行精准分析和管控；构建安全履职在线量化评估，通过多维度分析，实时诊断各岗位人员履责情况；强化履责过程留痕、动态监管，倒逼“主体责任”落实。

6.3.3 电力安全数字化治理的重点任务

1. 完善企业数字化安全治理体系

转变治理理念和治理模式是实现电力安全数字化转型的关键，数字化理念与思想为科学化的电力安全治理提供了新思路，为建构现代化电力安全治理体系带来了崭新活力。实现电力企业安全治理的数字化转型，推进数字化技术在安全治理中的应用，需要从组织机制、管理方式以及组织文化三个方面开展转型变革。首先是组织机制方面，企业要在安全生产战略、决策、组织和工作的全流程中融入数字化理念和思维，了解数字化治理与企业战略之间的互相促进关系，制定数字化治理战略，建立“高度连接”的顶级组织架构，结合内外部环境变化及时调整不同企业间的相互关系，及时进行数字化新型能力建设运行所涉及的职能职责调整、人员角色变动以及岗位匹配优化。其次是管理方式方面，管理决策者要意识到数字化是一种思维方式，引导安全治理要“以数字说话”，而不是“拍脑袋”，建立与之匹配的管理方式和工作模式。实现能够开展跨部门、跨业务流程的数字化集成管理，形成流程驱动的数字化系统建设、集成、运维和持续改进的标准规范和治理机制，建立适应数字化企业的三级人才体系。最后是组织文化方面。在数字化时代，安全生产管理部门应树立数字化价值观念，并形成与之相适应的数字化指导思想和文化思想体系，将安全治理工作从被动的“业务驱动”转变为主动的“数据驱动”。主动适应和利用数据、平台等，摈弃片面的经验和直觉，抛弃“拍脑袋”对政策的主观思考，依据数据分析和证据作出科学决策。

2. 建立多层次数据整合平台

整合和贯通电力企业业务系统大数据信息并形成数据信息完备的安全治理数字化平台，是实现安全治理数字化转型的基石，为充分利用安全生产大数

据优势提供基础。在国家层面，成立全区域、多层次、多部门、多方面的安全和应急管理平台，兼具多元开放性，构建国家安全生产法律法规、制度标准、安全科技等大数据仓库，为各行业、企业提供数字化政策法规支持与服务。国务院对加快以5G网络、大数据中心、人工智能、工业互联网等为代表的新型基础设施建设作出重要部署，为各行业、企业数字化技术的应用提供了支撑。在行业层面，统筹构建覆盖所管行业领域企业的安全治理监管平台，完善重大安全风险和隐患管控、安全指标监管等功能，按照企业不同性质分类整合数据信息，做好安全生产不同维度的指标评价梳理，对电力企业实施全过程安全动态监管。在企业层面，跨部门建立统一安全生产数据平台系统、企业中台等，实现对设施设备运行状态、人员管控信息、外部环境数据的动态收集和分析，强化数据分级分类管理，为安全生产管理和监督等不同角色部门提供应用服务的数据支撑，提升企业安全生产主体治理水平。

3. 打通部门间的多层级信息孤岛

业务部门间的多层级信息孤岛成为创新的阻碍，打通信息孤岛是安全治理数字化转型的必然要求。通过在感知层、数据层和应用服务层构建统一的标准规范，可以实现多层级上的创新联通。研究制定各类智能终端业务术语、智能终端标识、智能终端分类、代码值等主数据信息，确保智能终端数据标准的统一规范。基于实时数据的特性，规避各类实时数据源的差异，综合考虑数据采集频率、数据缓存管理、测点情况、网络通信条件、数据存储管理等因素，构建统一的实时数据采集模型，实现实时数据的标准化采集。建成数据共享、专业协同、精益管控、便捷高效的电力一体化协同体系，打破业务“壁垒”、消除数据“孤岛”，实现规划、建设、物资、安监、财务、运行、检修等业务数据信息的“唯一来源、全面共享”，形成数字化电力安全基础数据资产，发挥大数据对全业务的指导价值，提升决策安全治理水平和效率。例如，可充分利用配电GIS、生产MIS、营销信息管理系统、计量自动化系统、调度自动化系统等与配电网密切相关的信息系统，打破各系统间的孤立性，有效整合各专业系统的配电网数据资源，推动各专业数据共享，解决配电网规划数据收集渠道复杂的问题，让配电网规划人员全面了解、掌握配电网运行情况、存在问题以及发展趋势，并为自主规划和自主评审提供科技化、信息化工具。

4. 建立完善的安全生产数据管理规范体系

数字化治理的标准体系主要用来解决整合和兼容两方面的问题。电力企业在数字化进程中存在的各业务部门数字化基础设施建设参差不齐、平台功能不全、数据不兼容等问题，是数字化标准体系的缺失或不完善导致的。从安全生产数字化治理的长远发展来看，应在实践过程逐步建立统一的大数据标准规范体系。首先，要建立数据基础标准，明确数据相关术语、参考模型和数据架构等基础性信息；其次，在数据共享、业务交互的前提下，结合实际业务需求，规范底层数据相关要素，构建数据标准，明确数据资源和数据共享交换相关要求。数据资源包括元数据、数据元素、数据字典和数据目录等，数据共享交换包括数据交易和数据开放共享相关标准。再次，从数据管理、运维管理和评估三个层次分别构建数据管理标准，加强数据全过程安全保护，构建安全与隐私标准。最后，各电力企业数字化治理标准规范体系的建立除考虑本单位数字化治理发展之外，还应该与国家、行业和主管部门的数字化治理的标准体系相呼应，不能“闭门造车”，避免各自为政的现象再次出现。此外，在制定数字化治理的标准规范体系时，应留有一定的弹性空间，为适时调整做好准备。

5. 加强网络与信息安全管理

健全电力系统网络安全制度规范，加强行业网络安全等级保护、关键信息基础设施保护制度，落实监督检查，推进电力数据分类分级和安全保护，强化行业关键数据保护、个人信息保护，强化电力关键信息基础设施网络安全审查和供应链安全管控。统筹新型电力系统网络安全防护顶层设计，优化电力监控系统安全防护体系，提升配电系统网络安全水平，增强新型电力系统业务网络安全支撑能力。提升网络攻击态势感知与实战攻防能力，建设行业侧网络安全态势感知平台、网络安全仿真验证环境（靶场），开展多层级电力行业特色网络安全攻防演习，推动网络安全监测全场景覆盖与情报共享。提升网络安全自主可控能力，加快推进关键信息基础设施漏洞库、北斗系统、商用密码应用基础设施建设。加强行业网络安全专家和专业队伍培养，推进行业级网络安全实验室建设，持续加强宣传教育，提升全员网络安全意识。

6. 加快推进新型数字基础设施建设

新型数字基础设施建设是推动安全治理数字化转型的重要基础条件。

2020年3月，中共中央政治局常务委员会在会议中提出要加快5G网络、数据中心等新型基础设施建设进度。随着国家对“新基建”的布局与推动，新型数字基础设施的前沿性与重要性日益凸显。相比其他类型“新基建”项目而言，新型数字基础设施布局了全新的数字化技术体系，进一步推动了网络互联的移动化、泛在化和信息处理的高速化、智能化。

《中共中央关于制定国民经济和社会发展第十四个五年规划和二〇三五年远景目标的建议》中提出“系统布局新型基础设施”“建设智慧能源系统”，将能源电力行业作为“新基建”中融合基础设施建设的重点领域之一。“电力新基建”作为以新一代信息通信技术为基础，以数字化技术和互联网理念为驱动，面向智慧能源发展需要的基础设施体系，是推动能源革命、实现能源电力行业数字转型、智能升级与融合创新转型的重要手段。为充分发挥“电力新基建”对能源革命的支撑作用，电力行业以互联网、大数据、人工智能等技术深度应用下的电力物联网建设为基础，以智慧能源系统运行控制云平台、能源互联网生态圈等为重点，探索实施路径，推动能源技术与信息通信技术体系融合、能源生产供应清洁化与智能化、能效提升与能源服务升级等，加快推进“电力新基建”的建设步伐。有助于实现企业内部安全生产管控资源深度互联，依托底层大数据储存与计算平台，全面整合多级业务能力组件，通过“数据化、智能化、精细化”的治理模式，促进安全治理主客体深度交互，进一步提升安全治理的效能。

6.4 电力安全数字化治理案例及技术展望

6.4.1 电力安全数字化治理案例

当前，电力监管部门、众多电力企业对数字化治理进行了探索，虽尚未形成系统的体系，但基本具备了电力安全数字化治理模型的相关特征，下面列举八个案例供读者参考。

1. 国家能源局：电力建设施工安全监管平台建设

国家能源局针对建设项目点多、面散、信息孤立、数据标准不统一等，按照整体管理、标准统一、数据互通、持续创新的原则，建设了电力建设施工安全监管平台。电力建设施工安全监管平台功能列表见图 6-6。

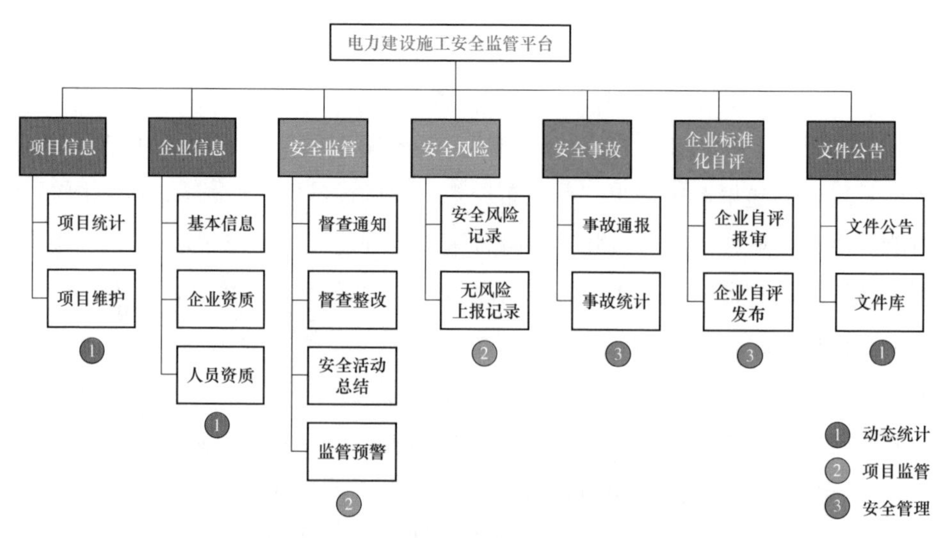

▲ 图 6-6　电力建设施工安全监管平台功能列表

为实现规范高效安全监管，将日常工作中项目信息、企业资质、安全监管、督查通知、整改通知、监管预警、安全风险、安全事故统计、文件库管理等基本数据维护、安全管理过程以及相应的审批流程等众多业务纳入信息化管理平台，实现安全建设项目信息的在建项目、停建项目、已建项目的精细化管理，对不同类型的项目分类统计监管，增加企业标准化自评，实现国家能源局、派出机构安全监管的信息化、标准化和规范化。

2. 某公司：基于“三位一体”的数字化安全管控体系建设

某公司在总结以往经验的基础上，系统性地提出了围绕计划、队伍、人员、现场四个核心要素的“四个管住”作业风险管控策略（管住计划、管住队伍、管住人员、管住现场）。为推动“四个管住”策略有效落地，充分应用边缘计算、物联网、大数据、图像识别、高精度定位等技术手段，在作业现场部署边缘计算装置、智能安全帽、移动布控球、北斗定位终端等智能终端，结合区块链技术去中心化、不可篡改、公开透明可溯源、集体维护的特点，积极构建以安全生产风险管控平台为监管载体、以数字化安全管控智能终端

为监管抓手、以安全管控中心为监管中枢的“三位一体”数字化安全管控体系（见图 6–7），全面整合云端风控平台中的作业计划、作业队伍、作业人员等数据，在作业现场就地、实时分析研判，对作业风险及时提醒、违章行为自动告警；同时，将各作业现场的违章告警、人员 / 机具定位、监控视频、作业流程状态等关键信息上传至安全生产风险管控平台，并在安全管控中心监控大屏实时展示，实现各作业的全流程、实时、集中安全监管。

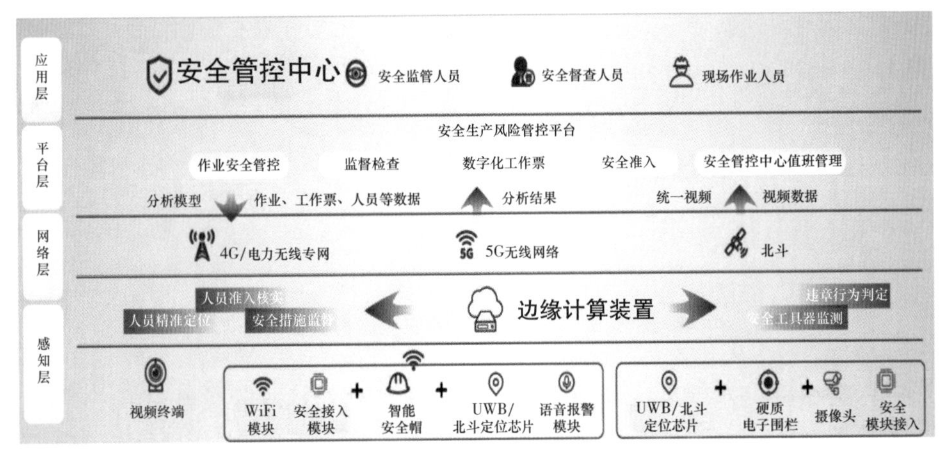

▲ 图 6–7 “三位一体”数字化安全管控体系架构图

3. 某公司：基于区块链技术的电力安全风险管控体系构建

某公司打造基于区块链技术的电力安全风险管控体系，并设计场景进行试点应用。该体系主要包括两个方面内容。一是探索基于区块链的安全监管类应用。应用成员覆盖设备、基建、营销、信通等业务主管单位、相关生产单位、专业分包单位和监督管理单位。共同维护包括安全生产信息、资产台账信息等各节点的执行、记录，成员间达成安全风险管控模式下的互信关系。所有数据操作执行可溯源，同时能够同步共享各个节点数据，有效推动各生产环节的安全风险管控，基于区块链的安全监管类应用见图 6–8。二是实现安全监管全过程上链存储，全程共享。通过分布式账本、数据隐私安全、数据精准确权等机制，使所有成员的安全生产运营以及安全监管检查的相关执行动作链上存证，上链数据通过共识后及时同步共享，不可篡改可溯源。对于在安全监管检查过程中发现的各类违章问题和安全事故问题，可以直接在区块链上追溯到源头，且在互信模式下通过智能合约实现安全监管预警，便于安全监管单位通过预警机制提醒各相关生产执行节点规范化操作，有效确保安全风险管控工作的顺利开展。实现各节点全过程信息上链，打通各方数据壁垒，实现跨部门的数据共享应用。

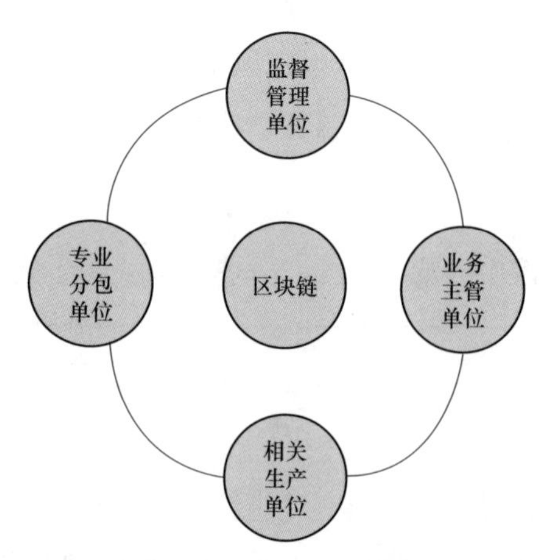

▲ 图 6-8　基于区块链的安全监管类应用

4. 某公司：基于风险动态无感评估的现场作业风险管控系统

某公司基于历史作业数据、违章数据、事故事件数据、设备状态数据、安全文明施工检查数据等多源数据，充分考虑作业过程的人、机、料、法、环等影响因素，应用大数据分析与可视化技术，构建作业风险态势评估模型，建立多维度态势可视化展示，以提升现场作业风险评估的准确性、科学性，为开展现场作业风险动态管理、降低事故发生奠定基础。通过人工智能、智能安全设备、物联网、大数据等科技手段，采集作业现场实时数据，借助人脸识别算法、运动目标检测和跟踪算法、大数据的作业风险分析及预警模型算法等，实现人员作业状态实时在线监测、定位追溯、不安全行为预警、物的不安全状态预警、作业环境危害提示、智能分析决策等管理和服务功能（见图 6-9），实时展示作业现场所有薄弱环节，实现作业风险多维度智能分析与预警、系统自动进行首次风险值计算及等级判定、工具自动对作业风险进行调整，并根据风险等级自动关联到位标准等，做到作业风险“看得见、测得准、记得清、报得准、控得住”，使各种风险因素始终处于受控制状态，使不发生事故成为必然，进而逐步趋近本质型安全目标。

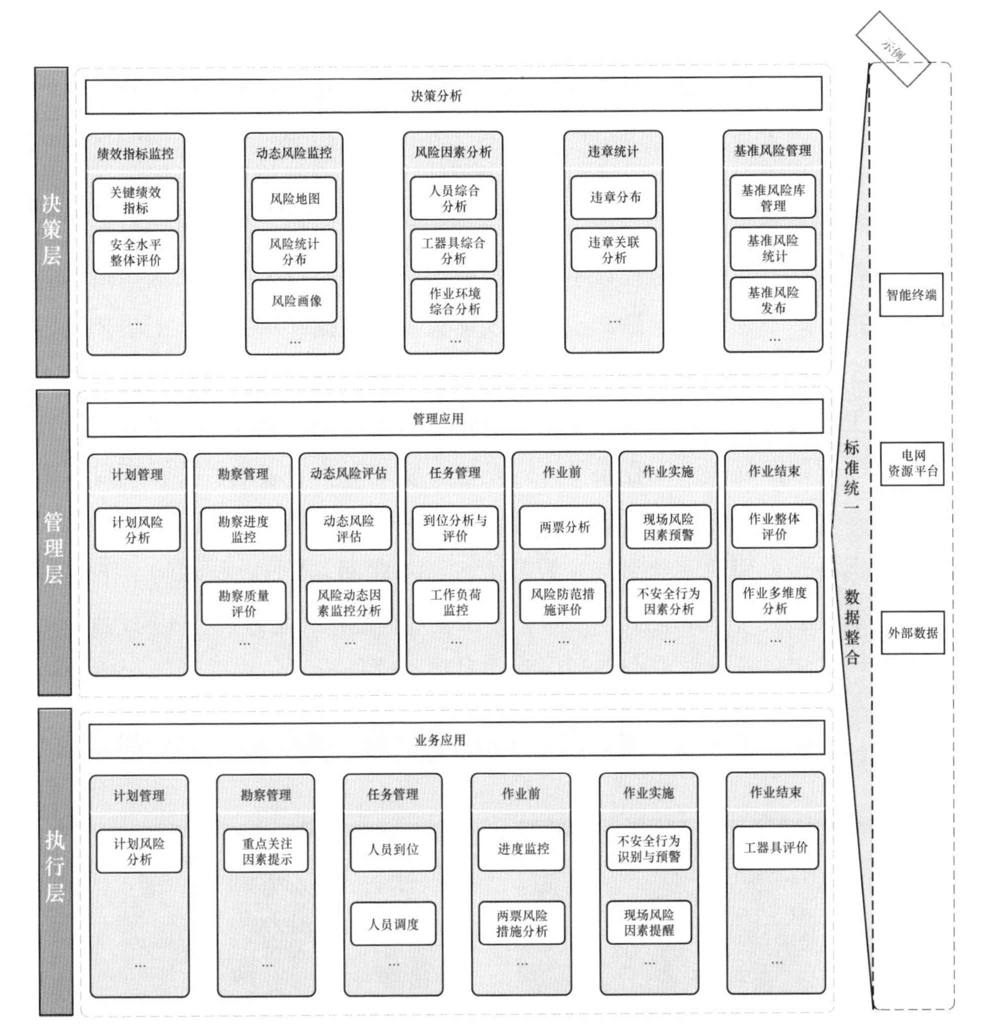

▲ 图 6-9 作业风险分析与预警数据应用规划蓝图

5. 某公司：抽水蓄能电站项目智慧工地建设与运用

某公司依托某抽水蓄能电站项目，以数字化大坝技术应用为基础，积极推进智慧工地建设。项目部以原有大坝填筑（浇筑）智能化监控系统为基础，综合运用 GPS 全球定位系统、网络技术、信息管理技术、北斗 RTK 高精度定位技术、智能传感技术和 BIM 技术，充分集成设计与数字化成果，建立面向工程建设过程的大数据中心，并在此基础上构建智慧工程施工管理平台。该平台集成运料车辆实时监控子系统、大坝填筑碾压质量实时监控子系统（见

图 6-10）、大坝施工过程管理平台、工地视频监控系统、安全质量检查系统、智慧加水与称重计量系统、物料验收系统、BIM 模型系统以及其他检测控制系统等多个平台子系统，能够实现对工程分解结构、工程产品的综合管理。支持对施工过程进度、质量、安全等信息的集成管理与综合展示，实现大坝工程与地下工程关键施工、工艺过程的数字化监控，包括对运料车实时定位监控、混凝土生产过程数字化监控、大坝碾压质量监控、车辆运输实时定位监控、地下工程安全勘测、有毒气体监测等，提升对关键施工工艺的质量、安全、进度管控水平。系统基于移动互联网等技术，实现对工程参建人员、施工设备与运输车辆等关键资源规范化准入与动态监控；实现安全质量巡检与问题跟踪处理、工程质量评定功能，实现对检查表格、检查项目、管理流程、表单的固化，达到施工质量、安全标准化管理的目标。通过两年来的持续运行，采用数字化大坝（智慧大坝、互联网 +）管控技术将上下库施工、洞室施工纳入管控范围，对整个工程进行全过程、全方位、实时地监控、管理，项目施工质量、安全得到保障，对项目降低成本、提质增效起到积极作用。

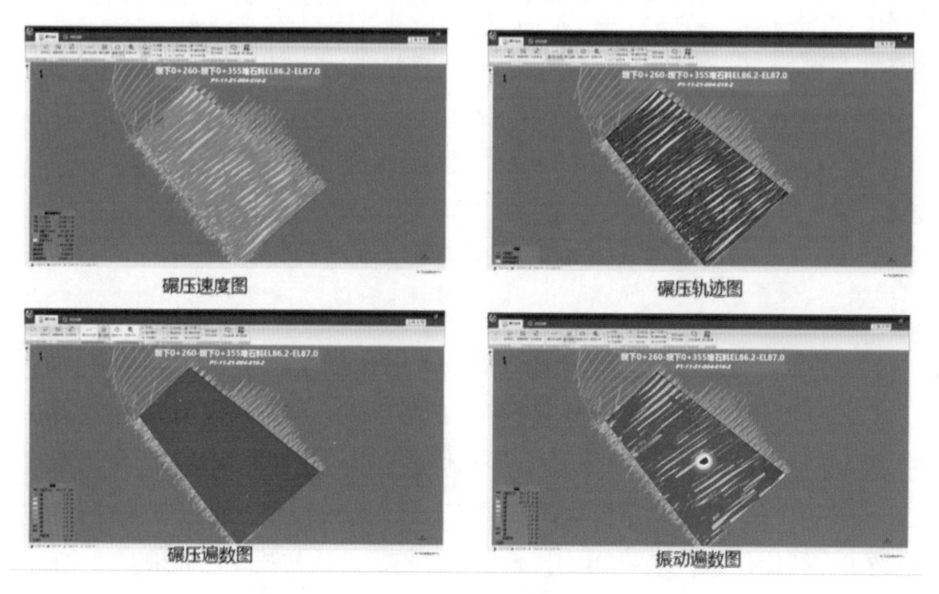

▲ 图 6-10　大坝填筑碾压质量实时监控子系统

6. 某局：构建“互联网 + 大数据”施工现场安全管理模式

某局将互联网 +、物联网的理念和技术引入施工现场，构建互联协同、智能监控和可视化教育相结合的管理方式，最大程度收集人员、安全、环境等关键业务数据，建立施工大数据管理平台，形成“互联网 + 大数据”的管理模式（见图 6–11），实现劳务、安全、环境等业务环节的智能化、互联网化管理，提升施工现场安全管理水平。该管理模式根据工程实际，将大数据、云计算、传感器和 RFID 等技术应用于建筑施工管理中，达到信息化、精细化管理的目的；利用安装在施工现场的前端智能传感设备采集视频、粉尘、噪声、塔吊、温湿度等多种数据并建立数据库，加强施工现场的安全文明施工管理。同时，以工程项目施工过程监管为核心，围绕施工现场管理数据库，实现工地监控、人员监管、信息传输 3 大系统的共通共享。通过对建筑施工现场监管数据的挖掘、研究，智慧工地大数据云服务平台在施工管理方面的运用来帮助管理者作出正确的判断和决策，最终实现建筑工地人员管理、工程质量管理、文明安全施工管理等智能化的管理和收益最大化，从源头监管施工安全问题，降低施工事故的发生率。

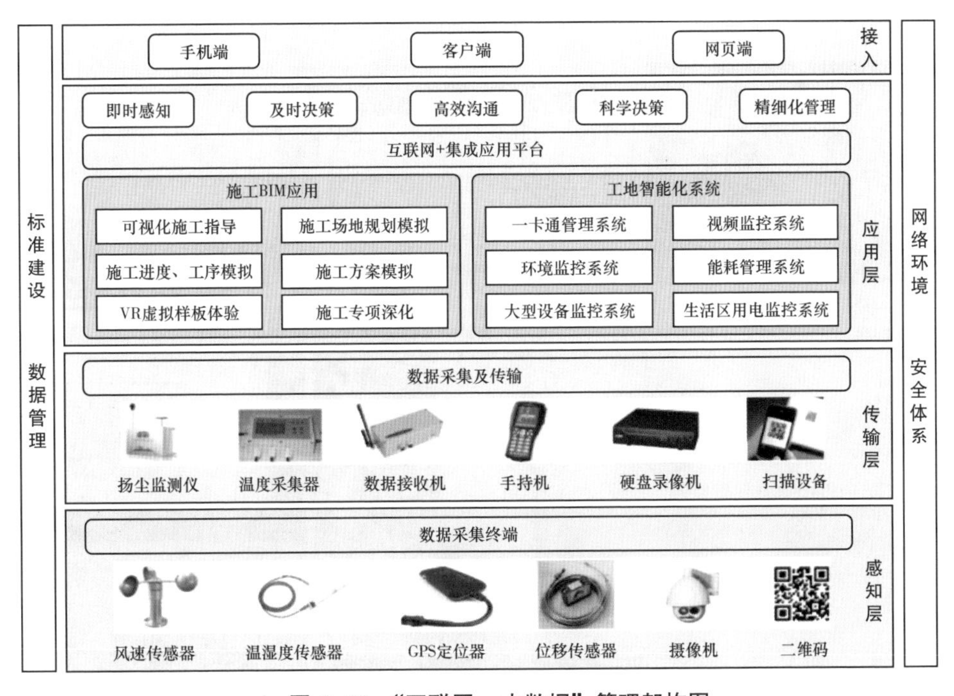

▲ 图 6–11 “互联网 + 大数据”管理架构图

7. 某公司：大型水电工程建设安全生产风险智能化管理实践

某公司在国家强化安全风险管控和隐患排查治理“双重预防机制”建设的总体要求下，对大型水电工程安全生产风险管理展开积极探索和实践，通过前瞻性策划和信息化、智能化手段，理清了大型水电工程安全生产风险“管什么、怎么管、管到什么程度”的问题。通过开展水电工程施工全过程可能涉及的安全生产风险的预先辨识、评价和分级，建立系统全面的安全生产风险数据库，明确了安全生产风险管理的对象、措施和目标。通过对安全生产风险动态辨识与评估、安全生产风险分级管控、安全生产风险预测预警机制的整合，建立了国内水电工程施工首个安全生产风险在线管控平台，通过PC端（电脑）和移动端可以随时随地巡视、监控和浏览安全生产风险，并通过设置现场风险监控二维码实时定位、扫描录入风险管控情况，实现安全生产风险的智能化在线管理，提升工程项目安全生产风险整体管控能力（见图6-12）。依托多维BIM技术建立工程主体建筑的设计三维信息模型和动态施工三维信息模型，通过集成安全风险视频监控系统的方式，从宏观层面对工程总体安全生产情况和安全风险管控情况进行全天候实时录像、远程巡视和监

▲ 图 6-12　大型水电工程建设安全生产风险智能化管理实践

控，将所有施工环节时刻置于视频监控之下，提升了安全风险管理的整体把控能力。此外，为提升特定项目和场所的安全生产风险管控能力，建立安全生产风险体验式培训厅、地下洞室群施工人员智能定位系统、起重机群防碰撞避让系统等多个安全风险辅助系统，从微观层面保障特殊场所和特定环境的安全风险管控能力。

8. 某公司：建设智慧燃煤电厂

某公司将传感测量、信息通信、自动控制、人工智能、云计算、大数据、三维可视化等信息技术与燃煤电厂的基础设施高度集成，与燃煤发电生产过程结合，与燃煤电厂管理规范制度相结合，建设安全、经济、环保、智能、开放的智慧燃煤电厂，架构见图 6-13。智能燃煤电厂以智慧大脑为核心，厂级数据中心、人工智能管控中心 2 个中心为硬件支撑平台、以成本贯穿体系、利润贯穿体系、安全生产贯穿体系 3 个体系为业务重心，贯穿智慧电厂各模块建设，将智慧燃料、智慧运行、智慧安全、智慧资产、智慧营销、智慧党建、档案 / OA、财务系统、人资系统等形成有机的整体，助力电厂具备自分

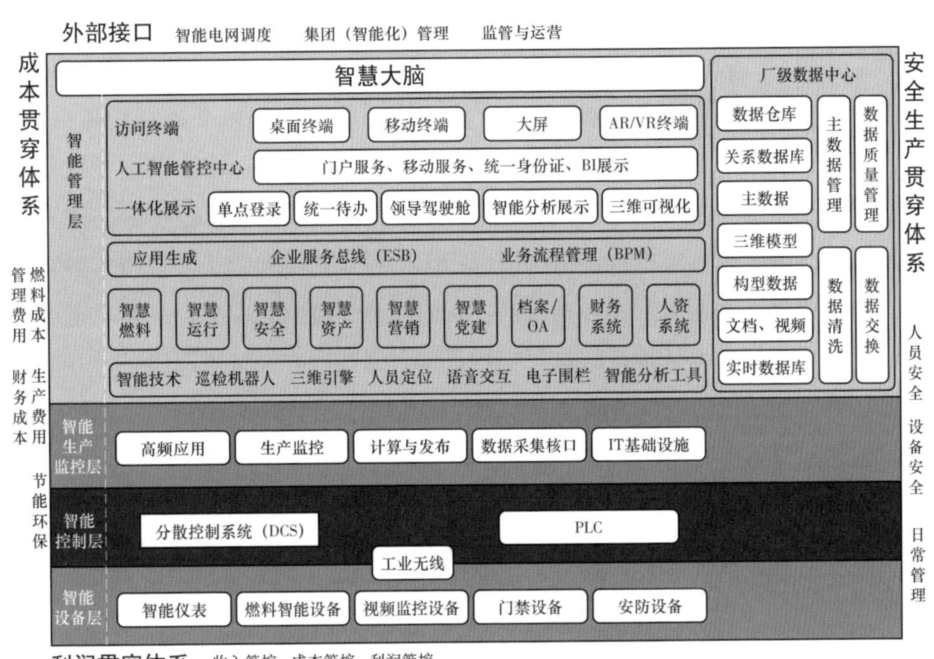

▲ 图 6-13　智慧燃煤电厂系统架构

析、自诊断、自趋优、自管理、自恢复、自学习、自适应、自组织、自提升的能力，实现人员可控，状态预知，少人值守，效率提高，成本降低。

6.4.2 电力安全数字化治理技术展望

1. 工业物联网

电力行业发展的核心在于构建具备智能判断与自适应调节能力的多种能源统一入网和分布式管理的智能化网络系统，可对电网与用户用电信息进行实时监控和采集，且采用最经济与最安全的输配电方式将电能输送给终端用户，有效实现对电能的最优配置与利用，同时提高电网运行的可靠性和能源利用效率。工业物联网技术是多种先进技术的集合体，其中设备监测主要涉及无线射频识别技术，采用 RFID 感知设备作为数据采集装置，以无线射频方式获取设备运行的信息并通过有线网络传递到数据处理系统，通过对数据的智能分析，从而提取所需的设备状态信息。工业物联网技术应用于电力行业可构建开放式整体网络系统，实现从能源接入、输配电调度、安全监控与继电保护、用户用电信息采集、计量计费直到用户用电侧的全过程控制。在电力企业人员安全监测方面，基于工业物联网技术的人员安全监控是通过视频、红外、RFID 等多种感知设备形成的感知网络实现区域内的人员工作、活动、监控，采集的文字和图像数据经过智能分析，对危险行为进行判别和报警，减少人员的伤亡，同时通过视频、RFID 辅助识别人员的工作情况，可提升企业管理能力。在电力企业日常工作巡查应用方面，基于无线射频识别技术和视频图像处理技术，根据现场情况提取指定的设备指标参数、环境指标参数等信息进行分析，判断出不符合要求的设备指标和环境指标参数，一旦发现超标的数据及时通过数据处理系统进行报警提示，通知检修人员进行维护，并可以对累积的数据加以统计，为制定有效的年度维护计划提供数据参考。

2. 人工智能

电力人工智能是人工智能的相关理论、技术和方法与电力系统的物理规律、技术与知识融合创新形成的“专用人工智能”。在理论与技术层面，人工智能目前正向强鲁棒性的人机协同混合增强、高泛化性迁移学习、具备可解释性的知识与数据融合等方向发展；在业务应用层面，电力人工智能将从浅层特征分析发展至深度逻辑分析，从环境感知发展至自主认知与行为决策，从电力系统业务辅助决策发展至核心业务决策。电力人工智能的国内应用研究范围涉及电力系统发、输、变、配、用全环节，在发电功率预测、设备智能巡检、设备异常与故障应急处理、客服智能服务、电网故障处理及紧急控制等业务中已有相关应用研究。未来在电网安全领域具有极好的应用前景，在电网故障防御方面，可基于智能传感采集的全景全域数据和离线仿真数据，利用深度学习的复杂特性和非线性关系进行映射，形成数据驱动的电力系统快速判稳、故障点和故障类型辨识。在电网运行控制方面，可利用关联分析和因果推理等技术，实现电网运行过程的薄弱环节识别和影响因素溯源，利用深度强化学习进行状态评估和策略选择。基于电网运行数据直接形成预防控制和紧急控制措施，应对电网各种复杂的状态。

3. 区块链

区块链是一个去中心化的分布式账本数据库，具有几乎不可篡改、不可伪造的特点。当前电力行业正处在快速变革期，数字化分布式系统在能源领域成为常态，同时数以十亿计的用能设备被整合进电力系统，恶意攻击者将看到更多入侵这些系统的机会并尝试进行破坏。能源储存方式、能源利用效率以及能源数字化都在加速变迁，应对网络攻击的可靠防御的需求大幅增加。区块链技术具有的天然网络威胁防御能力决定了它在安全领域的巨大潜力。许多能源企业目前正在研究如何使用区块链技术提高电网的系统安全水平。在身份验证模式方面，公钥——私钥对（也被称作公开密钥加密）是一种更加安全的身份验证模式。随着这些区块链技术应用的用户友好程度提高，登录系统将自然而然地向这种更现代、更安全的模式转变。在数据通信漏洞修复方面，区块链技术可以将电力交易市场定价与结算功能整合成一个安全的区块链系统，显著降低虚假数据注入和价格操纵的风险。在网络安全风险方面，分布式能源大部分将联网并通过非对称加密法（所有区块链技术交易和认证使用的加密方法）进行验证。

4. 云计算 / 边缘计算

作为一种新兴的计算模型，云计算具备可靠性高、数据处理量巨大、灵活可扩展以及设备利用率高等优势，电力行业的应用特点与云计算的服务模式和技术模式高度契合。采用云计算技术，能够将电力系统原本分散的资源聚集起来，再以服务的形式提供给受众，实现集团化运作、集约化发展、精益化管理、标准化建设，帮助电网及发电公司将数据转换为服务，提升服务价值，实现信息神经网络融合。在智能电网技术领域引入云计算，特别是在电网分析、大电网系统恢复、监控和调度、用电大数据分析、电力云终端、信息安全防护等领域，云计算技术能够在保证现有电力系统硬件基础设施基本不变的情况下，对当前系统的数据资源和处理器资源进行整合，从而大幅提高电网实时控制和高级分析的能力，为智能电网技术的发展提供有效的支撑。此外，云计算技术还将有助于推动电力企业的办公自动化、信息化与智能化。边缘计算技术使信息处理更加靠近数据源，从而能够在本地设备无法稳定连接到数据中心资源的情况下提供（准）实时响应与改进功能。

5. 数字孪生

电力数字孪生技术以数字化方式为物理对象创建虚拟模型，可以模拟电力设施、设备在不同运行环境下的状态。“孪生”的两个电力设施，一个是存在于现实中的实体设施，负责实际输配供电；另一个则存在于虚拟世界中，实时监测实体电力设施的运行情况，并通过各类智能技术实现对设备的评估和诊断。随着建模、物联网、大数据及人工智能技术日趋成熟，数字孪生技术将助力打造智能电网的数字孪生体，为电网辅助规划设计、常态管理、调度指挥、应急处置、智能干预等提供数字化支撑，可应用于支撑虚拟现实下电网的智能规划及优化设计、精准电网故障模拟云测仿真、虚拟电厂、智能设备监控、电力机房调控、变电站设备监控等业务。数字孪生技术未来在电力安全领域具有极好的应用前景。随着大量具有随机性、间歇性、波动性特征的分布式能源接入电网，电网呈现结构更加复杂、设备更加繁多、技术更加庞杂的发展趋势，传统机理模型和优化控制方法已经难以满足电网规划设计、监测分析和运行优化的要求。而数字孪生电网技术使电网在系统级、设备级以及部件级都有对应的数字孪生体，通过整合形成数字孪生电网整体可以准确预测电网的发展趋势。针对新能源消纳、设备状态维护以及电力系统安全稳定控制等情况，可自动采取应对措施，为精准掌握电网实时状态提供了支撑。对于发电和变电设施，通过应用数字孪生技术建立虚拟设施的三维模型并接入实体设施内的主控、辅控、安防等设备的探测点，可以实现各类设备状态信息的实时感知及其与三维数字模型的联动，不仅运检人员不再需要去现场便可掌握设施内部各要素的运行状态，还可以通过对设备异常及时告警延长设备使用寿命，为实现“不间断设备巡视”提供可靠的支持。

7 电力安全治理评价

电力安全治理评价是促进电力企业各项安全治理措施有效实施的重要手段，也是落实《电力安全生产“十四五”行动计划》提出的“量化评价指标体系建设行动”要求的重要途径。本章内容基于“四个安全”治理理念，提出了电力安全治理评价指标体系的构建方法、评价组织流程及评价结果的应用建议。通过评价、整改、提升的全过程循环，持续提升电力企业安全生产治理能力。

7.1 评价目的和内容

为深入贯彻落实习近平总书记关于安全生产的重要指示精神，落实《电力安全生产“十四五”行动计划》提出的“量化评价指标体系建设行动”要求，确保电力安全治理各项措施有效实施，促进电力企业高质量安全稳定发展，本章基于“四个安全”治理理念，提出了电力安全治理的评价指标体系构建方法，明确了评价组织流程、评价指标分析方法及评价结果应用建议。

7.1.1 评价目的

基于“四个安全”治理理念的电力安全治理评价是对以往安全评价工作的继承、发扬和全面优化提升。数字化治理作为电力安全治理的重要手段，有助于企业快速推进治理方式和治理能力的现代化进程。通过全方位的安全治理评价，系统性地从电网规划、系统设计、工程建设、设备运维、安全管理等方面进行科学分析，针对事故发生和事故隐患发生的各种原因事件和条件，提出有针对性的技术措施方案，为管理者和决策者全面掌握安全状况、制定安全发展战略、调整安全管理模式提供依据，实现全过程管控。同时进一步发挥数字化安全治理优势，加快电力安全治理数字化进程，对电力安全治理关键环节、重点部分的数字化支撑力度进行评价。

7.1.2 评价内容

电力安全治理评价应以国家及相关部门颁布的有关安全生产的法律、法规、条例、技术标准、规程、导则、规定等为依据，运用定性和定量的方法，对电力安全治理情况进行分析和评价。评价内容具体涵盖以下三个方面。

（1）企业总体安全水平与事故状况情况，重点包括人身、电网、设备、信息、火灾、交通等相关事故情况，各类别、各等级安全事件情况，政府部门通报的严重问题、重复性严重违章等情况，相关安全事故事件、问题违章总体趋势情况等。该项评价内容旨在对企业实际发生且能够代表企业安全目标完成情况、安全趋势的要素进行梳理和量化评价，从而既能够反映企业总体安全目标的完成情况，又能够突出企业安全发展趋势，进而督促和强化企业从源头上杜绝安全事故，防范安全事件。

（2）企业安全生产过程性管控情况，重点包括重点工作任务阶段性完成情况、安全技术的革新应用、安全责任的确定落实、安全文化的建立弘扬、安全管理的夯实提升等内容。该内容旨在将“四个安全”治理理念落地实践转化为具体的、可量化的指标，建立具体实施路径，强化过程管控和“指标导向”，用来指引治理主体履职尽责。

（3）电力安全治理的数字化水平，重点包括安全治理组织机构的数字化水平、部门间数据信息共享深度、基础数据信息模型通用性、数据管理规范性、业务数字化转型、数字化技术设备应用专业覆盖等。该内容旨在于分析和评价数字化手段对基于“四个安全”治理理念的过程性指标实现过程的支撑情况，以及评价企业本身在电力安全数字化方面的成熟度。

7.1.3 评价理论依据

1. 电力安全治理评价理论依据

电力安全治理评价理论主要有系统工程理论和模糊数学理论。其中，系统工程理论应用定性和定量分析相结合的方法，通过计算机等技术工具，对系统的构成要素、组织结构、信息交换和反馈控制等功能进行分析、设计、制造和服务，从而达到最优设计、最优控制和最优管理的目的。基于系统工程理论衍生出的电力企业安全评价方法有安全检查表法、事故树分析法、预先危险性分析、故障类型和影响分析、危险和可操作性研究、事故树和事件树、层次分析法等经典评价方法。模糊数学理论是以不确定性的事物为研究对象，研究和处理模糊性现象的一种数学理论和方法。该理论的出现使研究确定性对象的数学与不确定性对象的数学沟通起来，从而运用概念进行判断、评价、推理、决策和控制的过程也可以用模糊性数学的方法来描述。随着模糊数学理论的不断发展，被广泛应用于企业安全评价的方法有模糊综合评价法、灰色关联分析法、风险坐标图法等。常用的电力安全评价理论及其衍生的评价方法见表 7-1。

表 7-1 常用的电力安全评价理论及其衍生的评价方法

电力安全评价理论	电力企业安全评价方法
系统工程理论	安全检查表法
	事故树分析法
	预先危险性分析
系统工程理论	故障类型和影响分析
	危险和可操作性研究
	事故树和事件树
	层次分析法
模糊数学理论	模糊综合评价法
	灰色关联分析法
	风险坐标图法

2. 评价指标体系构建

数字化水平评价理论主要包括创新价值链理论、成熟度模型理论和人工神经网络理论。其中，创新价值链理论结合技术创新理论和价值链理论的思想，通过一系列的创新活动，实现商品化与产业化的过程。基于创新价值链理论，使得从知识扩散和价值实现视角构建企业数字化评价体系成为可能。成熟度模型理论作为一套管理方法论，可以从文化、组织、技术和洞察四个维度衡量企业的数字化成熟度。大体的评价流程为：按照评分高低将企业数字化成熟度水平分为怀疑者、采用者、协作者和差异化者四个等级，然后采用 AHP-DEMATEL 评价方法对企业数字化成熟度进行了评价。人工神经网络理论模拟人的大脑神经处理信息的方式，具有良好的自学习、自适应、联想记忆、并行处理和非线性转换的能力，在样本缺损和参数漂移的情况下，仍能保证稳定的输出。按照网络的拓扑结构和运行方式，神经网络模型分为前馈多层式网络模型、反馈递归式网络模型、随机型网络模型等。目前在企业数字化水平评价方面应用较多的是前馈多层式网络中的基于优化 BP 网络神经的系统安全评价模型。

7.2 电力安全治理指标体系构建的原则及方法

对于电力安全治理评价，需要构建一套完整的评价指标体系，实现对被评价对象的全方位感知。本节基于“四个安全”治理理念，从技术、管理、文化、责任四个维度，提出电力安全治理指标体系构建原则及方法。

7.2.1 指标选取的原则

1. 系统性原则

以“四个安全”为核心的电力安全治理评价指标体系设置时，横向上既要考虑指标能够从不同方面反映“四个安全”的主要特征和状况，又要反映“四个安全”的内在联系；纵向上要体现指标的层次性，由宏观向微观层层深入，形成不可分割的评价体系。具体设置时，可从安全技术、安全管理、安全文化、安全责任四个维度，安全目标完成指标、过程性指标、数字化支撑能力指标三个层次进行设置。

2. 针对性原则

电力企业从业务属性上分为发电、输变电、配电、电力建设等企业类型，同一企业类型如发电中又包括水力发电、火力发电、核电以及新能源等。不同类型企业、同一类型不同性质企业均有各自企业属性的电力安全生产特点，面临的发展情况和挑战也不尽相同，因此需要各企业在评价指标的选取时，尽可能与企业自身业务特点相关联，选取有针对性的指标，提高评价的适用度。

3. 引导性和前瞻性原则

指标体系构建的目的是实现电力安全评价，识别电力企业安全的不足，从而扬长补短。作为评价的工具，不仅要能用于评价当前治理现状，更要能够引导企业制定长远的发展战略与措施。指标选取需要突出引导性和前瞻性，既能反映当前水平，又能包含未来趋势。

4. 科学性和可操作性原则

科学性和可操作性是建立电力安全治理评价指标体系的基本原则。首先，评价指标的含义要清晰明确，能够反映电力安全治理实施过程和实施结果的特征；其次，评价指标数据来源要可靠，指标数据的统计和计算方法要规范，避免人为因素的影响，保证评价结果的准确性和科学性；第三，选取的评价指标要具有可比性，能够反映评价对象之间的差异性；最后，要充分考虑评价指标数据的可获得性，尽量选取容易获取且能够量化、能够参与定量计算的指标。

5. 客观性与主观性结合原则

在构建指标体系时，由于选取的指标、测算方法的限制，使得评价结果受统计数据的影响较大。为全面准确地反映电力安全治理的现状，应同时选取主观性与客观性指标，避免最终的评价结果与实际情况脱节，实现主观与客观相结合。

7.2.2 指标体系层级设计

构建评价指标体系是为了最客观地反映企业的真实治理情况。因此，为了提高指标体系的效度，在遵循传统的客观性、可操作性和数据的可获得性等基本原则的基础上，还应坚持目标导向、问题导向、结果导向，将全面性原则、平衡性原则、可比性原则贯穿于构建企业电力安全治理评价指标体系的全过程。

1. 指标的设置方式

基于指标体系构建原则，横向从“四个安全”的维度出发，纵向考虑系统、人身、设备、网络、大坝等专业领域，横向、纵向交叉形成具体的安全指标，如图 7-1 所示，即“4+N”电力安全治理指标范式。其中“4”指的是“四个安全”维度，“N”指的是 N 个专业领域。

2. 指标层级结构

电力安全治理指标体系按照从整体到局部、从宏观到微观的原则，针对 N 个专业领域，实施递阶层次结构，通常划分为三级，如图 7-2 所示。

（1）一级指标为战略决策和规划发展类，依据指标框架的第一级框架来确定。每项一级指标下设多项二级指标。

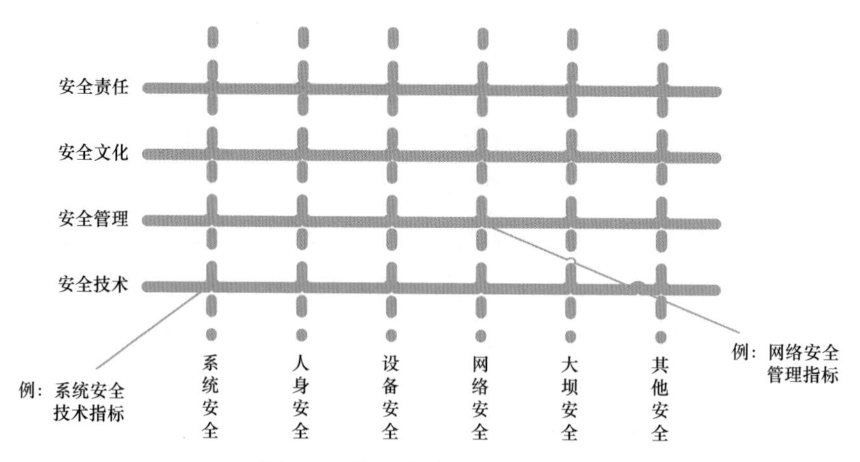

▲ 图 7–1 “4+*N*”电力安全治理指标范式

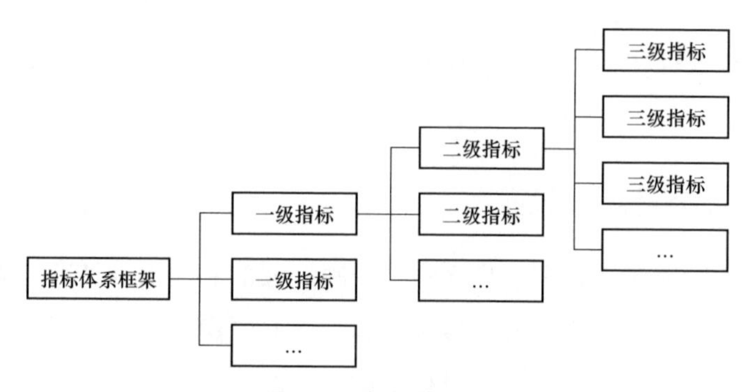

▲ 图 7–2 指标体系层级结构

（2）二级指标为集团管控类，依据指标框架的第二级框架来选取和设计。每项二级指标下设多项三级指标。

（3）三级指标为具体业务类，在二级指标框架下设计。

三级指标用于数据采集与测算，二级指标与一级指标为指标型指标。

3. 电力安全治理评价指标体系框架

将电力安全治理水平用电力安全治理综合指标来表征，包括安全目标完成指标、“四个安全”过程性指标和数字化支撑能力指标三个一级指标和多个二级指标，如图 7–3 所示。根据各专业领域情况，各二级指标可再细化为若干个三级指标。

安全目标完成指标，是根据现有法律法规对企业实际发生且能够代表企业安全目标完成情况的要素进行梳理后得到的指标，反映了企业的总体安全

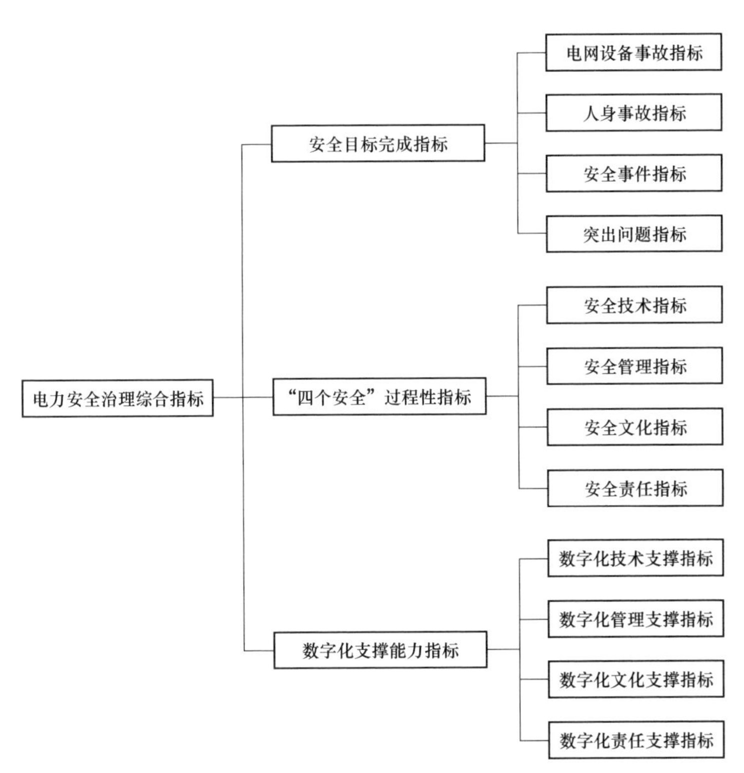

▲ 图 7-3　电力安全治理评价指标体系框架

水平和事故状况，包括电网设备事故指标、人身事故指标、安全事件指标和突出问题指标。电网设备事故指标反映了企业发生特大、重大、较大、一般事故的情况；人身事故指标反映企业人身事故的发生情况及责任划分；安全事件指标对应企业发生的安全事件情况；突出问题指标对应政府部门通报的严重问题、重复性严重违章、未整改的巡查问题等情况。通过对电网设备事故、人身事故、安全事件、突出问题四类要素进行量化评价，反映企业总体安全目标的完成情况，突出事故和责任事件“一票否决”，从而督促强化企业的源头防范和综合治理，杜绝安全事故，防范安全事件。

“四个安全”过程性指标表征企业安全治理水平，包括安全技术指标、安全管理指标、安全文化指标和安全责任指标。安全技术指标将“安全是技术”的理念转化为具体的、可量化的指标，用来指引治理主体强化安全技术的应用，从技术角度出发强化本质安全；安全管理指标将“安全是管理”的理念转化为具体的、可量化的指标，用来指引治理主体强化安全管理手段运用，从管理角度出发提升安全；安全文化指标将“安全是文化”的理念转化为具体的、可量化的指标，用来指引治理主体强化安全文化建设，以文化促进安全；安全责任指标是将“安全是责任”的理念转化为具体的、可量化的指标，用来指引治理主体落实安全责任，履职尽责，持续改进。

数字化支撑能力是对基于“四个安全”治理理念提出的过程性指标实现过程中数字化手段对其支撑情况的评价，体现数字化手段对“四个安全”治理理念的支撑及企业的数字化成熟度。针对各电力企业的实际情况，可以设置诸如数字化领导机构情况、中长期安全数字化战略规划与发展策略制定情况、安全管理自动化水平、电力安全数字化投入力度等指标。

7.2.3 安全目标完成指标的构建

基于“四个安全”治理理念对现有法律法规进行系统梳理，安全目标完成指标包括电网设备事故指标、人身事故指标、安全事件指标和突出问题指标四大内容，包含了企业总体安全目标完成情况的方方面面，力求全面完整地反映企业的总体安全水平和事故状况。安全目标完成指标体系框架如图7–4所示。

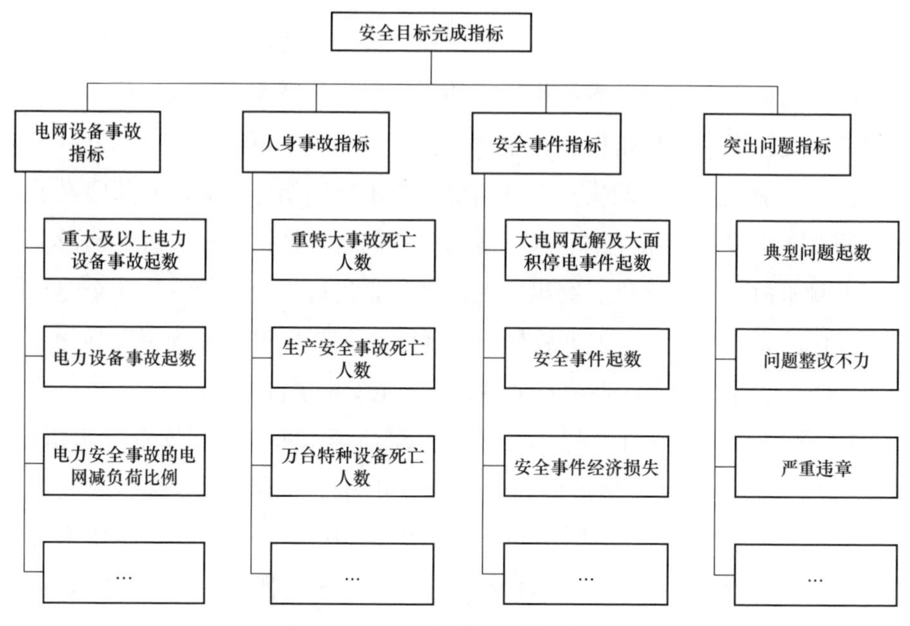

▲ 图7–4 安全目标完成指标体系框架

1. 电网设备事故指标

重大及以上电力设备事故起数：构成重大或特别重大事故级别的电力设备事故起数。

电力设备事故起数：发电设备（电站锅炉、蒸汽轮机、燃气轮机、水轮机、发电机、变压器等）、供电设备（各种电压等级的输电线路、互感器、接触器等）等电力设备发生的事故起数。

电力安全事故的电网减负荷比例：因发生电力安全事故导致电网减负荷运行的比例。

2. 人身事故指标

重特大事故死亡人数：企业发生的重大和特别重大事故所导致的人员死亡情况。

生产安全事故死亡人数：企业在生产经营活动（包括与生产经营有关的活动）中突然发生的，伤害人身安全和健康，或者损坏设备设施，或者造成经济损失的，导致原生产经营活动（包括与生产经营活动有关的活动）暂时中止或永远终止的意外事件所导致的人员死亡情况。

万台特种设备死亡人数：企业因特种设备事故所导致的死亡人数，除以企业特种设备数量（以万台为单位）得到的数值。

3. 安全事件指标

大电网瓦解及大面积停电事件起数：因自然灾害、设备故障、违章操作等原因导致大电网发生瓦解或者发生大面积停电事件的起数。

安全事件起数：未达到法律法规所规定的事故级别，但是受国家能源局关心关注的事件起数。

安全事件经济损失：依据《企业职工伤亡事故分类》（GB 6441—1986）核算得到的安全事件所导致经济损失情况，包括直接经济损失和间接经济损失。

4. 突出问题指标

典型问题起数：在政府部门组织的安全督察检查中被发现严重问题并被通报的问题起数。

问题整改不力：安全生产巡查活动中，发现存在问题整改不力的。

严重违章：在“四不两直”安全生产暗查暗访活动中，经复查发现存在重复性严重违章行为现象的。

7.2.4 “四个安全”过程性指标体系的构建

“四个安全”过程性指标包括安全技术指标、安全管理指标、安全文化指标和安全责任指标四大内容，反映了安全技术发展应用、安全管理、文化建设、责任制等过程性管控情况，力求反映电力安全治理的阶段性成效。“四个安全”过程性指标体系框架如图 7–5 所示。

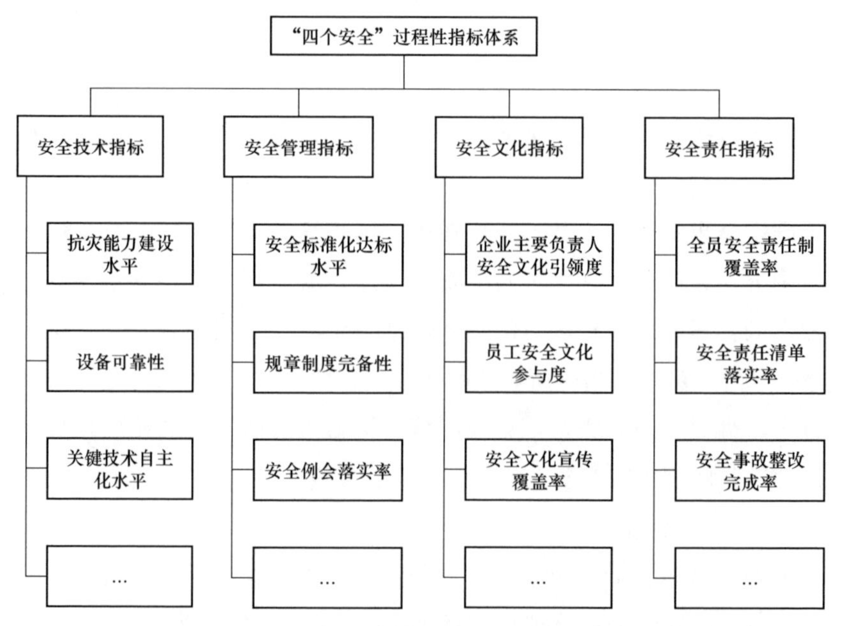

▲ 图 7–5 “四个安全”过程性指标体系框架

1. 安全技术指标

抗灾能力建设水平：企业根据所处地域特点及自然环境情况，建立自然灾害及事故隐患预测预警管理办法，针对因自然灾害可能导致事故的隐患积极采取预防措施，同时建立自然灾害预测预警政企联动机制，有效提升自身的抗灾能力的情况。

设备可靠性：制定可靠性管理工作规范，建立可靠性管理组织网络体系，设置可靠性管理专职（或兼职）工作岗位，可靠性专责人员参加岗位培训并取得合格证书。编制可靠性管理工作报告和技术分析报告，评价分析设备、设施及电网运行的可靠性状况，制定提高可靠性水平的具体措施并组织实施。

定期对可靠性管理工作进行总结，并开展可靠性管理成果应用。

关键技术自主化水平：企业所研发、使用的核心关键技术实现完全自主化的同时，其技术水平在国际上所处的水平情况。

设备设施技术监督管理：企业应建立电能质量、绝缘、电测、继电保护与安全自动装置、热工、节能、环保、化学等技术监控（督）管理网络体系和标准体系，落实各级监督部门职责和考核制度，制订年度工作计划。组织或参加新建、改建、扩建工程的设计审查，主要设备的监造验收及安装、调试、试运行等过程中的技术监督和基建交接验收的技术监督。对影响和威胁电网安全的问题，督促有关单位整改。

电网风险管控：企业应当高度重视电网安全风险管控工作，定期梳理电网安全风险，有针对性地做好风险识别、风险分级、风险监视、风险控制工作，制定电网风险管控方案，掌握和化解电网安全风险。

2. 安全管理指标

安全标准化达标水平：企业通过建立安全生产责任制，制定安全管理制度和操作规程，排查治理隐患和监控重大危险源，建立预防机制，规范生产行为，使各生产环节符合有关安全生产法律法规和标准规范的要求，人（人员）、机（机械）、料（材料）、法（工法）、环（环境）、测（测量）处于良好的生产状态，并持续改进，不断加强企业安全生产规范化建设所达到的水平。

规章制度完备性：企业职能部门和工区（车间）及时、完整地识别和获取本部门和工区（车间）适用有效的安全生产法律法规、标准规范，并跟踪、掌握有关法律法规、标准规范最新修订的情况。

安全例会落实率：企业定期召开由企业主要负责人（或委托分管领导）主持，有关部门负责人参加，综合分析安全生产状况，及时总结事故教训及安全生产管理上存在的薄弱环节，研究采取预防事故的对策的安全例会制度落实情况。

隐患管理制度建设：建立隐患排查治理制度，符合有关安全隐患管理规定的要求，界定隐患分级、分类标准，明确“查找—评估—报告—治理（控制）—验收—销号”的闭环管理流程。每季、每年对本单位事故隐患排查治理情况进行统计分析评估，确定隐患等级，登记建档，及时采取有效的治理措施。

应急培训及演练：企业每年至少应组织一次参建单位负责人和相关人员开展应急管理能力、应急知识的培训；企业应制定演练方案，每年至少组织一次应急预案培训和演练，并对演练效果进行评估。根据评估结果，修订、完善应急预案，改进应急管理工作。

安全投入占比：企业建立安全生产投入保障制度，完善和改进安全生产条件，按规定提取并使用安全费用，专项用于安全生产。安全投入占比是指企业每年投入安全生产的专项经费占年度营收额的百分比。

3. 安全文化指标

企业主要负责人安全文化引领度：企业主要负责人带头制定企业安全文化建设规划，引领安全理念建设，营造安全文化氛围，宣传、教育和引导员工的安全态度和安全行为，形成全体员工所认同、共同遵守的安全价值观的能力和水平。

员工安全文化参与度：企业员工积极参与企业安全文化建设和各种类型的安全文化活动，促进企业安全生产工作的情况。

安全文化宣传覆盖率：企业采取多种形式组织各类型的安全文化宣传活动，宣传、教育和引导员工的安全态度和安全行为，参与上述活动的员工数量占全体员工的比例。

安全管理人员教育培训：企业的主要负责人和安全生产管理人员，必须具备与本单位所从事的生产经营活动相适应的安全生产知识和管理能力。法律法规要求必须对其安全生产知识和管理能力进行考核的，须经考核合格后方可任职。

其他人员教育培训：企业应组织或监督相关方人员进行安全教育培训和考试；各单位对参观、学习、实习等外来人员，应进行有关安全规定和可能接触到的危害及应急知识的教育和告知，并做好相关监护工作。

4. 安全责任指标

全员安全责任制覆盖率：企业依据安全生产相关法律法规建立各级领导、职能部门、工程技术人员、岗位操作人员对安全生产层层负责的安全生产责任制中，已明确安全职责的各级、各部门、各岗位人员的数量，占总人员、岗位的数量的比例。

安全责任清单落实率：企业各级、各类岗位人员要认真履行岗位安全责任清单中规定的职责，严格落实安全生产规章制度的情况。

安全事故整改完成率：生产安全事故调查处理结案后，为防止同类事故反复出现，在事故企业及同类企业内部落实事故防范和整改建议的完成度情况。

安全生产监督体系建设情况：企业按照国家相关规定设立安全生产监督管理机构，配备专职安全生产管理人员，建立健全安全生产监督网络，负责落实工程项目施工安全管理工作的情况。

应急机构和队伍建设情况：企业建立突发事件应急领导机构，明确责任，并设专人负责；建立应急抢险救援队伍和专家队伍，以及与当地具备专业资质的应急救援队伍签订服务协议的情况。

7.2.5 数字化支撑能力评价指标体系的构建

进一步促进电力企业数字化转型，提高数字化对“四个安全”过程性指标支撑力度，建立数字化支撑能力指标，表征各企业数字化建设成熟度以及支撑效力。数字化支撑能力评价指标体系框架如图 7–6 所示。

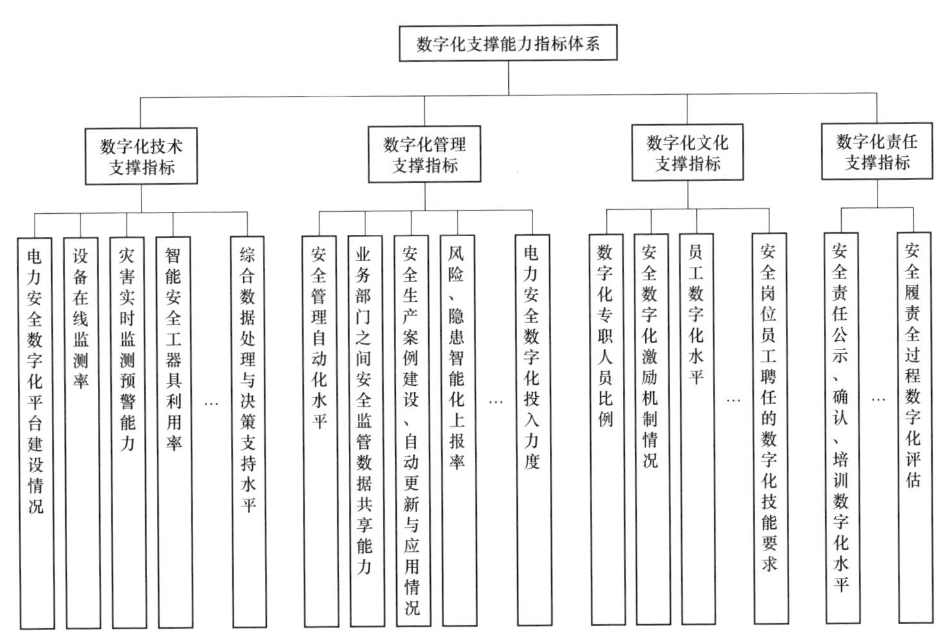

▲ 图 7–6　数字化支撑能力评价指标体系框架

1. 数字化技术支撑指标

电力安全数字化平台建设情况：企业建设有能够为电力安全数字化管

理提供技术支撑的数字化平台；平台具备安全监管数据共享、综合检索分析、智能辅助决策等功能。

设备在线监测率：企业接入在线监测系统、实现运行信息自动采集和上报的设备数量占总设备数量的比例。

灾害实时监测预警能力：针对企业生产活动中可能遇见的灾害，采用实时远程自动化监测和模拟预报分析相结合的方式实现实时监测预警的功能。

智能安全工器具利用率：推广智能安全工器具使用，提升电力安全管理信息与自动化程度。

综合数据处理与决策支持水平：能够通过企业基础数据库进行数据综合分析，并实现辅助决策等功能。

2. 数字化管理支撑指标

数字化领导机构情况：建有企业一把手负责的电力安全数字化工作决策机构；每年召开研究企业安全数字化建设发展工作会议；分管领导的数字化意识强。

数字化管理部门情况：建有专门的企业数字化管理部门，并配备与企业规模相适应的专职人员；企业各部门及下属单位具有数字化工作主管领导，及相应工作人员。

中长期安全数字化战略规划与发展策略制定情况：企业领导重视安全数字化建设工作，单列安全数字化规划战略规划与发展策略。

安全管理自动化水平：提供在线的公文流转、档案管理、会议管理、日程安排、电子公告等功能。

业务部门之间安全监管数据共享能力：实现业务部门内部安全监管数据共享和业务流转的自动化功能；能够通过企业基础数据库进行电力安全数据综合分析。

安全生产案例建设、自动更新与应用情况：企业建设有专门的数字化安全生产案例库，并能通过爬虫等技术实现案例库内容的动态更新；企业各相关职能部门、安全监管人员和企业员工能够方便、快捷地使用查询工具访问案例库，用于指导日常安全生产工作。

风险、隐患智能化上报率：使用智能手持终端、电力安全数字化平台等媒介上报工作中发现的风险、隐患的数量，占全部上报的风险、隐患数量的比例。

电力安全数字化投入力度：与电力安全数字化有关的预算投入占企业全年用于数字化的预算的比例。

3. 数字化文化支撑指标

数字化专职人员比例：具备数字化技能的专职人员数量占企业总人数的比例与企业规模相适应。

安全数字化激励机制情况：有具体的安全数字化工作激励机制；安全数字化技能运用作为考核和晋升依据。

员工数字化水平：企业员工具有较强的数字化意识，具备操作和使用电力安全数字化技术装备的能力，能够利用电力安全数字化平台检索、查询信息，上报风险、隐患。

安全岗位员工聘任的数字化技能要求：对新聘任的安全岗位人员提出数字化技能要求，并实施上岗培训。

4. 数字化责任支撑指标

安全责任公示、确认、培训数字化水平：对安全责任全员公示，个人签字确认，培训的数字化载体建设、应用情况。

安全履责全过程数字化评估：利用数字化媒介，对全员履责过程进行实时记录，与履责标准进行自动智能比对，明确履责水平。

7.2.6 评价指标的量化

根据所构建的多层次电力安全治理评价指标体系，对各评价指标进行标准化处理，确定评价指标体系权重，选用合适的评价模型量化指标，进而展开结果分析及应用。

1. 评价指标的标准化

评价指标的标准化通常是对指标的无量纲化处理和趋同化处理。所构建的评价指标体系是由多个安全分项指标、多个评价指标构成的合成指标，各指标值的量纲和单位不同，指标之间存在着不可公度性，需要对指标进行无量纲化处理，以解决数据的可比性问题。主要做法是借助数学变换来消除指标单位及其数值数量级的影响。另外，由于指标的不同属性，需要将指标中的正向指标和逆向指标趋势一致化，进行趋同化处理，以保证指标之间的可比性，解决数据的一致性问题。具体来说，评价系统中指标往往有极大型指标、极小型指标、居中型指标和区间型指标，通常需要考虑评价模型的特点，尽可能将指标的类型减少。实际应用中，一般做法是将非极大型指标全部转化为极大型指标。

2. 评价指标权重的确定

权重是以某种数量形式对比、权衡被评价事物总体中诸多因素相对重要程度的度量值。在对多指标测度体系进行权重赋予时，权重将体现该指标在整个指标体系中的重要性程度的差异。指标权重的精确性与安全生产评价结果的准确性密切相关。目前，在安全综合评价中，权重的确定方法有数十种之多，根据计算权重时原始数据的来源不同大致可以分为主观赋权法、客观赋权法和组合赋权法三类。一类是主观赋权法，即根据专家的经验主观判断确定，如德尔菲法（Delphi）、层次分析法（AHP）、比较矩阵法（CMM）、模糊子集法（FSM）等；一类是客观赋权法，即根据评价指标的实际数据确定，如熵值法（EVM）、拉开档次法、主成分分析、相关度法等。实际应用中为了改善和提高权值的精确性，改变单一采用主观或客观确定权值的不足，可采用主、客观相结合的组合赋权法。

3. 评价模型及方法的选用

评价指标的量化通常需要借助评价模型或方法予以实现。一般而言，评价模型或评分细则需简单易行，评价结果客观准确。目前，可选用的评价模型及理论较多，主要包括层次分析法、模糊数学法、集对分析法、灰色系统理论、主成分分析、聚类分析法、数据包络分析模型、物元可拓模型、人工神经网络等。这些方法具有广泛的应用性，但大多原理相对复杂，计算要求较高。考虑到数字化安全治理模式的推进，后续信息平台数据采集、处理自动化及评价模型的集成将为各类方法的应用提供极大便利。

此外，电力企业也可以参考相关安全生产标准化规范及达标评级标准、《电网安全性评价规范》系列标准（Q/GDW 11808）等规范性文件制定具体的评分细则，对照指标体系给出安全生产量化评分。

4. 评价指标的合成与分析

电力安全指标包括总指标和分指标，具体来看“电力安全治理综合指标”为总指标，而“四个安全”过程性指标和数字化支撑能力为分指标。在具体

评价时，总指标的结果和分指标的结果会产生差异，总指标反映电力安全的综合水平，而分指标则从电力安全组成结构的角度反映各个维度电力安全的面貌。评价指标的合成与分析也可以借助主成分分析、层次分析、灰色关联度分析、聚类分析等理论方法进行核算和分析，以确定总指标与分指标的关联度和影响效果，为进一步提升安全生产治理成效提供工作指引。

7.3 评价组织的流程及结果应用

7.3.1 评价组织流程

评价组织可以按照“目标导向”和“循序渐进”的思路推进，由各级安全监督管理部门牵头，完善评价指标体系，研究出台科学合理的量化评价细则，提出具体的评价方法和评价要求，引导企业规范开展评价工作。

可采用企业自评价、专家评价相结合的方式开展电力安全治理评价。各电力企业组织自评价，上级单位组织专家评价。评价一般分为企业自查评、专家查评、整改提高、复查评四个阶段，各查评阶段按照“评价、分析、评估、整改”的过程循环推进。

各级企业应结合安全生产实际，依据相关评价标准，以3~5年为周期开展评价工作。评价资料留存时间至少为一个评价周期，评价期内实行闭环动态管理。安全治理评价应按照“贵在真实、重在整改、旨在提高”原则，通过评价、整改、管理标准化的过程循环，不断消除安全隐患，完善安全管理，提高安全生产水平。

7.3.2 评价结果分析

在得出评价指标分数后，需要对得分进行“解读”，分析电力企业综合治理水平、安全目标完成水平、“安全责任、安全管理、安全文化和安全技术”四个维度的过程性管理水平，以及企业安全生产数字化支撑能力水平等。为了更好地表征上述指标水平，根据分位数思想进行安全生产治理状况的等级划分，采用“百分制”或“分数排序百分占比”划定水平等级，通常可以划分为三级到五级。

7.3.3 评价结果应用

基于评价结果及其分析结论，可以得出电力企业安全治理中事故状态、设备、人员、管理、制度建设等方面所存在的不足和漏洞，特别是上级专家对企业查评工作后形成的权威性、结论性意见，以及提出对策措施及建议。企业可根据专家通报的意见和评价结果，制定整改措施，通过闭环管理和持续改进提升电力企业安全生产治理能力。

参考文献

[1] 章建华.奋力谱写统筹电力发展和安全新篇章[N].中国电力报，2021-06-30.

[2] 童光毅，曹虹，王伟.安全是技术——技术进步是保障电力安全的前提与基础[J].智慧电力安全，2019（8）：12-16.

[3] 童光毅.安全是技术　安全是管理[N].中国电力报，2017-06-07.

[4] 童光毅.智慧能源体系[M].北京：中国科学出版社，2020.

[5] 童光毅.构建更加独立自主的电力行业网络安全环境[J].中国信息安全，2018（10）：103-105.

[6] 本刊编辑部.我国安全生产方针的演变[J].劳动保护，2009（10）：12-15.

[7] 周永平.安全生产的治理体系探讨[J].劳动保护，2021（4）：52-54.

[8] 张威.构建安全生产治理体系探讨[J].中国安全生产，2014（4）：32-33.

[9] 黄忠超，纪圣耀，傅明艺，等.关于构建安全生产治理体系的若干思考[J].安全与健康，2019（12）：27-29.

[10] 朱成章.电力安全是最重要的能源安全问题[J].中外能源，2008（5）：1-7.

[11] 罗云.企业本质安全：理论·模式·方法·范例[M].北京：化学工

业出版社，2018.

［12］李琳，何剑，屠竞哲，等．电力安全是国家安全的重要组成和保障[N]. 中国能源报，2021-04-19.

［13］姜雅婷．安全生产目标考核制度的治理效果研究[D]. 兰州：兰州大学，2018.

［14］吴宗之．安全生产是中国可持续发展的重要组成部分[J]. 机电安全，2004（10）：4.

［15］曹小云．解码安全文化——企业安全文化理论与实践[M]. 杭州：浙江人民出版社，2016.

［16］邓力群，马洪，武衡．当代中国的电力工业[M]. 北京：当代中国出版社，1995.

［17］蒋庆其．电力企业安全文化建设[M]. 北京：中国电力出版社，2005.

［18］中国电力企业联合会．中国电力行业年度发展报告（2018）[R]. 北京：中国市场出版社，2018.

［19］国家能源局电力安全监管司．全国电力事故和电力安全事件汇编（2017）[R]. 杭州：浙江人民出版社，2017.

［20］贾杰．浅谈企业安全文化[J]. 中外企业文化，2011（5）：63-64.

［21］王新哲，孙星，罗民．工业文化[M]. 北京：电子工业出版社，2018.

［22］朱义长．中国安全生产史（1949—2015）[M]. 北京：煤炭工业出版社，2017.

［23］杨昆．全国电力行业企业文化建设示范单位典型经验（2017）[M]. 杭州：浙江人民出版社，2017.

［24］姚启平．论企业安全文化[D]. 上海：复旦大学，2010.

［25］周卫红．安全文化建设的难点[J]. 电力安全技术，2006（10）：59-60.

［26］王力兵．打造企业文化品牌的创新与实践[J]. 经济生态，2015（8）：104.

［27］单大鹏，崔岩．电力企业安全文化建设与实践[J]. 管理观察，2017（33）：33-34.

［28］杨鹏．电力企业安全文化体系构建[D]. 北京：北京交通大学，2007.

[29] 郑浩.电力企业安全文化体系的构建与评价[D].华北电力大学，2013.

[30] 王兆开.论安全文化[J].实践·思考，2007（5）：86.

[31] 王亦虹，夏立明.企业安全文化：概念与生成路径[J].中国农机化，2009（6）：59-61.

[32] 撒占友，刘凯利，马池香，等.企业文化与企业安全文化建设水平互动效应研究[J].中国安全生产科学技术，2016（10）：178-184.

[33] 闫辉.如何构建融入杜邦安全文化理念的企业安全文化[J].黑龙江科技信息，2009（5）：68.

[34] 林蔚.电力安全文化建设探索与实践[J].中国电力教育，2013（26）：170-171.

[35] 张力.核安全文化的发展与应用[J].核动力工程，1995（5）：443-446.

[36] 董正亮，王方宁，郭启明，等.杜邦安全文化与企业本质安全[J].安全与环境工程，2008，15（1）：78-80.

[37] 汪蓓，刘永宁.杜邦安全理念对我国企业安全文化建设的启示[J].黑龙江科技信息，2016（36）：359.

[38] 顾桂兰.壳牌公司的安全文化[J].安全生产与监督，2015（5）：44-46.

[39] 国家能源局电力安全监管司.电力安全监督管理工作手册[M].北京：中国建材工业出版社，2018.

[40] 程柏松.企业安全生产主体责任落实研究[D].武汉：湖北工业大学，2016.

[41] 蔡黎明.变电站自动化辅助监测系统的设计与实现[J].百科论坛电子杂志，2018（11）：165.

[42] 刘素蔚，于灏.能源企业数字化转型五大趋势[J].国家电网，2019（04）：59-61.

[43] 林克全，马欣欣.基于三维全景的电网数字化建设研究与应用[J].电子制作，2020（09）：87-89，49.

[44] 路红艳，王岩.加快推动现代供应链发展的建议[J].中国国情国力，

2019（03）：23-25.

［45］陈洪雁，齐宏为，尹航．云数据中心在航天试验任务领域智能运维一体化解决方案 [J]. 微电子学与计算机，2019，36（05）：33-37.

［46］冯梦全．经济新常态下的煤矿安全经济学 [J]. 现代企业文化，2017（33）：1.

［47］张明建．基于 CPS 的智能制造系统功能架构研究 [J]. 宁德师范学院学报：自然科学版，2016，28（2）：5.

［48］童国华．我国科研院所结构调整的研究 [D]. 武汉：华中科技大学，2004.

［49］王继业．科技发展驱动战略创新 [J]. 电力信息与通信技术，2020，18（1）：2.

［50］中共江苏省委党校选调生班．江苏深化“放管服”改革的突出问题与破解之策 [J]. 唯实，2019（9）：36-39.

［51］刘春晓．基于物联网的电锭运行状态监控系统设计 [D]. 上海：东华大学，2019.

［52］衣淑娜．HF 银行基础数据标准化实施方案设计 [D]. 天津：河北工业大学，2016.

［53］胡新丽．基于物联网框架的智慧医疗层次架构模型分析 [C]. 信息系统协会中国分会第五届学术年会论文集，2013：746-752.

［54］孙益清．加快数字化转型打造协同发展新格局 [J]. 能源研究与利用，2019（3）：3.

［55］沈佳栋．大数据视角下社会治理创新研究——以杭州“数字潮鸣”为例 [D]. 金华：浙江师范大学，2016.

［56］李欣荣．现代图书馆数字内容管理与创新技术 [M]. 四川：四川大学出版社，2010.

［57］李娜，郑雅轩，哈兰．智能电网建设中信息安全研究与分析 [J]. 山西电力，2014（4）：4.

［58］吴东，鲁轩，金岩，等．基于智能运检的无人机立体巡检管理体系的应用与研究 [J]. 电子设计工程，2019，27（11）：185-188，193.

［59］陶奕湲，赵以霞，李治，等．微课程制作中的艺术与科学的融合

应用策略研究及实践探索 [C]. 2018 年（第五届）科学与艺术研讨会论文集，2018：94–104.

［60］左长喜，倪海峰 . 解读数字化企业文化体系 [J]. 中国有色金属，2006（9）：2.

［61］王进辉 . ×× 市“两防一体化”应急救援信息管理系统的设计 [D]. 上海：复旦大学，2006.

［62］毛雨贤 . 连通信息孤岛——南方电网广西电网公司加速数字化转型建设步伐纪实 [J]. 广西电业，2019，（10）：16–18.

［63］靳大尉，赵成，刘庆河 . 数据元内涵及标准化 [J]. 指挥信息系统与技术，2013，4（3）：5.

［64］“新基建”——2020 年中国充电桩行业市场前景及投资机会研究报告 [J]. 电器工业，2020（5）：18–31.

［65］秦绍德 . 发展中国的十大课题 [M]. 上海：复旦大学出版社，2005.

［66］李梅 . 物联网技术在火电工程建设项目物资管理中的应用研究 [D]. 北京：华北电力大学，2018.

［67］孙振权，盛成玉 . 智能配电网技术方案探讨 [C]. 第三届配电自动化新技术及其应用高峰论坛论文集，2012：41–45.

［68］胡健，肖鹏，尹君 . 基于区块链技术的电网安全研究 [J]. 云南电力技术，2018，46（6）：7–11.

［69］梁惠丽 . 电力云计算资源调度系统研究 [D]. 北京：华北电力大学，2014.

［70］沈忱 . 基于数字孪生的并条机匀整控制和异常检测方法研究 [D]. 华中科技大学，2019.

［71］郑小虎，张洁 . 数字孪生技术在纺织智能工厂中的应用探索 [J]. 纺织导报，2019（3）：5.

［72］恩亮 . 工业工程企业成功之术 [M]. 保定：河北大学出版社，1998.

［73］施泉生 . 电力企业安全评价方法与应用 [M]. 上海：上海财经大学出版社，2007.

［74］雷克江 .《安全系统工程》课程教学改革探讨 [J]. 人文之友，2019（19）：152.

［75］宋卫星．企业信息化成熟度模型及其评价体系研究 [D]. 青岛：山东科技大学，2010.

［76］王莉，郑兆瑞，郝记秀．BP 神经网络在信用风险评估中的应用 [J]. 太原理工大学学报，2005，36（2）：216–219.

［77］聂永刚．跨国公司财务管理面临的问题及对策探讨 [J]. 商，2012（10）：132–133.

［78］叶义成，柯丽华，黄德育．系统综合评价技术及其应用 [M]. 北京：冶金工业出版社，2006.

［79］杨渝红．区域土地循环利用理论分析及评价研究 [D]. 南京：南京农业大学，2009.

［80］秦学明．基于模糊理论的发电厂竞争力综合评价研究 [D]. 北京：华北电力大学，2009.

［81］姜慧．建筑施工企业安全成本的优化方法及策略研究 [D]. 徐州：中国矿业大学，2018.

［82］朱军．BOQ 模式下的建筑工程施工招评标规范化研究 [D]. 上海：上海大学，2007.

［83］乔生繁．安华电力公司安全风险管理体系研究 [D]. 北京：华北电力大学，2015.

［84］周凤鸣，田雨平，刘明新．发供电企业安全性评价工作问答 [M]. 北京：中国电力出版社，2001.

后 记

自参加工作以来，我从事电力安全相关工作的时间较长。从企业到政府、基层到部委，随着平台的转变，我对电力安全工作的理解不断深入，“四个安全”治理理念就是工作中系列思考的成果。

安全生产工作包罗万象，头绪繁杂，要想抓好实属不易。特别是电力行业，技术密集复杂，现场点多面广，从业人数众多，发生事故会给经济社会带来严重影响，责任重大。对比国外提出时间较早、比较成熟的杜邦安全管理体系等安全理论，我国电力安全工作多体现在机制、政策、管理等方面。2006年参加全国电力安全生产会议期间，我将自己对于安全的思考总结归纳成“安全是技术，安全是管理，安全是文化”，这便是“四个安全”治理理念的雏形。2016年年底，我到安全司，再次负责电力安全监管工作。在开展工作尤其是直接参与几起重特大事故调查的过程中，我更加深刻地认识到事故的发生不仅是一些关键环节管控失效，更有许多系统和深层次原因，提出系统的安全治理理念的想法更为迫切、更为强烈。特别是，国家治理体系和治理能力现代化的提出，从“管理”到“治理”理念的跃变，给了我很多启发，从技术、管理、文化、责任四个维度入手，充分发挥系统治理、源头治理、综合施策成效，才能从根本上提升电力安全水平。今天，在各位领导、前辈和同仁们的大力支持下，终于把这些思考落到纸面，这本书的出版也遂了多年的心愿。需要特别指出的是，“四个安全”治理理念不只是我个人的想法，更是整个电力安全工作战线智慧的结晶，是全行业多年实践的成果。

本书的出版得到了多位领导的关心。2017 年，我首次发表了题为《安全是技术，安全是管理，安全是文化》的署名文章。随后，老领导、原国家能源局王禹民副局长明确指出责任之于安全的重要意义，于是我们又补上“安全是责任”。至此，“四个安全”治理理念基本形成。史玉波、刘顺达、郭智等老领导，以及黄幼茹、李庆林等安全战线的老前辈们，也为“四个安全”治理理念提出了宝贵意见。建华局长自 2019 年以来，多次就贯彻“四个安全”治理理念提出明确要求，在 2022 年全国电力安全生产电视电话会议上对“四个安全”治理理念的内涵做了精准阐述，将其作为电力安全“五个坚持”工作经验之一，并亲自为本书作序。本书编撰期间，余兵副局长多次听取工作汇报，提出宝贵意见建议，并亲自对全书做了最后的校正、撰写了前言。

本书是全行业共同努力的成果。过去几年，全国电力行业积极贯彻“四个安全”治理理念，电力安全形势持续改善，事故起数和死亡人数逐年下降，有效验证了“四个安全”治理理念的科学性和有效性。杨昆、韩水、黄学农等前辈在安全司（局）工作期间，带领全行业辛勤工作、开拓创新，为“四个安全”治理理念的总结提出打下了基础。本书编制工作得到了各电力企业、派出机构和相关单位的鼎力支持，特别是国家电网公司、南方电网公司、国家电投集团、国家能源集团、华能集团、大唐集团、华电集团、三峡集团、浙能集团、京能集团和中国电力企业联合会、中国能源研究会、中国电机工程学会等单位都为本书的编著出版作出巨大贡献。

本书是全体编写者智慧和汗水的结晶。从 2019 年启动到如今形成书稿，前后历经了三年多的时间。期间，阎秀文、王伟、李安学以及吕忠、黄颖、宋向前、贺鑫、张嵘、帅伟、于军、李朝栋、刘清华等主要编写人员，利用业余时间，加班加点完成编写任务。大家克服了时间紧、任务重以及疫情等不利条件，常常晚上八九点甚至十点以后开视频会，精益求精、字斟句酌，每一章节都经过了十余次反复修改，框架颠覆、内容重整是经常出现的情况。编写组先后召开修订研讨会 10 余次，多次全面征求各电力企业和派出机构意见，吸收采纳各方建议近千条。可以说，本书凝聚了参编人员的大量心血，来之不易。

在此，对各单位的大力支持、各位前辈同仁的关心厚爱和全体参编同志的辛勤付出表示衷心的感谢！希望这本书的出版，能够为推动电力安全治理

贡献微薄之力。

“四个安全”治理理念试图构建一个系统的电力安全治理体系，在理论上和实践上都是一项探索和创新，需要不断完善。由于时间仓促，水平所限，书中难免会有一些瑕疵，希望广大读者多提宝贵意见！

童光毅

国家能源局电力安全监管司司长

2022 年 5 月